火电厂生产岗位技术问答

HUODIANCHANG SHENGCHAN GANGWEI JISHU WENDA

电气运行

主 编 韩爱莲

参 编 张 玫 尹 岩

中国电力出版社

CHINA ELECTRIC POWER PRESS

内 容 提 要

为帮助广大火电机组运行、维护、管理技术人员了解、学习、掌握火电机组生产岗位的各项技能，加强机组运行管理工作，做好设备的运行维护和检修工作，特组织专家编写《火电厂生产岗位技术问答》系列丛书。

本套丛书采用问答形式编写，以岗位技能为主线，理论突出重点，实践注重技能。

本书为《电气运行》，简明扼要地介绍了电气运行专业基础知识及电气运行岗位技能知识。主要内容有：电气安全基础知识，电工基础理论知识，电气专业基础知识，发电机结构及工作原理，变压器结构及工作原理，电动机结构及工作原理，配电装置结构及工作原理，直流系统设备及工作原理，UPS系统设备及工作原理，发电机启动、停止及运行监视、维护，变压器投运、停止及运行监视、维护，电动机的启停及运行、监视维护，配电装置的运行、监视维护，直流系统的运行、监视维护，继电保护装置的运行、监视维护，发电机系统故障分析与处理，变压器故障分析与处理，电动机故障分析与处理，配电装置的故障分析与处理，直流系统的故障分析与处理等内容。

本书可供从事火电厂运行工作的生产人员、技术人员和管理人员学习参考，以及为考试、现场考问等提供题库；也可供相关专业的大、中专学校的师生参考阅读。

图书在版编目(CIP)数据

电气运行/《火电厂生产岗位技术问答》编委会编. —北京：中国电力出版社，2011.1 (2025.4 重印)
（火电厂生产岗位技术问答）
ISBN 978-7-5123-0393-5

Ⅰ.①电… Ⅱ.①火… Ⅲ.①火电厂-电力系统运行-问答
Ⅳ.①TM621-44

中国版本图书馆 CIP 数据核字(2010)第 079318 号

中国电力出版社出版、发行
(北京市东城区北京站西街19号　100005　http://www.cepp.sgcc.com.cn)
北京世纪东方数印科技有限公司印刷
各地新华书店经售

*

2011年1月第一版　2025年4月北京第十二次印刷
850毫米×1168毫米　32开本　15.375印张　496千字
印数20501—21000册　定价 **59.00**元

前　言

　　在电力工业快速持续发展的今天，积极发展清洁、高效的发电技术是国内外共同关注的问题，对于能源紧缺的我国更显得必要和迫切。在国家有关部、委积极支持和推动下，我国火电机组的国产化及高效大型火电机组的应用逐步提高。我国现代化、高参数、大容量火电机组正在不断投运和筹建，其发电技术对我国社会经济发展具有非常重要的意义。因此，提高发电效率、节约能源、减少污染，是新建火电机组，改造在运发电机组的头等大事。

　　根据火力发电厂生产岗位的实际要求和火力发电厂生产运行及检修规程规范以及开展培训的实际需求，特组织行业专家编写本套《火电厂生产岗位技术问答》丛书。本丛书共分 11 个分册，主要包括《汽轮机运行》、《汽轮机检修》、《锅炉运行》、《锅炉检修》、《电气运行》、《电气检修》、《化学运行》、《化学检修》、《集控运行》、《热工仪表及自动装置》和《燃料运行与检修》。

　　本丛书全面、系统地介绍了火力发电厂生产运行和检修各岗位遇到的各方面技术问题和解决技能。其编写目的是帮助广大火电机组运行、维护、管理技术人员了解、学习、掌握火电机组生产岗位的各项技能，加强机组运行管理工作，做好设备的运行维护和检修工作，从而更加有效地将这些知识运用到实际工作中。

本丛书在内容选取上，主要讲述火电机组生产岗位的应知应会技能，重点从工作原理、结构、启动、正常运行、异常运行、运行中的监视与调整、机组停运、事故处理、检修、调试等方面以问答的形式表述。选材上注重新设备、新技术，并将基本理论与成功的实用技术和实际经验结合，具有针对性、有效性和可操作性的特点。

本书为《电气运行》分册，本书由大唐太原第二热电厂韩爱莲主编，大唐太原第二热电厂张玫、尹岩参编。本书共分四部分，二十章内容，其中，第一、二、三、七、十三、十九章由韩爱莲编写；第四、五、六、八、九、十、十一、十二、十四、十五、十六、十七、十八、二十章由张玫编写；尹岩编写了第三、五、七、十二章中的部分内容。全书由韩爱莲统稿。

本丛书可作为火电机组运行及检修人员的岗位技术培训教材，也可为火电机组运行人员制订运行规程、运行操作卡，检修人员制订检修计划及检修工艺卡提供有价值的参考，还可作为发电厂、电网及电力系统专业的大中专院校的教师和学生的教学参考书。

由于编写时间仓促，本丛书难免存在疏漏之处，恳请各位专家和读者提出宝贵意见，使之不断完善。

《火电厂生产岗位技术问答》编委会

2010 年 5 月

目　录

第二部分 ｜ 设备、结构及工作原理

17

第三部分 | 运行岗位技能知识

26

第四部分 | 故障分析与处理

第一部分

岗位基础知识

第一章　电气安全基础知识

1-1　安全生产三大原则是什么？

答：安全第一、预防为主的原则；管生产必须管安全的原则；安全具有否决权的原则。

1-2　电力安全生产的方针是什么？

答：安全第一，预防为主，综合治理。

1-3　安全生产基本三要素是指哪三要素？

答：人、设备、管理。

1-4　标示牌按用途可分为哪四类？

答：警告、允许、提示、禁止。

1-5　什么是安全电压？它分为哪些等级？

答：在各种不同环境条件下，人体接触到有一定电压的带电体后，其各部分组织（如皮肤、心脏、呼吸器官和神经系统等）不发生任何损害时，该电压称为安全电压。它分为五个等级，即 42、36、24、12、6V。

1-6　一般的安全用具有哪几种？

答：安全带、安全帽、安全照明灯具、防毒面具、护目眼镜、标示牌。

1-7　安全色有哪四种，分别代表什么意思？

答：安全色有红、蓝、黄、绿四种。红色表示禁止或停止；蓝色表示指示；黄色表示警告或注意；绿色表示提示或安全状态。

1-8　电气设备的安全色是如何规定的，为什么要采用安全色？

答：为便于识别设备、防止误操作、确保电气工作人员的安全，用不同的颜色来区分各种设备。三相电气母线 A、B、C 三相的识别，分别用黄、绿、红作为标志。接地线明敷部分涂以黑色，低压电网的中性线用淡蓝色作为标志。二次系统中，交流电压回路，电流回路分别采用黄色和绿色标识。

直流回路中正、负电源分别采用红、蓝两色,信号和警告回路采用白色。另外,为了保证运行人员更好地操作、监盘和处理事故,在设备仪表盘上,在运行极限参数上画有红线。

1-9 什么是人身触电?

答:电流通过人体是人身触电。

1-10 人体的安全电流(交/直流)、安全电压各为多少?

答:人体的安全电流为:交流 10mA,直流 50mA。

人体的安全电压有三种:12、24V 和 36V。

1-11 触电方式有几种,哪种最危险?

答:触电方式有三种:单相触电,两相触电,跨步电压、接触电压和雷击触电,其中两相触电方式最危险。

1-12 触电伤害有几种,它与哪些因素有关?

答:触电伤害有两种:电击和电伤。它与以下因素有关:

(1)电流大小。电流是触电伤害的直接因素,电流越大伤害越严重。

(2)电压高低。电压越高越危险。

(3)人体电阻。人体电阻主要决定于皮肤的皮质层,皮肤干燥时,人体电阻在 10~100kΩ 之间。如果皮肤有水分,人体电阻会明显下降。

(4)电流通过人体的途径。电流通过呼吸器官和神经中枢危险较大,通过心脏危险最大。

(5)触电时间长短。触电时间越长越危险。

(6)人的健康和精神状况。对有心脏、神经、肺病史的触电者,危害较大。

1-13 什么是跨步电压?

答:当电气设备绝缘损坏时,接地电流通过接地装置向地中流散,在两脚之间承受的电压差称为跨步电压。

1-14 什么是接触电压?

答:接触电压是指人体同时接触不同电压的两处,则在人体内有电流通过,人体构成电流回路的一部分;这时,加在人体两点之间的电压差称为接触电压。比如:人站在地上,手部触及已漏电设备的外壳,手足之间出现电位差,这就是接触电压。

1-15　从事电业工作中造成触电的原因有哪些？

答：（1）缺乏电力安全作业知识。作业时，不认真执行《电业安全工作规程》和有关安全操作的规章制度。

（2）对电气接线及电气设备的构造不熟悉。

（3）对电气设备安装不符合规程要求。

（4）电气设备的保养维修质量差或不及时造成绝缘不良而漏电。

1-16　防止人身触电的措施是什么？

答：（1）在电气设备上工作，必须严格遵守《电业安全工作规程》，在未办理工作票以前，禁止检修人员进行作业，同时对工作负责人、工作许可人应定期举办学习班，搞好工作票的培训工作。

（2）要求电气设备的双重编号做到现场与系统图相符，设备的双重编号应清楚、整齐、醒目。

（3）对电气设备的遮栏应按规程规定进行完善，并挂明显的警告牌。

（4）对一合闸即送电使检修人员生命受到危险的隔离开关，应在隔离开关机构的把手上加专用锁，防止误动。

（5）现场的安全用具，如验电笔、绝缘靴、携带型地线等，必须做试验，并确保耐压合格。

（6）必须严格执行停电、验电、挂地线和悬挂安全标示牌的安全技术措施。

（7）电气设备的外壳、构架采用保护接地或保护接中性线的连接方式，并同时采取加漏电保护器、报警器、带电显示器等措施。

1-17　什么是安全生产工作"五同时"？

答：各级安全生产责任主体在计划、布置、检查、总结、评比各项工作的同时计划、布置、检查、总结、评比安全工作。

1-18　运行人员的"三熟"、"三能"分别指哪些内容？

答：运行人员的"三熟"是指：①熟悉设备、系统和基本原理；②熟悉操作和事故处理；③熟悉本岗位的规程和制度。

"三能"是指：①能正确地进行操作和分析运行状况；②能及时地发现故障和排除故障；③能掌握一般的维修技能。

1-19　"三违"现象是指什么？

答："三违"是指违章作业、违章指挥、违反劳动纪律。

1-20　进行倒闸操作时"五不操作"的内容分别是什么？

答："五不操作"是指：①未进行模拟预演不操作；②操作任务或操作目的不清楚不操作；③未经唱票复诵、三秒思考不操作；④操作中发生疑问或异常不操作；⑤操作项目的检查不仔细不操作。

1-21　安全生产中"四不放过"的具体内容是什么？

答：事故原因不清楚不放过；事故责任者和应受教育者没有受到教育不放过；事故责任人没有处理不放过；没有采取防范措施不放过。

1-22　填写操作票必须做到的"四个对照"的具体内容是什么？

答：对照运行设备系统；对照设备系统的运行方式和运行状态；对照操作任务；对照固定操作票。

1-23　办理工作票的开工手续时"四不开工"的具体内容是什么？

答："四不开工"是指：①工作地点或工作任务不明确不开工；②安全措施的要求或布置不完善不开工；③审批手续或联系工作不完善不开工；④检修人员和运行人员没有共同赴现场检查或检查不合格不开工。

1-24　办理工作票的结束手续时"五不结束"的具体内容是什么？

答："五不结束"是指：①检修（包括试验）人员未全部撤离工作现场不结束；②设备变更和改进交代不清或记录不明不结束；③安全措施未全部拆除不结束；④有关测量试验工作未完成或测试不合格不结束；⑤检修（包括试验）和运行人员没有共同奔赴现场检查或检查不合格不结束。

1-25　电气设备高压和低压是如何划分的，平常说的 380V 是高压还是低压？

答：对地电压为 250V 以上的为高压，250V 及以下的为低压。

通常采用的 380V 的电压对地为 220V，小于 250V 故为低压。

1-26　消防工作的方针是什么？

答：以防为主、防消结合。

1-27　防止火灾的基本措施是什么？

答：防止火灾的基本措施是：①控制可燃物；②隔绝空气；③消除着火源；④阻止火势、爆炸波的蔓延。

1-28　灭火的基本方法是什么？一般采取哪几种方法？

答：灭火的基本方法是：①隔离法；②窒息法；③冷却法；④化学抑

制法。

一般采取：隔离法，窒息法，冷却法。

1-29　火灾报警的要点有哪些？

答：火灾报警的要点有：①火灾地点；②火势情况；③燃烧物和大约数量；④报警人姓名及电话号码。

1-30　电力生产企业消防的"三懂三会"指什么？

答："三懂"指懂火灾危险性，懂预防措施，懂扑救方法。"三会"是指会使用消防器材，会处理事故，会报火警。

1-31　遇有电气设备着火时，如何处理？

答：（1）应立即将有关设备的电源切断，然后进行灭火。

（2）对可能带电的电气设备以及发电机、电动机等，应使用干式灭火器、二氧化碳或 1211 灭火器灭火。

（3）对已断开电源的油开关、变压器在使用干式灭火器、1211 灭火器不能扑灭时，可用泡沫灭火器灭火，不得已时可用干砂灭火。

（4）地面上绝缘油着火，应用干砂灭火。

1-32　电缆着火应如何处理？

答：（1）立即切断电缆电源，及时通知消防人员。

（2）有自动灭火装置的地方，自动灭火装置应动作，否则手动启动灭火装置。无自动灭火装置时可使用卤代烷灭火器、二氧化碳灭火器或沙子、石棉被进行灭火，禁止使用泡沫灭火器或水进行灭火。

（3）在电缆沟、隧道或夹层内的灭火人员必须正确佩戴压缩空气防毒面罩、胶皮手套，穿绝缘鞋。

（4）设法隔离火源，防止火蔓延至正常运行的设备，扩大事故。

（5）灭火人员禁止用手摸不接地的金属部件，禁止触动电缆托架和移动电缆。

1-33　防止电气设备火灾事故的措施是什么？

答：（1）对电缆采用有效的防火阻燃措施，如电缆沟堵洞，加装防火隔墙、罩盖、耐火封闭槽盒，涂刷耐火涂料等。

（2）对变压器火灾事故的措施：对变压器运行加强监视，防止运行中发生喷油、爆炸。进行变压器干燥或进行明火作业时，应预先做好防火措施，对事故储油坑应保持在良好状态，排油管道应畅通，变压器现场设置一定数量的消防器材，或安装自动的或遥控的水雾灭火装置。

（3）对发电机火灾事故的措施：发电机本体有足够的消防器材和水灭火装置，氢冷发电机则用二氧化碳灭火，对于氢冷发电机在充氢后，必须保证密封油系统的正常供油。在排氢时，防止因排氢过快而引起静电、爆炸起火，在发电机本体附近工作时，严禁吸烟和明火作业等。

（4）对油区的电气设备等用防爆式，并按要求安装避雷针。

（5）对充油的电气设备消除漏油、渗油现象。

（6）采用先进手段，在电气设备上安装自动火警报警器和灭火装置。

1-34　工作票许可人的安全职责是什么？

答：（1）负责审查工作票所列安全措施是否正确完善，是否符合现场条件。

（2）工作现场布置的安全措施是否完善。

（3）负责检查停电设备有无突然来电的危险。

（4）对工作票中所列内容即使发生很小疑问，也必须向工作票签发人询问清楚，必要时应要求作详细补充。

1-35　工作票许可人在完成现场的安全措施后，还应做些什么？

答：（1）会同工作负责人到现场再次检查所做的安全措施，以手触试，证明检修设备确无电压。

（2）对工作负责人指明带电设备的位置和注意事项。

（3）和工作负责人在工作票上分别签名。

1-36　在工作票终结验收时，应注意什么？

答：由工作负责人记录所修项目、发现的问题、试验结果和存在问题等，并与工作负责人共同检查设备状况（动过的接线、连接片等），有无遗留物件，现场是否清洁等，然后在工作票上填明工作终结时间，经双方签名，终结工作票。

1-37　在电气设备上工作，保证安全的组织措施是什么？

答：在电气设备上工作，保证安全的组织措施是：①工作票制度；②工作许可制度；③工作监护制度；④工作间断、转移和终结制度。

1-38　在电气设备上工作，保证安全的技术措施是什么？

答：在电气设备上工作，保证安全的技术措施是：①停电；②验电；③装设接地线；④悬挂标示牌和装设遮栏。

1-39 所有运行人员对防误装置应做到哪"四懂三会"？

答：四懂：懂防误装置的原理、性能、结构和操作程序。

三会：会操作、会安装、会维护。

1-40 电力企业安全生产"两措"的内容指什么？

答："两措"是指：①反事故措施计划；②安全技术劳动保护措施计划。

1-41 电力企业安全生产"三制"的内容指什么？

答：交接班制度、巡回检查制度和设备定期轮换与试验制度。

1-42 运行"巡回检查制度中"对巡回检查总的要求是什么？

答：（1）检查按时间路线安排顺序，内容按规定，项目不遗漏。

（2）检查时应携带必要的工具，如手电筒、手套、听棒和检测工具等，真正做到耳听、鼻嗅、手摸、眼看。

（3）熟悉设备的检查标准，掌握设备的运行情况，发现问题应分析原因并及时做出处理与防患措施。

1-43 巡回检查的"五定"、交接班中的"五不交"的内容各是什么？

答：巡回检查的"五定"的内容为：

（1）定路线：找到一条最佳的巡回检查路线。

（2）定设备：在巡回检查路线上标明要巡视的设备。

（3）定位置：在所检查的设备周围标明值班员应站立的合理位置。

（4）定项目：在每个检查位置，标明应检查的部位和项目。

（5）定标准：检查的部位及项目的正常标准和异常的判断。

交接班中的"五不交"的内容为：

（1）主要操作未告一段落或异常事故处理未完结不交班。

（2）设备保养及定期切换工作未按要求做好不交班。

（3）环境及设备卫生不清洁不交班。

（4）记录不齐全，仪表等设备损坏未查明原因不交班。

（5）接班人精神不正常等不交班。

1-44 常见的电气误操作有哪些类型？

答：常见电气误操作有误拉（合）断路器、带负荷误拉（合）隔离开关、带电挂接地线或合接地开关、带接地线（接地开关）合断路器（隔离开关）、漏退保护连接片、非同期并列等。

1-45　防止电气误操作的"五防"是什么？

答："五防"是指：①防止误分、误合断路器；②防止带负荷拉、合隔离开关；③防止带电挂地线或合接地开关；④防止带接地线或接地开关合断路器或隔离开关；⑤防止误入带电间隔。

1-46　防止电气误操作的措施是什么？

答：（1）严格执行《电业安全工作规程》，健全操作票和操作监护制度，严格按照倒闸操作程序执行。

（2）对电气设备的双重编号，做到正确、齐全、清晰、醒目，并做到图纸与现场设备相符。

（3）把"两票"的执行情况作为管理的重点，不定期进行抽查和检查，并坚持对"两票"的正确率进行统计和分析，开展"千项操作无差错"的竞赛和"促进两票正确执行"的活动。

（4）电气设备的断路器、隔离开关应完善防误操作装置，并要求开关制造厂生产的断路器具备"五防"的功能。

（5）对于重大的操作，要求管理人员在现场实行再监护。

（6）对一经合闸即送电到工作地点的隔离开关加专用锁装置，检修后的隔离开关在传动时，必须由两人来进行。

（7）对临时性的送电或检修设备的试送，应制定明确的工作联络制度，防止因误送或联系不当而造成不良后果。

1-47　集团公司防止二次系统人员"三误"是指哪"三误"？

答：在继电保护、热控、电控、仪控等二次系统的保护、测量、控制、自动系统作业的人员造成的误碰（误动）、误整定、误接线。

1-48　接受电网调度命令的操作要做到哪"六清"？

答："六清"有：①接受命令清；②布置操作任务清；③操作联系清；④发生疑问要查清；⑤操作完毕汇报清；⑥交接班记录清。

1-49　电力生产事故分哪几类？

答：电力生产事故分为：①电力生产人身伤亡事故；②电网事故；③设备事故。

1-50　进行反事故演习的目的有哪些？

答：进行反事故演习的目的有：

（1）定期检查生产人员处理事故的能力，当设备的运行发生不正常的现

象时，值班人员是否能迅速准确地运用现场规程正确判断和处理。

（2）使生产人员掌握迅速处理事故和异常现象的正确方法。

（3）贯彻反事故措施，帮助生产人员更好地掌握现场规程，熟悉设备运行特性。

（4）发现运行设备上的缺陷和运行组织上存在的问题以及规程中的不足之处。

1-51　生产现场考问讲解的目的有哪些？

答：进行考问讲解的目的是：

（1）检查生产人员对设备的性能和构造的熟悉程度。

（2）督促生产人员正确维护设备，掌握合理的操作方法及工艺方法，学会排除设备可能发生的故障。

（3）检查本单位和上级发给的事故通报贯彻情况，生产人员是否接受了事故教训，并掌握预防事故的方法。

（4）检查对新技术、新设备采用后的知识掌握情况。

（5）检查各种规程制度及上级指示是否得到认真贯彻。

1-52　在运用中的高压设备上的工作分为哪三类？

答：（1）全部停电的工作。是指室内高压设备全部停电（包括架空线路与电缆引入线在内），通至邻接高压室的门全部闭锁及室外高压设备全部停电（包括架空线路与电缆引入线在内）的工作。

（2）部分停电的工作。是指高压设备部分停电，或室内虽全部停电而通至邻接高压室的门并未全部闭锁的工作。

（3）不停电的工作是指：①工作本身不需要停电和没有偶然触及导电部分的危险的工作。②许可在带电外壳上或导电部分上进行的工作。

1-53　巡视高压设备时应遵守哪些规定？

答：巡视高压设备时应遵守的规定有：

（1）巡视高压设备时，不得进行其他工作，不得移开或越过遮栏。

（2）雷雨天需要巡视户外设备时，应穿绝缘靴，不得接近避雷针和避雷器。

（3）高压设备发生接地时，室内不得接近故障点 4m 以内，室外不得靠近故障点 8m 以内，进入上述范围人员必须穿绝缘靴，接触设备外壳或构架时应戴绝缘手套。

（4）巡视高压室后必须随手将门锁好。

（5）特殊天气增加特巡。

1-54 雷雨天气为什么不能靠近避雷器和避雷针？

答：雷雨天气，雷击较多。当雷击到避雷器或避雷针时，雷电流经过接地装置，通入大地，由于接地装置存在接地电阻，它通过雷电流时电位将升得很高，对附近设备或人员可能造成反击或跨步电压，威胁人身安全。故雷雨天气不能靠近避雷器或避雷针。

1-55 何为违章作业？

答：在电力生产、施工中，凡违反国家、部或主管上级制定的有关安全的法规、规程、条例、指令、规定、办法、有关文件，以及违反本单位制定的现场规程、管理制度、规定、办法、指令而进行工作，称之为违章作业。

1-56 电气事故处理的一般原则是什么？

答：（1）事故处理时，应迅速、正确地判断与处理，尽快限制事故的发展，消除根源并解除对人身和设备的威胁。

（2）优先处理和调整厂用电系统电源，尽快恢复厂用电系统正常供电。

（3）在事故处理时，各岗位运行人员必须坚守在各自岗位，尽力维持正常设备的运行，尽快恢复可以运行的设备，将事故范围减至最低程度。

（4）如果在交接班时发生事故，交班人员必须将事故处理告一段落后，写好记录，并与接班人员交代清楚，接班单元长宣布接班后，交班人员方可交班。

1-57 事故处理的一般顺序是什么？

答：（1）根据表计、信号指示和事故时的各种特征，正确判断事故。

（2）如果对人身和设备有严重威胁时，应立即消除这种威胁，必要时停止设备运行。

（3）切除故障点。

（4）装有自动装置且投入而未动作者，应立即手动施行。

（5）报告值班负责人及调度（单元长）保护动作及故障情况。

（6）调整未直接受到损害的系统及设备的运行方式，尽力保证其正常运行。

（7）迅速检查保护和记录有关表计，判断事故范围和故障。

（8）对无故障特征属保护误动或限时后备保护越级动作，应对跳闸设备试送或升压试验，以尽快恢复对厂用电设备的供电。

（9）迅速检查现场，判明故障点及故障程度。

（10）将故障系统停用，进行必要的测试，恢复无故障系统正常运行方式和额定工况。

（11）通知有关检修人员。

（12）对上述现象及检查情况进行记录，并对恢复后的系统进行全面检查。

1-58　紧急救护法的基本原则是什么？

答：在现场采取积极措施保护伤员生命，减轻伤情，减少痛苦，并根据伤情需要，迅速联系医疗部门救治。急救的成功条件是动作快，操作正确，任何拖延和操作错误都会导致伤员伤情的加重或死亡。

1-59　心肺复苏法支持生命的三项基本措施是什么？

答：心肺复苏法支持生命的三项基本措施是：①畅通气道；②口对口（鼻）的人工呼吸；③胸外按压。

1-60　触电者心脏停止跳动，如何实施胸外心脏按压法？

答：施行胸外心脏按压法前，先解开触电者衣扣、裤带；触电人仰卧平硬的地上，清除口内杂物，保持呼吸道畅通。操作步骤如下：

（1）救护人员跪在触电人腰部一侧，两手重叠，手掌根部放在触电人心窝稍高一点的地方，胸骨下 1/3 处。

（2）救护人肘关节伸直，利用上身重力，垂直并带冲击性地按压胸骨下陷 3～5cm（儿童、瘦弱者酌减），按压后，掌根迅速放松但不得离开胸壁，让触电人胸部自动复原。

（3）每分钟按压 80 次为宜；儿童只用一只手，用力小些，每分钟为 90～100 次。

（4）胸外心脏按压与口对口人工呼吸同时进行时节奏为：单人抢救每按压 15 次后吹气 2 次，双人抢救每按压 5 次后由另一人吹气 1 次，连续进行。

（5）抢救过程中要每隔数分钟，迅速用手触及颈动脉查看是否搏动。

1-61　发现有人触电如何处理？

答：（1）应立即切断电源，使触电人脱离电源。

（2）根据触电伤害情况立即进行急救并通知医院。

（3）如在高空工作，抢救时必须注意防止高空坠落。

1-62　决定触电伤害程度的因素有哪些？

答：决定触电伤害程度的因素有①电流的频率；②电流大小；③电压高低；④电流通过人体的路径；⑤人体电阻的大小；⑥通电时间长短；⑦人的

精神状态。

1-63 电流对人体的伤害形式主要是哪两种？

答：（1）电击。当人体直接接触带电体时，电流通过人体内部，对内部组织造成的伤害称为电击，电击是最危险的触电伤害。

（2）电伤。是指电流对人体外部（表面）造成的局部创伤。

1-64 哪些工作需要填用第一种工作票？

答：电气第一种工作票适用于以下工作：

（1）高压设备上工作需要全部停电或部分停电者。

（2）高压室内的二次接线和照明等回路上的工作，需要将高压设备停电或做安全措施者。

（3）其他工作需要将高压设备停电或需要做安全措施者。

1-65 哪些工作需要填用第二种工作票？

答：电气第二种工作票适用于以下工作：

（1）带电作业和在带电设备外壳上的工作。

（2）控制盘和低压配电盘、配电箱、电源干线上的工作。

（3）二次接线回路上的工作，无须将高压设备停电者。

（4）转动中的发电机、同期调相机的励磁回路或高压电动机转子电阻回路上的工作。

（5）非当值值班人员用绝缘棒和电压互感器定相或用钳形电流表测量高压回路的电流。

（6）更换生产区域及生产相关区域照明灯泡的工作。

（7）在变电站、变压器区域内进行动土、植（拔）草、粉刷墙壁、屋顶修缮、搭脚手架等工作，或在配电间进行粉刷墙壁、整修地面、搭脚手架等工作，不需要将高压设备停电或做安全措施的。

1-66 对值班人员移开或越过遮栏进行工作有何规定？

答：具体规定有：

（1）不论高压设备带电与否，值班人员不得移开或越过遮栏进行工作。

（2）若有必要移开遮栏时：①必须有监护人在场；②符合下述安全距离：10kV 是 0.7m；66kV 是 1.5m；220kV 是 3m。

1-67 "禁止合闸，有人工作"牌应挂在什么地方？

答：在一经合闸即可送电到工作地点的断路器和隔离开关的操作把手

上，均应悬挂"禁止合闸，有人工作"的标示牌。

1-68　生产现场有几种标示牌，说明每种的用途？

答：标示牌六种：

（1）在一经合闸即可送电到工作地点的断路器和隔离开关的操作把手上，均应悬挂"禁止合闸，有人工作"标示牌。

（2）如果线路上有人工作，应在线路断路器和隔离开关的操作把手上挂"禁止合闸，线路有人工作"标示牌。

（3）在施工地点临近带电设备的遮栏上，室外工作地点的围栏上；禁止通行的过道上；高压试验地点；室外构架上，工作地点临近带电设备的横梁上均应悬挂"止步，高压危险！"标示牌。

（4）在工作人员上下的铁架、梯子上悬挂"从此上下"标示牌。

（5）在工作地点悬挂"在此工作"标示牌。

（6）在工作人员上下的铁架临近可能上下的另外铁架上或运行中变压器等设备的梯子上挂"禁止攀登，高压危险！"标示牌。

1-69　电气运行人员常用的工具、防护用具和携带型仪表各有哪些？

答：电气运行人员常用的工具有克丝钳、尖嘴钳、螺丝刀、电工刀、活扳手、电烙铁、手电筒、验电笔等。

常用的防护用具有绝缘手套、绝缘鞋（靴）、高压验电器、绝缘拉杆、绝缘垫和绝缘夹钳等。

常用的携带型仪表有万用表、绝缘电阻表、钳形电流表和点温计等。

1-70　如何维护和保管安全用具？

答：对安全用具的维护和保管应做到：

（1）工器具、仪表、标示牌等应存放在干燥、通风良好的地方，并保持整洁。

（2）绝缘手套应放在专用支架上。

（3）绝缘拉杆应垂直存放，吊挂在支架上，但不要靠墙壁。

（4）各种仪表、绝缘鞋（靴）、绝缘夹等应存放在柜内，且做到对号入座、存取方便。

（5）验电笔（器）应存放在专用的盒内。

（6）接地线应编号入位，放在固定地点。

（7）安全工具上面不准堆放其他物品，不准移作他用，橡胶制品不可与石油类的油脂接触，使用安全工具前应检查有无破损和是否在有效期内。

（8）应定期对各种绝缘用具进行检查和试验。

1-71　使用安全用具的注意事项有哪些，使用中有什么具体要求？

答：安全用具使用的注意事项包括：

（1）检查安全用具是否符合规程要求，安全用具是否合格、清洁，若有灰尘，要擦抹干净；有炭印痕迹的禁止使用。

（2）安全用具中的橡胶制品，如绝缘手套、绝缘靴、绝缘垫等，不能有外伤、裂纹、毛刺、划痕等。发现有问题的安全用具，应禁止使用并及时更换。

（3）使用前，应认真核对安全用具是否适用于准备操作设备的电压等级，尤其是绝缘拉杆和验电器等。

使用中的具体要求有：

（1）无特殊防护装置的绝缘棒，禁止在下雨或下雪天在室外使用。

（2）潮湿天气的室外操作，禁止用无特殊防护的绝缘夹。

（3）橡胶绝缘手套内应衬有一副线手套。

（4）使用绝缘台时，须放置在坚硬的地面上。

（5）使用验电器时，应戴好绝缘手套，逐渐接近有电设备，分相分别进行验电。

1-72　如何正确使用和保管绝缘手套？

答：使用前应检查是否有漏气或裂口等，戴手套时应将外衣袖口放入手套的伸长部分。使用后必须擦干净，放入柜内并与其他工具分开放置。每半年应做一次试验，试验不合格的禁止使用。

1-73　保管和使用接地线应注意哪些问题？

答：在现场实施管理接地线时应做以下几方面的工作：

（1）应注意坚持使用前和使用后对接地线本体进行检查和维修。导体端头压紧弹簧完好，各压紧螺钉紧固，接地线导体无严重烧伤断股，绝缘操作杆绝缘良好。电业职工必须明白，使用烧伤严重、残缺的不合格地线作接地短路之用，一旦发生事故，祸害非浅。

（2）装设接地线时必须使用专用线夹，用螺钉拧紧在接地极上，保证接触良好。严禁用缠绕的方法短路接地。否则，当通过故障短路电流时，将因接触不良过热而烧坏地线和接地极螺钉，并产生高电压作用于人身和设备而发生事故。

（3）接地线应有专门架柜存放。按组编号，使用完毕应检查整理对号入

座。在管理方面应建立工具记录卡，由专责人保管，负责维修，使其经常保持在完好的备用状态。

1-74 值班人员如何装设和拆除接地线？

答：具体做法是：①装设和拆除接地线时，必须两人进行。当验明设备确实无电后，应立即将检修设备接地，并将三相短路。②装设和拆除接地线均应使用绝缘棒并戴绝缘手套。③装设接地线必须先接接地端，后接导体端，必须接触牢固。④拆除接地线的顺序与装设接地线相反。

1-75 值班人员装设接地线为什么要先接接地端？拆除时后拆接地端？

答：先装接地端后接导体端完全是操作安全的需要，这是符合安全技术原理的。因为在装拆接地线的过程中可能会突然来电而发生事故，为了保证安全，一开始操作，操作人员就应戴上绝缘手套。使用绝缘杆接地线应注意选择好位置，避免与周围已停电设备或地线直接碰触。操作第一步即应将接地线的接地端可靠地与接地螺栓良好接触。这样在发生各种故障的情况下都能有效地限制地线上的电位。装设接地线还应注意使所装接地线与带电设备导体之间保持规定的安全距离。拆接地线时，只有在导体端与设备全部解开后，才可拆除接地端子上的接地线。否则，若先行拆除了接地端，则泄放感应电荷的通路即被隔断，操作人员再接触检修设备或地线，就有触电的危险。

1-76 《电业安全工作规程（热力和机械部分)》对工作人员的工作服有何要求？

答：(1) 工作服布料不应该是尼龙、化纤或棉、化纤混纺衣料制作。

(2) 工作人员的工作服不应有可能被转动的机器绞住的部分。

(3) 女工作人员禁止穿裙子、穿高跟鞋、辫子、长发必须盘在工作帽内。

(4) 做接触高温物体的工作时，应戴手套和穿专用的防护工作服。

1-77 《电业安全工作规程（发电厂和变电所电气部分)》 (DL 408—1991) 要求工作人员应学会哪些急救常识？

答：工作人员应学会触电、窒息急救法、心肺复苏法，并熟悉有关烧伤、烫伤、外伤、气体中毒等急救常识。

1-78 什么是一级动火区？

答：一级动火区是指火灾危险性很大，发生火灾时后果很严重的部位或场所。

1-79　什么是二级动火区？

答：二级动火区是指一级动火区以外的所有重点防火部位或场所以及禁止明火区。

1-80　什么是非计划停运？发电设备可靠性是指什么？

答：非计划停运指设备处于不可用而又不是计划停运的状态。

发电设备可靠性，是指设备在规定条件下、规定时间内，完成规定功能的能力。

1-81　为什么要禁止在只经断路器断开电源的设备上工作？

答：高压断路器的断路能力虽然很强，但它的开断行程很有限。断路器的动静触头在有机灭弧室内，断与不断，只有靠分合闸指示牌指示，外观上不够明显。更主要的是，断路器在停运状态操作电源是不断开的，如果它的控制回路出现问题或发生二次混线、误碰、误操作等，都会使断路器操动机构动作而自动合闸使设备带电。再者，当断路器的分闸装置分闸时，如果其操动机构故障断路器实际上未分闸，位置指示器仍可能被（机构）带转至分闸位置，出现断路器虚断，造成人的错觉。因此，《电业安全工作规程（发电厂和变电所电气部分）》（DL 408—1991）中已明令：禁止在只经断路器断开电源的设备上工作。检修停电，必须将断路器退出运行，断开负荷侧隔离开关和母线侧隔离开关，造成直观明显的空气绝缘间隙，以满足工作安全的要求。

1-82　在何种情况下可不经许可，即行断开有关设备的电源？

答：在下列情况下，可不经许可，即行断开有关设备电源：

（1）在发生人身触电事故时，为了解救触电人，可以不经许可，断开有关设备的电源。

（2）设备着火。

（3）设备严重损坏。

（4）严重危及设备的安全。

1-83　危险点控制措施的重点是什么？

答：预防人身伤亡事故、误操作事故、设备损坏事故、机组强迫停运、火灾事故。

1-84　在电气倒闸操作中若发生疑问或异常时应如何处理？

答：对操作发生异常或发生疑问时应立即停止操作。不准擅自更改操作

票，不准随意解除闭锁装置，必须立即向值班负责人或值班调度员报告，待将疑问或异常查清消除后，根据情况按下列方法进行：

（1）如果疑问或异常并非操作票上或操作中的问题，也不影响系统或其他工作的安全，经值班负责人许可后，可以继续操作。

（2）如果操作票上没有差错，但可能发生其他不安全的问题时，应根据值班负责人或值班调度员的命令执行。

（3）如果操作票本身有错误，原票停止执行，应按照现场实际情况重新填写操作票，经履行《电业安全工作规程（发电厂和变电所电气部分）》（DL 408—1991）规定的程序后进行操作。

（4）如果因操作不当或错误而发生异常时，应等候值班负责人或值班调度员的命令。

第二章　电工基础理论知识

2-1　什么是电路？它的基本组成部件有哪些？

答：电路的概念，简单地说，就是电流流通的路径，它是由若干个电气设备或部件按照一定的方式组合起来的。

电路由电源、负载和中间环节三个基本部件组成。

电源是电路中提供能量的设备，它将非电能转换成电能。负载是吸收电能的设备，它将电能转换成我们所需的其他形式的能量，如电灯、电动机、电热器等将电能转换成光能、机械能和热能等。中间环节包括将电源与负载连接成闭合回路的金属导线、开关、熔断器等，它们的作用是把电能安全可靠地传送给负载。

2-2　电路的三种工作状态是什么？

答：根据电源与负载之间连接方式的不同，电路有通路、开路和短路三种不同的工作状态，这三种工作状态各有其用处。

例如一些调节或控制回路常用到短路。

2-3　电路的基本定律有哪些？

答：在电路中，概括其间约束关系的定律有两个：基尔霍夫电流定律和基尔霍夫电压定律，前者适用于电路中的任何一个点，后者适用于电路中的任一回路。

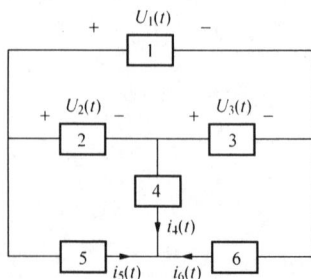

图 2-1　元件框图连接图

如图 2-1 所示，我们视 1、2、3、4、5、6 为集中参数的元件，基尔霍夫电流定律指出，流过任何节点的电流和为零，即 $i_4(t) + i_5(t) + i_6(t) = 0$。

电压定律指出：在 1、2、3 这三个元件组成的回路中，各元件电压之和为零，即

$$U_1(t) + U_2(t) + U_3(t) = 0$$

基尔霍夫定律具体描述为：

电流定律：在任一瞬间，流入某点的电流之和等于流出该点的电流之和。

电压定律：在集中参数电路的任一回路，任一瞬时，沿着选定的回路参考方向计算，各支路电压的代数和恒等于零。

2-4 电场和磁场的基本概念是什么？各有什么特性？

答：在带电体周围的空间，存在着一种特殊的物质，它对放在其中的任何电荷表现为力的作用，这一特殊物质称为电场。

磁场也是一种特殊形态的物质，它的存在通常是通过对磁性物质和运动电荷具有作用力而表现出来。

磁场和电场相似，均具有力和能的特性。

2-5 什么是电场强度？

答：存在于电荷周围空间，对电荷有作用力的特殊物质称为电场。

电场强度是用来描述电场强弱的量。位于电场中的任何带电体都会受到电场力的作用，这个电场力与它本身所带的电量成正比，F/Q（F 为电场力；Q 为带电体的电荷量）对于确定的带电体是一个常数，是一个确定的比值，这个比值就是电荷在该点的电场强度，即 $E = F/Q$。

2-6 什么是电气设备的额定值？

答：任何一个电气设备，为了安全可靠地工作，都必须有一定的电流、电压和功率的限制和规定值，这种规定值称为额定值。如一个白炽灯泡额定值为 220V、40W，表示该灯泡应在 220V 电压下使用，消耗电功率为 40W，则发光正常，保证使用寿命。若超过规定值使用，灯丝温度过高，寿命会大大缩短，严重时立即烧断；而低于规定值使用，则经济性达不到要求。因此，额定值的提出，有它的实际意义。

2-7 什么是相电流、相电压和线电流、线电压？

答：由三相绕组连接的电路中，每个绕组的始端与末端之间的电压称为相电压。

各绕组始端或末端之间的电压称为线电压。

各相负荷中的电流称为相电流。

各端线中流过的电流称为线电流。

2-8 电功率是如何定义的？在计算时应注意什么？

答：单位时间（t）内电流（I）所做的功（W）称为电功率（P），即

$P=W/t=EI$，它的基本单位是瓦（W）。

在计算电功率时，要特别注意，元件两端的电压和电流的方向。如果电压与电流的正方向相反，则电功率为负值。$P<0$ 时，说明电流从元件的高电位端流出，该元件是产生电功率的，在电路中作为电源；若 $P>0$，则说明电流由元件高电位端流入，说明该元件是吸收电功率的，在电路中起负载作用。

2-9 电阻的串联和并联是怎样实现的？

答：如图 2-2 （a）、（b）分别所示为电阻串联、并联的回路。

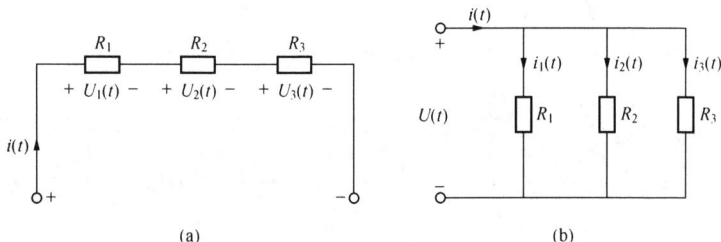

(a)   (b)

图 2-2 电阻的串联和并联接线图

（a）串联；（b）并联

根据欧姆定理，电阻的串联，它们所流过的电流一致，因而用等效电阻代替的话，串联电路的总电阻等于串联的电阻之和，即

$$U(t)=U_1(t)+U_2(t)+U_3(t)$$
$$=R_1 i(t)+R_2 i(t)+R_3 i(t)$$
$$=(R_1+R_2+R_3)i(t)$$
$$=Ri(t)$$
$$R=R_1+R_2+R_3$$

并联电路中，根据基尔霍夫电流定律，任何一瞬间，总电流等于各分支电流之和，即 $i(t)=i_1(t)+i_2(t)+i_3(t)$，因而，$\dfrac{U(t)}{R}=\dfrac{U_1(t)}{R_1}+\dfrac{U_2(t)}{R_2}+\dfrac{U_3(t)}{R_3}$，$\dfrac{1}{R}=\dfrac{1}{R_1}+\dfrac{1}{R_2}+\dfrac{1}{R_3}$，用电导表示 $G=G_1+G_2+G_3$。所以在并联电路中，总电阻的倒数等于各并联电阻的倒数之和或并联电路的总电导等于各并联电导之和。

2-10 电容的串联和并联是怎样实现的？

答：电容的串联和并联如图 2-3 （a）、（b）所示，电容的串联，根据电

流的连续性原理，任何瞬时，通过各电容的电流相同，任何瞬时的总电压，等于一瞬时的各电容电压之和，

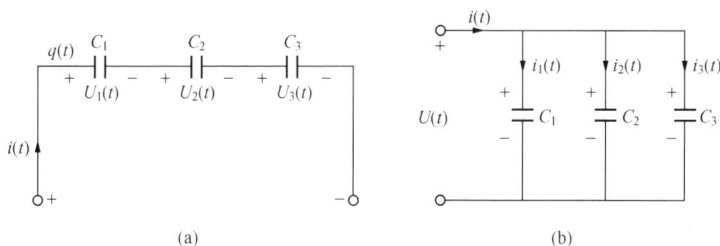

图 2-3　电容的串联与并联接线图

(a) 串联；(b) 并联

即
$$U(t) = U_1(t) + U_2(t) + U_3(t)$$

$$U(t) = \frac{q(t)}{C}$$

因而
$$\frac{q(t)}{C} = \frac{q(t)}{C_1} + \frac{q(t)}{C_2} + \frac{q(t)}{C_3}$$

把分子的 $q(t)$ 约去可得出

$$\frac{1}{C} = \frac{1}{C_1} + \frac{1}{C_2} + \frac{1}{C_3}$$

因此可以得出如下结论：串联电容的总电容的倒数等于各串联电容的倒数之和。

在并联电路中，如图 2-3 (b) 所示，同理根据基尔霍夫电流定律可以得出

$$C = C_1 + C_2 + C_3$$

并联电容的总电容等于各并联电容之和。

由此我们也可以看出，电容的串并联与电阻的串并联相似，但其串并联的结论相反。

2-11　电感元件的串联和并联是怎样实现的?

答：对于集中参数的电阻、电容、电感在其自身的相互影响中，只有电感才具有明显的互感效应。电容的这种效应却没有，这就是电与磁之间的区别。因此，电感元件的串并联的一大特点就是互感（M）效应。

如图 2-4 (a)、(b) 是电感元件串、并联的接线图。

(1) 电感的串联。电感元件串联时，一个元件的互感电压与自感电压的实际方向可能相同，也可能相反，因为电感元件具有同名端这个问题，也就

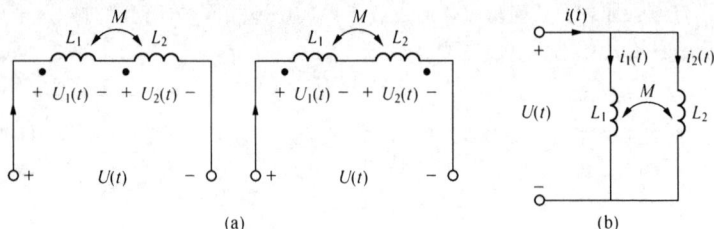

图 2-4 电感的串联与并联接线图

(a) 串联;(b) 并联

是线圈的绕向问题,因为绕向直接影响线圈的磁极方向。如果绕向相同,电感间的作用效果加强,相反则削弱。推导公式中,把互感根据其顺、反接定义正负。

$$U(t) = U_1(t) + U_2(t)$$
$$= [U_{11}(t) + U_{12}(t)] + [U_{22}(t) + U_{21}(t)]$$
$$= \left(L_1 \frac{di}{dt} + M \frac{di}{dt}\right) + \left(L_2 \frac{di}{dt} + M \frac{di}{dt}\right)$$
$$= (L_1 + L_2 + 2M) \frac{di}{dt}$$
$$= L \frac{di}{dt}$$

所以 $$L = L_1 + L_2 + 2M$$

(2) 电感的并联。每个元件的端口电压等于该元件的自感电压和互感电压之和,再根据电流定律同样可以推导得出

$$L = \frac{L_1 L_2 - M^2}{L_1 + L_2 - 2M}$$

2-12 什么是欧姆定律? 应用欧姆定律时应注意什么?

答:欧姆定律是电路的基本定律之一,它说明流过电阻的电流与该电阻两端电压之间的关系,反映电阻元件的特性。欧姆定律表示流过电阻 R 的电流 I 与电阻两端的电压 U 成正比。即 $I = \dfrac{U}{R}$,也可表示为 $U = IR$。

应用欧姆定律时要注意以下两点:①式 $I = \dfrac{U}{R}$ 和 $U = IR$ 只有在电流、电压的正方向是相同方向才适用,若电压、电流方向选得相反,则欧姆定律表示为 $I = -\dfrac{U}{R}$ 或 $U = -IR$。②欧姆定律仅适用于阻值不变的线性电阻,即其阻值不随所通过的电流或两端的电压而变化。

2-13 什么是感抗？如何计算感抗？

答：交流电流过电感元件时，电感元件对交流电流的限制能力称为感抗 X_L。它的电流滞后电压 $\pi/2$。感抗与频率和电感成正比，即

$$X_L = \omega L = 2\pi f L$$

式中：ω 为角频率；f 为频率；L 为电感的值。

由公式可以看出，频率越大，阻抗越大；电感越大，阻抗也越大。

2-14 什么是容抗？如何计算容抗？

答：交流电流通过电容元件时，电容元件对交流电流的限制能力称为容抗 X_C。它的电压滞后电流 $\pi/2$，它的值与频率和电容量成反比，即

$$X_C = \frac{1}{\omega C} = \frac{1}{2\pi f C}$$

式中：ω 为角频率；f 为频率；C 为电容量。

由式可以看出，频率越高，容抗值越小；电容值越大，容抗值越小。

2-15 什么是基波？什么是谐波？

答：周期为 T 秒的信号中有大量正弦波，其频率分别为 $\frac{1}{T}, \frac{2}{T}, \cdots, \frac{n}{T}$ 赫兹，一般称频率为 $\frac{1}{T}$ 赫兹的正弦波为"基波"，频率为 $\frac{n}{T}$ 赫兹的正弦波为"n 次谐波"。

2-16 简述电压与电位的关系。

答：电压是用来衡量电场力移动电荷做功的能力。而电位则表示电路中某点与参考点之间的电压，亦即在电场力的作用下将单位正电荷从电场的某点（a 点）移到参考点（0 点）所做的功称为该点（a 点）的电位。在电路中，任意两点之间的电位差称为这两点之间的电压，某点的电位与参考点的选择有关，而某两点之间的电压与参考点的选择无关。

2-17 简述电功与电功率的关系。

答：电功是指电流所做的功。而电功率是指单位时间内电流所做的功。电功表示在时间 t 内电场力移动电荷所做的功，而电功率表示在 1s 内电场力移动电荷所做的功。前者反映做功的多少，后者反映做功的速度。

2-18 简述电阻、电容与电感的概念。

答：当电流流过导体时，导体对电流有阻碍作用，这种阻碍作用就是电阻，用字母 R 或 r 表示。一个线圈的自感磁链 ψ 和所通电流 i 的大小的比值

$L=\psi/i$ 叫做线圈的自感系数，简称自感，也称为电感，自感等于线圈通过单位电流时的自感磁链。任何两块金属导体中间隔以绝缘体就构成了电容器，也称为电容，它既是一种电气元件的名称又是一个电气量的名称，其中，金属导体称为极板，绝缘体称为介质。

2-19　简述有功、无功和视在功率的概念。

答：电流在电阻电路中，一个周期内所消耗的平均功率称为有功功率，用 P 表示，单位为瓦。储能元件线圈或电容器与电源之间的能量交换，时而大，时而小，为了衡量它们能量交换的大小，用瞬时功率的最大值来表示，也就是交换能量的最大速率，称为无功功率，用 Q 表示，电感性无功功率用 Q_L 表示，电容性无功功率用 Q_C 表示，单位为瓦（乏）。在交流电路中，把电压和电流的有效值的乘积称为视在功率，用 S 表示，单位是瓦（伏安）。

2-20　单相交流电路的有功功率、无功功率和视在功率的计算公式是怎样的？

答：单相交流电路的功率直接可以按照电压、电流形式进行计算，视在功率就是相电压与相电流的乘积。在计算有功功率、无功功率时，考虑它们的功率因数。即

视在功率　　　　　　　　$S=UI$

有功功率　　　　　　　　$P=UI\cos\varphi$

无功功率　　　　　　　　$Q=UI\sin\varphi$

2-21　电流的有效值是如何定义的？

答：正弦交流电瞬时值的大小和方向都随时间不断变化的，而幅值是正弦量瞬时出现的最大值，所以不能用来体现做功能力的大小。工程中用有效值来衡量交流电做功的能力。

正弦交流电的有效值定义如下：在阻值相同的两个电阻元件中分别通入直流电流和交流电流，如果在同样的时间内，两者产生的热量相等，则称这个直流值是交流电流的有效值。

结果表明，有效值是最大值的 $1/\sqrt{2}$，这个结果我们也可以用微积分求得。

2-22　什么是电流的热效应？

答：当电流流过导体时，由于导体具有一定的电阻，因此，就要消耗一定的电能。这些电能不断转变为热能，使导体温度升高，这种现象称为电流

的热效应。

2-23　什么是用电设备的效率？

答：由于能量在转换和传递过程中不可避免地有各种损耗，使输出功率总是小于输入功率。为了衡量能量在转换或传递过程中的损耗程度，我们把输出与输入的功率做个比较，这个比值也就是用电设备的效率，即 $\eta = \dfrac{P_2}{P_1} \times 100\%$。

2-24　什么是短路？什么是断路？短路将会造成什么后果？

答：如果电源通向负载的两根导线不经过负载而相互直接接通，就是短路。

断路一般是指电路中某一部分断开，使电流不能导通的情况。

短路会使电路中的电流增大到远远超过导线所允许的电流限度，会造成电气设备的过热，甚至烧毁电气设备、引起火灾。同时，短路电流还会产生很大的电动力，造成电气设备损坏，严重的短路事故甚至会破坏系统稳定。

2-25　电力线有何特点？

答：在静电场中，电力线总是从正电荷出发，终止于负电荷，不闭合，不中断，不相交。

2-26　磁力线有何特点？

答：磁力线总是从磁铁 N 极出发回到 S 极，在磁铁内部是从 S 极到 N 极的闭合曲线，不中断、不相交。

2-27　磁路的基本概念是什么？

答：所谓磁路，可以简单地理解为是磁通流通的路径。由于电气设备的铁芯材料都具有相当高的磁导率，远大于铁芯周围的空气、真空或油的磁导率，因此当线圈中流经电流时，产生的磁通绝大多数会被约束在由铁芯及铁芯中的气隙构成的磁路中流通，称为主磁通。而铁芯外部相对很弱的磁通称为漏磁通。

2-28　电路和磁路的区别是什么？

答：电路和磁路在形式上有可类比之处，但两者有本质的区别。电路中流通的电流是真实的带电粒子的运动而形成的，而磁路中"流通"的磁通只是一种假想的分析手段而已。直流电通过电阻会引起能量损耗，而恒定磁通通过磁阻不会引起任何形式的能量损失，只是表示有能量存储在该磁阻代表的磁路当中。

2-29 磁场的特征是什么？

答：磁场是由电流产生的。恒定电流产生恒定磁场，交变电流产生交变磁场。磁场也是物质的一种形态，具有一定的质量和能量。

磁场的特征为：

（1）磁场对处于其中的载流导体、运动的电荷及磁针都有一定方向的电磁力作用，即磁场有力的效应。

（2）磁场以其储存的磁能作用于磁场范围内的其他带有电流的导体，使其移动，也就是说，磁场可以做功，即磁场有能量的效应。

2-30 表征磁场特性的四个物理量是什么？

答：磁感应强度、磁通、磁导率、磁场强度。

2-31 什么是导体？什么是绝缘体？什么是半导体？什么是绝缘老化？

答：导电性能良好的物体称为导体。

电阻极大，导电能力非常差，电流几乎不能通过的物体称为绝缘体。

导电性能介于导体和绝缘体之间的物体称为半导体。

绝缘材料长时间受温度、湿度和灰尘的影响后，绝缘性能要下降，这种现象称为绝缘老化。

2-32 什么是 N 型半导体？它的结构有何特点？

答：N 型半导体又称为电子半导体。它是由本征半导体材料中掺入少量某种化合物为五价的元素制成的，因而多数载流子为自由电子，少数载流子为空穴。

在本征半导体硅中，掺入少量五价元素，如磷，并不改变硅的晶体结构，只是晶体点阵中某些硅原子被磷原子所取代。五价元素的四个价电子与硅原子组成共价键后，多余了一个价电子，如图 2-5 所示，这一多余电子虽不受共价键的束缚，但仍受杂质原子核正电荷的吸引在其原子周围活动，不过其吸引力远比共价键的束缚力微弱，只需较少的能量就能使其挣脱原子核的束缚而成为自由电子，于是半导体中自由

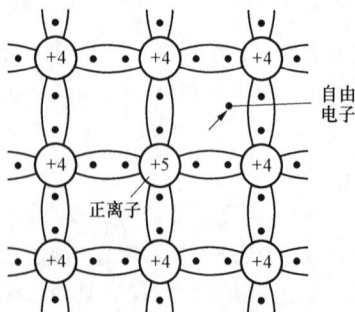

图 2-5 N 型半导体晶体结构示意图

电子数量剧增，五价杂质原子因失去电子而成为正离子，它并不产生空穴，不是载流子。因此，N型半导体中，电子为多数载流子，空穴为少数载流子。

2-33 什么是P型半导体？它的结构有何特点？

答：P型半导体又称为空穴型半导体，它是由本征半导体掺入少量的某种化合价为三价的元素制成的。其中多数载流子为空穴，少数载流子为自由电子。

它的结构中，因掺入是三价的元素，与N型半导体就截然不同。这种半导体在组成共价键时缺少一个电子，因而产生一个空位，邻近的硅原子的价电子填补这个空位，所以在该价电子原位上产生一个空穴，空穴数远多于电子数，导电以空穴载流子为主。

2-34 什么是PN结？PN结是怎样形成的？

答：杂质半导体提高了半导体的导电能力，但实际意义远非如此，利用特殊的掺杂工艺在一块晶片上，两边分别生成N型和P型半导体，两者的交界面就是PN结。PN结具有单一型半导体所没有的新特性。

P区的多子是空穴，N区的多子是电子，由于PN结交界处两侧同类载流子的浓度差异极大，因此在结中形成多子的扩散运动。P区的多子空穴向N区扩散，而N区的多子电子则向P区扩散。电子和空穴都是载流子，扩散的结果，在交界面P区一侧因失去空穴而出现负离子区，而N侧因失去电子出现正离子区。正、负离子都被束缚在晶格内不能移动，于是形成了正、负空间电荷区。电荷区产生了一个PN结自身建立的电场，称为自建电场或内电场，电场方向由N区指向P区。自建电场阻碍了多子的继续扩散，但也存在着少数载流子的漂移。当这两种运动达到平衡时，PN结的电场强度和宽度处于稳定状态，这样，PN结也就形成了。

2-35 PN结有何显著特性？

答：处于平衡状态的PN结是没有实用价值的，只有在PN结上外加电压时才显示出来。PN结具有单向导电的特性。

当PN结外加正向电压时，外加电场与自建电场的方向相反，PN结原有的平衡性遭到破坏，P区的空穴和N区的电子都要向空间电荷区移动。进入空间电荷区的电子和空穴分别要和原有的一部分正、负离子中和，使空间电荷量减少，因而空间电荷区就变得狭窄，内电场也相应被削弱，这就更有利于P区的空穴和N区的电子的扩散运动而形成扩散电流，也即正向电流。在一定范围内，正向电流随外电场的增强而增大，此时 PN 结显示出低电阻值，PN 结处于导通状态。若加上反向电压，则这种情况刚好相反，反向电阻值高，电流小，PN 结处于截止状态。PN 结的这种特性就是单向导电性。

2-36 半导体二极管的结构是怎样的？

答：半导体二极管的结构就是在一个 PN 结外加上电极引线和管壳，它是利用 PN 结的特性而制成的。P 区引出的电极称为阳极，N 区引出的电极为阴极。根据 P 区和 N 区连接的方式不同有面接触型和点接触型两种。

2-37 半导体二极管的伏安特性如何？

答：用实验方法，在二极管的阳极和阴极两端加上不同极性和不同数值的电压，同时测量流过二极管的电流值，就可得到二极管的伏安特性，如图 2-6 所示。从特性曲线中可知，二极管的伏安特性不是线性关系。

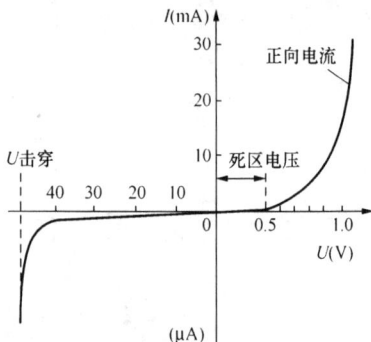

图 2-6 二极管的伏安特性曲线

（1）正向特性。正向电压很低时，正向电流非常小，是因为外加的电场还不能克服 PN 结的内电场阻挡多数载流子扩散运动的缘故。二极管表现为高阻值。当正向电压超过某一数值后，二极管开始处于导通状态。

（2）反向特性。在分析 PN 结加上反向电压时，已知反向电流是由少数载流子的漂移运动形成的，因此当反向电压在一定范围内增大时，反向电流很小并且维持不变，即反向电流不随反向电压而变化。当反向电压增大到它所产生的外电场能把外层电子强制拉出，而使载流子数目急剧增加时，即反向电流突然增大，这时的电压称为反向击穿电压，此时，二极管被反向击穿，失去了单向导电特性。

2-38 如何用万用表判别二极管极性与好坏？

答：使用二极管时，应首先注意它的极性，否则，电路不能工作或甚至引起管子及电路中其他元件的烧毁。一般二极管壳上标有极性记号，但有必要时还是要判别一下管子的正负极性。

常用的方法是利用万用表来测量管子的正、反向电阻。因为万用表测量欧姆电阻时，红表笔接的是表内电池的负极，黑表笔接的是电池正极，因此，黑表笔连接二极管的阳极，红表笔接阴极时，二极管为正向连接。应该用 $R \times 10$ 或 $R \times 100$ 量程挡来测量（$R \times 1$ 为低阻挡，测量时流过二极管电流大可能会烧坏管子；$R \times 10k$ 是高阻挡，会使二极管因受过高电压被击穿）。

2-39　什么是稳压管？它有何工作特点？

答：稳压管实质上也是一个半导体二极管，因为它具有稳定电压的作用，为了在电子电路中区别前面所说的二极管，所以称它为稳压管。

稳压管由半导体特殊工艺设计制成的。在电子电路中工作在反向击穿区，击穿电压可以从几伏到几十伏、反向电流也较大。在反向击穿状态下正常工作而不损坏，是稳压管的工作特点。如图 2-7 所示。

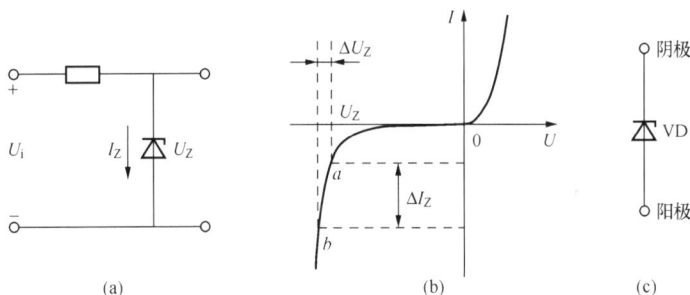

图 2-7　稳压管的稳压电路、伏安特性及图形符号
（a）电路；（b）伏安特性；（c）图形符号

从特性曲线可看出，正向特性和普通二极管基本一样。但反向特性较陡，当反向电压较小时，反向电流几乎为零，管子处于截止状态，当反向电压增大到击穿电压 U_Z（也是稳压管的工作电压），I_Z 电流急剧增加在特性 ab 段，I_Z 在很大范围内变化，但管子两端电压 U_Z 却基本不变，具有恒压特性，只要 I_Z 不超过设计时允许的最大值，PN 结就不会因过热而损坏，外加电压去掉后，稳压管恢复原有状态，所以，稳压管具有重复性很好的击穿特性。

2-40　什么是半导体三极管？它的基本结构是怎样的？

答：半导体三极管也称为晶体三极管，简称晶体管。它由两个 PN 结构成，由于两者间相互影响，因而表现出单个 PN 结不具备的功能——电流放大作用。

三极管的种类很多。按功率大小可分为大功率管和小功率管；按电路的工频分有高频管和低频管；按半导体材料不同分硅管和锗管等。但从外形来看，各种三极管都有三个电极。内部结构有 PNP 型和 NPN 型两种。

在一块半导体基片上，用特殊工艺在基片上生成两个 PN 结，两个 PN 结将基片分为三个区域：发射区、基区和集电区。每一区域经导线引出一个电极。分别为发射极（E）、基极（B）和集电极（C）。发射区和基区交界处的 PN 结称为发射结，集电区和基区交界处的 PN 结称为集电结。图 2-8 所示为两类三极管的结构示意及图形符号。

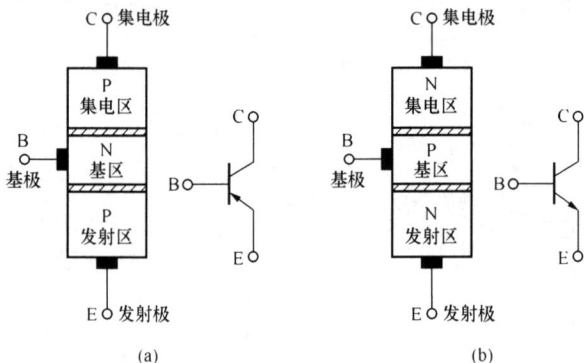

图 2-8　两类三极管的结构示意及图形符号

（a）PNP；（b）NPN

2-41　什么是晶闸管？它的结构有何特点？

答：晶闸管即硅晶体闸流管（SCR）。它是一种用硅单晶体材料制成的，包括三个或更多的 PN 结，能够由断态转入通态或由通态转入断态并稳定工作的双稳态半导体器件。它的突出特点是能以小动作信号去控制大功率系统，从而使半导体技术从弱电领域进入强电领域。

晶闸管的外形与硅整流二极管相似，只是除了阳极 A 和阴极 K 外，还具有一个起控制作用的门极 G。如图 2-9（a）所示，管芯是由 PNPN 四层半导体材料组成的，它共有三个 PN 结。图 2-9（b）是以扩散-合金法工艺制造的晶闸管结构示意图。

2-42　影响晶闸管选择的因素有哪些？

答：选管时除了电压等级、电流等级匹配之外，还要考虑到负载性质与实际工作条件。

（1）电容性负载接通时，充电电流较大；电动机负载启动时电流较大

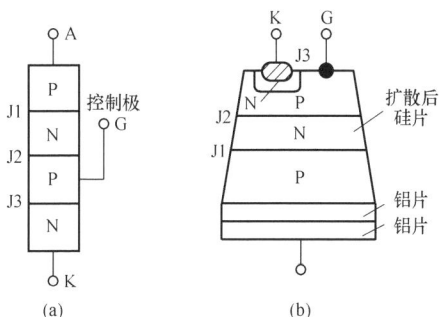

图 2-9 晶闸管结构示意图

等。对于这些负载，在选管时就要考虑到适当增加管子的电流容量。

（2）晶闸管设备在交流电路中使用，很少处于全导通状态，导通角一般不到 $180°$，要满足额定的平均负载电流，势必在导通期间通过比全导通时更高的峰值电流才行。

（3）晶闸管手册或厂家合格证上标注的管子通态平均电流 I_T 是在额定结温和环境温度 40℃下测试的，如果工作环境温度超过 40℃时，元件的实际容量会下降。

（4）晶闸管正向允许多大的电流，实际上取决于管芯允许的温升。决定温升的条件很多，随发热与散热情况而变化。大容量晶闸管都对散热条件有具体规定。如果受条件限制而达不到规定，元件电流容量应降低。

2-43 晶闸管使用时应注意哪些问题？

答：电工设备中的晶闸管，大多工作在大电流状态，必须注意正确地安装与维护。

（1）正确计算、选择管型之后，应对实际使用的管子进行测试与触发试验，保证元件良好。测试时严禁用绝缘电阻表来检查管子绝缘情况。在多只晶闸管同时使用的情况下，要挑选触发特性尽量一致的管子，如果稍有偏差，可在门极电路串联电阻来调整，但偏差太大会给触发电路调整带来困难。

（2）由于晶闸管门极过载能力较差，门极电路要加保护装置，实际触发电压或触发电流要大于手册或产品合格证提供的额定值，但绝不能超过允许的极限值。同时要考虑温度的影响，温度升高，触发功率下降，反之则上升。

（3）在实际线路中，对浪涌电流与过高过快的电压、电流变化率要有吸收与限制措施，以避免误触发、正向过载或反向击穿。

（4）对晶闸管的安装使用环境有下列要求。空气冷却时环境温度应在 30～40℃之间，水冷却时应在 40～50℃之间，相对湿度不大于 85％，周围介质应无爆炸、腐蚀和破坏绝缘的危险，还要注意避免剧烈振动和冲击。

（5）不同容量的晶闸管对散热条件都有具体规定。一般 3A 以下管子依靠金属外壳和引线散热，5A 以上安装散热器。至于散热方式，20A 以下靠空气自然冷却，30～100A 要求以 5m/s 以上的风速进行风冷，200A 以上的管子，亦可用风冷，也可用油冷或水冷，800A 以上的管子必须进行液冷。

2-44　防止晶闸管误触发有哪些措施？

答：防止晶闸管误触发的措施有：

（1）触发电路电源变压器、同步变压器应具有静电隔离设施，脉冲变压器必要时也可加静电隔离屏蔽层。

（2）尽量避免控制极电路靠近大的电感性元件，也不要与大电流的母线靠得太近。脉冲电路的输入线及输出到晶闸管门极的控制线应采用屏蔽线。

（3）选用有较大触发电流的晶闸管，使晶闸管不会被较小的干扰脉冲误触发。

（4）在晶闸管的控制极和阴极间并联 $0.01～0.03\mu F$ 的电容，也可减小干扰，但由于电容会使正常触发脉冲的前沿变缓，因此电容的选择不要过大。

（5）在晶闸管的控制极和阴极间加 30V 左右的反向偏置电压，可用固定负压或二极管、稳压管等实现。

（6）脉冲电路的电源应加滤波器，为了消除电解电容器对电感的影响，应并联一只小容量的金属纸介或陶瓷电容，以吸收高频干扰。

2-45　什么是整流？整流是如何实现的？

答：整流电路是一种将交流电（AC）变换为直流电（DC）的变换电路，是利用半导体二极管的单向导电性和晶闸管是半控型器件的特性来实现的。

2-46　单相半波整流电路是根据什么原理工作的？有何特点？

答：半波整流电流的工作原理是：在变压器二次绕组的两端串接一个整流二极管和一个负载电阻。当交流电压为正半周时，二极管导通，电流流过负载电阻；当交流电压为负半周时，二极管截止，负载电阻中没有电流流过。所以负载电阻上的电压只有交流电压的正半周，即达到整流的目的。

特点：接线简单，使用的整流元件少，但输出的电压低、效率低、脉动大。

2-47　全波整流电路的工作原理是怎样的？其特点如何？

答：变压器的二次绕组中有中心抽头，组成两个匝数相等的绕组，每个半绕组出口各串接一个二极管，使交流电在正、负半周同时各流过一个二极管，以同一方向流过负载。这样，就在负载上获得一个脉动的直流电流和电压。

特点：输出的电压高、脉动小、电流大，整流效率也较高，但变压器的二次绕组要有中心抽头，使其体积增大，工艺复杂，而且两个半部绕组只有半个周期内有电流流过，使变压器的利用率降低，二极管承受的反向电压高。

2-48　在单相桥式整流电路中，如果有一个二极管短路、断路或反接，会出现什么现象？

答：在单相桥式整流电路中，如果有一个二极管短路，将造成半波整流另半波电源短路；如果一个二极管断路，就会形成半波整流；如果一个二极管反接，则电路不起整流作用，负载中无电流流过。

2-49　在整流电路输出端为什么会并联一个电容？

答：电容是具有充放电功能的元件，它的电压不会突变。在整流电路中输出端并联一个电容，则在电压变化过程中，会使整流后的脉动电压变得更加平缓，以更好地达到稳定的直流电压和电流的目的。

2-50　什么是非线性元件？

答：流过元件的电流与元件的外加电压不成比例，则这样的元件称为非线性元件。如图 2-10 中曲线所代表的元件就是非线性元件。含有这种非线性元件的电路称为非线性电路。例如带铁芯的线圈，当外加电压较低时，电流与电压基本成正比关系，当

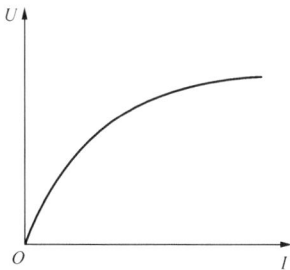

图 2-10　非线性元件

电压增大到一定数值后，电流会比电压增大的速度快而不成正比关系了。

2-51　库仑定律的定义是什么？

答：两个点电荷之间作用力 F 的大小与两个点电荷量 q_1、q_2 的乘积成正比，与两个点电荷间距离 r 平方成反比，还和电荷所处的空间的媒质（用

系数 K 表示）有关，即

$$F = K\frac{q_1 q_2}{r^2}$$

2-52　什么是趋表效应？趋表效应可否利用？

答：当直流电流通过导线时，电流在导线截面上分布是均匀的，导线通过交流电流时，电流在导线截面上的分布不均匀，中心处电流密度小，而靠近表面电流密度大，这种交流电流通过导线时趋于导线表面的现象称为趋表效应，也称为集肤效应。

考虑到交流电的趋表效应，为了有效地节约有色金属和便于散热，发电厂的大电流母线常用空心的槽形或菱形截面母线。高压输配电线路中，利用钢芯铝线代替铝绞线，这样既节约了铝导线，又增加了导线的机械强度。

趋表效应可以利用，如对金属进行表面淬火，对待处理的金属放在空心导线绕成的线圈中，线圈中通过高频电流，金属中就产生趋于表面的涡流，使金属表面温度急剧升高，达到表面淬火的目的。

2-53　什么是电流的磁效应？

答：电流流过导体时，在导体周围产生磁场的现象，称为电流的磁效应。它的磁力线方向由右手定则来确定。

2-54　什么是电磁感应？

答：当磁场发生变化或导体切割磁力线运动时，回路中就有电动势产生，这个电动势称为感应电动势，这种现象称为电磁感应现象。

2-55　什么是自感现象和互感现象？

答：线圈中也就是螺形管中由于自身电流的变化而产生感应电动势，这种现象称为线圈的自感现象。由于一个线圈的电流变化而导致另一个线圈产生感应电动势的现象称为互感现象。这是因为线圈中电流的变化导致磁场发生变化，而另一个线圈因为受到它的磁场变化而产生感应电动势。

2-56　什么是楞次定律？

答：线圈中感应电动势的方向总是企图使它所产生的感应电动势反抗原有磁通的变化，这一规律称为楞次定律。楞次定律可以简单地表述为，感应电动势或感生电流总是阻碍产生它本身的原因。

2-57　如何确定载流导体产生的磁力线的方向？

答：载流导体产生磁场，它的磁力线的方向可以用右手定则给予确定，方法是：用右手握住导线并把拇指伸直，拇指所指的方向为电流所指方向，四指所环绕的方向就是磁力线的方向，由此来确定载流导体产生的磁力线方向。

2-58　如何判断通电螺线管的磁场方向？

答：判断导体的磁场方向均用右手定则，通电螺线管可以认为是单根载流导体的组合体。具体判断如下：用右手握住螺线管，将拇指伸直，使四指的方向与电流方向一致，则拇指所指方向就是磁场的方向，也就是北极，即 N 极。如图 2-11 所示。

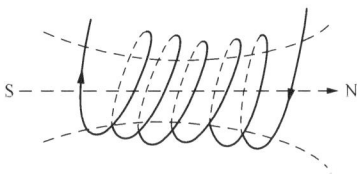

图 2-11　判断螺线管的磁场方向

2-59　如何判断感应电动势的方向？

答：感应电动势的方向用右手定则判断。具体方法是：将右手平伸，使磁力线垂直穿过手心，大拇指指向导体运动方向，与拇指互相垂直的四指所指的方向就是感应电动势的方向。

2-60　如何判断通电导线在磁场中的运动方向？

答：判断通电导体在磁场中的运动方向可以用左手定则。具体方法如下：将左手平伸，掌心迎着磁力线方向，四指指向导体的电流方向，则与四指垂直的拇指的指向就是导体运动的方向。

2-61　如何计算直流回路电能？电能的基本单位和常用单位是什么？

答：连接电路的一个重要目的往往是将电能转换为其他形式的能量。因而除了分析电路中的电流和电压之外，还有一个电能问题。

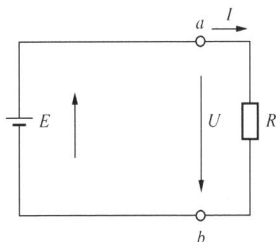

如图 2-12 电路中，提供电能的电源，其电动势为 E，电源内阻很小，可忽略。消耗电能的是负载电阻 R，其端电压为 U，流入电流为 I。正电荷在电场力作用下由 a 点通过 R 到 b 点时，电场力所做的功为 $W=Uq=UIt=W_R$，这个 W 就是电阻 R 在时间 t 内所吸收的电能 W_R。

在国际单位中，电能的基本单位为焦耳（J）；常用单位是千瓦·时。

图 2-12　简单的直流电路图

2-62　什么是正弦交流电？为什么要采用交流电，它有什么好处？

答：正弦交流电是指电路中的电流、电压及电势的大小都随时间按正弦函数规律变化，这种大小和方向都随时间做周期性变化的电流称为交变电流，简称交流电。

交流电具有容易产生、传送和使用的优点，因而我们广泛地采用交流电。例如，远距离输电可利用变压器把电压升高，减小输电线中的电流来降低损耗，获得经济的输电效益，在用电场合，可通过变压器降低电压，保证用电安全。此外，交流发电机、交流电动机和直流电机相比较，具有结构简单、成本低廉、工作安全可靠、使用维护方便等优点，所以交流电在国民经济各部门获得广泛采用。

2-63　什么是交流电的周期、频率和角频率？

答：交流电在变化过程中，它的瞬时值经过一次循环又变化到原来瞬时值所需要的时间，即交流电变化一个循环所需的时间，称为交流电的周期。如图 2-13 所示。

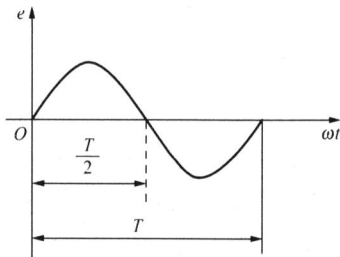

图 2-13　交流电周期图

周期用符号 T 表示，单位为秒。周期越长交流电变化越慢，周期越短，表明变化越快，我国电网交流电的周期为 0.02s。

交流电每秒钟周期性变化的次数称为频率。用字母 f 表示，它的单位是周/秒，或者赫兹，用符号 Hz 表示。它的单位有赫兹、千赫（kHz）、兆赫（MHz）。单位的换算关系为

$$1kHz = 1000Hz$$
$$1MHz = 10^6 Hz$$

我国电网的频率 $f = 50Hz$，即交流电每秒钟变化 50 周，习惯上称"工频"，周期与频率之间的关系为

$$T = 1/f \text{ 或 } f = 1/T$$

即周期与频率为倒数关系。

角频率 ω 与频率 f 的区别在于它不用每秒钟变化的周数表示交流电变化的快慢，而是用每秒钟所变化的电气角度来表示。交流电变化一周其电角变化为 $360°$，$360°$ 等于 2π 弧度，所以角频率与周期及频率的关系为

$$\omega = 2\pi/T = 2\pi f$$

2-64　什么是交流电的相位、初相角和相位差？

答：交流电动势的波形是按正弦曲线变化的，其数学表达式为

$$e = E_m \sin\omega t$$

上式表明在计时开始瞬间（$t=0$）导体位于水平面 OO' 时的情况。如果计时开始时导体不在水平面上，而是与中性面相距一个角，如图 2-14 所示，那么在 $t=0$ 时，线圈中产生的感应电动势为 $e = E_m \sin\varphi$

若转子以 ω 的角度旋转，经过时间 t 后，转过 ωt 角度，此时线圈与中性面的夹角为 $\omega t + \varphi$，所以感应电动势为

$$e = E_m \sin(\omega t + \varphi)$$

上式为正弦电动势的一般表达式，也称作瞬时值表达式。

图 2-14　交流电的相位、初相角和相位差

式中：$\omega t + \varphi$ 为相位角，即相位；φ 为初相角，即初相，表示 $t=0$ 时的相位。

在一台发电机中，常有几个线圈，由于线圈在磁场中的位置不同，因此它们的初相就不同，但是它们的频率是相同的。另外，在同一电路中，电压与电流的频率相同，但往往初相也是不同的，通常将两个同频率正弦量相位之差称为相位差。例如

$$u_1 = U_{m1} \sin(\omega t + \varphi_1)$$

$$u_2 = U_{m2} \sin(\omega t + \varphi_2)$$

其相位差为　$(\omega t + \varphi_1) - (\omega t + \varphi_2) = \varphi_1 - \varphi_2$

由此可见，同频率的正弦量的相位差就是初相之差。

2-65　什么是三相交流电源？它和单相交流电相比有何优点？

答：由三个频率相同、振幅相等、相位依次互差 120°电角度的交流电动势组成的电源称三相交流电源。它是由三相交流发电机产生的。日常生活中所用的单相交流电，实际上是由三相交流电的一相提供的，由单相发电机发出的单相交流电源现在已经很少采用了。

三相交流电较单相交流电有很多优点，它在发电、输配电以及电能转换成机械能等方面都有明显的优越性。例如：制造三相发电机、变压器都较制造容量相同的单相发电机、变压器节省材料，而且构造简单，性能优良。又

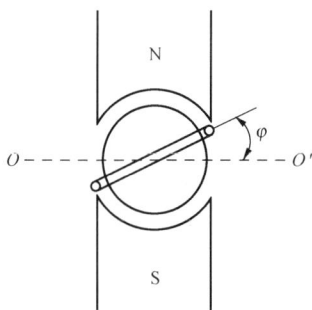

如，由同样材料所制造的三相电机，其容量比单相电机大 50%，在输送同样功率的情况下，三相输电线较单相输电线可节省有色金属 25%，而且电能损耗较单相输电时少。由于三相交流电有上述优点，所以获得了广泛的应用。

2-66　正弦量的三要素指的是哪些？各有什么含义？

答：正弦量的三要素指的是一个正弦量的幅值、频率和初相位。

幅值指的是正弦量的最大瞬时值。正弦量在任一时刻的大小称为瞬时值，交流电量在变化过程中会出现最大瞬时值，我们定义它为幅值，用大写字母表示。

正弦量的频率是正弦量在单位时间内重复的次数，在正弦表达式中，我们一般用角频率来表示。角频率的不同之处就是它用单位时间所变化的弧度表示，这样使得表达式中与初相位直接对应，因而显得更简明。

初相位在这三要素中也非常重要，初相位不同，所体现的波形位置就不同。以上这三要素对于一个正弦波缺一不可。

2-67　什么是三相交流电的不对称度？

答：不对称度就是负序分量电压 U_{e2} 与正序分量电压 U_{e1} 的比值，用百分数表示。即

$$\varepsilon = \frac{U_{e2}}{U_{e1}} \times 100\%$$

不对称度用来衡量三相负载的不对称程度，因为实际上大多数的三相负载是不对称的，当 ε 小于 5% 时，可以认为三相负载是对称的，但当 ε 大于 5% 时，就可按不对称处理。

2-68　什么是交流电的谐振？

答：用一定的连接方式将交流电源、电感线圈与电容器组合起来，在一定的条件下，电路有可能发生电能与磁能相互交换的现象，此时，外施交流电源仅供电阻上的能量损耗，不再与电感线圈或电容器发生能量转换，这种现象称为电路发生了谐振。

2-69　如何用公式表示三相不对称负载的有功功率？

答：当三相负载不对称时，不能直接用公式 $P = \sqrt{3}U_1 I_1 \cos\varphi$ 计算，应该单独计算各相有功功率，因为负载不等，它们的功率消耗就不一样，我们首先应计算各相功率

$$P_A = U_A I_A \cos\varphi_A$$

$$P_B = U_B I_B \cos\varphi_B$$
$$P_C = U_C I_C \cos\varphi_C$$

然后，总有功功率为

$$P = P_A + P_B + P_C$$

2-70 如何用瞬时值表达式表示三相交流电动势？

答：各相电动势的正方向规定由绕组的末端指向首端，并以 A 相电动势为参考正弦量，即 A 相电动势的初相角为零，这样三相电动势的表达式就可以列出

$$E_A = E_m \sin\omega t$$

$$E_B = E_m \sin(\omega t - 120°)$$

$$E_C = E_m \sin(\omega t + 120°)$$

2-71 什么是三相三线制供电？什么是三相四线制供电？

答：在三相电路中，从电源三个线圈的端头引出三根导线供电的供电方式称为三相三线制供电。

在星形联结的电路中，除从电源三个线圈的端头引出三根导线外，还从中性点引出一根导线，这种四根导线供电的方式称为三相四线制供电。

2-72 在三相三线制中，任何瞬时三相电流关系如何？在三相四线制中又如何？

答：在三相三线制中，任何瞬时三相电流关系为

$$i_A + i_B + i_C = 0$$

在三相四线制中，因为有了中性线，因而三相电流关系为

$$i_A + i_B + i_C = i_0$$

当 $i_0 = 0$ 时，说明此时无零序电流，三相电流处于对称状态，当 $i_0 \neq 0$ 时，说明三相负载不对称，中性线中有零序电流通过。

2-73 当三相负载接成三角形时，线电流和相电流的相位及数值关系怎样？用相量图表示。

答：当负载为三角形接线时，线电流是相电流的 $\sqrt{3}$ 倍，线电流滞后相电流 30°。相量图如图 2-15 所示。

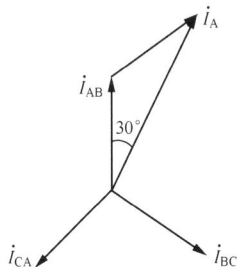

图 2-15 三角形负载时线电流与相电流比较

2-74　在低压供电系统中，三相四线制较三相三线制有什么优点？

答：三相三线制供电系统仅能获得一种电压，而三相四线制供电系统可以获得线电压和相电压两种电压，这对于使用者比较方便。三相三线制供电系统只适用于三相对称负载，不适用于三相不对称负载。若三相负载不对称，中性点就会出现电压，某相电压就会变得很高，影响该相负荷的安全。而三相四线制供电系统在三相负载不对称时，由于中性线阻抗很小，能消除中性点位移现象，使三相负载电压仍保持对称，有利于其安全使用。

2-75　什么是中性点位移现象？

答：在三相电路中，电源电压三相对称的情况下，若三相负载也对称，不管有无中性线，中性点的电压（电源的中性点与负载的中性点之间的电位差）等于零。如果三相负载不对称，且没有中性线或中性线阻抗较大，则中性点就会出现电压，这种电压也称为中性点位移电压。

2-76　在三相四线制供电系统中，中性线（零线）的作用是什么？为什么中性线不允许断路？

答：在三相负载不对称的情况下，中性线（零线）的作用是保证中性点没有位移电压，使各相电压保持对称。

因为三相四线制供电系统中三相负载大多是不对称的，当中性线发生断路时，就会使中性点出现电压位移现象，从而引起三相负载电压的畸变，即三相负载电压严重不平衡，破坏负荷的正常运行。

2-77　利用电感滤波的原理是什么？

答：在具有电感元件的电路中，电路对非正弦的各次谐波所显示的阻抗不同，因为电感元件的阻抗与它的频率成正比，因此不同频率，它的阻抗就不同。如果适当地选择电感值，可滤掉一些谐波电流，保留其他谐波电流，达到滤波的目的。

2-78　什么是尖端放电？

答：电荷在导体表面分布的情况取决于导体表面的形状。曲率半径越小的地方电荷超密集，形成的电场也越强，这样会使空气发生电离，在空气中产生大量的电子和离子。在一定条件下会导致空气击穿而放电。这种现象就是尖端放电。

2-79　什么是涡流损耗？它对电机设备有什么影响？

答：当穿过大块导体的磁通发生变化时，在其中产生感应电动势，由于

大块导体可自成闭合回路，因而在感应电动势的作用下产生感应电流，这个电流称为涡流。涡流所造成的发热损失称为涡流损耗。

虽然可以利用涡流原理制作成感应炉及电工仪表等设备加以利用，但发电机、变压器等电机设备中的涡流将引起不容忽视的附加损耗，造成电气设备效率降低、容量得不到充分利用。因此，为了减小涡流损耗，电气设备的铁芯常用互相绝缘的 0.3mm 或 0.5mm 的硅钢片叠制而成。

2-80　直流串联电路有何特点？

答：直流串联电路有四个特点：

(1) 流过各电阻的电流都相等；

(2) 端电压等于各电阻上电压之和；

(3) 总电阻等于各电阻之和；

(4) 各电阻两端的电压与各电阻成正比。

2-81　直流并联电路有什么特点？

答：直流并联电路有四个特点：

(1) 各支路两端的电压都相等；

(2) 总电流等于各支路电流之和；

(3) 总电阻的倒数等于各支路电阻倒数之和；

(4) 流过各支路的电流与支路中的电阻阻值大小成反比。

2-82　运用等效电源定理的目的是什么？

答：在实际工作中，如果只需计算复杂电路中某一支路的电流，而不需求出所有支路中的电流，则应用等效电源定理求解最为简便，这个方法是将待求电流的支路从电路中抽出，把电路的其余含有电源的部分用一个等效电源来代替，这样就把复杂电路转化为简单回路来分析求解。等效电源可以分为等效电压源和等效电流源两种。戴维南定理指出的是任何一个线性有源二端网络都可以用一个电压源来代替。诺顿定理指出的是任何一个线性有源二端网络都可用一个恒流源 I_s 和电阻 R_s 并联的电路来等效代替。

2-83　什么是叠加原理？如何理解叠加原理？

答：叠加原理是线性电路中的一条重要原理，它的内容是：在线性电路中，如果有几个电源同时作用时，任一条支路的电流（或端电压）是电路中各个电源单独作用时，在该支路中产生的电流（或端电压）的代数和。

叠加原理的提出主要是针对不同电源共同作用于电路而产生的效应在适当方式上给以这种效应的叠加，一句话，就是各电源分别在任一元件上产生响应的代数和。例如两个电压源作用于一个复杂的电路中，我们所要得到的是在某一元件上的响应，因而我们首先认为是由其中的一个电压源作用，把另一个视为短路状态，这样一方面简化了电路，另一方面为计算带来了方便。当我们求得响应后，再认为是由另一个电压源单独起作用时，元件上的响应，这两个响应之和，就是元件上的总的响应。这里值得注意的是，对电压源我们视之为短路状态，而对于电流源，则应视之为开路状态。

2-84　什么是过渡过程？产生过渡过程的原因是什么？

答：过渡过程是一个暂态过程，是从一个稳定状态转换到另一个稳定状态所要经过的一段时间内的这种过程。产生过渡过程的原因是由于储能元件的存在。储能元件如电感和电容，它们在电路中的能量不能跃变，即电感的电流和电容的电压在变化过程中不能突变，所以，电路中的一个稳定状态过渡到另一种状态有一个过程。

2-85　串联谐振与并联谐振各有什么特点？

答：串联谐振电路具有以下特点：

(1) 因为 $X_L = X_C$，所以阻抗 $Z_0 = \sqrt{R^2 + (X_L - X_C)^2} = R$ 达到最小值，具有纯电阻特性。

(2) 在电压 U 不变的情况下，电路中的电流达到最大值，即 $I = \dfrac{U}{Z_0} = \dfrac{U}{R} = I_0$，式中 I_0 为谐振电流。

(3) 由于谐振时 $X_L = X_C$，所以 $U_L = U_C$，而 U_L 与 U_C 相位相反，相加时互相抵消，所以电阻上的电压等于电源电压 U_0，电感和电容上的电压分别为

$$U_L = IX_L = \frac{U}{R}X_L$$

$$U_C = IX_C = \frac{U}{R}X_C$$

如果感抗和容抗远大于电阻时，U_L 和 U_C 可能远大于电源电压 U_0 的现象，所以串联谐振又称为电压谐振，因此串联谐振具有破坏性。

并联谐振电路具有以下特点：

(1) 并联谐振时电路的总电流 I 最小，总电流与电压同相，即电路的总阻抗达到最大值 Z_0，电路呈电阻性。即

$$Z = Z_0 = \frac{U}{I} = \frac{U}{I_1 \cos\varphi_1} = \frac{Z_1^2}{R} = \frac{L}{RC}$$

（2）并联谐振电路的总电流 $I = I_0 = \dfrac{U}{Z}$ 达到最小值，支路电流与总电流之比值为

$$\frac{I_1}{I_0} = \frac{I_C}{I_0} = \frac{\omega_0 L}{R} = \frac{1}{\omega_0 CR}$$

这就是谐振电路的品质因数 Q。它表明并联谐振时，支路电流 I_1 或 I_C 是总电流的 Q 倍，所以并联谐振又称为电流谐振。并联谐振不会产生危害设备安全的谐振过电压，且功率因数达到最大值，因此，为我们提供了提高功率因数的有效办法。

2-86　如何计算 R、L、C 串联电路的复数阻抗？什么是复数形式的欧姆定律？

答：电阻、电感、电容三种元件串联，它们的复数阻抗表示为 $Z = R + \mathrm{j}(X_L - X_C)$，也即 $Z = R + \mathrm{j}X$，其中 X 就是电感电容的综合阻抗。

$\dot{U} = \dot{I}\dot{Z}$ 就是复数形式的欧姆定律。

2-87　逆变电路必须具备什么条件才能进行逆变工作？

答：逆变电路按照其工作形式分为无源逆变电路和有源逆变电路两种。无源逆变电路就是将直流电能转换为某一固定频率或可变频率的交流电能，并且直接供给负载使用的逆变电路；有源逆变电路就是将直流电能转换为交流电能后，又送到交流电网的逆变电路。

逆变电路必须同时具备下列两个条件才能产生有源逆变：

（1）变流电路直流侧应具有能提供逆变能量的直流电源电动势 E_d，其极性应与晶闸管的导电电流方向一致。

（2）变流电路输出的直流平均电压 U_d 的极性必须与整流电路相反，以保证与直流电源电动势 E_d 构成同极性相连，且满足 $U_\mathrm{d} < E_\mathrm{d}$。

2-88　什么是集成电路？

答：集成电路是相对于分立元件电路而言的，是指把整个电路的各个元件以及各元件之间的连接同时制造在一块半导体基片上，使之成为一个不可分割的整体。

2-89　什么是运算放大器？它主要有哪些应用？

答：运算放大器是一种增益很高的放大器，能同时放大直流电压和一定的交流电压，能完成积分、微分和加法等数学运算。运算放大器是一种具有高放大倍数、深度负反馈的直流放大器。随着集成运算放大器的问世，运算

放大器在测量、控制、信号等方面都得到了广泛的应用。

2-90　集成运算放大器有何特点？

答：集成运算放大器从电路结构而言是具有高开环电压放大倍数的多级直接耦合放大电路。集成运算放大器的一些特点与它的制造工艺紧密相关。归纳起来有以下几点：

（1）集成电路中所有元件是在同一工艺过程中制作而成，彼此距离又极小，因此，元件受环境影响而引起的偏差具有较好的同向性，即元件间具有较好的参数对称性。集成运算放大器都采用差动放大电路作为输入级，参数的对称性越好，两管的温度飘移就越小，这一点对多级直接耦合放大电路尤为重要。

（2）在集成电路硅片上还难于制作电感元件，较大容量的电容元件也较难实现，一般电容值不超过 200pF，集成运算放大器在级与级之间多采用直接耦合的原因也在于此。在需要大容量的电容场合，可采用外接的办法。

（3）在集成电路中制作无源元件往往比制作有源元件所占硅片的面积大得多，过大阻值的电阻元件，占用过大的面积，既提高成本，阻值偏差也大。因此，集成电路中的阻值在 $100\sim300\Omega$ 范围内较为合适。在需用较大的直流电阻时，可采用外接办法。

（4）集成电路中的二极管大多采用晶体管结构，只是将集电极、基极和发射极组配使用。

2-91　集成运算放大器在实际使用中有哪些注意事项？

答：为了正确合理地使用集成运算放大器，除了应了解一些主要技术参数外，还必须注意使用中遇到的一些问题。

（1）零点漂移。由于运算放大器存在失调电压和失调电流，当输入信号为零时，输出不可能为零。此时就需要调整零位。

（2）消除自激振荡。自激振荡表现为当输入信导 $U_i=0$ 时，输出端却有高频交流信号输出。此时运算放大器就不能正常工作，这是由于运算放大器内部晶体管的极间电容和其他寄生参数的影响所造成。通常是外接 PC 消振电路或消振电容来破坏产生振荡的条件。是否已消振，可将输入端接地，在输出端接示波器来观察。

（3）保护措施。集成运算放大器在使用中若不注意，可能会使它损坏。因此一般采用一些保护措施。具体有输入保护、输出保护及电源端保护。

输入保护是为了防止由于输入端所加电压超过最大共模或差模电压，致使其输入级晶体管损坏，一般采用在输入端间接入反向并联的二极管。输出

保护采用端口串接一低值电阻来限制放大器的输出电流，否则有可能导致过载或短路情况。一般情况下，在其内部已配置输出保护。电源端保护是为了防止电源被反接而损坏放大器，可利用二极管单向导电性，在电源端串入来实现。

（4）扩大输出电流。如果运算放大器不能满足负载需要的电流，可在其输出端加接一级互补对称电路来实现。

2-92 为什么负反馈能使放大器工作稳定？

答：在放大器中，由于环境温度的变化、管子老化、电路元件参数的改变以及电源电压波动等原因，都会引起放大器的工作不稳定，导致输出电压发生变化。如果放大器中具有负反馈电路，当输出信号发生变化时，通过负反馈电路可立即把这个变化反映到输入端，通过对输入信号变化的控制，使输出信号接近或恢复到原来的大小，使放大器稳定地工作，且负反馈越深，放大器的工作性能越稳定。

2-93 直流/直流变换电路的主要形式和工作特点是什么？

答：直流/直流（DC/DC）变换器有两种主要的形式：一种是逆变整流型，另一种是斩波电路控制型。

逆变整流型是将直流电压逆变成一个固定的高频交流电压，然后将这个交流电压经变压器变为要求的交流电压，再整流成所需的直流电压。逆变电路一般采用恒压恒频控制，适用于小功率的电源变换和变压比较大的变换。

斩波电路控制型可选用多种脉冲调制方式作为控制输入，适用于不需要隔离的场合和升压、降压比不大的场合。

2-94 斩波电路的主要功能和控制方式是怎样的？

答：直流斩波电路是一种直流/直流（DC/DC）变换电路，其主要功能是通过控制直流电源的通和断，实现对负载上的平均电压和功率的控制，即所谓的调压调功功能。

斩波电路常用的三种控制方式：时间比控制方式、瞬时值控制方式和时间比与瞬时值相结合的控制方式。

2-95 电工绝缘材料性能的指标有哪些？

答：衡量电工绝缘材料性能的指标有：绝缘耐压强度、抗张强度、密度、膨胀系数。

2-96   低压验电笔有哪些用途？

答：低压验电笔是用来检查低压设备有无电压以及区分相线和地线的一种验电工具。使用前，应在确知有电的设备上试验一次，以验证验电笔确实良好。当现场没有适当的低压电源时，应在工作前在其他带电的设备上试验一次。验电时，手拿验电笔并用一个手指头触及其中间金属夹层，验电触头与被验电的设备接触，看氖光灯是否发亮，若发亮说明设备带电，不发亮是没有电。

2-97   常用电工仪表有哪些？主要用途是什么？

答：常用电工仪表及其主要用途有：

（1）电流表。电流表分为交流电流表和直流电流表。用于监视电路中的电流，在电路中与负载串联使用。

（2）电压表。电压表分为交流和直流电压表两种，用于监视电路中的某点电压，在电路中是将电压表并联在被测电压回路的两端。

（3）有功功率表。有功功率表分为单相和三相有功功率表，用于监测输电线、变压器或发电机的有功功率。

（4）无功功率表。无功功率表分为单相和三相无功功率表，用于监测输电线、变压器、发电机的无功功率以便掌握系统的无功功率的发生、输送和损耗，进行电力系统的电压调整。

（5）有功电能表。有功电能表可分为单相和三相两种，用来测量单相或三相电路中某一时间内所消耗的电能，单位为千瓦·时。

（6）无功电能表。无功电能表为单相和三相两种，用来测量某一时间内发生、输送和耗用的无功功率的总值和平均值。以便考核在调整电压和降低损耗中的作用。

（7）功率因数表。用来监测电力系统设备有功功率和无功功率对比的仪表，由此可了解发电机运行在迟相还是进相、无功功率流动方向和大小。

（8）频率表。频率表俗称周波表，用来测量电网中频率的仪表。

（9）万用表。万用表具有多种功能，一般常用的万用表可以用来测量交、直流电压、电流、电阻、电容、电感以及晶体管某些参数。

（10）钳型电流表。钳型电流表分交、直流两种形式，其特点是可以在不断开电路的情况下测试线路中的负荷电流。

（11）绝缘电阻表。绝缘电阻表俗称为摇表、兆欧表，是用来测量大电阻的直读式仪表，如用来测量电气设备的绝缘状态。

（12）电桥。电桥可分为交流、直流电桥两大类。直流电桥主要是用来测量电阻。根据结构的不同又分为单臂和双臂电桥两种，单臂电桥适用于测量中值电阻（$1\sim10^6\,\Omega$），双臂电桥主要用来测量低值电阻（1Ω 以下）。

交流电桥主要用于交流等效电阻及时间常数、电容及其介质损耗、自感及线圈品质因数和互感等电参数的精密测量，也用于非电量变换为相应电量参数的精密测量。交流电桥分为阻抗比电桥和变压器电桥两类。

2-98　电压表和电流表的主要区别是什么？如何正确使用？

答：电压表和电流表在测量机构上完全一样，由于测量对象不同，其测量线路就会有很大区别。电压表在测量电压时，因它与负荷或电源并联，要分流掉一部分电流。为了不致使电路的工作受到影响，所以电压表的内阻应该很大，且内阻越大，测量的量限也越大。而电流表则相反，是与电源或负荷串联，当电流表的内阻很小时，才不会改变电路中的电流数值。所以电流表的内阻应该很小，且内阻越小，其测量的量限就越大。

用电压表、电流表测量电压和电流时，应根据被测量值的大小选择电表的量限，并使电表的量限略大于被测量值。由于电压表内阻很大，测量时应并联接入电路。如错接成串联，被测电路呈断路状态，使仪表无法工作，电表也不能指示。而电流表则相反，内阻极小，测量时使仪表串联接入电路。若错接成并联，将造成短路。此时部分短路电流经内阻很小的电流线圈，电流表很快就会被烧坏。当需要测量高电压、大电流时，由于仪表的量程不可能做得很大，这时需要选用一定变比倍数的电压互感器或电流互感器，将高电压、大电流变换为低电压、小电流，同时应使仪表与所配用的互感器二次电压相等。

2-99　简述万用表的组成和用途。

答：万用表又称为万能表，是一种多用途的携带式电工测量仪表。它的特点是量限多、用途广。是电压表、电流表、欧姆表的组合。

一般万用表可用来测量直流电压、电流，交流电压和电阻，有些万用表还可测量交流电流、电功率、电感量、电容量等。

万用表是用磁电系测量机构配合测量电路来实现各种电量的测量（近年来，还出现了由集成电路组成的数字式万用表，性能更加完善）。磁电系万用表由以下几个主要部分组成：

（1）表头。是万用表的主要元件，是一种高灵敏度的磁电式直流电流表，它的满刻度偏转电流一般为几微安到几百微安，其全偏转电流越小，灵敏度越高，表头特性越好。表头的表盘上有对应各种测量所需要的多条标度尺。

由于表头的灵敏度要求很高，所以表头中可动线圈必须匝数多（使小电流时转动力矩足够大）、导线细（使线圈轻便，当转动力矩小时也能产生较大偏转角）。因此导线越细、匝数越多则表头灵敏度越高，内阻就越大。

（2）测量线路。万用表的测量线路实际就是多量限的直流电流表、电压表、整流式交流电压表和欧姆表等几种线路组合而成。其测量线路中的元件（如绕线电阻、碳膜电阻等），在测量时，将这些元件通过转换开关接入被测线路中使仪表发生指示。测量交流电压线路中，还设有整流装置，整流后的直流再通过表头，这样与测量直流电压时的原理完全相同。

（3）转换开关（也称为选择式量程开关）。万用表中各种测量种类和量限的选择是靠转换开关来实现的。转换开关里有固定接触点和活动接触点，用以闭合和分断测量回路。其活动接触点通常称为"刀"，固定接触点称为"掷"。而转换开关是按需用特制的，通常有多刀和几十个掷，各刀之间是相互同步联动的，变换刀的位置，就可以使表内接线重新分布，从而实现所需测量的范围和要求。

2-100　如何用万用表检查晶体管？

答：用万用表检查晶体管主要是辨别管脚和粗测管子的好坏。

1. 管脚的辨别

（1）先判定基极 B。无论是 PNP 型或 NPN 型晶体管，基极到发射极和基极到集电极都分别为两个 PN 结，PN 结的特点是正向电阻小，反向电阻大，根据这一特点可先判定基极。方法是：先假定某一极为基极，将万用表量程置 $R \times 100$ 或 $R \times 1000$ 挡，将黑表笔接在这极上，红表笔分别接管子的另两极，如测得电阻都很大；然后将表笔对换，则测得应该是相反结果，这样这个假定是正确的。用此法在三个电极中辨别，满足上述条件的，必是基极。如按上述测试步骤测量 PN 结电阻时，第一次两个 PN 结电阻都很大，第二次都很小，则被测晶体管为 PNP 型，如结果刚好相反，则必为 NPN 型。

（2）判别集电极 C。在已判定晶体管的基极后，如图 2-16 所示，当所接的管子为 NPN 型，集电极接正电压，发射极接负电压，管子流过的电流较大，测得的电阻值小；如果黑表笔接发射极，红表笔接集电极，管子流过极微小电流，测得的电阻值极高，这样，可以判定两次中电流大的那一次黑表笔所接的电极为集电极。如果晶体管是 PNP 型，则测得电阻小的那一次黑表笔所接的电极为发射极。

2. 粗测晶体管质量

（1）电流放大系数 β。仍以 NPN 型管为例，测量电路如图 2-16 所示。先将开关 S 打开，此时 $I_B=0$，因此 $I_C=0$，即测得的电阻很大；然后将开关 S 合上，此时 $I_B>0$，$I_C=\beta I_B$，测得的电阻很小，两者的差别越大，说明管子的 β 值越大，如果管子是 PNP 型，就将红黑两支表笔对换，分别接集电极和发射极，开关合上时，测得的电阻越小，说明该管子电流放大系数越大。

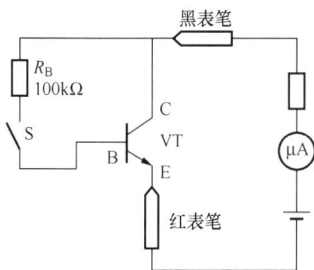

图 2-16　晶体管集电极的判别

（2）穿透电流 I_{CEO}。在图 2-16 中，当开关未合上时所测得的电流实际上就是管子的穿透电流 I_{CEO}，如果测得的电阻在几十千欧以上，说明 I_{CEO} 很小，管子可用，否则穿透电流过大，管子质量较差，若测得的电阻值接近于零，说明管子已击穿，若测得的电阻值为无穷大，则表明管子极间已经断裂。这种粗测法，当被测管子功率大小不等时，应变换欧姆挡的量程。

2-101　怎样用万用表检测电容器？

答：首先将万用表置于"$R\times 100$"或"$R\times 1000$"挡，用万用表的一根导线将电容器短接，使其充分放电。然后用红、黑表笔分别接电容器的两根引线（对电解电容应将黑表笔接其"＋"极，红表笔接"－"极），可见表针迅速转动，然后缓慢退回原位。这是因为接入瞬间，充电电流最大，以后随着电容器的充电，电流逐渐减小，表针逐渐退回左侧某一数值（约几百千欧以上），表明电容器是好的。若表针摆到"0Ω"不再返回，表明电容器有短路故障不能使用；若表针摆到某一位置停下来而不返回，表明电容器漏电流大；若表针根本不偏移，则说明此电容器可能断路。

2-102　万用表测量时应注意哪些问题？

答：万用表的结构形式多种多样，表面上的旋钮、开关的布局也各有差异，因此在使用万用表之前，必须仔细了解和熟悉各部件的作用，同时也应分清表盘上各条标度尺所对应测量的量。

为了正确使用万用表，必须特别注意下述几点：

（1）插孔（或接线柱）选择。在测量以前，首先检查测试棒接在什么位置。红色表笔应接在红色接线柱上或标有"＋"号的插孔内，黑色表笔接到黑色接线柱上或标有"－"号的插孔内。在测量直流电压时，仪表并联接入；在测量直流电流时，仪表串联接入。在测直流时，要使红色表笔接被测部分的正极，黑色表笔接被测部分的负极。如果不知道被测部分的正负极性，则可以这样来判断：先将转换开关置于直流电压最大量限挡，然后将一测试笔接于被测部分的任何一极上，再将另一表笔在另一极上轻轻地一触，立即拿开，观察指针的偏向，若指针往正向偏转，则红色表笔为正极，另一极为负极；若指针往反方向偏转，则红色表笔接触为负极，另一极为正极。

(2) 种类选择。根据测量对象，将转换开关置于需要的位置。有的万用表面板上有两个旋钮，一个是种类选择，一个是量限变换旋钮，使用时，应先将种类选择旋钮旋至对应被测量所需种类，然后将量限旋至相应的种类及适当的量限。在进行种类选择时应仔细核对是否正确，否则就会将仪表损坏。

(3) 量限选择。根据被测量的大致范围，将转换开关旋至该种类区间的适当量限上，在测量电流电压时，最好使指针指示在满刻度 1/2 或 2/3 以上，这样，测量的结果较准确。如被测量的大致范围不知道，则应在测量时将转换开关旋至最大量限挡进行测试，若读数太小，再减小量限。

(4) 正确读数。在万用表的标度盘上有多条标度尺，它们分别供测量各种不同的被测对象时使用，因此在测量时要在相应的标度尺上去读数。

(5) 欧姆挡的正确使用。在使用万用表的欧姆挡测量电阻时，还要注意以下几点：

1) 选择好适当的倍率挡。在用欧姆表来测量电阻时，应选择好适当的倍率挡，使指针标示在刻度较稀的部分。测量电阻的部分，越接近中心点读数越为准确，越往左，读数的准确度越差。

2) 调零。在测量电阻之前，首先应将两个表笔短接一下，并同时旋动"欧姆调零旋钮"，使指针刚好指在"Ω"标度尺的零位上，这一步骤称为"欧姆挡调零"，它是保证测量准确必不可少的步骤。在每一次换挡前都要重复这一步骤。如果旋动欧姆"调零"旋钮也无法将指针达到零位，则说明电池电压太低，已不符合要求，应换新电池。

3) 决不能带电测量。测量电阻的欧姆挡是电池供电的，因此测量电阻时，决不能带电测量，这是因为带电测量，又相当于接入一个外电压，不但使测量结果无效，而且有可能烧坏表头，这一点必须注意。

4) 被测对象不能有并联支路。当被测对象有并联支路存在时，测得的数值不是真实阻值，而是某一等效电阻。所以在测量电阻时，应将所并联的支路去掉，然后再去测量。

5) 测晶体管参数时要用低压高倍率挡（如 $R \times 100$ 或 $R \times 1k$）。若用万用表欧姆挡去测晶体管参数时，考虑晶体管所能承受的电压较低或允许通过

的电流较小，我们应选择电池电压低的高倍率挡。因为一般万用表欧姆挡的高倍率挡是高压（约十几伏到几十伏），而低倍率挡的电流较大，如 $R \times 1$ 挡的电流可达 100mA 上下，$R \times 10$ 挡电流也可达到 10mA，所以这些挡都是不能用来测量晶体管参数的，否则将由于测量时电压太高或电流太大而损坏管子。

6）决不能用万用表的欧姆挡去直接测量微安表头、检流计、标准电池等类的仪表、仪器。

7）利用万用表测量电阻挡去判别仪表的正负接线端或整流元件的正反向时，应当注意到：万用表的内附干电池的负极是和表面上的"＋"接线柱（或插孔）相连的，因此电流是从"－"接线柱流出经外接元件然后回到"＋"接线柱的，如果不注意这一点，就往往容易发生错误。

8）在使用万用表欧姆挡的间歇中，不要让两根测试笔棒短接，以免浪费干电池。

（6）注意操作安全：

1）使用万用表时，一般都是手握测试棒进行测量，因此要注意手不要触碰测试棒金属部分，以保证安全和测量的准确度。

2）仪表在测试较高电压和较大电流时，不能带电转动开关，以防在旋转过程中，在开关触点上产生电弧而烧坏开关。

3）测量直流电压叠加交流信号时，应考虑仪表转换开关的最高耐压值，如交流信号是矩形波或脉冲，会因电压幅度增大，而使转换开关印刷接线片间绝缘击穿。

4）在使用万用表后，一般应将转换开关置于交流最高电压挡，这样可防止转换开关在欧姆挡时测试棒短路，更重要的是可防止在下一次测量时不注意转换开关的位置就用万用表测量电压的情况下，易将表烧坏。

2-103 钳型电流表为什么能在不接入电路的情况下测量电流？

答：用电流表测量时，需要切断电路，才能将电流表或电流互感器的一次线圈串接到被测电路中去。而使用钳型电流表测量电流时，可在不必切断电路的情况下进行测量。其原理如下：

钳型电流表由电流互感器和电流表组成。互感器的铁芯有一活动部分，并与手柄相连。使用时按动手柄使活动铁芯张开，移动钳型电流表，将被测电流的导线放入钳口中，放开后，使铁芯闭合，此时通过电流的导线相当于互感器的一次线圈，二次线圈出现感应电流，其大小由导线的工作电流和圈数比确定。电流表是接在二次线圈两端，因而它所指示的电流是二次线圈中的电流，此电流与导线中的工作电流成正比。所以只要将归算好的刻度作为电流表的刻度，当导线中有工作电流通过时，和二次线圈相连的电流表指针便按比例发生偏转，从而指示出被测电流的数值。

钳型电流表虽然有使用方便等优点，但它的准确度不高，通常只用在不便于拆线或不能断开电路的情况下进行测量，了解设备或电路的运行情况。钳型电流表中，测量机构常采用整流式的磁电系仪表，它只能用于测量交流电流。如采用电磁系的测量机构，则可交、直流两用。

2-104　怎样用钳型电流表测量绕线式异步电动机的转子电流？

答：采用钳型电流表测量绕线式异步电动机的转子电流时，必须采用具有电磁系测量机构的钳型电流表。如采用一般常见的磁电式整流系钳型电流表测量，指示值与被测量的实际值会有很大出入，甚至没有指示。其原因是，整流式磁电系钳型电流表的表头是与互感器的二次线圈相连的，表头电压是由二次线圈得到的。根据电磁感应原理可知，互感电动势 $E_2 = 4.44 f \omega L \Phi_m$，由公式不难看出，互感电动势的大小与频率成正比。当采用此种钳型电流表测量转子电流时，由于转子上的频率很低，表头上得到的电压将比测量同样电流值的工频电流小得多，有时电流很小，甚至不能使表头中的整流元件导通，所以钳型电流表没有指示，或指示值与实际值有很大出入。

采用电磁系测量机构的钳型电流表，由于测量机构没有二次线圈，也没有整流元件，磁回路中磁通直接作用表头，而且与频率没有关系，所以能够正确指示出转子电流的数值。

2-105　简述绝缘电阻表的结构、原理。

答：绝缘电阻表如图 2-17 所示，它是测量绝缘电阻和吸收比的专用仪器，常用的有 500、1000、2500V 和 5000V 等电压等级。

绝缘电阻表有 3 个接线端子：L 端接被测设备、E 端接地、G 端是屏蔽用端子，G 端的作用是屏蔽被测设备磁套表面泄漏电流或屏蔽掉无需测量部位的泄漏电流。

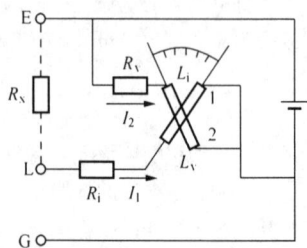

图 2-17　绝缘电阻表结构图

绝缘电阻表主要由电源和测量机构组成。电源为手摇发电机或晶体管整流电源，测量机构是磁电式流比计。其工作原理如下：

被测绝缘电阻 R_x 接于端子 L 和 E 之间，R_x 与可动线圈 1 及限流电阻 R_i 串联构成一条支路，可动线圈 2 与附加电阻

R_v 串联构成另一条支路。转动手摇发电机，在两支路中分别流过电流 I_1 和 I_2。

可动线圈 1、2 在永久磁铁的磁场中受到电磁力的作用，将分别产生电磁转矩 M_1 和 M_2，它们的方向相反。由于气隙中磁场不均匀，且电流 I_1 与被测设备绝缘电阻 R_x 的大小有关，所以当 M_1 和 M_2 达到平衡时，指针偏转的角度可以指示出被测绝缘电阻的数值。

2-106　简述绝缘电阻表的三个端子的作用。如何正确接线？

答：绝缘电阻表的接线柱共有三个：L 即线端，E 即地端，G 即屏蔽端（也称为保护环），一般被测绝缘电阻都接在 L、E 端之间，但当被测绝缘体表面漏电严重时，必须将被测物的屏蔽环或不需测量的部分与 G 端相连接。这样漏电流就经由屏蔽端 G 直接流回发电机的负端形成回路，而不再流过绝缘电阻表的测量机构（动圈）。这样就从根本上消除了表面漏电流的影响，特别应该注意的是测量电缆线芯和外表之间的绝缘电阻时，一定要接好屏蔽端钮 G，因为当空气湿度大或电缆绝缘表面又不干净时，其表面的漏电流将很大，为防止被测物因漏电而对其内部绝缘测量所造成的影响，一般在电缆外表加一个金属屏蔽环，与绝缘电阻表的 G 端相连。

当用绝缘电阻表摇测电器设备的绝缘电阻时，一定要注意 L 端和 E 端不能接反，正确的接法是：L 线端钮接被测设备导体，E 地端钮接设备外壳，G 屏蔽端接被测设备的绝缘部分。如果将 L 和 E 接反了，流过绝缘体内及表面的漏电流经外壳汇集到地，由地经 L 流进测量线圈，使 G 失去屏蔽作用而给测量带来很大误差。另外，因为 E 端内部引线同外壳的绝缘程度比 L 端与外壳的绝缘程度要低，当绝缘电阻表放在地上使用时，采用正确接线方式时，E 端对仪表外壳和外壳对地的绝缘电阻，相当于短路，不会造成误差，而当 L 与 E 接反时，E 对地的绝缘电阻同被测绝缘电阻并联，而使测量结果偏小，给测量带来较大误差。

2-107　绝缘电阻表屏蔽端子在测量中所起的作用是什么？

答：由绝缘电阻表的接线原理可知，屏蔽端子接在表内发电机的负端，不经测量线圈。所以，在测量时，用一金属遮护环包在绝缘体表面经导线引至屏蔽端子，使被测物表面泄漏电流不经过测量线圈，从而消除泄漏电流的影响，减小测量误差。

2-108　使用绝缘电阻表时应注意哪些事项？

答：使用绝缘电阻表应注意以下事项：

(1) 使用绝缘电阻表时，应由两人同时进行。

(2) 绝缘电阻表所带摇测绝缘用的导线应使用绝缘线，其端部应有绝缘套。

(3) 摇测前，务必检查好所测设备确已停电，且间隔确定走对。

(4) 在带电设备附近测量绝缘电阻时，工作人员和绝缘电阻表的位置必须适当、合理，保持好安全距离，以免绝缘电阻表引线或引线支持物触碰带电部分，移动引线时必须注意监护，防止人员触电。

(5) 摇测前，首先应将被测设备对地放电。

(6) 绝缘电阻表应水平放置，接上引线后，将 L 端引线与 E 端引线短接，转动摇柄，看指针是否指零。如不指零，说明引线没有接好或绝缘电阻表有问题。然后将 L 端引线与 E 端引线断开，转动绝缘电阻表看指针是否指向"∞"，如不能达"∞"，表明引线绝缘不良或绝缘电阻表本身受潮。

(7) 在摇测绝缘电阻时，应使绝缘电阻表转速保持额定，一般为 120r/min。当被测物电容量大时，为避免指针摆动，可适当提高转速（如 130r/min）。

(8) 指针稳定后方可读数。如果测吸收比，应将绝缘电阻表与被测设备间的连线 L 或 E 断开一根，达到额定转速后，方可与被测设备接通，同时开始计时，读取 15s 及 60s 两个数值。

(9) 测量大电容量的设备时，在读取读数后，应在转动情况下将绝缘电阻表与被试设备断开。在测量过程中应防止突然停止摇动而烧坏绝缘电阻表，试验完毕应将被测设备充分放电。

(10) 架空线路及与架空线路相连接的电气设备，在发生雷雨时，或者不能全部停电的双回架空线路和母线，在被测回路的感应电压超过 12V 时，禁止进行测量。

(11) 测量电容器、电缆、大容量变压器和电机时，要有一定的充电时间。电容量越大，充电时间应越长。一般以绝缘电阻表转动 1min 后的读数为准。

(12) 被测物表面应擦拭清洁，不得有污物，以免漏电影响测量的准确度。

(13) 绝缘电阻表没有停止转动和设备未放电之前，切勿用手触及测量部分和绝缘电阻表的接线柱，以免触电。

2-109 用绝缘电阻表测量绝缘电阻时为什么规定摇测时间为 1min？

答：用绝缘电阻表测量绝缘，一般规定摇测 1min 后的读数为准。因为

在绝缘体上加上直流电压后，流过绝缘体的电流（吸收电流）将随时间的增长而逐渐下降。而绝缘体的直流电阻率是根据稳态传导电流确定的，并且不同材料绝缘体其绝缘吸收电流的衰减时间也不同，但是试验证明，绝大多数绝缘材料吸收电流经过 1min 已趋于稳定，所以规定以加压 1min 后的绝缘电阻值来确定绝缘性能的好坏。

2-110 使用绝缘电阻表测量电气设备的绝缘电阻时要注意什么？

答：（1）绝缘电阻表一般有 500、1000、2500V 几种，应按设备的电压等级按规定选好哪一种绝缘电阻表。

（2）测量设备的绝缘电阻时，必须先切断电源，对具有较大电容的设备（如电容器、变压器、电机及电缆线路），必须先进行放电。

（3）绝缘电阻表应放在水平位置，在未接线之前先摇动绝缘电阻表，看指针是否在"∞"处，再将 L 和 E 两个接线柱短接，慢慢地摇动绝缘电阻表，看指针是否指在"零"处；对于半导体型绝缘电阻表不宜用短路校验。

（4）绝缘电阻表引用线用多股软线，且应有良好的绝缘。

（5）架空线路及与架空线路相连接的电气设备，在发生雷雨时，或者不能全部停电的双回架空线路和母线，在被测回路的感应电压超过 12V 时，禁止进行测量。

（6）测量电容器、电缆、大容量变压器和电机时，要有一定的充电时间。电容量越大，充电时间应越长。一般以绝缘电阻表转动 1min 后的读数为准。

（7）在摇测绝缘电阻时，应使绝缘电阻表保持额定转速，一般为 120r/min。当被测物电容量大时，为了避免指针摆动，可适当提高转速（如 130r/min）。

（8）被测物表面应擦拭清洁，不得有污物，以免漏电影响测量的准确度。

（9）绝缘电阻表没有停止转动和设备未放电之前，切勿用手触及测量部分和绝缘电阻表的接线柱，以免触电。

2-111 绝缘材料的耐热等级是怎样划分的？

答：绝缘材料的耐热等级是根据绝缘材料耐温的情况划分的，我国现分为六级，即：A、E、B、F、H、C。

（1）A 级绝缘材料：棉纱、天然丝、再生维生素、木质板、纤维素的纸和纸板（该三种材料浸漆后或者在液体中用时，作为 A 级绝缘材料）、层压木板。A 级绝缘材料最大允许工作温度为 105℃。

（2）E 级绝缘材料：聚酯薄膜及其纤维、漆包线的绝缘、有机填料的塑料、以纤维素和布为基础的层压制品、热固性树脂（环氧、聚酯、聚氨酯和胶类）、以丙烯酯和甲基丙烯脂（以无机物作填料）为基础的热固性胶。E 级绝缘材料最大允许工作温度为 120℃。

（3）B 级绝缘材料：以云母片和粉云母为基础的材料，其中包括有纸或布作衬垫（补强）的制品；玻璃漆布和玻璃漆管；用有机漆浸渍的石棉纤维材料；漆包线的绝缘；以玻璃丝布和石棉纤维为基础的层压制品。B 级绝缘材料最大允许工作温度为 130℃。

（4）F 级绝缘材料：不带和带有有机纤维材料补强的云母片制品；玻璃丝和石棉绝缘导线的绝缘；玻璃漆布和玻璃漆管；以玻璃丝布和纤维为基础的层压制品；不带补强的和以无机材料作补强的粉云母制品。F 级绝缘材料最大允许工作温度为 155℃。

（5）H 级绝缘材料：无补强或以无机材料为补强的云母片制品；玻璃丝导线的绝缘；玻璃丝布和石棉纤维为基础的层压制品；玻璃漆布和石棉纤维为基础的层压制品；石棉材料（石棉纱）。H 级绝缘材料最大允许工作温度为 180℃。

（6）C 级绝缘材料：云母、玻璃和玻璃纤维、电瓷、石英、电工用压板、无补强或以玻璃纤维材料作补强的云母制品、玻璃云母模压制品、聚四氟乙烯。C 级绝缘材料最大允许工作温度为 180℃以上。

2-112　什么是接地、接地体、接地线和接地装置？

答：电气设备的某个部分与接地体之间作良好的电气连接，称为接地。

与大地土壤直接接触的金属导体或金属导体组，称为接地体（或接地板）。按结构分为自然接地体和人工接地体；按形状分为管形、带形等；按人工接地体的布置方式分为外引式和环路式接地两种。

连接电气设备接地部分与接地体的金属导体，称为接地线。接地线分为接地干线和接地支线。

接地体和接地线总称为接地装置。

2-113　什么是对地电压、接地电流和接地电阻？

答：电气设备的接地部分与大地电位等于零处之间的电压称为对地电压。这是指那些已接地的电气设备外壳以及接地体、接地线等与大地间的电压。

接地电流是指电气设备绝缘遭到损坏后，经接地故障点通过接地体流入大地的电流。

接地电阻包括接地线电阻及接地体的对地电阻两部分。接地线的电阻比接地体的对地电阻要小得多，因此一般可忽略不计。

2-114　接地方式有几种？接地有何作用？

答：接地的主要作用是保护人身和设备的安全，所以电气设备需要采取接地措施。根据接地目的的不同，按其不同的作用常见的接地方式有：保护接地、工作接地、防雷接地（过电压保护接地）、接零和重复接地等。

除上述之外，接地尚有其他作用，如为了防止产生和积聚静电荷而采取的防静电接地；防止管道的腐蚀而采取的电化保护接地；需用屏蔽作用而进行的隔离接地。

2-115　工作接地有何作用？

答：由于运行和安全的需要，为保证电力网在正常情况或事故情况下可靠地工作而进行的接地，称为工作接地。

中性点直接接地或经消弧线圈的接地以及防雷设备的接地等，都属于工作接地。

各种工作接地的作用是：

（1）变压器和发电机的中性点直接接地，能维持相线对地的电压不变（故障相除外）。

（2）降低人体的接触电压（中性点不接地的系统中，当一相接地而人体又触及另一相时，其接触电压为相电压的 $\sqrt{3}$ 倍。但同样的情况发生于中性点接地系统中时，其接触电压接近或等于相电压）。

（3）变压器或发电机的中性点经消弧线圈接地，能在单相接地时，消除接地点的电弧。

（4）防雷设备的接地，是为了防止大气过电压危害设备。

2-116　何谓保护接地？其作用如何？

答：为了保证人身安全，避免发生人体触电事故，将电气设备的金属外壳与接地装置连接的接地方式，称为保护接地。

当电气设备绝缘损坏时，就产生漏电，并使电气设备的金属外壳带电。如外壳未接地，则外壳带有相电压，人体触及后就很危险；若外壳进行了保护接地，金属外壳与大地连接在一起，接地电阻值相当小，这样就使绝大多数的电流通过接地体流入地下。

人体触及到已接地的电气设备后，由于人体电阻和接地电阻相并联，而且人体的电阻远比接地电阻大得多，所以流经人体的电流比流经接地装置的电流要小得多，对于人的危害程度就比较小。

2-117　为什么在同一系统中，只宜采取同一种接地方式？

答：由同一台变压器或同一段母线供电的系统中，一般只宜采取同一种保护方式，或全部采取接地，或全部采取接零，而不应同时采取接地和接零两种不同的保护方式。否则，当采取保护接地的设备发生碰壳短路故障时，中性线将具有较高的对地电压，于是与中性线相连接的所有设备上也将带有较高的电位，因而会危及操作人员的安全，所以接零和接地方式不能混合采用。

2-118　应当接地或接零的电气设备有哪些？

答：（1）电机、变压器、电器外壳及其操动机构；

（2）电力电缆的终端头和中间接头盒的金属外壳和电缆的金属外皮；

（3）配电盘、控制屏、变电站的金属构架及金属遮栏；

（4）电缆、电线的金属包皮及金属保护管和母线的外罩、保护网；

（5）电焊用变压器、互感器的二次线圈、局部照明变压器的二次线圈；

（6）照明灯具的金属底座和外壳；

（7）避雷针、避雷器、保护间隙；

（8）架空地线及架空线路的金属杆塔；

（9）移动或手持电动工具；

（10）日用电气设备。

2-119　什么是合格的验电器？怎样对停电设备进行安全可靠的验电？

答：所谓合格的验电器就是：

（1）经省级以上部门鉴定通过的合格产品。

（2）验电器的额定电压与使用电压相适合。

（3）要按规定按期进行试验，以确保验电器良好。

对停电设备进行验电时，必须做到：

（1）使用电压等级合格，且经试验合格、试验期限有效的验电器。330kV及以上的电气设备，可使用绝缘杆验电（根据端部有无火花和放电噼啪声来判断有无电压）。

（2）进行高压验电必须戴绝缘手套。

（3）验电前应先在带电设备上进行试验，以验证验电器（验电笔）是否完好。

（4）在验电设备的 A、B、C 三相和中性线导体上逐相验明其确无电压。

（5）检修断路器、隔离开关或熔断器时，应在断口两侧验电。

（6）同杆塔架设的多层线路验电时，应先验低压、后验高压；先验下层、后验上层；先验距人体较近的导线、后验距人体较远的导线。

（7）验电工作应在停电设备的各个电源端或停电设备的进出线处进行。

（8）不得以设备分合位置指示器的指示、母线电压表指示为 0、电源指示灯熄灭、电动机不转及变压器无响声等情况来判断设备已停电。

2-120　"禁止合闸，有人工作!"、"止步，高压危险!"、"禁止攀登，高压危险!"标示牌应分别悬挂在什么地点?

答："禁止合闸，有人工作!"标示牌应悬挂在一经合闸即可送电到工作地点的断路器和隔离开关的操作把手上。

"止步，高压危险!"标示牌应悬挂在：

（1）工作地点临近带电设备的遮栏上，室外工作地点的围栏上。

（2）禁止通行的过道上。

（3）高压试验地点。

（4）室外架构上。

（5）工作地点临近带电设备的横梁上。

"禁止攀登，高压危险!"标示牌应悬挂在：

（1）工作人员可能误登的铁架上或梯子上。

（2）临近其他可能误登的铁架上或梯子上。

（3）运行中的变压器的梯子上。

2-121　常用低压开关有几种?

答：（1）隔离开关；（2）负荷开关；（3）自动空气开关；（4）接触器。

2-122　隔离开关有哪几项基本要求?

答：基本要求有：①隔离开关应有明显的断开点；②隔离开关断开点间应具有可靠的措施；③应具有足够的短路稳定性；④要求结构简单、动作可靠；⑤主隔离开关与其接地开关应相互闭锁。

第三章　电气专业基础知识

3-1　什么是电力系统?

答：电力系统是指由发电厂、变电站、输配电线路和用电设备在电气上连接成的整体。在发电厂中将一次能源转换为电能（又称为二次能源），发电厂生产的电能需要输送给电力用户。在向用户供电的过程中，为了提高供电的可靠性和经济性，广泛通过升、降压变电站和输电线路将多个发电厂用电力网连接起来并联工作，向用户供电。

3-2　什么是电力网?

答：电力网是指电力系统中除发电机和用电设备以外的部分，即由升、降压变电站和不同电压等级的输电线路以及相关输配电设备连接在一起构成，是电力系统的骨架部分。

3-3　什么是无限大容量电力系统?

答：实际电力系统中，它的容量和阻抗都有一定的数值。因此，在供电电路中的电流发生变动时，系统母线电压便相应变动；但元件容量比系统容量小很多、阻抗比系统阻抗大得多的元件，如变压器、电抗器和线路等，其电路中的电流发生任何变动，甚至短路时，系统母线电压变化甚微。实际计算中，为了简化计算，往往不考虑此电压的变动，即认为系统母线电压维持不变，此时电流回路所接的电源便认为是无限大容量的电力系统，即系统容量等于无限大，而其内阻抗等于零。

在选择、校验电气设备的短路电流计算中，若系统阻抗不超过短路回路总阻抗的 5%～10%，便可以不考虑系统阻抗。

按无限大容量系统计算所得的短路电流，是装置通过的最大短路电流。因此，在估算装置的最大短路电流或缺乏系统数据时，都可以认为短路回路所接的电源是无限大容量电力系统。

3-4　什么是电气设备的额定电压?

答：所谓电气设备的额定电压，是指电气设备长期、连续、正常工作所

能承受的最高电压，在此电压下长期工作，能获得最佳的技术和经济性能。

3-5　为什么要规定额定电压等级？

答：当输送功率一定时，输电电压越高，电流越小，导线等电气设备的投资越小；但电压越高，对电气设备绝缘的要求也越高，投资又有所加大。因此，为了便于实现电气设备选择、制造和使用的标准化、系列化，我国规定了标准电压（即额定电压）等级系列。在设计时，应选择最合理的额定电压等级，而不是任意选择。

3-6　什么是发电机的轴电压与轴电流？

答：在汽轮发电机中，由于定子磁场的不平衡或大轴本身带磁，转子在高速旋转时将会出现交变的磁通。交变磁场在大轴上感应出的电压称为发电机的轴电压。

轴电压由轴颈、油膜、轴承、机座及基础底层构成通路，当油膜破坏时，就在此回路中产生一个很大的电流，这个电流就称为轴电流。

3-7　什么是发电机转子一点接地？

答：发电机转子绕组运行中发生一点接地，就是转子绕组的某点从电的方面来看与转子铁芯相通，转子一点接地属于一种不正常现象。

3-8　什么是发电机转子两点接地故障？

答：当转子回路中发生一点接地时，如再发生另一点接地，则部分线匝被短路，绕组剧烈发热并使发电机产生强烈振动，此时即发生了两点接地故障。

3-9　什么是发电机短时过负荷？

答：发电机正常运行时，是不允许过负荷的，但当系统内发生了事故，如因发电机跳闸而失去一部分电源时，为维持电力系统稳定运行和保证对重要用户供电的可靠性，则允许发电机在规定的时间内超出额定值运行，即为短时过负荷。

3-10　什么是突然短路事故？

答：正常发电机电流是经负荷而构成闭路的，因某些原因，如金属物搭连、绝缘损坏、带地线误合闸等，使相与相或相与地之间搭连，电流不经负荷构成闭路，这就称为突然短路事故。

3-11　什么是匝间短路故障？

答：现代大型发电机的定子绕组，每相都有两个及以上的并联分支，对于每相定子绕组的匝间或分支间的短路，称为匝间短路故障。

3-12　什么是短路故障？

答：系统发生单相接地、两相之间短路、三相同时短路或接地等故障，称为短路故障。

3-13　什么是断相故障？

答：断相故障是指电力系统的非全相运行，它包括单相断线和两相断线。

3-14　什么是操作指令？

答：操作指令是值班调度员对其管辖的设备进行变更电气接线方式和事故处理而发布的立即操作的指令（分为逐项操作指令、单项操作指令和综合操作指令）。

3-15　什么是操作许可？

答：操作许可是电气设备在变更状态操作前，由厂、站值长或单元长、地调调度员提出操作要求，在取得省调值班调度员许可后才能操作。操作后应汇报。

3-16　什么是操作任务？

答：操作任务指对该设备的操作目的或设备状态改变。

3-17　什么是调整性操作？

答：调整性操作是负荷增减、不涉及人为就地启停或切换设备（系统），或在 DCS 上实现顺序控制的操作。

3-18　过电压有哪几种类型，对电力系统有何危害？

答：过电压分为外部过电压（又称为大气过电压）和内部过电压两种类型。外部过电压又分为直接雷过电压和雷电感应过电压两类，内部过电压又分为操作过电压、弧光接地和电磁谐振过电压三类。

数值较高、有一定危害的过电压，均可能使输配电设备的绝缘弱点处发生击穿或闪络，从而破坏电力系统的正常运行。

3-19　什么是内部过电压？

答：当电力系统中进行某些操作或发生故障时，会引起过电压。此种过电压是由于系统内部的原因而造成的，故称为内部过电压。

3-20 什么是大气过电压?

答: 大气过电压也称为外部过电压,是由于对设备直接雷击造成直击雷过电压或雷击于设备附近的,在设备上产生的感应雷过电压。

3-21 什么是电气设备的合环、解环?

答: 合环是将电气环路用断路器或隔离开关闭合的操作。

解环是将电气环路用断路器或隔离开关断开的操作。

3-22 什么是强送、试送?

答: 强送是设备故障跳闸后未经详细检查或试验即送电。

试送是设备检修后或故障跳闸后,经初步检查再送电。

3-23 什么是冲击合闸?

答: 新设备在投入运行时,连续操作合闸,正常后拉开再合闸。一般线路进行三次冲击合闸,主变压器进行五次冲击合闸,母线进行一次冲击合闸。

3-24 什么是零起升压?

答: 零起升压是利用发电机将设备从零电压渐渐升至额定电压。

3-25 什么是运行状态?

答: 运行状态是指设备的隔离开关及断路器均在合入位置,设备带电运行,相应保护投入运行。

3-26 什么是热备用状态?

答: 热备用状态是指设备的隔离开关在合入位置,断路器在断开位置,相应保护投入运行。

3-27 什么是冷备用状态?

答: 冷备用状态是指设备的隔离开关及断路器均在断开位置,相应保护退出运行(属中调、地调所辖的调度范围内保护,按中调、地调令执行)。

3-28 什么是检修状态?

答: 检修状态是指设备的隔离开关及断路器均在断开位置,在有可能来电端挂好接地线,挂好安全标示牌,相应保护退出运行(属中调、地调所辖的调度范围内保护,按中调、地调令执行)。

3-29 什么是设备双重名称?

答: 设备双重名称是指设备名称和设备编号(简称为双重编号)。即设备具有的中文名称和阿拉伯数字编号。

3-30　什么是电气一次接线图？

答：用来表示电能生产、汇集与分配的电路图，称为电气一次接线图，也称为电气主接线图。

3-31　什么是线性电阻和非线性电阻？

答：电阻值不随电压、电流的变化而变化的电阻称为线性电阻。线性电阻的阻值是一个常量，其伏安特性为一条直线，线性电阻上的电压与电流的关系服从欧姆定理。电阻值随着电压、电流的变化而改变的电阻称为非线性电阻，其伏安特性为一曲线，所以不能用欧姆定律直接运算，而要根据伏安特性用作图法来求解。

3-32　什么是电力系统的静态稳定性？

答：电力系统的静态稳定性也称为微变稳定性，它是指正常运行的电力系统受到很小的干扰，能自动恢复到原来运行状态的能力。

3-33　如何提高电力系统的静态稳定性？

答：提高静态稳定性的措施有：

（1）增大电力系统有功和无功功率的储备容量。

（2）减小系统各元件的电抗，提高功率的稳定极限值。

（3）采用自动调节励磁装置。

（4）采用按频率减负荷装置。

（5）采用电力系统稳定器，消除发电机的自发振荡。

（6）采用最优励磁控制器，抑制低频振荡，提高静态稳定极限。

3-34　什么是电力系统的暂态稳定？

答：暂态稳定是指系统受到较大的急剧扰动下的稳定性，即系统在某种运行方式下受到大的扰动（如发电机、变压器、线路等元件的投入或切除；短路或断线故障发生），使得电网结构和系统参数都发生同时变化的时候，是否能够恢复到原来的稳定运行工作点或过渡到一个新的平衡状态，继续保持同步运行的能力。

3-35　如何提高电力系统的暂态稳定性？

答：提高电力系统暂态稳定性的措施有：

（1）快速切除短路故障（继电保护、断路器均具有快速反应能力）。

（2）采用快速励磁系统。

（3）采用自动重合闸装置。

（4）变压器中性点经小阻抗接地。

（5）设置开关站减小线路长度和采用强行串联电容补偿。

（6）采用联锁切机。

（7）采用电气制动和机械制动。

（8）快速控制调速汽门等。

3-36　什么是厂用电与厂用电系统？

答： 在发电厂电力生产过程中，有大量以电动机拖动的机械设备（如给水泵、送风机、油泵等）为主要设备（锅炉、汽轮机及发电机等）和辅助设备服务，这些机械设备称为厂用机械。在发电厂内，厂用机械、照明及其他系统的用电称为厂用电。供给厂用电的配电系统称为厂用电系统。厂用电系统主要包括机组高、低压厂用变压器及其供电网络和负荷。供电范围包括主厂房内厂用负荷、输煤系统、脱硫系统、除灰系统、水处理系统、循环水系统等。

3-37　氢冷发电机气体置换有几种方法？

答： 氢冷发电机气体置换有两种方法，即抽真空置换法和中间介质置换法。

3-38　什么是氢冷发电机抽真空置换法？

答： 利用汽轮机的射水抽气器或真空泵，直接将发电机内的空气（排氢时是氢气）抽出来，使发电机及气体管路内形成真空，然后再充入氢气（排氢后是空气）。这种方法简便、省时，节省氢气，且不需要中间气体。因为抽真空置换法只允许在发电机静止（或盘车转速）不带电的情况下进行，所以也是安全的。

3-39　什么是中间介质置换法？

答： 所谓中间介质置换法，即利用惰性气体（一般用二氧化碳气体或氮气）驱赶发电机中的空气（或氢气），然后再用氢气（或空气）驱赶惰性气体，使发电机内的空气和氢气在气体置换过程中不直接接触，因而不会形成具有爆炸浓度的空气氢气混合气体。

3-40　电气设备控制电路中红、绿指示灯的作用是什么？为何需串接一电阻？

答： 红、绿指示灯的作用有：①指示电气设备的运行与停止状态；②监视控制电路的电源是否正常；③利用红灯监视跳闸回路是否正常，用绿灯监视合闸回路是否正常。

红、绿指示灯串接一电阻，是为了防止一旦灯座发生短路时造成断路器误动作。

3-41　什么是三相电能表的倍率及实际电量？

答：电能表用的电压互感器电压比与电流互感器电流比的乘积就是电能表的倍率。电能表倍率与读数的乘积就是实际电量。

3-42　采用三相发、供电设备有什么优点？

答：发同容量的电量，采用三相发电机比单相发电机的体积小；三相输、配电线路比单相输、配电线路条数少，这样可以节省大量的材料。另外，三相电动机比单相电动机的性能好。所以多采用三相设备。

3-43　什么是主保护？

答：能满足系统稳定及设备安全要求，以最快时间有选择性地切除被保护设备或线路故障的保护称为主保护。

3-44　什么是后备保护？

答：主保护或断路器拒动时，能够切除故障的保护称为后备保护。

3-45　什么是辅助保护？

答：辅助保护是指为补充主保护和后备保护的性能或当主保护和后备保护退出运行而增设的简单保护。

3-46　什么是高频闭锁距离保护？

答：高频保护是实现全线路速动的保护，但不能作母线及相邻线路的后备保护。而距离保护虽能对母线及相邻线路起到后备保护的作用，但只能在线路的80％左右内发生故障时才能实现快速切除。高频闭锁距离保护就是把高频和阻抗两种保护结合起来的一种保护，实现当内部发生故障时，既能进行全线路快速切除，又能对母线和相邻线路发生故障时起到后备保护的作用。

3-47　什么是断路器失灵保护？

答：失灵保护又称为后备接线保护。本保护装置主要考虑到当前使用的断路器，由于各种因素使故障元件的保护装置动作，而断路器拒绝动作时（上一级保护灵敏度又不够），将有选择地使失灵断路器所连接母线的断路器

同时断开，以保证电网安全。这种保护装置称为断路器的失灵保护。

3-48　什么是断路器的"跳跃"？

答：断路器在手动或自动合闸后，由于某些原因，控制断路器和自动装置的触点可能未复归（常见情况有：手动操作时操作人员还未松开手柄以及自动装置的触点粘住不能返回等），若此时正好合闸到故障线路或设备上，继电保护将动作跳开断路器。因为合闸命令仍存在，故断路器又会合闸，然后保护再跳，断路器再合闸……这样所造成的跳闸—合闸循环即是所谓的断路器的"跳跃"。

3-49　什么是电压中枢点？

答：在电力系统中选定某些枢纽点作为电压监视点，以监视全系统的电压，这些监视点就是电压中枢点。一般地区负荷较大的发电厂和中枢变电站的母线常选定为电压中枢点。

3-50　什么是逆调压？

答：考虑到高峰负荷时供电线路上电压损耗大，将中枢点电压适当升高以抵消部分甚至全部的电压损耗的增大；低谷负荷时供电线路上电压损耗小，将中枢点电压适当降低以补偿部分甚至全部电压损耗的减少，有可能满足负荷对电压质量的要求，这种调压方式称为逆调压。对于供电线路长、负荷变动大的中枢点往往采用这种调压方式。

3-51　什么是顺调压？

答：顺调压就是高峰负荷时允许中枢点电压略低；低谷负荷时允许中枢点电压略高。对供电线路不长、负荷变动不大的中枢点常采用这种调压方式。

3-52　什么是常调压？

答：在任何情况下都保持中枢点电压为一基本不变的数值的方法称为常调压方式。

3-53　什么是电力系统的自然调压？

答：电力系统的自然调压措施是指依靠合理调节电力系统中原有设备的运行方式来达到调压的目的，如改变发电机端电压、使电厂间无功功率合理分布来调压等。

3-54　什么是电力系统的外加调压措施？

答：电力系统的外加调压措施是指利用静电电容器、同步补偿电动机及调压变压器等设备来进行调压。

3-55   论述用绝缘电阻表测量电气设备绝缘电阻的步骤。

答：（1）根据被测设备的电压等级，选用电压等级与之相适应的绝缘电阻表。

（2）应由两个及以上人员进行测量操作。

（3）测量前，必须验明被测设备三相确无电压，也无突然来电的可能性。

（4）绝缘电阻表的引线不能编织在一起。

（5）必要时，用一金属遮护环包在绝缘体表面经导线引至屏蔽端子，以消除泄漏电流的影响。

（6）测量前，要试验绝缘电阻表良好；将其两根引线短接，然后慢慢一摇，表针指示为 0 表明绝缘电阻表良好。

（7）将绝缘电阻表的一根引线接在可靠的接地点上，另一引线接在被测设备上（戴绝缘手套或用其他绝缘工具）。

（8）一定要保持绝缘电阻表的转速快速且均匀。

（9）当被测设备具有大的电容或电感存在时，要经过充分长的时间后，再读出绝缘电阻表指示的绝缘值。$R_{60''}/R_{15''} \geqslant 1.3$。

（10）分别测完相对地绝缘后，必要时还要测量相间是否接通。

（11）当被测设备具有大的电容或电感存在时，在测完绝缘后，应对被测设备放电，防止静电伤人。

（12）做好记录。

3-56   电力系统中性点的运行方式有哪些类型？不同的运行方式有何影响？

答：电力系统的中性点是指三相系统作星形联结的发电机和变压器的中性点。电力系统常见的中性点运行方式（即接地方式）可分为两个类型，即中性点非有效接地方式（或称小接地电流系统）和中性点有效接地方式（或称大接地电流系统）。其中非有效接地又包括中性点不接地、经消弧线圈接地和经高阻抗接地；而有效接地又包括中性点直接接地和经低阻抗接地。

中性点采用不同的接地方式，对电力系统的供电可靠性、设备绝缘水平、对通信系统的干扰和继电保护的动作特性等问题都有着直接的影响。

3-57   什么是中性点直接接地电力网？
答：是指该电力网中变压器的中性点与大地直接连接。

3-58　中性点不接地三相系统有何特点？

答：中性点不接地三相系统有以下特点：

（1）在中性点不接地系统中，发生单相接地故障时，由于线电压不变，用户可继续工作，提高了供电的可靠性。

（2）由于非故障相对地电压可升高到线电压，所以在中性点不接地系统中，电气设备和输电线路的对地绝缘必须按线电压考虑，从而增加了投资。

（3）需增设绝缘监察装置。

（4）适用于线路不长、电压不高、单相接地电流不大的设备及系统。

3-59　中性点直接接地的三相系统有何特点？

答：中性点直接接地的三相系统有以下特点：

（1）该运行方式的主要优点：发生单相接地短路时，中性点的电位近似等于零，非故障相的对地电压接近于相电压，系统中电气设备和输电线路的对地绝缘按承受相电压设计，绝缘上的投资不会增加。

（2）中性点直接接地系统的缺点：

1）发生单相接地短路时立即断开故障线路，中断对用户的供电，降低了供电的可靠性。增设自动重合闸装置可以满足供电可靠性的要求。

2）单相接地短路时的短路电流很大，必须选用较大容量的开关设备。单相接地时导致的电网电压剧烈下降可能破坏系统的稳定性。为了限制单相短路电流，通常只将系统中一部分变压器的中性点直接接地或经阻抗接地。

3）较大的单相短路电流会对附近的通信线路产生电磁干扰。

3-60　中性点经高阻抗接地有何作用？

答：对发电机—变压器组单元接线的单机容量 200MW 以上的发电机，当接地电流超过允许值时，常常采用中性点经电压互感器或接地变压器的一次绕组接地的方式，电阻接在电压互感器或变压器的二次侧。此种接线方式可改变接地电流的相位，可以加速泄放回路的残余电荷，促使接地电弧的熄灭，限制间歇电弧过电压。同时可以提供零序电压，便于实现发电机定子绕组的 100％接地保护。

3-61　什么是有功功率和无功功率？

答：电流在电阻电路中，一个周期内所消耗的平均功率称为有功功率，用 P 表示，单位为瓦。

储能元件线圈或电容器与电源之间的能量交换，时而大，时而小，为了衡量它们能量的大小，用瞬时功率的最大值来表示，也就是交换能量的最大速率，称为无功功率，用 Q 表示，电感性无功功率用 Q_L 表示，电容性无功功率用 Q_C 表示，单位为乏。

在电感、电容同时存在的电路中，感性和容性无功互相补偿，电源供给的无功功率为两者之差，即电路的无功功率为 $Q=Q_L-Q_C=UI\sin\varphi$。

3-62　什么是同步发电机的额定电流？

答：同步发电机的额定电流是该台发电机正常连续运行时的最大工作电流。

3-63　什么是同步发电机的额定电压？

答：同步发电机的额定电压是该台发电机长期安全工作的最高电压。发电机的额定电压指的是线电压。

3-64　什么是同步发电机的额定容量？

答：同步发电机的额定容量是该台发电机长期安全运行的最大输出功率。

3-65　什么是同步发电机的额定功率因数？

答：同步发电机的额定功率因数是该台发电机的额定有功功率和额定视在功率的比值。

3-66　什么是同步发电机的额定温升？

答：同步发电机的额定温升是该台发电机某部分的最高温度与额定入口温度的差值。

3-67　发电机纵差保护起什么作用？

答：发电机纵差保护是发电机定子绕组及其引出线相间短路时的主保护。

3-68　发电机横差保护起什么作用？

答：发电机横差保护的作用是保护定子绕组匝间短路。

3-69　何为发电机过励？

答：由于发电机励磁系统故障或系统故障（如短路故障），造成发电机励磁系统强行励磁，从而使发电机及与其相连的设备发生过励磁现象，称为过励。另外，因某种原因单独的电压升高或频率降低，也会引发过励磁现象。

3-70　什么是 6°法则？

答：所谓 6°法则是指变压器绕组温度每增加 6℃，变压器绝缘老化加倍，即其预期寿命缩短一半，也称为热老化定律。工程上一般规定绕组热点的基准温度为 98℃。

3-71　什么是变压器的极性？

答：变压器绕组的极性是指一次、二次绕组的相对极性，即当一次绕组的某一端在某一瞬时的电位为正时，在同一瞬间二次绕组也一定有一个电位为正的对应端，该端就是变压器绕组的同极性端。

3-72　什么是变压器的铜损和铁损？

答：铜损（短路损耗）是指变压器一、二次电流流过该绕组电阻所消耗的能量之和。由于绕组多用铜导线制成，故称铜损。它与电流的平方成正比，铭牌上所标的千瓦数，是指绕组在 75℃时通过额定电流的铜损。

铁损是指变压器在额定电压下（二次开路），在铁芯中消耗的功率，其中包括励磁损耗与涡流损耗。

3-73　什么是变压器的负载能力？

答：对使用的变压器不但要求保证安全供电，而且要具有一定的使用寿命。能够保证变压器中的绝缘材料具有正常寿命的负荷，就是变压器的负载能力。它决定于绕组绝缘材料的运行温度。变压器正常使用寿命约为 20 年。

3-74　什么是变压器的分级绝缘、全绝缘？

答：变压器分级绝缘是指变压器绕组整个绝缘的水平等级不一样，靠近中性点的主绝缘水平比绕组端部的绝缘水平低。相反，变压器首端与尾端绝缘水平一样的称为全绝缘。

3-75　什么是变压器的接线组别？

答：变压器的接线组别是指变压器的一次、二次绕组按一定接线方式连接时，一次、二次边的电压或电流的相位关系。变压器接线组别是用时钟的表示方法来说明一次、二次边线电压（或线电流）的相量关系。

3-76　油浸变压器常用的冷却方式有哪几种？

答：油浸变压器的冷却方式可分为：油浸自冷式、油浸风冷式、强迫油循环风冷式、强迫油循环水冷式等。

3-77　什么是油浸自冷式冷却系统？

答：油浸自冷式冷却系统没有特殊的冷却设备，油在变压器内自然循环，铁芯和绕组所产生的热量依靠油的对流作用传至油箱壁或散热器。其作用过程为：变压器运行时，油箱内的油因铁芯和绕组发热而受热，热油会上升到油箱顶部，然后从散热管的上端入口进入散热管内，散热管的外表面与外界冷空气相接触，使油得到冷却。冷油在散热管中下降，再从散热管的下端流入变压器油箱的下部，自动进行油流循环，使变压器铁芯和绕组得到有效冷却。

3-78　什么是油浸风冷式冷却系统？

答：油浸风冷式冷却系统，也称为油自然循环、强制风冷式冷却系统。它是在变压器油箱的各个散热器旁安装一个至几个风扇，通过强制对流作用来增强散热器的散热效果。它与自冷式相比，冷却效果可提高 $150\%\sim200\%$，相当于变压器输出能力提高 $20\%\sim40\%$。

3-79　什么是强迫油循环风冷式冷却系统？

答：强迫油循环风冷式冷却系统用于大型变压器。这种冷却系统是在油浸风冷式的基础上，在油箱主壳体与带风扇的散热器（也称为冷却器）的连接管道上装有潜油泵。油泵运转时，强制油箱体内的油从上部进入散热器，再从变压器的下部进入油箱体内，实现强迫油循环。冷却效果与油的循环速度有关。

3-80　什么是强迫油循环水冷式冷却系统？

答：强迫油循环水冷式冷却系统由潜油泵、冷油器、油管道、冷却水管道等组成。工作时，变压器上部的热油被油泵吸入后增压，迫使油通过冷油器再进入油箱底部，实现强迫油循环。油通过冷油器时，利用冷却水冷却油。因此，在这种冷却系统中，铁芯和绕组的热量先传给油，然后再由冷却水把油中的热量带走。

3-81　什么是零序保护？

答：在大接地电流系统中发生接地故障后，就有零序电流、零序电压和零序功率出现，利用这些电量构成的保护接地故障的继电保护装置通称为零序保护。

3-82　变压器为什么要装设零序保护？

答：主变压器高压侧所连接的 220kV 及以上电压的电力系统均为大接

地电流系统，而电力系统各种短路故障中，单相接地故障几率又是最高的。因此，主变压器高压侧要求装设用于反映单相接地故障的零序保护，作为变压器及相邻元件的后备保护。

3-83　什么是厂用电源的正常切换？

答：所谓正常切换，是指在正常运行时，由于运行的需要，如开机、停机等，厂用母线从一个电源供电切换到另一个电源供电。对切换速度没有特殊要求。

3-84　什么是厂用电源的事故切换？

答：所谓事故切换，是指由于单元接线中的高压厂用变压器、发电机、主变压器、汽轮机和锅炉等设备发生事故，厂用母线的工作电源被切除，要求备用电源自动投入，以实现尽快安全切换。

3-85　什么是厂用电源的并联切换？

答：并联切换是指在进行厂用母线电源切换期间，工作电源和备用电源是短时并联运行的。

并联切换的优点是能保证厂用电的连续供给；缺点是并联期间短路容量增大，增大了对断路器断流能力的要求。但由于并联时间很短（一般在几秒内），发生事故的概率很小，所以在正常切换中被广泛采用。当然，切换前要确认两个电源之间满足同步要求。

3-86　什么是厂用电源的串联切换？

答：厂用电源的串联切换即断电切换。其切换过程是，一个电源切除后，才允许投入另一个电源。一般是利用被切除电源断路器的辅助触点去接通备用电源断路器的合闸回路。串联切换过程中，厂用母线上有一段断电时间，断电时间的长短与断路器的合闸速度有关。其优缺点与并联切换相反。

3-87　什么是厂用电源的同时切换？

答：厂用电源的同时切换是指在切换时，切除一个电源和投入另一个电源的脉冲信号同时发出。由于断路器分闸时间和合闸时间的不同以及断路器动作时间的分散性，在切换期间，一般有几个周的断电时间，但也有可能出现几个周两个电源并联的情况。所以在厂用母线故障及母线供电的馈线回路故障时必须闭锁切换装置，否则断路器可能因短路容量太大而发生爆炸。

3-88　什么是厂用电源的快速切换？

答：厂用电源的快速切换一般是指在厂用母线上的电动机反馈电压（即

母线残压）与待投入电源电压的相角差还没有达到电动机允许承受的合闸冲击电流前合上备用电源。快速切换的断路器动作顺序可以是先断后合或同时进行，前者称为快速断电切换，后者称为快速同时切换。

3-89 什么是厂用电源的慢速切换？

答：厂用电源的慢速切换主要是指残压切换，即工作电源切除后，当母线残压下降到额定电压的 20%～40%时再合上备用电源。残压切换虽然能保证电动机所受的合闸冲击电流不致过大，但由于停电时间较长，对电动机自启动和机炉运行产生不利影响。慢速切换通常作为快速切换的后备切换。

3-90 什么是数字滤波器？

答：从本质上讲，数字滤波器是一个计算程序，它是将模拟输入信号的采样数据的时间序列转换成另一个在采样时刻输出数据的时间序列。在滤波过程中，按照预先设定的运算模式，从输入信号的采样数据的时间序列中，提取出相关特征量在采样时刻上的采样值的时间序列。

3-91 数字滤波器的工作原理是什么？

答：数字滤波器的基本工作原理是从故障电气量的采样值中，利用数字滤波器的算法，提取出继电保护原理所需要的故障特征量在采样时刻的采样值，利用数字滤波器的输出值，通过继电保护算法，实现继电保护功能。

3-92 什么是负荷曲线？

答：将电力负荷随着时间变化关系绘制出的曲线称为负荷曲线。

3-93 负荷曲线有什么用途？

答：为了保证供电的可靠性及电能质量，尽量减小电网损失，搞好电力系统调度，必须掌握负荷曲线。另外日负荷曲线也是发电厂内考虑和安排生产工作的依据。

3-94 何为电动机的同步转速？

答：感应电动机定子电流产生的旋转磁场的转速，即称为同步转速。

3-95 什么是异步？

答：异步电动机转子的转速必须小于定子旋转磁场的转速，两个转速不能同步，故称异步。

3-96 什么是异步电动机的转差率？

答：异步电动机的同步转速与转子转速之差称为转差，转差与同步转速

的比值的百分值称为异步电动机的转差率。

3-97　零序电流保护由哪几部分组成？

答：零序电流保护主要由零序电流（电压）滤过器、电流继电器和零序方向继电器三部分组成。

3-98　什么是保护间隙？它有几种型号？

答：保护间隙是一种最简单的防雷保护装置。它构造简单、维护方便，但自行灭弧能力较差。它是由两个金属电极构成的，一个电极固定在绝缘子上与带电导体相连接，另一个电极与接地装置相连接，两个电极之间保持规定的间隙距离。根据电极的形状有棒型、角型和球型三种。

3-99　什么是雷电放电记录器？

答：放电记录器是监视避雷器运行、记录避雷器动作次数的一种电器。它串接在避雷器与接地装置之间，避雷器每次动作，它都以数字形式累计显示出来，便于运行人员检查和记录。

3-100　什么是保护接地和保护接零？

答：保护接地是把电气设备金属外壳、框架等通过接地装置与大地可靠地连接。在电源中性点不接地的系统中，它是保护人身安全的重要措施。

保护接零是在电源中性点接地的系统中，把电气设备的金属外壳、框架等与中性点引出的中性线相连接，同样也是保护人身安全的重要措施。

3-101　什么是复合电压过电流保护？

答：复合电压过电流保护是由一个负序电压继电器和一个接在相间电压上的低电压继电器共同组成的电压复合元件，两个继电器只要有一个动作，同时过电流继电器也动作，整套装置即能启动。

3-102　什么是蓄电池的充电和放电？

答：蓄电池是储存直流电能的一种设备，它能把电能转变为化学能储存起来，这个过程称为充电。使用时，再把化学能转变为电能，供给直流负荷，这个过程称为放电。这种能量转换过程是可逆的，即当蓄电池部分或全部放电后，蓄电池两电极表面形成新的化合物，这时如果用适当的反向电流通入蓄电池，又可以使新的化合物还原成原来的活性物质，又可供再次放电使用。所谓可逆过程，就是这个充、放电的重复过程。

3-103 蓄电池组有哪些运行方式？

答：蓄电池的运行方式有两种：充放电方式和浮充电方式。发电厂中的蓄电池组普遍采用浮充电方式运行。

3-104 什么是蓄电池组浮充电运行方式？

答：蓄电池组采用浮充电方式运行时，充电器经常与蓄电池组并列运行，充电器除供给经常性直流负荷外，还以较小的电流——浮充电电流向蓄电池组进行浮充电，以补偿蓄电池的自放电损耗，使蓄电池经常处于完全充足电的状态。当出现短时大负荷时，例如当断路器合闸、许多断路器同时跳闸、直流电动机启动、直流事故照明等，则硅整流器由其自身的限流特性决定一般只能提供略大于其额定输出的电流值，而主要由蓄电池以大电流放电来供电。

3-105 为何发电厂蓄电池组一般采用浮充电方式？

答：发电厂所用蓄电池组一般采用浮充电方式的直流系统，采用浮充电方式是将蓄电池与充电设备长期并联运行，由蓄电池担负冲击负荷，充电设备担负自放电、稳定负荷和冲击负荷后蓄电池的电能补充，蓄电池长期处于充电状态。实践证明，采用浮充方式可提高蓄电池的使用寿命。同时，直流负荷的供电可靠性得到提高。特别是在大的冲击负荷或发电厂设备事故情况下，蓄电池可以提供稳定可靠的保安电源。

3-106 什么是蓄电池组充放电运行方式？

答：蓄电池组采用充放电方式运行时，蓄电池组经常接在直流母线上供负荷用电，充电机组则断开。在充电时启动充电机组，一方面向蓄电池充电补充能量的储存（充电约每两天进行一次），另一方面供经常性负荷用电。

3-107 什么是蓄电池的均衡充电？

答：均衡充电也称为过充电，是对蓄电池的特殊充电，使全部蓄电池恢复到完全充足电状态。通常采用恒压充电，就是用较正常浮充电电压更高的电压进行充电。均衡充电一次的持续时间既与均充电压有关，也与蓄电池的类型有关。

3-108 什么是蓄电池的容量？

答：蓄电池的容量即蓄电能力，通常以充足电的蓄电池在放电期间端电压降低10％时的放电量来表示。如果蓄电池以恒定电流放电，放电容量就等于放电电流与放电时间的乘积。即 $Q=It$。一般以 10h 放电容量作为蓄电

池的额定容量。

3-109 什么是发电机电压波形的正弦畸变率?

答:发电机电压波形正弦畸变率 K_μ 表征发电机输出电压的质量。如畸变率高,则发电机就会产生各种不同谐波的电压,是干扰源。它除产生附加发热外,还会影响继电保护和自动装置动作的可靠性,故应设法减少或消除。

3-110 在直流电路中,电感的感抗和电容的容抗各是多少?

答:在直流电路中,由于电流的频率等于零,即 $\omega = 0$,所以电感线圈的感抗 $X_L = \omega L = 0$,相当于短路;电容器的容抗 $X_C = 1/\omega C = \infty$,相当于开路。

3-111 操作隔离开关的要点有哪些?

答:(1)合闸时:对准操作项目;操作迅速果断,但不要用力过猛;操作完毕,要检查合闸良好。

(2)拉闸时:开始动作要慢而谨慎,闸刀离开端触头时应迅速拉开;拉闸完毕,要检查断开良好。

3-112 怎样正确、可靠地核对设备双重编号?

答:正确核对设备双重编号是电气倒闸操作中防止误操作的前提与第一道关口,因此在实际工作中,核对设备双重编号必须注意以下几点:

(1)核对设备名称与操作票内容一致;

(2)核对设备编号与操作票内容一致;

(3)核对设备实际间隔位置与编号代表的间隔位置,尤其是顺序相吻合;

(4)操作中无论什么原因,只要离开过该设备间隔,回来继续操作前尤其要注意重新核对双重编号是否正确。

3-113 在哪些情况下禁止电气设备投入运行?

答:(1)无保护的设备。

(2)绝缘电阻不合格的设备。

(3)断路器机构拒绝跳闸的设备。

(4)断路器事故跳闸次数超过规定且油质炭化或喷油现象严重的情况。

(5)速断保护动作未查明原因或未排除故障的情况。

3-114 电气倒闸操作的执行程序是怎样的?

答:(1)发布和接受操作任务;

（2）填写操作票；

（3）审查与核对操作票；

（4）操作执行命令的发布和接受；

（5）进行倒闸操作；

（6）汇报、盖章与记录。

3-115　什么是事故处理？

答：事故处理是指在事故发展阶段中，为了迅速处理事故，不使事故延伸扩大而进行的紧急处理和切除故障点以及有关设备恢复运行的操作或在发生人身触电时，紧急断开有关设备电源的操作。

3-116　事故处理应遵循的原则是什么？

答：应遵循的原则是：

（1）迅速限制事故的发展，消除事故的根源，解除对人身和设备安全的威胁；

（2）设法保证厂用电；

（3）维持正常设备安全运行，尽可能使电压、频率恢复正常；

（4）切除故障点，迅速向已停电的设备恢复送电；

（5）在合环操作中，防止非同期并列。

3-117　事故处理的主要任务是什么？

答：（1）尽快限制事故的发展，消除事故根源，切除故障点，并解列对人身和设备的威胁；

（2）用一切可能的方式继续保持设备的正常运行，首先是重要厂用电设备的供电；

（3）尽快恢复对已停电的重要厂用电设备的供电；

（4）调整运行方式，尽快恢复正常。

3-118　哪些操作允许不填写操作票？

答：（1）事故处理时，可以不填写操作票。

（2）进行以下单项操作可以不填写操作票，但应有监护人：

1）拆除全厂仅有的一组接地线，或拉开全厂仅有的一组接地开关。

2）投入或退出一套保护的一块连接片。

3）使用隔离开关拉合一组避雷器，拉合一组电压互感器（不包括取下、给上熔断器的操作）。

4）拉合一台消弧电抗器（不包括调整分接头的操作）。

5）在控制室内，对可以远方操作并有联锁装置的隔离开关进行的单一操作。

6）直流接地故障选择，或寻找线路接地故障的操作。

7）拉合断路器的单一操作和拉闸限电后恢复送电的操作可以不填操作票，但值班人员在接受命令后应立即做好记录，并复诵无误，根据记录进行操作。

3-119　断路器停电操作后应检查哪些项目？

答：断路器停电操作后应进行以下检查：

（1）红灯应熄灭，绿灯应亮。

（2）操动机构的分合指示器应在分闸位置。

（3）电流表指示应为零。

3-120　实际操作中对断路器位置的检查标准是什么？

答：（1）断路器在"工作"位置的检查确认标准为断路器在间隔内，上下动触头与静触头接触良好，断路器与"工作"位置接点接触良好，有限位杆的断路器限位杆在"工作"位置限位孔内，抽屉式断路器本体操作把手已旋转至"合"位置。

（2）断路器在"试验"位置的检查确认标准为断路器在间隔内，不在"工作"位置，断路器与"试验"位置接点接触良好，有限位杆的断路器限位杆在"试验"位置限位孔内，抽屉式断路器本体操作把手已旋转至"试验"位置。

（3）断路器在"检修"位置的检查确认标准为小车断路器在间隔外，二次插头、二次熔断器均取下，断路器本体放有"在此工作"标示牌；对于非小车断路器，断路器在"抽出"位置，与断路器对应的隔离开关在断开位置，该断路器本体放有"在此工作"标示牌。

（4）断路器在"分闸"状态的检查确认标准为断路器本体"分/合闸"指示牌显示"分"或"O"，断路器分闸指示灯亮，所带负荷电流为零。对于负荷开关，负荷侧带电显示器灯应不亮。

（5）断路器在"合闸"状态的检查确认标准为断路器本体"分/合闸"指示牌显示"合"或"I"，断路器合闸指示灯亮。对于负荷开关，负荷侧带电显示器灯应亮。

3-121　哪些操作可不经调度同意而由值班人员迅速执行？

答：（1）将直接对人身有威胁的设备停电；

(2) 恢复厂用电源；

(3) 将已损坏的设备隔离；

(4) 解除对运行设备的直接威胁；

(5) 发电机由于误碰或外部故障引起过流保护动作掉闸的恢复操作；

(6) TV 熔断器熔断后，按《继电保护及自动装置运行规程》的规定退出有关保护。

以上操作完毕，尽快报告调度。

3-122 什么是电气设备的倒闸操作？

答：当电气设备由一种状态转换到另一种状态或改变系统的运行方式时，需要进行一系列操作，这种操作称为电气设备的倒闸操作。

3-123 发电厂及电力系统倒闸操作的主要内容有哪些？

答：倒闸操作主要有：

(1) 电力变压器的停、送电操作。

(2) 电力线路停、送电操作。

(3) 发电机的启动、并列和解列操作。

(4) 网络的合环与解环。

(5) 母线接线方式的改变（即倒母线操作）。

(6) 中性点接地方式的改变和消弧线圈的调整。

(7) 继电保护和自动装置使用状态的改变。

(8) 接地线的安装与拆除等。

3-124 电气设备倒闸操作的一般原则是什么？

答：(1) 安全地完成倒闸操作任务；

(2) 保护运行方式应正确、合理；

(3) 保证客户，特别是重要客户和发电厂厂用电的供电可靠性；

(4) 要保证系统有功、无功功率的合理分布，并使发电厂及电力系统各部分都具有一定的备用容量；

(5) 要保证继电保护和自动装置的配合、协调及使用的合理；

(6) 要考虑中性点直接接地点的合理分布和消弧线圈的合理使用；

(7) 要注意线路相位的正确性，必要时应进行相位的测定。

3-125 倒闸操作应如何进行？

答：倒闸操作须根据值班调度员命令，或征得其同意后进行，并按规定填写操作票，具体、详尽地确定操作步骤。倒闸操作一般应由两人进行，一

人操作，一人监护。复杂的倒闸工作应事先进行充分研究。

3-126 厂用电系统倒闸操作一般有哪些规定？

答：厂用电系统的倒闸操作应遵循下列规定：

（1）厂用电系统的倒闸操作和运行方式的改变，应由值长发令，并通知有关人员。

（2）除紧急操作和事故处理外，一切正常操作应按规定填写操作票，并严格执行操作监护及复诵制度。

（3）厂用电系统倒闸操作，一般应避免在高峰负荷或交接班时进行，操作当中不应进行交接班只有当操作全部终结或告一段落时，方可进行交接班。

（4）新安装或进行过有可能变换相位作业的厂用电系统，在受电与并列切换前，应检查相序，相位的正确性。

（5）厂用电系统电源切换前，必须了解电源系统的连接方式。若环网运行，应并列切换，若开环运行及事故情况下对系统接线方式不清时，不得并列切换。

（6）倒闸操作应考虑环并回路与变压器有无过载的可能，运行系统是否可靠及事故处理是否方便等。

（7）厂用电系统送电操作时，应先合电源侧隔离开关、后合负荷侧隔离开关，停电操作与此相反。

3-127 填写倒闸操作票的注意事项有哪些？

答：填写倒闸操作票应注意以下事项：

（1）为了使操作票做到简单明了，在操作票的操作任务栏中应填写设备的双重名称，即填写设备的名称和编号，发令人在下达操作任务时也应下达双重名称。因此，要求各发电厂、变电站内的设备编号必须能明显区分而不得有重复编号的情况。

（2）为了保证操作正确无误的进行，除填写应拉合的断路器和隔离开关外，还要求在操作中必须进行必要的检查。操作前认真检查相应断路器和隔离开关的实际运行位置，能有效地防止误操作的发生，故应作为一个单独的操作项目填入操作票内。如：

1）进行停、送电操作时，在拉合负荷侧隔离开关前的"检查相应断路器确在断开位置"。

2）设备检修后的合闸送电前的"检查送电范围内的接地开关是否拉开和接地线是否拆除"。

对断路器和隔离开关均可在控制室进行远方操作，且又装设有可靠的防止误操作的闭锁装置者，为避免操作人员过多的往返检查，在不影响下一步操作安全的前提下，可以不履行以上的检查手续，但在操作结束后，应对全部操作设备的操作情况是否良好进行逐项地检查，并将相应的检查内容填入操作票。

（3）操作票上还应填明应拉、合接地开关的编号和应装拆每一组接地线的编号和地点，以及在接地前检查相应隔离开关确在断开位置和进行验电等，以防发生带电合接地开关及带电挂地线，以及带接地线送电等恶性事故的发生。

（4）为了防止电压互感器发生返送电和设备误动作，对必须拆除的控制回路或电压互感器回路的熔断器的名称以及检修结束后将其恢复等，均应填入操作票内。

（5）在操作中，如因系统运行方式变更而可能出现潮流分布变化时，操作票中还应详细填入继电保护运行方式和定值的变更情况，以防漏停、漏投而造成保护误动、拒动等，酿成事故。

3-128　母线系统倒闸操作有何规定？

答：（1）备用母线的充电，有母联断路器时应该用母联断路器向备用母线充电。此时，母联断路器的保护装置应全部投入，并将有关保护定值及时限改小，以便当母线存在故障时，母联断路器能迅速跳闸，切除故障点，当备用母线充电良好后，再将保护定值和时限调回。如无母联断路器时，当确认备用母线处于完好状态时，也可用隔离开关充电。

（2）用母联断路器进行充电时，应事先停用差动保护回路中的充电闭锁连接片，解除母差保护。使之事故时仅跳母联断路器，待充电操作完毕后，再将其投入。

（3）在母线倒闸的拉合隔离开关过程中，应取下母联断路器的操作电源的熔断器，防止在倒闸操作中，母联断路器误跳闸，发生带负荷拉、合隔离开关的事故。

（4）一条母线所接元件全部倒换至另一条母线时，有两种倒换次序；一种是将一元件的隔离开关合于一母线后，随即断开另一母线隔离开关；另一种是逐一将所有元件的隔离开关合于一母线之后，再将另一母线上相对应的隔离开关断开。这要根据隔离开关操动机构位置的布置和现场习惯决定。

3-129　220kV 断路器操作的规定有哪些？

答：（1）断路器在检修结束送电前，应在地线拆除、两侧隔离开关断开

的情况下，进行远方跳、合闸试验；

（2）断路器禁止带电压做缓慢跳、合闸试验，禁止带负荷手动合闸；

（3）断路器跳、合闸的线圈，禁止长时间通过电流，不许电动拉、合5次以上；

（4）对于达到允许事故遮断次数的断路器，应停电并进行内部检查。

3-130　论述倒闸操作中应重点防止哪些误操作事故？

答：50％以上的电气误操作事故发生在10kV及以下系统；另外，以下五种误操作，约占电气误操作事故的80％以上，其性质恶劣，后果严重，是我们日常防止误操作的重点。

（1）误拉、误合断路器或隔离开关。

（2）带负荷拉合隔离开关。

（3）带电挂地线或带电合接地开关。

（4）带地线合闸。

（5）非同期并列。

除以上五种外，防止操作人员高空坠落，误入带电间隔、误登带电架构、避免人身触电，也是倒闸操作中应注意的重点。

3-131　提高电网的功率因数有什么意义？

答：在生产和生活中使用的电气设备大多属于感性负载，它们的功率因数较低，这样会导致发电设备容量不能完全充分利用且增加输电线路上的损耗，功率因数提高后，发电设备就可以少发无功负荷而多发送有功负荷，同时还可减少发供电设备上的损耗，节约电能。

3-132　如何提高功率因数？

答：提高功率因数的方法有：在变电站内装设无功补偿设备，如调相机、电容器组及静补偿装置，对用户可采用装设低压电容器等措施。

3-133　什么是电力系统负荷的经济分配，电力系统怎样才能做到经济运行？

答：电力系统负荷的经济分配就是在一定的运行方式下，把系统负荷在各电站及各机组间进行分配，使所需的运行总费用（主要是燃料消耗费用）为最小。

为了实现电力系统负荷的经济分配，常采用等微增率法则。它适用于电力系统中各电厂间的负荷经济分配，也适用于电厂中各设备、机组间负荷的经济分配。

3-134 什么是微增率?

答: 微增率就是输入微增量与输出微增量的比值,对发电机组来说,即燃料消耗费用的微增量与发电功率微增量的比值。表达式为

$$微增率\ b = \frac{\Delta F}{\Delta P} = \frac{输入耗量微增量}{输出功率微增量}$$

3-135 什么是等微增率法则?

答: 等微增率法则就是让所有机组按微增率相等的原则来分配负荷,这样就能使系统总的燃料消耗费用为最小,因此是最经济的。

3-136 为什么采用等微增率法则能使电力系统负荷分配最经济?

答: 机组 A、B 的微增量特性图如图 3-1 所示。

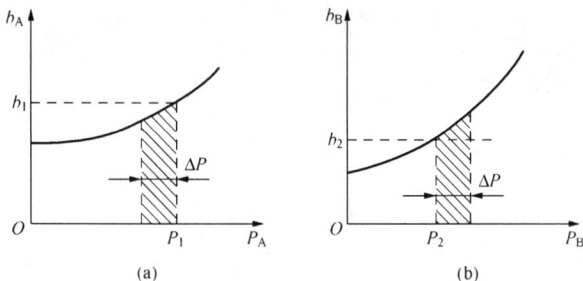

图 3-1　机组 A、B 的微增量特性图

(a) 机组 A;(b) 机组 B

最初,机组 A 所带负荷为 P_1,机组 B 为 P_2,机组 1 的微增率 b_1 大于机组 2 的微增率 b_2。若使机组 1 减少少量功率 ΔP,而机组 2 增加相应的功率 ΔP,以使总负荷不变,由于 $b_1 > b_2$,且输入耗量微增率(ΔF)＝微增率(b)×输出功率微增率(ΔP),机组 1 减少的消耗将大于机组 2 增加的消耗,从而使总的消耗减少。这样的转移持续下去,直至两机组的微增率相等为止。这样进行负荷分配使总消耗最小,因此也最经济。

3-137 现代电力网具有哪些显著特征?

答: 现代电力网已经进入超高压、长距离、大容量、高度自动化的时代,今后将会继续沿着这个方向迅速发展。其具有以下显著特征:

(1) 电压等级高、输送距离远。远距离输电需要越来越高的输电电压等级,可以实现电能的合理分配、资源的合理利用,可以降低损耗,提高经济效益。

（2）电网规模大，结构更坚固。科学合理的电网结构，越来越大的传输容量，可以提高电网运行的稳定、可靠性，提供优良质量的电能。

（3）机组容量逐步增大。大容量机组的投产运行，可以提高运营效益，降低污染。减少损耗，降低运行费用，实现电网的科学发展和可持续发展。

（4）自动化程度越来越高。现代化、高品质的安全自动装置的快速发展，对电力系统实现全面调度自动化、提高系统运行的安全稳定性意义重大，势在必行。

3-138　电能的生产与其他工业生产相比有什么特点？

答：电能的生产与其他工业生产相比有以下特点：

（1）电能的生产与国民经济各部门之间密切相关，电能供应的中断或不足，将直接影响各部门的生产、运行和人民生活。

（2）电力系统电磁变化过程非常短暂，电能的传输、电气设备的投切、运行方式的改变均在瞬间完成，因此，要求电力系统电能的生产具有很高的自动化水平。

（3）电能的生产、输送、分配和使用是同时进行的，因为电能不能大量存储，电能的生产和使用应时刻保持平衡。

3-139　对称短路有何特点？

答：三相电流、电压仍然是对称的，只是电流大大增加，电压大大降低而已。

3-140　不对称短路有何特点？

答：不对称短路特点：因为三相处于不同情况下，每相电路中的电流和电压的数值不相等，其电流与电压的夹角也不相等，对系统造成的影响也有些不同，保护的设置也有所不同。

3-141　中性点经消弧线圈接地系统有哪几种补偿方式？

答：欠补偿、过补偿和全补偿。

3-142　什么是全补偿方式？

答：电感电流等于接地电容电流的方式，称为全补偿方式。

3-143　什么是欠补偿方式？

答：电感电流小于接地电容电流的方式，称为欠补偿方式。

3-144 什么是过补偿方式?

答:电感电流大于接地电容电流的方式,称为过补偿方式。

3-145 什么是发电机的短路比?

答:所谓发电机的短路比,就是空载产生额定电压时的励磁电流与短路产生额定电流时的励磁电流的比值。

3-146 什么是系统的最大、最小运行方式?

答:在继电保护的整定计算中,一般都要考虑电力系统的最大与最小运行方式。最大运行方式是指在被保护对象末端短路时,系统的等值阻抗最小,通过保护装置的短路电流为最大的运行方式。最小运行方式是指在上述同样短路情况下,系统等值阻抗最大,通过保护装置的短路电流为最小的运行方式。

3-147 什么是电气制动?

答:所谓电气制动,是指在故障切除后,人为地在送端发电机上短时间加一电负荷,吸收发电机的过剩功率,以便校正发电机输入和输出功率之间的平衡,以提高系统的运行稳定性。

3-148 什么是快关汽门?

答:所谓快关汽门,是指在线路故障并使发电机突然甩负荷时,快速关闭汽轮机的进汽阀门,以减少原动机的输入功率,并在发电机第一摇摆周期摆到最大功角时,再慢慢地将汽门打开。快关汽门的作用是减少机组输入和输出之间的不平衡功率,减少机组摇摆,提高发电机的暂态稳定性。

3-149 什么是电力系统稳定器?

答:所谓电力系统稳定器(简称 PSS)是指为了解决大电网因缺乏足够的正阻尼转矩而容易发生低频振荡的问题所引入的一种相位补偿附加励磁控制环节,即向励磁控制系统引入一种按某一振荡频率设计的新的附加控制信号,以增加正阻尼转矩,克服快速励磁调节器对系统稳定产生的有害作用,改善系统的暂态特性。

3-150 电力系统故障的特点和危害是什么?

答:电力系统的各种故障当中最常见也是最严重的故障形式是短路。当电力系统中的带电部分与地之间以及不同相的带电部分之间的绝缘遭到破坏,即丧失绝缘时,往往会伴随着电流的急剧升高和电压的突然下降,对电气设备的安全运行和系统的稳定性造成极大的危害。

电力系统短路故障时可能产生以下后果：

(1) 故障点的电弧使故障设备损坏。

(2) 短路电流使故障回路中的设备遭到损坏。短路时电流比工作电流大得多，可达额定电流的几倍至几十倍，其热效应和电动力效应可能会使短路回路中的设备受到损坏。

(3) 短路时可能使电力系统的电压大幅度下降，使用户的正常工作遭到破坏，影响用户产品质量。严重时可能使电压崩溃，引起大面积停电。

(4) 破坏电力系统运行的稳定性。可能引起系统振荡，甚至造成电力系统的瓦解。

电力系统短路的基本形式有三相短路、两相短路、单相接地短路、两相接地短路及发电机或变压器同一相绕组不同线匝之间的短接（简称匝间短路）。

电力系统的正常工作遭到破坏，但未形成故障，称为不正常工作状态。电气设备的过负荷由于功率缺额引起系统频率的下降、发电机的突然甩负荷产生的过电压以及系统振荡等，都属于不正常工作状态。

短路故障和不正常工作状态都可能引起事故，轻则造成小面积的停电，重则造成人身和设备甚至大面积的恶性停电事故。

第二部分

设备、结构及工作原理

第四章 发电机结构及工作原理

4-1 同步发电机的基本工作原理是怎样的？

答：同步发电机是利用电磁感应原理将机械能转变为电能的。

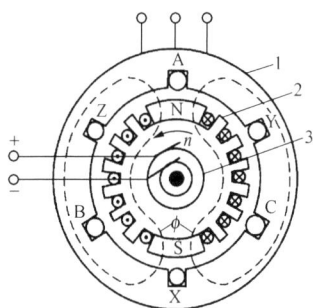

图 4-1 所示为同步发电机的工作原理图。在同步发电机的定子铁芯内，对称地安放着 A-X、B-Y、C-Z 三相绕组。所谓对称三相绕组，就是每相绕组匝数相等、三相绕组的轴线在空间互差 120°电角度。在同步发电机的转子上装有励磁绕组，励磁绕组中通入励磁电流后，产生转子磁通，当转子以逆时针方向旋转时，转子磁通将依次切割定子 A、B、C 三相绕组，在三相绕组中会感应出对称的三相电动势。对确定的定子绕组而言，假若转子开始以 N 极磁通切割导体，那么转过 180°（电角度）后又会以 S 极切割导体，所以定子绕组中的

图 4-1 同步发电机的工作原理图
1—定子铁芯；2—转子；3—集电环

感应电动势是交变的，其频率取决于发电机的磁极对数和转子转速。

4-2 汽轮发电机由哪几部分组成？

答：汽轮发电机主要由定子和转子两部分组成。其中定子主要由机座、定子铁芯、定子绕组和端盖等部分组成；转子主要由转子锻件、励磁绕组、护环、中心环和风扇等部分组成。

4-3 发电机铭牌上有哪些内容？

答：发电机铭牌上有以下内容：

（1）发电机型号。表示该发电机的型式、特点，如 QFSN-1000-2 型，Q 表示汽轮机，F 表示发电机，S 表示定子绕组水内冷，N 表示转子绕组氢内冷（定子铁芯氢冷），1000 表示功率（单位为 MW），2 表示极对数。

（2）额定容量 P_N。表示该发电机长期连续安全运行的最大允许输出

功率。

（3）额定电压 U_N。表示该发电机长期安全工作的最高允许电压（线电压）。

（4）额定电流 I_N。表示该发电机正常连续运行的最大工作电流。

（5）额定温升 t_N。表示该发电机某部分的允许最高温度与冷却介质额定入口温度的差值。

（6）额定功率因数 $\cos\varphi_N$。表示该发电机的额定有功功率与额定视在功率的比值。

4-4　发电机有哪些主要参数？

答：发电机的主要参数有：额定功率、额定电压、额定电流、额定功率因数、额定频率、额定励磁电压、额定励磁电流、定子绕组联结组别、效率等。

4-5　发电机的容量如何选择？

答：（1）额定容量。在额定功率因数和额定氢压及最高冷却额定温度的前提下，发电机的额定容量与汽轮机的额定出力配合选择。如一台 600MW 的发电机功率因数为 0.9，则发电机的额定容量为 667MVA，也就是发电机的铭牌功率；一台 1000MW 的发电机功率因数为 0.9，则其额定容量为 1120MVA。

（2）最大连续容量。发电机的最大连续容量应与汽轮机的最大连续出力配合选择。此时，发电机的功率因数为额定功率因数，氢压为额定氢压，冷却器进水温度与汽轮机相应工况下的冷却水温相一致。

考虑到汽轮机的最大连续进汽量工况出力系制造厂为补偿制造偏差和汽轮机老化等所留的裕度，即汽轮机不宜在此工况下长期连续运行，所以，发电机的最大连续出力在功率因数和氢压为额定值时与汽轮机的最大连续出力配合即可。

制造厂一般提供发电机有功功率和无功功率随功率因数变化的曲线（出力图），发电厂值班人员应根据出力曲线适当加大功率因数，以满足增加的有功功率，而无需加大发电机容量。从全国大多数地区来看，无功功率还是缺乏的，所以在考虑发电机的超发能力时，不宜通过提高功率因数来解决。

4-6　什么是发电机水氢氢冷却方式？

答：所谓水氢氢冷却方式是指定子绕组水内冷、转子绕组氢内冷、铁芯氢表面冷却。

4-7 发电机定子铁芯的结构是怎样的？

答：发电机定子铁芯是构成发电机磁路和固定定子绕组的重要部件。为了减少铁芯的磁滞和涡流损耗，大型发电机的定子铁芯常采用磁导率高、损耗小、厚度为 0.35～0.5mm 的优质冷轧硅钢片叠装而成。每层硅钢片由数张扇形片组成一个圆形，每张扇形片都涂了耐高温的无机绝缘漆。

定子铁芯的叠装结构与其通风方式有关。采用轴向分段径向通风时，中段每段厚度为 30～50mm，端部厚度小一些；采用全轴向通风时，沿轴向不分段，在铁芯轭部和齿部冲有全轴向贯通的通风孔；采用半轴向通风时，则在中段有若干分段，冷却气体从两端进入轭部和齿部的轴向通风孔，再从中间径向通道流出。

整个定子铁芯通过外圆侧的许多定位筋及两端的压指和压圈或压板固定、压紧，再将铁芯和机座连接成一个整体。

4-8 大容量汽轮发电机转子有哪些型式？

答：转子的型式有整体式、组合式、镶齿式和叠片式。从机械强度和加工方面考虑，整体式转子坚固，运行安全可靠，加工也简单，尤其现在采用大型锻压和机加工设备生产大型整体转子更为方便，所以大容量汽轮发电机都采用整体式转子。

4-9 大型汽轮发电机转子是由什么材料制成的？

答：转子材料选用导磁性能强和机械强度大的优质合金钢。用镍铬钼钒（NiCrMoV）、镍铬钒、铬镍钼（34CrNi3Mo）等合金钢，在真空中浇注成一整体，经复杂的热加工和冷加工，锻压成带轴的转子毛坯，再经机械加工成一整体转子。

4-10 增加汽轮发电机转子的长度对发电机有何影响？

答：增加转子长度也有一定限度，转子的长度和直径的比值不能太大，否则刚度不够，挠度太大，将使气隙不均匀，产生不平衡的磁拉力，还会使转子的临界转速下降，影响运行稳定性。

4-11 简述水内冷发电机定子绕组的组成结构。

答：定子绕组由实心股线与空心股线交叉组成，实心股线与空心股线均采用玻璃丝绝缘。空心导线内通过冷却水对绕组进行冷却，降低绕组温度。

每个绕组内部预先埋设电阻元件，用来测量绕组的温度。

4-12　简述发电机压入式径向通风系统的结构。

答：用钢板作横隔板，将机壳和铁芯背部之间的空间沿轴向分成若干段，每段形成一个环形小风室，各小风室相互交替地分为进风区和出风区，各进风区之间和各出风区之间分别用圆形或椭圆形钢管连通。进风区和出风区总数随发电机容量增大而增多，有五段、七段、九段及十一段之分，其中偶数段为进风区，奇数段为出风区。进风孔设在风扇内侧的高压风区，出风孔与风扇外侧的低压风区相连并通向冷却器。

4-13　说明大型发电机转子的组成和冷却方式。

答：转子总体上包括转子轴、转子本体、转子绕组、槽绝缘、槽楔、护环、阻尼线圈、转子绕组引出线、滑环、风扇、轴颈及联轴器等。大容量汽轮发电机转子冷却方式有氢表冷、氢内冷和水内冷三种。

4-14　转子阻尼绕组的作用和结构是怎样的？

答：为减少由于不平衡负荷产生的负序电流在转子上引起的发热，提高发电机承担不平衡负荷的能力，大型汽轮发电机的转子本体两端（护环下）和槽内设有全阻尼绕组。

阻尼绕组是一种短路绕组，由放在槽楔下的铜条和转子两端的铜环焊接成闭合回路。其主要作用是，当发电机发生不平衡运行或不平衡短路事故时，利用其感应电流来削弱负序旋转磁场的作用。

另外，在同步发电机发生振荡时起到阻尼作用，使振荡衰减。

4-15　汽轮发电机转子中心为何开孔？不开孔有何好处？

答：转子旋转时，转子中心所受机械应力最大。为了消除对转子有危害的内应力，提高转轴机械强度，防止转轴出现裂纹，以及减少热加工过程可能出现的偏差，必须对转子材料性能进行认真的检验和分析。大多数转子常沿转轴的轴向中心线镗一个中心孔，从中取出较粗的晶粒来进行检验分析。当锻件材料性能优良、质量均匀时，可用超声波进行探伤检验，若无缺陷，就不用在转轴中心线上开设中心孔。这样在同样励磁安匝下，可使磁通增加10%，还可减少转子轭部磁通密度，降低转子温升。

4-16　氢内冷机组转子的中心孔有何特殊作用？

答：在氢内冷转子上，转子绕组的引出线是通过轴中心孔引出与滑环连接的。

4-17 发电机转子护环、中心环、阻尼环的作用是什么？

答： 转子旋转时，转子绕组端部受到很大的离心力作用。为了防止对该部位的损害，采用了非磁性、高强度合金钢（Mnl8Crl8）锻件加工而成的护环来保护转子绕组端部。护环分别装配在转子本体两端，与本体端热套配合，另一端热套在悬挂的中心环上。

中心环对护环起着与转轴同心的作用，当转子旋转时，轴的挠度不会使护环受到交变应力而损坏，中心环还有防止转子端部轴向位移的作用。

为减小由不平衡负荷产生的负序电流在转子上引起的发热，提高发电机承受不平衡负荷（负序电流和异步运行）的能力，采用了半阻尼绕组，在转子本体两端（护环下）和槽内设有全阻尼绕组。阻尼电流通路是由护环、槽楔、阻尼铜条形成的阻尼系统。

4-18 用水作为发电机的冷却介质有何优点？

答： 用水作为冷却介质对发电机绕组进行直接冷却，是目前国内外已采用的一种冷却方式。水的热容量比空气大 4 倍多，密度比空气大 800 倍，散热能力比空气大 50 倍，故水是一种最好的冷却介质，冷却效果比氢气好很多倍。发电机采用水冷的最大优点是可以提高电磁负荷和电流密度，缩小发电机尺寸或提高发电机容量，节约原材料。此外，水还有良好的绝缘性能，常用的化学除盐凝结水的电阻率为 $10 \sim 20 M\Omega \cdot cm$，其值随温度升高而降低，呈负电阻温度系数。

4-19 发电机采用氢气冷却有何特点？

答： 氢气作为冷却介质具有密度小、导热能力强、清洁及冷却效果稳定等优势，因此氢冷技术在汽轮发电机中广泛应用且日趋成熟。采用氢气冷却，可以降低发电机的通风损耗及转子表面对气体的摩擦损耗，可以使绝缘内间隙及其他间隙的导热能力改善、增强传热效果，还可以保持机内清洁，降低事故以及延长绝缘材料寿命等。但同时，采用氢气冷却也会带来发电机结构、系统运行的复杂性。比如，必须保证严格的密封性，必须设置专门的供氢装置，必须采取严格的监视手段，必须采用防爆结构等，以防止和避免氢气泄漏和爆炸事故的发生。

4-20 发电机的机座和端盖有何作用？

答： 汽轮发电机的机座和端盖既是机械上的主要支撑，又是通风系统的重要组成部分，其构件也是整个发电机所有部件中尺寸最大的，机座要通过端盖支撑转子的重量。氢冷发电机的机座既要能承受氢气爆炸时的压力，又要能满足强度和震动的要求。

　　机座由端板、外壳和风区隔板等组焊而成的壳体结构，与端盖之间用注入密封胶的方式进行密封。机座要求具有足够的强度和刚度，其作用是支撑定子铁芯、定子绕组和旋转的励磁构件。在机座顶部和底部两侧各有一个冷却气体通道，机座内部只有支撑管而无通风管。机座作为氢气的密闭容器，能承受机内意外氢气爆炸产生的冲击。

　　发电机端盖既是发电机外壳的一部分，又是轴承座，为便于安装，沿水平方向分为上下两半。端盖与机座的配合面及水平合缝面上开有密封槽，以便槽内充密封胶，密封机内氢气。端盖应具有足够的强度和刚度，以支撑转子，同时承受机内氢气压力甚至氢气爆炸产生的压力。发电机转子轴承、氢气轴封和向这些部件供油的油路均包含在外端盖中并由其支撑。

4-21　大型发电机对转子有哪些要求？

　　答：转子是发电机受机械应力最大和温度最高的部件，若转子材料质量不均匀，加工不精确，或温度分布不均匀，都容易造成机械不平衡和热不平衡，并引起转子振动。其中，转子齿根和轴中心是受离心力、扭转和形变弯曲等机械应力最大的部位。因此，在设计上应保证转子经过 115%～120% 额定转速的试验而不出现机械损伤。另外，转子的导磁性能、机械强度、耐热性、材料的刚度和均匀性、加工质量及转子上各部件的装配等，都应达到规定的质量要求。

4-22　汽轮发电机的转子为什么会发热？

　　答：发电机的转子包括转子铁芯和转子绕组，以下原因会引起这些部位运行中发热。

　　（1）转子铁芯的发热。转子铁芯的表面存在与气体的摩擦而发热，除此之外，以下三种因素可能造成转子铁芯的发热。

　　1）齿谐波造成的转子表面脉动损耗。转子表面每一点的磁通实际上不是不变的，因为转子表面的对面是定子铁芯的槽和齿。在转子转动的过程中，对于转子表面上某一小面积来说，一会对着定子的齿，一会对着定子的槽。对着齿时，显然磁路的磁阻要小于对着槽时的磁路磁阻，通过这个小面积的磁通密度就会一会儿大，一会儿小，于是转子表面的磁通就会发生局部来回扫动的现象，这种磁通密度的大小按定子铁芯齿距周期变化而产生的谐波称为齿谐波。齿谐波的存在使转子表面感应引起涡流损耗，这是一种集中在转子铁芯表面的损耗。这种损耗的大小与气隙磁通密度的大小有关，也就是说，发电机的电压越高时，这种损耗就越大，转子表面发热也就越严重。

2）定子磁动势的高次谐波在转子表面产生的附加损耗。定子绕组流过电流后，就产生定子磁场，这个磁场除了与转子一起以同步速度旋转的主磁场外，还存在一系列的高次谐波分量，它们各自以不同的速度旋转并切割转子，在转子表面会引起高频涡流，从而引起转子表面的发热。因转子铁芯内部涡流的反作用，谐波磁通不能深入到转子铁芯内部，所以也只能引起表面损耗。损耗的大小与定子电流的大小和定、转子的结构有关。

3）定子三相电流不对称引起转子表面及转子端部构件的局部发热。

以上三种因素，都可能使转子的铁芯表面、槽楔或套箍中引起涡流，容易在接触不良的部位引起局部高温。

（2）转子绕组的发热。励磁电流流过转子绕组时会引起转子绕组的发热，调节发电机无功功率时必须考虑不能超出励磁电流的规定值。另外，转子铁芯的发热也会因为传导和辐射的作用而引起转子绕组发热。

4-23　同步发电机是如何分类的？

答：同步发电机按其特点分类如下：①按原动机分汽轮发电机、水轮发电机和燃汽轮发电机等。②按冷却方式分外冷式发电机和内冷式发电机。③按冷却介质分空气冷却发电机、氢气冷却发电机和水冷却发电机等。④按冷却方式和冷却介质不同组合分水氢氢发电机、水水空发电机和水水氢发电机。

4-24　大型发电机的冷却介质有哪些？

答：大型发电机的功率很高，定子电流相当大；同时，由于大型发电机的体积不可能无限制地增大，使得其结构相对紧凑。所以，要使定子电流产生的热量及时散发出去，就要采用冷却效果好的冷却介质。水和氢具有上述特点，一般可作为大型发电机的冷却介质。国内机组一般采用以下方式：即定子绕组采用水冷却，转子绕组采用水冷却的双水内冷方式；定子绕组水冷却，转子本体氢冷却的水氢氢冷却方式。

4-25　现代大功率汽轮发电机的冷却介质和冷却方法主要有几种？其具体组合内容是什么？

答：现代大功率汽轮发电机的冷却介质和冷却方法多为组合式，主要有以下五种：

（1）定子绕组氢外冷，转子绕组氢内冷，铁芯氢冷；

（2）定子绕组氢内冷，转子绕组氢内冷，铁芯氢冷；

（3）定子绕组水内冷，转子绕组氢内冷，铁芯氢冷；

（4）定子绕组水内冷，转子绕组水内冷，铁芯氢冷；

（5）定子绕组水内冷，转子绕组水内冷，铁芯空冷。

4-26　对于定子绕组氢外冷、转子绕组氢内冷、铁芯氢冷的发电机，其适用于多大容量的机组？为什么？

答：由于发电机受到冷却的限制，此种组合冷却方式通常只适用于250MW 及以下机组。

4-27　定子和转子水内冷、铁芯氢冷的发电机有哪些优缺点？

答：此种组合冷却方式已应用到 500MW 汽轮发电机，今后将应用于1000MW 以上机组。但由于水冷转子工艺比较复杂，因此对中等容量的发电机转子是否经济，目前国内外还存在不同看法。

4-28　定子和转子氢内冷、铁芯氢冷机组有哪些优缺点？

答：此种组合冷却方式适用于 1000MW 及以下机组。定子绕组带高压，为了防止爬电和绝缘击穿，槽内线棒不宜开设排气孔，而是在线棒实心导线排间夹放单排或双排非磁性和高电阻的薄壁钢管，作为通风管道。由于钢管本身涡流损耗小，股线间的绝缘层薄、温差小，故这种冷却方式可视为一种近似的直接冷却方式。为了便于气体进入管道，以及防止通风管端与同电位线棒间发生闪络放电，管端需套硅有机绝缘套管，管口呈喇叭形；而且管道长，风阻大，氢气压力高，故此种方式存在风损大、定子线棒全长的温升分布不均匀及需要严密密封等缺点。不过它只有一种介质和冷却系统，故运行比较可靠。

4-29　采用定子水内冷、转子氢内冷、铁芯氢外冷的机组有哪些优缺点？

答：此种冷却方式应用最多，广泛应用在 200～1000MW 的机组上。因转子是汽轮发电机温度较高的一个部件，但转子上电压低，电流密度高。可在槽内导线上开设进出风孔，通过气隙取气，就可自动地进风和排风，如再增多进出风区，又可缩短风道，减少风阻。因此，降低进风压力，就可使转子温度降低，导线沿轴向长度温升分布比较均匀。定子水冷所需动力小，水温容易调节，控制简便。此种冷却方式，虽然结构和工艺复杂一些，需要两种介质和两套冷却系统，不锈钢管用的也多，但冷却效果好，运行可靠，电机直径小，瞬间电抗可以小，有利于提高系统稳定度，是一种比较标准的冷却方式。

4-30　采用定子和转子水内冷、铁芯空冷的机组有哪些优缺点？

答：此种组合冷却方式虽可缩小电机体积，也无需防爆和严密的密封措

施，但铁芯采用空冷风损大，效率低，有电腐蚀现象，尤其是不易解决定子端部铁芯、绕组及附件的发热问题。除在定子端部加电屏蔽和磁屏蔽外，有时还需要在压圈上加装冷却水管，以解决散热问题。因此，这种组合冷却方式的适用范围就受到一定的限制。

4-31　简述氢气冷却发电机的特点及其氢气系统的主要组成部分。

答：国产氢气冷却方式为定子铁芯氢冷、转子本体与转子绕组氢气冷却。

氢气系统主要由下列元件组成：

（1）氢气干燥器。保证发电机内氢气的湿度在合格范围内。

（2）氢气压力控制装置。提供发电机内的氢气，同时在压力较低或者较高时进行补、排。

（3）氢气系统参数监视装置。监视氢气的压力、温度、湿度、纯度等参数。

4-32　简述氢内冷发电机转子的风路。

答：冷却转子的氢气冷却直线部分。氢气靠线槽底部的通风孔道。氢气从本体两端分别进入，经导线的径向通风孔有槽楔的通风孔流至气隙。

4-33　水冷发电机的定子铁芯发热集中在哪些部位？

答：水冷发电机定子绕组采用水内冷方式，冷却效果较好，因此，定子的最集中发热点不在定子绕组部位，而是集中在定子铁芯端部、齿牙板或压圈的某些部位，这是因为水冷发电机的电磁负荷大，端部漏磁大，漏磁在端部构件中产生的涡流损耗大的缘故。另外，铁芯硅钢片的片间绝缘可能由于老化、松动等原因造成铁芯局部高热；由于铁芯饱和，尤其是发电机定子电压大于额定值时，交变漏磁通的存在使定子背部的支持筋以及相连接的金属构件中出现感应电流而使局部发热。这都是在运行中需重点监视的部位。

4-34　汽轮发电机辅助系统分为哪几部分？

答：汽轮发电机辅助系统分为三个部分，即氢气控制系统、密封油系统和定子绕组冷却水系统。

4-35　汽轮发电机定子绕组冷却水系统有哪些装置？其作用是什么？

答：本系统设有自动水温调节器，以调节定子绕组冷却温度，使之保持基本稳定；还设置了离子交换器，以提高和保持纯水的水质。

4-36　空冷和氢冷发电机冷却器的布置有哪些形式？各有何优缺点？

答：空冷发电机的冷却器布置在机座的下部。氢冷发电机为了减小通风阻力和缩短风道，气体冷却器常安放在机座内的矩形孔内，有水平布置（卧式）和垂直布置（立式）两种，应用较多的是垂直布置。

水平布置的优点是可将四组或六组体积较长的冷却器，分散安放在机座内圆和铁芯背部之间的圆周内，使机座保持为简单的圆柱体结构；缺点是安装、拆卸困难。垂直布置则相反，冷却器立放在机座两端或机座中部的两侧位置，机座的结构形状虽然较复杂，但安装、拆卸却较方便，可以用吊车将整个冷却器吊出或吊入机座。

4-37　简述氢气干燥器的主要种类及其工作原理。

答：目前使用的氢气干燥器主要有两种形式：

（1）冷凝式氢气干燥器。冷凝式氢气干燥器主要是利用制冷机将氢气温度降低到0℃，使氢气中的水分饱和析出，从而达到干燥的目的。干燥器接于发电机的高风压区域，利用发电机运行时转子风扇所产生的压力，使氢气进入干燥器，冷冻脱水以后进入热交换器，将冷氢进行升温后返回发电机内部。冷凝式干燥器一般采用两台运行，使两台运行于"双机"状态，其中一台处于制冷状态，另一台处于化霜状态，定时进行切换。当一台故障时，可以将故障的干燥器隔绝，使正常的干燥器运行于"单机"状态。冷凝式氢气干燥器的不足是当环境温度升高时，工作效率降低，且必须在发电机转动以后才可以投入运行。同时，制冷机的效率决定了整个干燥器的工作效率，露点温度一般不可以控制。

（2）吸附式氢气干燥器。吸附式氢气干燥器主要是高效的分子筛作为吸附剂将氢气内的水分吸附。吸附式氢气干燥器一般设计为双桶，桶内装有分子筛。两个桶分别工作于"加热"与"再生"状态。发电机内的氢气经过干燥器的增压风机后进入加热桶分子筛进行吸附干燥。干燥后的氢气绝大部分回到发电机内部。

再生桶的分子筛由电加热对其进行加热再生，由干燥后的氢气进入再生桶冷却，氢气在经过一个冷却器后回到干燥器入口。吸附式氢气干燥器由于本身带有增压风机，所以在发电机处于静止状态时也可以运行。同时，通过控制再生桶的氢气流量，可以达到控制氢气露点的目的。但是，由于分子筛本身的特点，如果干燥器进油，将使分子筛失效，这点是需要注意的。

4-38 从安全角度考虑，氢冷发电机氢气系统的管路布置应注意哪些问题？

答：（1）氢气干燥器要分别靠近发电机汽、励两端布置，氢气分析器的发送部件更要靠近汽端布置，管路应尽可能短而少弯；

（2）全部管路必须使用无缝钢管，钢管内壁必须清理干净；

（3）法兰结合面密封材料最好用厚度为 3mm 以上的耐油橡胶制作；

（4）氢气管路及系统中的设备不得布置在密闭小间内，以便万一氢气泄漏时能迅速扩散，且不得靠近高热管路和电气设备；

（5）发电机抽真空管路的排汽管必须接至厂房外；

（6）二氧化碳母管应避免拐 U 形弯，否则应在最低点加装排液阀门。

4-39 大型发电机采用离相封闭母线有什么优点？

答：（1）可靠性高。由于每相母线均封闭于相互隔离的外壳内，可防止发生相间短路故障。

（2）减小母线间的电动力。由于结构上具有良好的磁屏蔽性能，壳外几乎无磁场，故短路时母线相间的电动力可大为减小。一般认为只有敞开式母线电动力的 1% 左右。

（3）防止邻近母线处的钢构件严重发热。由于壳外磁场的减少，邻近母线处的钢构件内感应的涡流也会减小，涡流引起的发热损耗也减少。

（4）安装方便，维护工作量少，整齐美观。

4-40 发电机定子的旋转磁场是怎么产生的？它有何特点？

答：当发电机带上负载之后，就有了三相交流电流。三个相绕组空间依次相差 120° 电角度。

图 4-2 只画出了 $P=1$ 的情形，设令 X 的正方向为 A 相至 B 相至 C 相，并且用等效的集中绕组代替实际绕组。当转子磁场切割 A 相时（设相序为 A、B、C），电流 i_A、i_B、i_C 分别为

$$i_A = I_m \sin\omega t$$

$$i_B = I_m \sin(\omega t - 120°)$$

$$i_C = I_m \sin(\omega t + 120°)$$

在对称的情况下，由于各相电流有效值相等，因而各相所感应的磁场的磁通势最大幅值也相等，得到下列各磁通势表达式

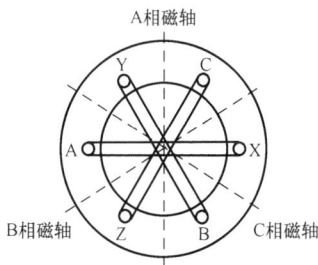

图 4-2 各相绕组的磁轴位置

$$f_A = F_m \sin\omega t \sin x$$
$$f_B = F_m \sin(\omega t - 120°) \sin(x - 120°)$$
$$f_C = F_m \sin(\omega t + 120°) \sin(x + 120°)$$

对以上各磁通势表达式进行分解，得出

$$f_A = \frac{1}{2} F_m \cos(\omega t - x) - \frac{1}{2} F_m \cos(\omega t + x)$$
$$f_B = \frac{1}{2} F_m \cos(\omega t - x) - \frac{1}{2} F_m \cos(\omega t + x + 120°)$$
$$f_C = \frac{1}{2} F_m \cos(\omega t - x) - \frac{1}{2} F_m \cos(\omega t + x - 120°)$$

在求合成磁通势时，正方向旋转磁通势恰能直接相加，负向旋转磁通势恰能相互抵消，故有

$$f = f_A + f_B + f_C = \frac{3}{2} F_m \cos(\omega t - x)$$

由此可以得出，当转子绕组切割定子绕组时，产生对称的三相电流，该三相电流产生磁场，合成磁通势为一旋转磁通势。定子的旋转磁场就是这么产生的。

这个旋转磁场有如下特点：

（1）磁场旋转方向与电流相序有关，电流的产生由 A 相至 B 相至 C 相，则磁场旋转也从 A 相至 B 相至 C 相。

（2）哪一组绕组的电流达到最大值，旋转磁场的轴线也正好地转到该相绕组的轴线上。

（3）磁场的旋转速度与频率有关。电流变化一个周期，磁场正好旋转一个周期。

4-41　同步发电机的"同步"是指什么意思？

答：发电机带负荷后，三相定子电流合成产生一个旋转磁场。该磁场与转子以同速度、同方向旋转，称"同步"。

4-42　同步发电机的频率、转速、磁极对数之间有何关系？

答：它们的关系用公式表示为：$n = 60f/p$。式中，n 为转速，r/min；f 为频率，Hz；p 为磁极对数。

4-43　三相正弦交流电流流过对称三相交流绕组时，合成磁动势的基波具有什么特点？

答：三相合成磁动势的基波是一个幅值恒定的旋转磁动势波，该旋转磁动势波具有如下特点：

（1）幅值等于单相脉振磁动势基波最大幅值的 1.5 倍；

（2）当某相电流达到最大值时，合成磁动势波的幅值正好处在该相绕组的轴线上；

（3）转速即为同步转速 $n_1 = \dfrac{60 f_1}{p}$ （r/min）；

（4）转向与电流相序一致。

4-44　为什么大型发电机的定子绕组常接成双星形？

答：发电机定子绕组接成星形主要是为了消除高次谐波和防止接成三角形时可能出现的内部环流；而接成双星形是为了避免每相导体内电流太大。另外，定子绕组接成双星形，是为了增加每相绕组的并联支路数，避免每相导体中载流量过大。

4-45　发电机定子绕组接成三角形如何？

答：如果发电机采用三角形接法，当三相不对称或绕组接线出现错误时，会造成发电机电动势不对称，不再满足 $e_U + e_V + e_W = 0$，这样将在三角形绕组内部产生环流，该环流会随着三相不对称程度的增大而增大，有可能会使发电机烧毁。另外，因为星形联结可以消除电动势中三次谐波的影响，有利于改善发电机电动势的波形，所以一般均采用星形接法。

4-46　大型发电机的定子绕组为什么采用三相双层短距分布绕组？

答：采用三相双层短距绕组，目的是为了改善电流波形，即消除绕组的高次谐波电动势，以获得较为理想的正弦波电动势。只要合理选择线圈节距，使某次谐波的短距系数等于或接近 0，使得线圈两有效边中感应的某次谐波电动势大小相等、相位相同，在沿线圈回路内正好相互抵消，就可以消除或削弱该次谐波电动势。虽然这种接法对基波电动势大小有所影响，但这种影响不大。

4-47　同步发电机为什么要装设冷却系统？

答：这是因为同步发电机运行时的效率只有 98.5% 左右，也就是说，存在绝对数值上可观的能量变成热量损耗在发电机内，使发电机温度升高，因此必须装设冷却系统。

4-48　发电机本体结构中哪些部位容易漏氢？

答：（1）机壳的结合面。大型发电机由于机体庞大，结合面多，加工工艺和密封质量以及施工质量均是造成结合面漏氢的因素。

（2）密封油系统。由于密封轴瓦和瓦座的间隙不合格，运行中氢侧密封油压调整不当，氢气漏入密封油侧随油循环泄漏，因此，运行中应保证密封油系统的各差压调节阀工作正常。

（3）氢冷却器。多管式结构的氢冷却器产生氢漏的可能性很大，所以大修以后必须做水压试验。运行中氢压略大于水压，所以要在排水中检测是否有漏氢。

（4）出线套管。出线套管的瓷件与法兰之间极易松脱漏氢，因此出线套管穿过出线台板的密封处也是重点监视的部位。

4-49　汽轮发电机组隔氢装置的作用是什么？

答： 隔氢装置是为防止空侧回油中可能含有的氢气进入汽轮机主油箱而设置的。

当密封瓦内氢侧油窜入空侧或密封油箱排油时，含有氢气的氢侧密封油和轴承润滑油一起先流入隔氢装置，氢气在此分离出来，由排风抽出并排至室外大气中。

4-50　汽轮发电机组氢气系统的沉积器的作用是什么？

答： 沉积器实际上是一个管路扩容器。设置沉积器的目的是为了让引压管内壁脱落的铁锈及油中固态杂物有个停留、沉积的地方，不至于被油流冲到平衡阀、压差阀活塞腔或差压计内而影响它们的正常工作。

4-51　密封油系统的作用和要求是什么？

答： 为了防止发电机氢气沿轴隙向外泄漏或漏入空气，发电机氢冷系统应保持密封，特别是发电机两端大轴穿出机壳处必须采用可靠的轴密封系统。为密封装置提供密封油的系统称为密封油系统。采用油进行密封的原理是：在高速旋转的轴与静止的密封瓦之间注入一连续的油流（油源来自汽轮机润滑油系统），形成一层油膜来封住气体，使机内的氢气不外泄，外面的空气也不能进入机内。为此，油压必须要高于氢压一个数值（0.03～0.08MPa）。

密封油系统除了向油密封装置提供不含空气和水分的压力油以外，还应保证密封油压始终大于机内氢压，以确保密封效果，而且即使出现故障，也必须有可靠的备用油源，保证不间断供油。为了防止轴电流破坏油膜、烧伤密封瓦和减少定子漏磁通在轴密封装置产生的附加损耗，密封装置与端盖和外部油管法兰盘接触处都需加绝缘垫片。

4-52　为何在氢水冷发电机冷却水箱上部设置取样门？

答： 水箱上部设置的取样门，是供化验人员取气样用的。如果怀疑定子绕组或端部引出线绝缘引水管破损，则可以从水箱上部取气样来进行化学分

析。若气样中含有超量氢气，则说明绕组或绝缘引水管密封出了问题，必须停机处理，且应重点检查绝缘引水管。取样门正常运行时应是关闭的。

4-53 发电机定子绕组的温度是怎样测量的？

答：测量定子绕组温度所用的都是埋入式检温计。埋入式检温计可以是电阻式的，也可以是热电偶式的，目前发电机用的大部分是电阻式的。

电阻式检温计的测温元件一般埋在定子线棒中部上、下层之间，即安放在层间绝缘垫条内一个专门的凹槽里，并封好，用两根导线将其端头接到发电机侧面的接线盒里，再引至检温计的测量装置，利用测温元件在埋设点受温度的影响而引起阻值的变化，来测量埋设点即定子绕组的温度，水冷发电机的测温元件埋设较多，125MW 的发电机，在定子每槽线棒中部上、下层之间各埋设一个测温元件，共计 35 个。

由于埋入式检温计受埋入位置、测温元件本身的长短、埋入工艺等因素的影响，往往测出的温度与实际温度差别很大，故对检温计最好经过带电测温法校对，当确定其指示规律后，再用它来监视定子绕组的温度。

4-54 发电机定子铁芯的温度是怎样测量的？

答：测量定子铁芯温度所用的也是埋入式电阻检温计，该测温元件在定子铁芯里是这样埋设的，首先把测温元件放在一片扇形绝缘连接片上一个与其相适应的凹槽里，然后用环氧树脂胶好，在叠装铁芯时，把扇形片像硅钢片一样放入铁芯中某一选定部位，电阻元件用屏蔽线引出。

对于水冷发电机，因为定子铁芯运行温度较高，而且边端铁芯可能会产生局部过热，所以一般埋设的测温元件较多，有的甚至沿圆周均匀地埋设好多个点。沿轴向来说，端部的测点较多，中部的大部分埋设在热风区段；沿着径向可放在齿根部或轭部，放在齿根部测的是齿根铁芯的温度，放在轭部测的是轭部铁芯的温度。

4-55 发电机大轴接地碳刷有什么作用？

答：（1）消除大轴对地的静电电压；

（2）供转子接地保护装置用；

（3）供测量转子绕组正、负极对地电压用。

4-56 短路比对发电机有何影响？

答：短路比大的发电机，同步电抗小，短路电流大，过载能力强，并联运行稳定性好；但气隙大，转子所需励磁磁动势大，则转子直径大、发电机体积大、造价高。短路比小的发电机，同步电抗大，短路电流小，过载能力弱，并联运行稳定性差；但气隙小，转子所需励磁磁动势小，则转子直径小、发电机体积小、造价低，材料利用率高。这就表明，短路比的大小对发电机运行性能的影响与对体积、造价的影响是相互矛盾的，因而在设计选择短路比时，应统筹考虑这些因素。

4-57 目前认为发电机的短路比取多大值合适？为什么？

答：现在大功率发电机都采用冷却效果好的冷却技术，大大提高了导线负荷和导线电流密度，从而节省了原材料，缩小了发电机尺寸。短路比已降低在 0.4～0.7 之间，但小于 0.6 时，发电机效率稍有降低。国际电工委员会推荐 200～800MW 汽轮发电机的短路比不小于 0.40。

4-58 为什么水冷发电机的端部发热较严重？

答：发电机的端部构件发热与端部漏磁有关。端部分布有复杂的漏磁场，它是由定子绕组的端部漏磁和转子绕组的端部漏磁合成的，而且是旋转的。端部漏磁场的大小和形状与发电机的结构特点、参数及某些构件的材料有关。发电机运行时，漏磁场的磁力线与发电机端部构件发生相对运动，会在这些金属构件中感应产生涡流损耗，引起构件发热。尤其是用整块铁磁材料制成的部件，发热更为严重。

所有发电机都存在端部漏磁引起的发热问题，但由于水冷发电机的电磁负荷大，即定、转子的线负荷（沿发电机圆周单位长度上的电流）高（同步发电机的冷却介质与冷却方式的不断改进，已使发电机的线负荷由 60A/mm 左右提高到了 200～250A/mm，1000MW 的发电机线负荷已达 1888A/cm），因此产生的漏磁量大，而这些损耗又几乎跟磁通密度的平方成正比，所以发热也特别严重。

4-59 为什么水冷发电机定子线棒的振动较大？

答：定子线棒的振动是由电磁力引起的。我们知道，定子绕组通过电流就会产生磁通，其中主要的部分与转子磁场相互作用，称为电枢反应磁通。另一部分在槽部跨越气隙只绕着定子绕组本身的称为槽部漏磁通。定子线棒处在槽内漏磁通中，这些跨越槽的漏磁通与定子绕组内的电流相互作用就会产生电磁力，方向可以判断是把线棒推向槽底的。这个力虽然是单一方向作用的，但在 50Hz 的发电机中就会产生 100 次/s 的振动。因为水冷发电机的定子线负荷较大，所以这种振动就比较大。

4-60 发电机励磁系统的作用是什么？

答：励磁系统的作用主要是供给同步发电机的励磁绕组的直流电源，它

对同步发电机的作用可以从以下几个方面体现：

(1) 调节励磁，可以维持电压恒定。

(2) 可使各台机组间无功功率合理分配。

(3) 采用完善的励磁系统及其自动调节装置，可以提高输送功率极限，扩大静态稳定运行的范围。

(4) 在发生短路时，强行励磁又有利于提高动态稳定能力。

(5) 在暂态过程中，同步发电机的行为在很大程度上取决于励磁系统的性能。

4-61 发电机对励磁系统有什么要求？

答： 励磁系统对于发电机和电力系统运行的可靠性有很大的意义，它直接影响发电机在事故情况下的变化状态，因此发电机对励磁系统要求很高，具体表现在以下几个方面：

(1) 励磁系统不受外部电网的影响，否则在事故情况下会发生恶性循环，以致电网影响励磁，而励磁又影响电网，情况越来越坏。

(2) 励磁系统本身的调整应该是稳定的，若不稳定，即励磁电压变化量很大，则会使发电机电压波动很大。

(3) 电力系统故障发电机端电压下降时，励磁系统应能迅速提高励磁到顶值，且励磁上升速度和励磁顶值都希望很大。因为强励时电动势上升越快越大，对维持系统稳定或继电保护动作越有利。

4-62 自动励磁调节器的基本任务是什么？

答： 自动励磁调节器是发电机励磁控制系统中的控制设备，其基本任务是检测和综合励磁控制系统运行状态的信息，包括发电机端电压、有功功率、无功功率、励磁电流和频率等，并产生相应的信号，控制励磁功率单元的输出，达到自动调节励磁、满足发电机及系统运行需要的目的。

4-63 自动励磁调节装置（ZTL）功能有哪些？

答： (1) 提供发电机在各种运行状态下所需的励磁电流，维持机端电压在给定值。

(2) 提高机组的静态稳定性，当机组外部短路时可自动进行强励，其顶值电压可达 2 倍，允许持续时间为 10s。

(3) 在机组进相运行时，能实现低励限制，使励磁电流不致降低到丧失静态稳定。

(4) 事故状态下，能使发电机迅速灭磁，以防止转子过电压。

（5）能够合理分配发电机间的无功负荷。

4-64　发电机励磁系统由哪几部分组成？

答：励磁系统一般由如下两个基本部分组成：

（1）励磁功率单元，包括整流装置及其交流电源。它的作用是向发电机的励磁绕组提供直流励磁电源。

（2）励磁调节器。它的作用是感受发电机电压及运行工况的变化，自动调节励磁功率单元输出的励磁电流的大小，以满足系统运行的要求。

4-65　发电机励磁调节器的主要组成部分有哪些？各有什么作用？

答：励磁调节器主要由以下部分组成：

（1）测量比较单元。测量发电机的机端电压并变换成直流，与给定的基准电压定值比较，得出电压偏差信号。

（2）综合放大单元。对测量单元的输出进行放大，有时还要根据要求对其他信号进行放大，如稳定信号、低励磁信号等。

（3）移相触发单元。根据控制电压的大小，改变晶闸管的触发角度，从而调节发电机的励磁电流。

4-66　常用的发电机励磁方式有哪几种？

答：发电机的励磁方式按励磁电源的不同分为如下三种方式：

（1）直流励磁机励磁方式。多用于中、小机组。

（2）交流励磁机励磁方式。其中按功率整流器是静止的还是旋转的又分为交流励磁机静止整流器励磁方式（有刷）和交流励磁机旋转整流器励磁方式（无刷）两种。多用于容量在 100MW 及以上的汽轮发电机组。

（3）静止励磁方式。其中最具有代表性的是自并励励磁方式。也多用于容量在 100MW 及以上的汽轮发电机组。

4-67　简述发电机励磁系统的主要形式及其工作过程。

答：大型发电机的励磁系统主要有以下几种形式：

（1）三机静止励磁系统。主要由永磁机、励磁调节器、中频励磁机及整流装置组成。永磁机与发电机同轴，产生的交流电经过励磁调节器整流后供中频励磁机的转子励磁，中频励磁机发出的交流电经过静止的整流装置后供给发电机的转子，使发电机正常工作。此种励磁系统设有集电环，运行时碳刷容易打火。

（2）三机旋转励磁系统。主要的工作原理与三机静止励磁系统相似，不同的是将中频励磁机与整流二极管封装在发电机的转子本体内部，使其工作

时处于旋转状态。此种励磁系统没有转子的集电环。

（3）自并励励磁系统。发电机的出口设有励磁变压器，经励磁调节器整流后直接供给发电机转子工作。此种系统形式简单，但是在起励的初期需要外接的辅助电源，当发电机出口电压达到一定数值时，起励电源退出工作，由励磁变压器工作，提供励磁电流。

4-68 永磁副励磁机的频率为何要为 500Hz？

答： 为了使发电机的励磁电流有较好的波形，励磁系统的反应速度快，以及缩小励磁机的尺寸，希望励磁机采用比 50Hz 更高的频率。但是频率高、电机的极数多，制造上比较困难，所以现在常用的副励磁机的频率为 500Hz。

4-69 永磁副励磁机的结构怎样？

答： 永磁副励磁机是一种新型的外转子永磁电机，其旋转磁轭环直接悬挂在轴伸处，环上共有 20 个磁极，每极有一个整体极靴，极身由三块矩形磁钢组成，并用"914"胶粘接成一整体，极身四周用无纬玻璃丝带缠绕固化成一保护套，每个极身和极靴用两个不锈钢螺钉钉合在磁轭环上，电枢悬挂在固定支架上，穿入外转子膛内，电枢铁芯用整圆形 V_{10} 硅钢片叠压而成，硅钢片涂 H52-1F 级绝缘漆。电枢绕组采用 $q = \dfrac{4}{5}$ 的分数槽。

4-70 永磁副励磁机的冷却方式怎样？

答： 永磁副励磁机的冷却方式采用空冷，即在副励与主励的底架上构成风路，并在底架的进、出风口处装有空气过滤器消声筒，以进一步降低永磁机的噪声。

4-71 交流主励磁机结构怎样？

答： 交流励磁机结构与空气冷却汽轮发电机相似，其转子为实心隐极式，共四极。转子嵌线槽楔为硬铝，两端槽楔为铝青铜，转子护环材料是无磁性钢，搭接在本体和中心环上，转子两端各有一个离心式风扇固定在中心环上。

交流励磁机的定子铁芯由优质电工硅钢片冲成扇形片叠压而成，铁芯分为 16 档，每档间有径向通风沟，扇形片通过背部燕尾槽轴向固定在机座内的支持筋上，铁芯两端用压板固定。

定子绕组为半匝式，端部为篮形，绕组由 7 股玻璃丝包扇铜线叠成。绕组端部用绝缘后支架支撑，并设有端箍将绕组端部箍紧。

4-72　交流主励磁机的冷却方式怎样?

答: 交流励磁机的通风为密闭循环方式,有两个绕簧式铜管空气冷却器,安装在其基础下面的地坑里,风路为一进两出。底架上还附设有两个带消声筒的空气过滤器补充空气。

4-73　主励磁机的作用是什么?

答: 在正常运行时,发出大小随自动励磁调节柜的输出大小变化而改变的100Hz三相交流电,经整流柜整流后供给发电机的励磁电流。

4-74　自动励磁调节柜在正常运行时是怎样工作的?

答: 自动励磁调节柜的工作原理可简述为:将经过电压反馈单元测量的正比于发电机母线电压的直流电压与基准(给定)电压进行比较,然后将比较结果进行比例—积分—微分运算,再将所得的信号电压进行综合放大后,送到移相触发器,去控制晶闸管的导通,以调节主励磁机的励磁,达到自动地维持发电机电压恒定的目的。

4-75　发电机励磁调节器有哪些主要保护与限制功能?

答: (1)低励限制环节。当励磁电流过小时闭锁减磁,防止失步。

(2)过励限制环节。当励磁电流过大时自动减少励磁电流。不同的调节器有不同的定值和处理方式。

(3)U/f限制环节。防止发电机的端电压与频率的比值过高,避免发电机及与其相连的主变压器铁芯饱和而引起的过热。

(4)TV断线检测环节。当发电机出口电压互感器断线时,或者切换到"手动"方式运行,或者切换到"备用"励磁单元运行。

(5)电力系统稳定器PSS。防止大区联络线的低频振荡。

4-76　低频保护器有何作用?

答: 低频保护器用于防止机组解列运行时,长时间低频运行造成的不利影响。低频保护器检测发电机频率,当频率过低时,延时输出至继电器出口触点,作用于跳发电机断路器和灭磁开关,并给出低频报警信号。

4-77　发电机转子护环的作用是什么?

答: 发电机转子护环对转子端部绕组起着固定、保护、防止变形、位移和偏心的作用。

4-78　什么是逆变灭磁?它有何特点?

答: 逆变灭磁是指利用三相全控桥的逆变工作状态,控制角从小于90°

的整流运行状态突然后退到大于90°的某一适当角度，此时励磁电源改变极性，以反电动势的形式加于励磁绕组，使转子电流迅速衰减到零的灭磁方法。

逆变灭磁的特点是：能将转子储能迅速地反馈到三相全控桥的交流侧电源中去，不需放电电阻或灭弧栅，简便实用；灭磁可靠；灭磁时间相对较长，但过电压倍数很低。

4-79　同步发电机为什么要求快速灭磁？

答：这是因为同步发电机发生内部短路故障时，虽然继电保护装置能迅速地把发电机与系统断开，但如果不能同时将励磁电流快速降低到接近零值，则由磁场电流产生的感应电动势将继续向故障点提供故障电流，时间一长，将会使故障扩大，造成发电绕组甚至铁芯严重受损。因此，当发电机发生内部故障，在继电保护动作快速切断主断路器的同时，还要求发电机快速灭磁。

4-80　什么是理想的灭磁过程？

答：理想的灭磁过程可以描述为，在整个灭磁过程中，转子电流的衰减率保持不变，且由衰减率引起的转子感应过电压等于其允许值U_m。

4-81　什么是励磁系统稳定器？

答：励磁系统稳定器又称为阻尼器，它是指将发电机励磁电压（转子电压）微分，再反馈到综合放大单元的输入端参与调节所采用的并联校正的转子电压微分负反馈网络。励磁系统稳定器具有增加阻尼、抑制超调和消除振荡的作用。

4-82　什么是自并励励磁系统？

答：自并励励磁系统是指取消了励磁机，而只用一台接在机端的励磁变压器作为励磁电源，通过受励磁调节器控制的大功率晶闸管整流装置直接控制发电机的励磁。其显著特点是整个励磁装置没有转动部分，因此又称为静止励磁系统或全静止态励磁系统。

静止励磁系统如图4-3所示。它由机端励磁变压器供给整流器电源，经三相全控整

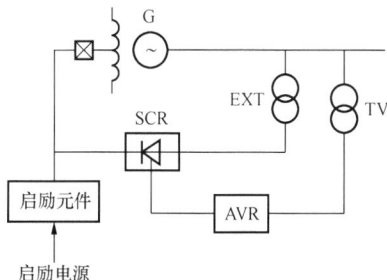

图4-3　机端自并励静止励磁系统

流桥直接控制发电机的励磁。它具有明显的优点，被推荐用于大型发电机组，特别是水轮发电机组。国外某些公司把这种方式列为大型机组的定型励磁方式。我国已在一些机组以及引进的一些大型机组上，采用静止励磁方式。

4-83　手动感应调压器的作用是什么？

答：手动感应调压器的作用是当自动励磁调节柜因故退出时，通过人为调节改变其二次电压的大小，并经三相硅整流后供给主励磁机的励磁电流，以保证发电机组的连续运行。

4-84　手动感应调压器是如何工作的？

答：感应调压器由定子和转子构成。转子绕组借助蜗轮蜗杆传动，由人工操作可在一定角度内转动。为了连接和操作上的方便，通常将转子绕组作为一次绕组接到电源上，而将定子绕组作为二次绕组接到负载上。当三相交流电压加到三相转子绕组上，就产生旋转磁场，并分别在转子绕组和定子绕组感应出电动势。由于输出到负载的电压是这两部分电动势的相量和（两部分绕组有电的联系），因此改变两个电动势之间的夹角，即改变转子和定子之间的相对位置，就能使输出电压得到平滑调节。转子的转动范围一般限制在 $0°\sim180°$ 之内。

4-85　手动励磁调节回路中的隔离变压器起何作用？

答：手动励磁调节器回路中的隔离变压器主要起隔离作用，即将硅整流回路与交流回路分离，减少相互间影响。另一方面起着降压作用，以满足硅整流的技术特性要求。

4-86　手动励磁调节柜与自动励磁调节柜有何区别？

答：手动励磁调节柜与自动励磁调节柜主要区别如下：

（1）自动柜采用晶闸管整流，而手动柜采用硅整流。

（2）自动柜输出随发电机端电压及无功的变化而变化，而手动柜的输出需通过运行人员调节感应调压器的输出的大小来决定。

（3）自动柜具有强励、欠励等功能，而手动柜则没有。

4-87　整流柜的作用是什么？

答：整流柜的作用是将交流主励磁机发出的 100Hz 三相交流电，经其三相全波桥式整流后供给发电机的转子电流。为了确保发电机转子电流的可靠性，一般设有两台或三台整流柜。正常运行中，处于并列运行状态。

4-88 欠励限制器有何作用?

答:欠励限制或称低励限制,主要用来防止发电机因励磁电流过度减小而引起失步,以及因过度进相运行而引起发电机端部过热。

4-89 瞬时电流限制器有何作用?

答:瞬时电流限制器用于具有高顶值励磁电压的励磁系统,限制发电机励磁电流的顶值,防止其超过设计允许的强励倍数,防止晶闸管整流装置和励磁绕组短时过负荷。

4-90 备用励磁机的作用是什么?

答:当工作励磁机因故不能投运或运行中工作励磁机出现故障时,备用励磁机可代替工作励磁机供给发电机的励磁电流,维持发电机正常运行。

4-91 励磁回路中的灭磁电阻起何作用?

答:励磁回路中的灭磁电阻主要有两个作用:①防止转子绕组间的过电压,使其不超过允许值;②将磁场能量变为热能,加速灭磁过程。

转子绕组的过电压是因电流突然断开,磁场发生突变引起的。当用整流器励磁的同步电机出现故障,在过渡过程中励磁电流变负时,由于整流器不能使励磁电流反向流动,励磁回路像开路一样,从而导致绕组两端产生过电压。该过电压的测值,据测量得知,可达转子额定电压值的 10 倍以上。

4-92 反时限限制器和定时限限制器有何作用?

答:反时限限制器主要用于限制最大励磁电流,它按照已知的反时限限制特性,即按发电机转子允许发热极限曲线对发电机转子电流的最大值进行限制,以防转子过热。

定时限限制器实质上是一个延时继电器,它与反时限限制器配合使用,当反时限限制器限制动作后,转子在规定时间(如 3~5s)内未能恢复到反时限限制器的启动值(如 1.1 倍额定励磁电流)以下,则定时限限制器动作,跳发电机开关。定时限限制器作为反时限限制器的后备保护。

4-93 发电机自并励励磁系统(静止励磁系统)有何优点?

答:(1)励磁系统接线和设备比较简单,无转动部分,维护费用省,可靠性高。

(2)不需要同轴励磁机,可缩短主轴长度,这样可减少基建投资。

(3)直接用晶闸管控制转子电压,可获得很快的励磁电压响应速度,可近似认为具有阶跃函数那样的响应速度。

（4）由发电机机端取得励磁能量。机端电压与机组转速的一次方成正比，故静止励磁系统输出的励磁电压与机组转速的一次方成比例。而同轴励磁机系统输出的励磁电压与转速的平方成正比。这样，当机组甩负荷时静态励磁系统机组的过电压就低。

4-94 快速自动励磁调节如何调节系统稳定性？如何提高它的静态稳定性？

答：励磁自动控制系统对电力系统运行的稳定性有着密切的关系。快速的自动励磁调节能提高发电机并列运行的输出功率的极限值，增大了发电机运行的稳定储备。

当电力系统受到短路等严重干扰时，励磁系统对发电机运行稳定的影响表现在强行励磁的作用以及短路切除后转子摇摆期间给以恰当的励磁控制，使振荡快速平息下来。短路时，原动机供给的功率不变，而发电机的输出功率却因端电压的降低而明显减少，产生过剩功率使转子加速，威胁同步发电机的同步运行并可能使其失去同步。在此时实现强励，可以迅速提高发电机励磁电压的顶值，提高发电机的内部磁通，在发电机转子和系统间发生相对位移的第一个摇摆期间增加发电机的电磁功率，减少其加速功率，从而改善了系统的动态稳定性。因此要求励磁控制系统具有高速响应性能和高顶值电压的特性。

快速励磁系统反应灵敏，调节快速，因此提高了静态稳定极限功率，扩大了人工稳定区。但快速励磁系统允许的开环放大倍数小，否则发电机将在小的干扰下产生自发振荡而失去稳定。为了既能避免自发振荡，又能保证要求的电压精度，目前可以通过以下措施来提高具有快速励磁系统的发电机的静态稳定性：

（1）采用镇定环节——电力系统稳定器。在励磁调节器上引入一个按功角的变化率来影响励磁电流的调节环节，相当于增加了发电机阻尼，这样可以在高放大倍数下消除发电机的自发振荡，提高静态稳定性。

（2）采用最优励磁控制器。以微机为主体的最优励磁控制器可以按多个状态量的变化对发电机的励磁进行最优的控制，它能提供适当阻尼，有效抑制各种频率的低频振荡，从而可以大幅度地提高静态稳定的极限。

4-95 采用自并励静止励磁系统如何提高电力系统运行的稳定性？

答：（1）采用稳定可靠的外接启励电源；

（2）采用高起始响应的半导体，反映速度极快；

（3）采用较高的强励倍数；

（4）采用快速动作的主断路器，开断时间缩短，故障切除速度加快；

（5）发电机出口采用分相封闭母线，短路故障几率大大减小。

上述措施的实施，使得自并励励磁系统大大增强了对电力系统暂态稳定的效果，提高了系统运行的稳定性、精确性和可靠性。

4-96　提高功率因数和降低短路比对汽轮发电机有何好处？

答：提高功率因数和降低短路比（即同步电抗相应增大）后，将使发电机质量减小、造价降低。

4-97　大型汽轮发电机的定子铁芯如何考虑满足强度、刚度和降低铁芯损耗？

答：（1）大型发电机的铁芯要求由磁导率高、损耗小的优质冷轧硅钢片叠压而成，不仅满足通风冷却的要求，还要满足一定强度和刚度的要求，而且要考虑减少绕组端部漏磁和铁芯部漏磁产生的环流而引起的铁芯损耗。

（2）定子铁芯是用相互绝缘的扇形片叠装压紧制成的。为减少电气损耗，扇形片采用高导低损耗的冷轧硅钢片冲制而成。单张硅钢片冲成扇形，扇形片两面刷涂有绝缘漆。

（3）扇形片冲有嵌放定子绕组的下线槽和放置槽楔用的鸽尾槽。叠压时利用定子定位筋定位，叠装过程中经多次施压，两端采用低磁性的球墨铸铁压圈将铁芯夹紧成一个刚性圆柱体。铁芯齿部是靠压圈内侧的非磁性压指来压紧的。边段铁芯涂有黏结漆，在铁芯装压后加热使其黏结成一个牢固的整体，进一步提高铁芯的刚度。

（4）边段铁芯齿设计成阶梯状并在齿中间开窄槽，同时在铁芯端部采用磁屏蔽和铜屏蔽，以降低铁芯端部的损耗和温升。

4-98　大型发电机组在参数设计方面具有哪些与中小型发电机组不同的特点？

答：（1）短路比减小，电抗增大。大型发电机的短路比减小到 0.5 左右，各种电抗都比中小型发电机大。因此，大型发电机组的短路水平反而比中小型机组的短路水平低，这对继电保护是十分不利的。由于 x_d 的增大使发电机的静稳储备系数 K_{ch} 减小，因此在系统受到扰动或发电机发生失磁故障时，很容易失去静态稳定。由于 x''_d、x'_d、x_q 等参数的增大使发电机平均异步转矩大大降低，从中小型发电机的 2～3 倍额定值减至额定值左右，于是失磁后，一方面异步运行时滑差增大，允许异步运行的负载小、时间短，另一方面要从系统吸取更多的无功功率，对系统稳定运行不利。

(2) 衰减时间常数增大。大型发电机组定子回路时间常数 $T_a = \dfrac{X_\Sigma}{R_\Sigma}$ 和比值 $\dfrac{T_a}{T_d''}$ 显著增大，短路时，定子电流非周期分量的衰减较慢，整个短路电流偏移在时间轴一侧若干工频周期，使电流互感器更容易饱和，影响大机组保护正确工作。

(3) 惯性时间常数降低。大容量机组的体积并不随容量成比例地增大，有效材料利用率提高，其直接后果是机组的惯性常数 H 明显降低，在受到扰动的情况下，机组更易于发生振荡。

(4) 热容量降低。有效材料利用率提高的另一后果是发电机的热容量（Ws/℃）与铜损、铁损之比显著下降，温度每上升1℃所用的时间减少，发电机承受负序过负荷的能力降低。例如对于 200MW 及更小的发电机，定子绕组对称过负荷能力为 1.5 倍额定电流，允许持续运行 120s，转子绕组过负荷能力为 2 倍额定励磁电流，允许持续运行 30s；对于 600MW 汽轮发电机，定子绕组过负荷能力规定为 1.5 倍额定电流时，只允许持续运行 30s，转子绕组过负荷能力为 2 倍额定励磁电流时，只允许持续运行 10s。转子表层承受负序过负荷的能力为 $I_2^2 t$，中小汽轮发电机组（间接冷却方式）为 30s，而 1000MW 汽轮发电机减小到 6s。

4-99　大容量机组在制造、基建和运行的经济性方面具有哪些优点？

答：对于二极隐极汽轮发电机而言，发展大容量机组在制造、基建和运行的经济性方面具有下列优点：

(1) 可降低电机造价和材料消耗率。如一台 800MW 机组比一台 500MW 机组单位成本降低 17％，一台 1200MW 机组比一台 800MW 机组单位成本降低 15％～20％。材料消耗率随单机容量的增大而降低。

(2) 可降低电厂基建安装费用。一个电厂单位造价随着单机容量的增大而降低。

(3) 可降低运行费用，减少煤耗及单位千瓦运行人员和厂用电率。

(4) 可减少电厂布点，有益于环境保护，减少污染。

4-100　发展大容量发电机存在的主要问题是什么？

答：发展大容量发电机与中小型发电机相比，需考虑的主要问题有以下三个方面：

(1) 参数设计方面。大型发电机容量大，体积并不成倍增加，材料的利用率提高，造成了大型发电机虽然 GD^2（G 为重量，D 为直径）的绝对值增

加，但与容量的比值减小，即惯性时间常数 $H = \dfrac{2.74GD^2n^2}{S} \times 10^{-3}$ 反而降低，使机组更易于失去稳定。此外，电机参数增大、衰减时间常数增加、热容量降低、励磁电流增加、功率极限和静稳定储备下降等问题都是发展大容量发电机时在设备制造工艺、运行维护水平和继电保护配置的可靠和完善等方面需要重点考虑的问题。

（2）结构工艺方面。

1）冷却方式复杂。由于容量增大，因此定、转子电流增加，漏磁增加，运行中发热增加，在结构设计方面如何进行有效地冷却至关重要。

2）轴向与径向比增大，运行中振动加剧。

3）大机组的并联分支多，绕组结构复杂，尤其是水轮发电机，中性点的连接非常复杂。

（3）运行方面。

1）励磁系统复杂，失磁故障的几率增加。

2）自并励励磁系统的发电机，故障后短路电流快速衰减，对后备保护的形成比较困难。

3）异常运行的工况多。

4）发电机与主变压器之间不设置断路器，机端故障和发电机失磁使厂用电电压下降严重。

4-101　大型汽轮发电机需考虑哪些特殊问题？

答：（1）机座的隔振。大型两极电机铁芯振动的双倍振幅如达到或超过 $30 \sim 40 \mu m$ 时，机座和铁芯之间就要采取刚性连接结构进行隔振，以减轻铁芯振动对机座和基础的危害。

（2）定子绕组槽部和端部的固定。大容量发电机中，必须考虑事故时定子绕组受到的巨大的电磁力作用，必须采取措施加强槽部和端部的固定以防止绕组受力变形或绝缘损伤。在固定线棒的槽部时，在槽底和上下层线棒间垫以半导体材料的垫条，槽楔下垫以弹性波纹垫条，侧面也垫以绝缘垫条，槽口用对头楔楔紧，侧面也用斜楔楔紧。定子绕组的端部也因漏磁影响而受到交变电磁力的作用，因此，除加强端部绝缘外，绕组端部用绝缘压板将绕组固定在绝缘支架上，以提高端部绕组的机械强度。

（3）考虑铁芯端部发热的预防措施。

（4）转子阻尼系统。定子三相电流不平衡时会产生负序旋转磁场，在转子表面感应出双倍频率的电流，引起附加损耗、转子表面灼伤甚至机组振动。因此，必须装设阻尼绕组以分担转子表面的倍频电流，降低表面损耗，避免转子表面温升和损伤。

（5）轴承油膜振荡。油膜振荡是在一定条件下激起的轴颈中心在轴承中的不稳定旋转，从而导致机组振动。大型汽轮发电机可采取下列措施防止油膜振荡：

1）改变轴承的长径比以增加单位面积的压力，如允许可直接缩短轴瓦长度。

2）改变轴瓦间隙。

3）改变进油温度，从而改变油的黏度。

4）精确校验动平衡，减小残留的不平衡。

第五章　变压器结构及工作原理

5-1　变压器在电力系统中起什么作用？

答：变压器是电力系统中重要电气设备之一，起到传递电能的作用。从发电厂到用户可根据不同的需要，将供电电压升高或降低，要靠变压器来完成。

5-2　变压器的工作原理是怎样的？

答：变压器是应用电磁感应原理来进行能量转换的，其结构的主要部分是两个（或两个以上）互相绝缘的绕组，套在一个共同的铁芯上，两个绕组之间通过磁场而耦合，但在电的方面没有直接的联系，能量的转换以磁场作媒介。在两个绕组中，把接到电源的一个称为一次绕组，而把接到负载的一个称为二次绕组。当一次绕组接到交流电源时，在外施电压的作用下，一次绕组中通过交流电流，并在铁芯中产生交变磁通，其频率和外施电压的频率一致，这个交变磁通同时交链着一、二次绕组，根据电磁感应定律，交变磁通在一、二次绕组感应出相同频率的电动势，二次绕组有了电动势便向负载输出电能，实现了能量转换。

利用一、二次绕组匝数的不同及不同的绕组连接法，可使一、二次绕组有不同的电压、电流和相位。

5-3　简述变压器的构造及各部件的作用。

答：变压器的最基本结构部件是由铁芯、绕组和绝缘所组成。此外为了安全可靠的运行，还装设有油箱、冷却装置、保护装置。其结构简图如图5-1所示。

下面分析各部件的作用：

（1）铁芯。变压器的铁芯是磁力线的通路，起集中和加强磁通的作用，同时用于支撑绕组。

（2）绕组。变压器的绕组是电流的通路，靠绕组通入电流，并借电磁感应作用产生感应电动势。

（3）油箱。油箱是油浸式变压器的外壳，变压器主体放在油箱中，箱内

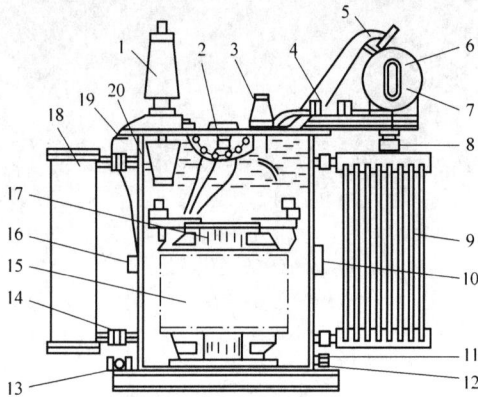

图 5-1　变压器的结构

1—高压套管；2—分接开关；3—低压套管；4—气体继电
器；5—防爆管；6—储油柜（油枕）；7—油表；8—呼吸器；
9—散热器；10—铭牌；11—接地螺栓；12—油样活门；
13—放油阀门；14—活门；15—绕组；16—信号温度计；
17—铁芯；18—净油器；19—油箱；20—变压器油

充满变压器油。

（4）储油柜。储油柜也称为辅助油箱，它是由钢板做成的圆桶形容器，水平安装在变压器油箱盖上，用弯曲联管与油箱连接，储油柜的一端装有油位指示计，储油柜的容积一般为变压器油箱所装油体积的 8%～10%。其作用是变压器内部充满油，而由于储油柜内油位在一定限度，当油在不同温度下膨胀和收缩时有回旋余地，并且储油柜内空余的位置小，使油和空气接触的少，减少了油受潮和氧化的可能性，另外，储油柜内的油比油箱上部的油温低很多，几乎不和油箱内的油对流。在储油柜和油箱的连接管上装有气体继电器，来反映变压器的内部故障。

（5）呼吸器。呼吸器内装有干燥剂即硅胶，用来吸收空气中的水分。

（6）防爆管。防爆管安装在变压器的油箱盖上。防爆管的顶端装有一个玻璃片，当变压器内部发生故障，产生高压，油里面的气体便冲破玻璃片排到油箱外，释放压力，从而保护变压器油箱不被破坏。

（7）温度计。温度计安装在油箱盖上的测温筒内，用来测量油箱内的上层油温。

（8）套管。套管是将变压器高、低压绕组的引线引到油箱外部的绝缘装

置。它既是引线对地（外壳）的绝缘，又担负着固定引线的作用。

（9）冷却装置。冷却装置是将变压器在运行中产生的热量散发出去的设备。

（10）净油器。又称为温差滤过器。它的主要部分是用钢板焊成的圆筒形净油罐，安装在变压器油箱的一侧，罐内充满硅胶、活性氧化铝等吸附剂。在运行中，由于上层油和下层油之间的温差，于是变压器油从上向下流动经过净油器形成对流，油与吸附剂接触，其中的水分、酸和氧化物等被吸收，使油得到净化。延长油的使用期限。强油循环变压器的净油器是靠油流压差使变压器油流经净油泵，达到净化的目的。

5-4 简述大型变压器储油柜的结构。

答：大型变压器采用的是隔膜式储油柜。在储油柜的油上部，利用隔膜将油与大气分隔，用以防止油的老化，同时减少油与空气的接触，保证变压器油的绝缘强度。值得说明的是，如果变压器的储油柜密封不好，则会使储油柜漏气，使隔膜上压力增加，导致变压器发生假油位。

5-5 什么是变压器油箱内的磁屏蔽？

答：在主变压器中，为了降低各种结构件（油箱、铁轭夹件、线圈压板等）中的杂散损耗，常常采用磁屏蔽（磁分路）结构，即在结构表面上沿漏磁场方向放置由硅钢片叠积起来的条形叠片组。这种条形叠片组为漏磁场（特别是绕组漏磁场）提供了一个高磁导率的路径，从而大大降低了漏磁通进入结构件的可能性，有效降低了构件中的磁滞损耗和涡流损耗。

5-6 什么是变压器油箱内的电磁屏蔽？

答：变压器油箱电磁屏蔽主要用于大电流引线漏磁场的屏蔽（电工钢带一般用作绕组漏磁场的屏蔽）其屏蔽原理与磁屏蔽完全相反。磁屏蔽原理是利用电工钢带的高导磁性能构成具有较低磁阻的磁分路，使变压器漏磁通绝大部分不再经过变压器油箱而闭合，可以说是基于"疏"的原理。电磁屏蔽是利用屏蔽材料（一般为铜板或铝板）高磁导率所产生的涡流反磁场来阻止变压器漏磁通进入油箱壁，它的立足点是基于"堵"。为防止漏磁对油箱和夹件的影响，在主变压器油箱内侧和底部装有硅钢片、铜板屏蔽，夹件上装有硅钢片屏蔽。

5-7 变压器的呼吸器有何作用？内部由何物质构成？

答：变压器的呼吸器与储油柜相连接，内部装有吸湿性的物质（如硅胶）。当变压器的环境温度发生变化时，必然引起变压器油温的变化，而变压器的油温对变压器油体积的影响是很大的。体积的变化将引起油位的变化。当变压器油位发生变化时，储油柜内隔膜上部的气体体积也将发生变化，从而吸入或者排出气体。吸入或者排出的气体经过呼吸器可以除去其中的水分和其他杂质，保证变压器油的品质。

5-8 变压器油流继电器的作用是什么？

答： 油流继电器是显示变压器强迫油循环冷却系统内油流量变化的装置，用来监视强迫油循环冷却系统的油泵运行情况，如油泵转向是否正确、阀门是否开启和管路是否堵塞等情况。当油流量达到动作油流量或减少到返回油流量时均能发出报警信号。

5-9 变压器铭牌上的字母代表什么含义？

答： 按国标规定，变压器铭牌上的字母有这样几个：S、F、Z、J、L、P、D、O、X。

S 表示三相，在第三和第四位则代表三套绕组；F 表示油浸风冷；Z 表示有载调压；J 代表油浸自冷；L 代表铝绕组或防雷；P 代表强油循环风冷；D 代表单相，在末位时代表移动式；O 表示自耦，在第一位，表示降压，在末位表示升压；X 表示消弧绕组。

例如：SFPSZ-50000/110，就是三相三绕组、油浸风冷、强油循环风冷式变压器，绕组第一次改型产品，额定容量为 50000kVA，高压侧为 110kV 等级。

5-10 变压器储油柜和防爆管之间的小连通管起什么作用？

答： 小连通管使防爆管的上部空间与储油柜的上部空间连通，让两个空间内压力相等，油面保持相同。

5-11 变压器中油起什么作用？怎样判断油质好坏？

答： 变压器的油箱内充满了变压器油，变压器油的作用一是绝缘，二是散热。

变压器内的绝缘油可以增加变压器内部各部件的绝缘强度，因为油是易流动的液体，它能够充满变压器内各部件之间的任何空隙，将空气排除，避免了部件因与空气接触受潮而引起绝缘能力的降低。其次，因为油的绝缘强度比空气大，从而增加了变压器内各部件之间的绝缘强度，使绕组与绕组之间，绕组与铁芯之间，绕组与油箱盖之间均保持良好的绝缘。变压器油还可以使变压器的绕组和铁芯得到冷却，因为变压器运行中，绕组与铁芯周围的油受热后，温度升高，体积膨胀，相对密度减小而上升，经冷却后，再流入

油箱的底部，从而形成了油的循环。这样，油在不断循环的过程中，将热量传给冷却装置，从而使绕组和铁芯得到冷却。另外，绝缘油能使木材、纸等绝缘物保持原有的化学和物理性能，使金属如铜得到防腐作用，能熄灭电弧。变压器在运行中，由于可能和空气接触，而空气中的水分会使油受潮，同时由于长期受温度、电场及化学复分解的作用，会使油质劣化。判断变压器油是否受潮和劣化，首先应检查干燥器（呼吸器），因为干燥器内有用氯化钴处理过的硅胶作为干燥剂，它能吸收变压器内空气中的水分而变色。若发现大部分硅胶由原来的蓝色变为红色或紫色（用溴化铜处理过的硅胶则由原来的黑色变为淡绿色）时，则说明干燥剂已潮解失效，变压器油已受潮，需要更换经干燥处理过的硅胶。检查变压器油质是否劣化还需定期由专业的化验人员进行取油样试验。对电压在 35kV 及以上运行中和备用的变压器每年至少取油样化验一次，对电压在 35kV 以下的变压器，则每两年至少取油样化验一次。油样化验的内容如下：

（1）酸价：新油不应超过 0.05KOHmg/g，运行中油不应超过 0.4 KO-Hmg/g。

（2）电气绝缘强度：在各种电压下，标准间隙的击穿电压应不低于表 5-1 中所列数值。

表 5-1　　　　　　　　变压器油的绝缘标准　　　　　　　　kV

使用电压	新油标准	运行油标准
35 以上	40	35
35～6	35	30
6 以下	25	20

（3）闪点：新油不低于 130℃，运行中的油应不比新油低 5℃以上，也不应比最近一次的测定值低 5℃以上。

（4）游离碳：没有。

（5）机械混合物：没有。

（6）水分：无。

（7）酸碱度：用 pH 值表示，pH 值＞4.6 为中性，pH 值＝4.1～4.5 为弱酸性，pH 值＜4 为酸性。新油一般为 5.4～5.6。变压器油通过化验，各项指标皆符合上述标准的即认为合格，若不符合标准，要针对存在的问题进行处理。

5-12　变压器油再生器（热虹吸）在运行中起什么作用？

答：运行中的变压器上层油温同下层油温有一定的温差，使油在热虹吸器内循环。油中的有害物质如水分、游离碳、氧化物等，随油循环而被吸收到硅胶内，使油得到净化保持油的良好电气、化学性能，因此热虹吸器不但有热均匀作用，而且对油的再生也有良好作用。

5-13 变压器油再生器在运行中应注意什么？

答：在运行维护中应注意：①硅胶最好选用大颗粒，而且应排出热虹吸器内的气体，以免影响瓦斯保护动作。②热虹吸器充满油后，应关闭热虹吸器与变压器连接的下部截门，静止几小时排出杂物后，再打开下部截门。正式投用 24h 后，再将重瓦斯投入掉闸回路。③定期化验油样，监视油的化学成分，及时更换硅胶。

5-14 变压器采用速动油压继电器的作用是什么？

答：在油浸变压器中的电弧产生剧烈的气体压力而损坏设备时，继电器触发一个电信号使断路器动作而切断变压器电源并且发出报警信号。变压器内部压力的变化使传感波纹管偏转并在充满硅油的密封系统中反应至控制波纹管。在一个控制波纹管的界面处有一个小针孔，其有效截面受双金属片的随温度变化的影响而变化，产生这两个控制波纹管的微小偏移。操动机构连杆的合成竖起使电气开关在非安全压力升高的情况下跳闸。当两个控制波纹管再次达到平衡时，电气开关自动重置。

5-15 为什么一般电力变压器都从高压侧抽分头？

答：电力变压器从高压侧抽分头是因为：①高压绕组套装在低压绕组的外面，抽头引出和连接方便；②高压侧比低压侧电流小，引线和分接开关的载流面积小。

5-16 变压器压力释放阀的结构原理是怎样的？

答：压力释放阀的结构原理是：密封圈用于阀座与变压器油箱升高法兰座之间的密封。膜盘由弹簧压紧在胶圈上而关闭。作用在膜盘上的压力超过弹簧压力时，膜盘升高和胶圈脱离，流体传布到整个膜盘直到胶圈，膜盘立即跳起，阀门处于开启位置。当变压器油箱中的压力恢复到正常时，膜盘立即复位。

当变压器出现小事故，产生少量气体时，密封圈变形，可排出气体，能防止误动作。护盖上装有粉红色标志杆，当阀动作时，膜盘推动标志杆升高，高出护盖 30～46mm。标志杆突起时，说明阀已动作过。当膜盘复位后，标志杆仍滞留在动作后的位置上。故障排除后由手动复位。

信号开关装在防雨防尘的密封铸铝壳内，膜盘向上跳动时，碰撞块使机

构触发，信号开关动作。动作后，用手向里推动复位扳手使机构再扣。

接线盒中装有一个微动开关及一个三芯插座和插头，信号通过插头引出。

5-17 有载调压变压器与无载调压变压器有什么不同？各有何优缺点？

答：有载调压变压器与无载调压变压器不同点在于：前者装有带负荷调压装置，可以带负荷调整电压，后者只能在停电的情况下改变分头位置，调整电压。有载调压变压器用于电压质量要求较严的地方，还可加装自动调压检测控制部分，在电压超出规定范围时自动调整电压。其主要优点是：能在额定容量范围内带负荷随时调整电压，且调压范围大，可以减少或避免电压大幅度波动，母线电压质量高，但其体积大，结构复杂，造价高，检修维护要求高。无载调压变压器改变分接头位置时必须停电，且调整的幅度较小（每变一个分头，改变电压 2.5％或 5％），输出电压质量差，但比较便宜，体积较小。

5-18 什么是三绕组变压器？它有何特点？

答：三绕组变压器与双绕组变压器原理相同，但比后者多一个绕组，因此有其特点：

（1）三个绕组可以有多种运行方式，如高压—中压，高压—低压，高压同时向中、低压送电（或反之）等。在运行时，一个绕组的负荷等于其他两个绕组负荷的相量和，都不得超过各自的额定容量。

（2）由于三个绕组在磁路上相互耦合，所以每个绕组都有自感和与其他绕组的互感。或者说三个绕组的电路是彼此关联的，在运行时，一个绕组负荷电流的变化将会影响另外绕组的电压。

（3）三绕组变压器通常采用同心式绕组，绕组的排列在制造上有两种组合方式：升压型，其绕组排列为铁芯—中压—低压—高压；降压型，其绕组排列为铁芯—低压—中压—高压。

5-19 什么情况下使用三绕组变压器？它的构造与普通变压器有什么不同？

答：近年来三绕组变压器在电力系统中大量应用，大多用于需要三种不同电压的电力系统。对于重要负载，为了可靠供电，也可由两个电压系统通过三绕组变压器共同供电。与双绕组变压器相比，三绕组变压器不但提高了供电的可靠性和灵活性，而且比用两台双绕组变压器节省材料，降低电能损耗。三绕组变压器有高压、中压和低压三个绕组，通常套在一个铁芯柱上。

由于绝缘结构的要求，高压绕组常套在最外面。考虑到短路阻抗的合理性，升压变压器的低压绕组常套在高、中压绕组之间，降压变压器的中压绕组则套在高、低压绕组之间。

5-20 分裂绕组变压器结构上有哪些特点？

答：分裂绕组变压器实际上是一种特殊结构的三绕组变压器，和普通三绕组变压器的区别在于双分裂变压器的两个低压绕组是分裂绕组，两个绕组没有电气上的联系，而仅有较弱的磁的联系。因此，它的结构特点表现为各绕组在铁芯上的布置应满足以下两个要求：

（1）两个低压绕组之间应有较大的短路阻抗。

（2）每一分裂绕组与高压绕组之间的短路阻抗应较小，且应相等。

5-21 分裂变压器在什么情况下使用？

答：随着变压器单台容量的增大，两台发电机共用一台变压器输出电能的方案也随之提出。但为了减小短路电流，要求两台发电机之间有较大的阻抗。此外，大型机组的厂用变压器要向两段独立的母线供电，因此要求两段母线之间有较大的阻抗，以减少一段母线短路时，由另一段母线所接的电动机而来的反馈电流。为了达到上述限制短路电流的要求，可用分裂变压器代替普通变压器。如图 5-2 所示。分裂变压器通常将低压绕组分裂成两个容量相等的分支，分支的额定电压可以相同，也可以相近。

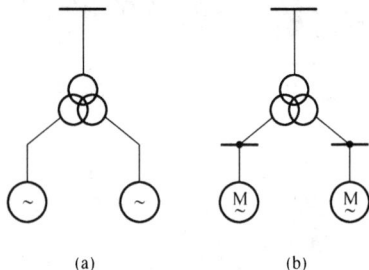

图 5-2 分裂变压器使用示意图

（a）两机共用一台分裂变压器；

（b）分裂变压器向两组厂用母线供电

5-22 采用分裂绕组变压器有何优缺点？

答：（1）能有效地限制变压器低压侧的短路电流，因而可以选用轻型开关电器，节省投资。

（2）当一低压侧发生短路时，另一未发生短路的低压侧仍能维持较高的电压，以保证该低压侧母线上的设备能继续正常运行，并能保证该母线上的电动机能紧急启动。

（3）分裂变压器在制造上比较复杂，因此要比同容量的普通变压器

贵 20%。

（4）分裂变压器对两段高压母线供电时，如两段母线上的负荷不相等，则两段母线上的电压也不相等。所以分裂变压器适用于两段负荷均衡，又需要限制短路电流的情况。

5-23 分裂变压器有哪些特殊参数？它有什么意义？

答：分裂变压器的特殊参数及意义如下：

（1）当低压分裂绕组的两个分支并联成一个绕组对高压绕组运行时，称为穿越运行。此时变压器的短路阻抗称为穿越阻抗，用 Z_k 表示。

（2）当分裂绕组的一个分支对高压绕组运行时，称为半穿越运行，此时变压器的阻抗称为半穿越阻抗，用 Z_b 表示。

（3）当分裂变压器的一个分支对另一个分支运行时，称为分裂运行，这时变压器的短路阻抗称为分裂阻抗，用 Z_f 表示。

（4）分裂阻抗与穿越阻抗之比称为分裂系数，用 k_f 表示。即 $k_f = \dfrac{Z_f}{Z_k}$。

5-24 如何确定变压器的接线组别？

答：变压器的接线组别是指以分针代表一次绕组的电压量，固定为时钟的 12 点，以时针代表二次绕组的电压量，它所代表的电压相量所指的钟点，即为变压器的接线组别。

5-25 干式变压器有哪几种型式？有什么特点？

答：干式变压器与油浸式变压器的主要差别是冷却介质的不同。干式变压器的铁芯和绕组都不浸在任何绝缘液体中，它的冷却介质为空气，一般用于安全防火要求较高的场合。

1. 干式变压器的主要型式

（1）开启式。是常用的型式，其器身与大气相连通，适用于比较干燥而洁净的室内环境（环境温度为 +20℃ 时，相对湿度不超过 85%）。对大容量变压器可采用吹风冷却，空气风冷式容量可达 16MVA。

（2）封闭式。与外部大气不相连通，可用于较恶劣的环境。

（3）浇注式。用有填料或无填料环氧树脂或其他树脂浇注作为主绝缘，结构简单、体积小，适用于小容量产品。

（4）绕包式。用浸有环氧树脂的玻璃丝作为主绝缘。单台容量也不大。

2. 干式变压器的特点

（1）由于空气的绝缘强度和散热性能都比油差，以空气作绝缘的干式变压器的有效材料消耗比油浸式多。

（2）也应能承受住冲击电压试验。

（3）绕组绝缘可以采用 A、E、B、F、H 级，常用 E 级和 H 级。

（4）干式变压器还可装在外壳内。

5-26　什么是自耦变压器？它有什么优点？

答：自耦变压器是只有一个绕组的变压器。当作为降压变压器使用时，从绕组中抽出一部分出线匝作为二次绕组。当作为升压变压器使用时，外施电压只加在绕组的一部分线匝上。通常，把同时属于一次和二次的那部分绕组称为公共绕组，其余部分称为串联绕组。近几年来，由于电力生产的增长和输电电压的增高，自耦变压器应用得越来越多，因为在传输相同容量的情况下，自耦变压器与普通变压器相比，不但尺寸小，而且效率高。容量越大，电压越高，这个优点就尤为突出，因为只有采用自耦变压器才能满足整体传输的要求。

5-27　自耦变压器中性点为什么必须接地？

答：自耦变压器的中性点必须直接接地，这样中性点电位永远等于地电位，当高压电网内发生单相接地故障时，在其中压绕组上就不会出现过电压。

5-28　自耦变压器与双绕组变压器有什么区别？

答：自耦变压器与双绕组变压器的主要区别是：

双绕组变压器的高、低压绕组是分开绕制的，虽然每相高、低压绕组都装在同一个铁芯柱上，但相互之间是绝缘的。高、低压绕组之间只有磁的耦合，没有电的联系。电功率的传递全是由两个绕组之间的电磁感应完成的。

自耦变压器的高、低压绕组实际上是一个绕组，低压绕组接线是从高压绕组抽出来的，因此高、低压绕组之间既有磁的联系，又有电的联系。电功率的传递，一部分是由电磁感应传递的，另一部分是由电路连接直接传送的。

5-29　高压自耦变压器为什么都制成三绕组？

答：采用中性点接地的星形联结自耦变压器时，因产生三次谐波磁通而使电动势峰值严重升高，对变压器绝缘不利。为此，现代的高压自耦变压器都制成三绕组，其中高、中压绕组接成星形，而低压绕组接成三角形。第三绕组与高、中压绕组是分开的、独立的，只有磁的联系，没有电的联系。和普通变压器一样，增加了这个低压绕组后，形成了高、中、低三个电压等级的三绕组自耦变压器。

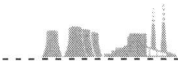

5-30　变压器的铁芯为什么要接地？

答：运行中变压器的铁芯及其他附件都处于绕组周围的电场内，如果不接地，铁芯及其他附件必然产生一定的悬浮电位，在外加电压的作用下，当该电位超过对地放电电压时，就会出现放电现象。为了避免变压器的内部放电，所以铁芯要接地。

5-31　为什么变压器铁芯不能两点接地或多点接地？

答：变压器铁芯只允许一点接地，需要接地的各部件之间只允许单线连接，铁芯中如有两点或两点以上的接地，则接地点之间可能形成闭合回路，当有较大的磁通穿过此闭合回路时，就会在回路中感应出电动势并引起电流，电流的大小决定于感应电动势的大小和闭合回路的阻抗值。当电流较大时，会引起局部过热故障甚至烧坏铁芯。

为了对运行中的大容量变压器发生多点接地故障进行监视，检查铁芯是否存在多点接地，接地回路是否有电流通过，须将铁芯的接地先经过绝缘小套管后再进行接地。这样可以断开接地小套管，测量铁芯是否还有接地点存在或将表计串入接地回路中。

5-32　变压器的阻抗电压在运行中有什么作用？

答：阻抗电压是涉及变压器成本、效率及运行的重要经济技术指标。同容量变压器，阻抗电压小的成本低，效率高，价格便宜，另外运行时的压降及电压变动率也小，电压质量容易得到控制和保证。从变压器运行条件出发，希望阻抗电压小一些较好。从限制变压器短路电流条件出发，希望阻抗电压大一些较好，以免电气设备如断路器、隔离开关、电缆等在运行中经受不住短路电流的作用而损坏，所以在制造变压器时，必须根据满足设备运行条件来设计阻抗电压，且应尽量小一些。

5-33　为什么主变压器一般采用 YNd11 接线组别？

答：这是因为主变压器一般接在中性点直接接地的 110kV 及以上电压系统上，采用 YNd11 接线组别能降低高压绕组绝缘的造价，减少高压侧绕组匝数，减小低压侧相电流和绕组截面，而且使励磁电流中的三次谐波有通路从而保证二次电压为正弦波。

5-34　Yd11 接线的变压器对差动保护用的电流互感器有什么要求？

答：Yd11 接线的变压器其两侧电流相位相差 330°，若两组电流互感器二次电流大小相等，但由于相位不同，会有一定差额电流流入差动继电器。为了消除这种不平衡电流，应将变压器星形绕组侧的电流互感器的二次侧接成三角形，而将三角形绕组侧的电流互感器的二次侧接成星形，以补偿变压器两侧二次电流的相位差。

5-35　组式三相变压器为什么不能采用 Yy 接线？

答：Yy 接线的变压器电路中，励磁电流不含三次谐波分量而是正弦波形。由于铁芯材料具有固有的饱和特性，而组式铁芯可以为三次谐波磁通提供通路，所以感应的主磁通为含有高次谐波分量的平顶波，使得输出的电动势波形也为含有高次谐波分量的尖顶波，每相电动势发生严重畸变，最大值增高。这对变压器的绕组绝缘非常不利，严重时可能烧坏变压器绝缘，因此不能采用 Yy 接线。

5-36　Yd 接线的变压器是如何保证输出电动势波形的？

答：Yd 接线的变压器，一次侧励磁电流不含三次谐波分量，为正弦波形。产生的磁通中含有三次谐波分量，铁芯中的主磁通的三次谐波分量在二次绕组中会感应出三次谐波电动势，并在二次侧三角形接法的绕组中产生三次谐波电流。由于一次侧是星形接法，因此不会有对应的三次谐波电流与之相平衡，也就是说，二次侧三次谐波电流同样起着励磁作用。由它产生的三次谐波磁通几乎与主磁通中的三次谐波分量相抵消，使得主磁通及其在绕组中感应的相电动势波形基本上是正弦波，与一次侧接成三角形的 Dy 接线的三相变压器一样，不论铁芯采用何种形式，均可采用。

5-37　为什么变压器空载试验可测出铁损，而短路试验可测出铜损？

答：变压器在空载时，铁芯中主磁通的大小是由绕组端电压决定的，当变压器一次侧加额定电压时，铁芯中的主磁通达到了变压器额定工作状态下的数值，因此空载试验时，一次侧输入的功率可认为全部是变压器的铁损。

在短路试验时，高压绕组施加试验电压，低压绕组短路，一次电流达到额定值而二次侧也达到额定值。由于二次侧短路，铁芯中的工作磁通比额定工作状态小得多，铁损可忽略不计，这时变压器的铜损相当于额定负载时的铜损，所以短路试验的全部输入功率，基本上都消耗在变压器一、二次绕组的电阻上，即为铜损。

5-38　变压器中性点接地方式有几种？各有何优缺点？

答：变压器中性点的接地方式就是电力系统接地方式的具体体现。目前电力系统接地方式有三种：中性点不接地、中性点直接接地和经消弧线圈接地。

中性点不接地系统的主要优点在于当系统发生单相接地时，如果三相电

压、电流均平衡，则无需切断线路。这就大大减少停电次数，提高了供电可靠性。而主要缺点是最大长期工作电压和过电压均较高，特别是存在电弧接地过电压的危险，整个系统绝缘水平要求较高。此外，实现灵敏而有选择性的接地保护比较困难。

中性点直接接地系统最重要的优点是过电压和绝缘水平较低。从继电保护角度来看，对于大电流接地系统用一般简单的零序过流保护就可以，选择性和灵敏度都易解决。从经济观点来看，中性点直接接地是一种投资最少的接地方式。但这种系统的缺点是一切故障，尤其是最可能发生的单相接地故障，都将引起开关掉闸，增加了停电的次数。另外，接地短路电流过大，有时会烧坏设备并妨碍通信系统的工作。

中性点经消弧线圈接地有以下几个作用：

（1）单相接地故障时，由于消弧线圈的补偿作用，故障点接地电流被减小，可以自动熄弧，保证继续供电。

（2）减小了故障点电弧重燃的可能性，降低了电弧接地过电压的数值。

（3）减小了故障点接地电流的数值及持续时间，从而减轻了设备的损坏程度。

（4）减小了因单相接地故障而引起多相短路的可能性。

但采用消弧线圈接地也有一些缺点：如系统的运行比较复杂、实现有选择性的接地保护比较困难、费用大等。

5-39 变压器套管有何作用和要求？套管有哪些主要类型？

答：套管是一种特殊类型的绝缘子。变压器需要通过套管将各个不同电压等级的绕组连接到线路中，需要使用不同电压等级的套管对油箱进行绝缘。绝缘套管由中心导电杆与瓷套两部分所组成。导电杆穿过变压器油箱，在箱内的一端与线圈的端点连接，在外面的一端与外线路连接。因此，变压器套管起着连接内外电路、支持固定引线的作用。

变压器套管要求具有足够的绝缘强度和机械强度；必须具有良好的热稳定性，能承受短路时的瞬间过热；同时套管还应具有体积小、质量小、密封性好、通用性强和便于检修等特点。

在变压器中使用的套管其主绝缘有电容式和非电容式两种。绝缘介质有变压器油、空气和 SF_6 气体。根据套管使用的外部绝缘介质，可分为油—空气套管、油—SF_6 套管、油—油套管和 SF_6—SF_6 套管。

5-40 电容式变压器套管有什么结构特点？

答：电容式变压器套管是由电容芯子、上下瓷套、连接套筒及其他固定附件组成。电容芯子的结构是在空心导电铜管的外面用 0.08～0.12mm 厚的电缆纸紧密地绕包一定厚度的绝缘层，然后在绝缘层外面绕包一层 0.01mm 或 0.007mm 厚的铝箔（电容屏）后，又绕包一定厚度的电缆纸绝缘层，又再绕包一层铝箔，如此交错地绕包下去，直至所需要的层数为止。这样便形成了以导电管为中心的多个柱形电容器。由于导电管处于最高电位，而最外面的一层铝箔是接地的，在运行中就相当于多个电容器相串联的电路。根据串联电容分压原理，导电管对地的电压应等于各电容屏间的电压之和，而电容屏之间的电压与其电容量成反比，因此可以在制造时控制各串联电容的电容量，使得全部电压较均匀地分配在电容芯子的全部绝缘上，从而可以使套管的径向和轴向尺寸减小，质量减小。这也就是在高电压等级的电气设备上一般都选用电容式套管的原因。

电容式套管可分为胶纸电容式和油纸电容式两种。

5-41　为什么电容式套管的芯子两端缠绕成锥状？

答：为了使各极板之间承受的电压近似相等、使电场趋于均匀、提高抗电强度，必须使各极板间的电容近似相等。但电容大小与极板面积成正比，因此，随着电极径向尺寸的加大，轴向尺寸应相应减小，以使各极板面积相等，所以，必须使套管的芯子两端形成锥形。

5-42　变压器中性点套管头上平时是否有电压？

答：变压器中性点套管上正常运行时有没有电压的问题，这要具体情况具体分析。理论上讲，当电力系统正常运行时，如果三相对称，则无论中性点接地方式如何，中性点的电压均等于零。但是，实际上三相输电线对地电容不可能完全相等，如果不换位或换位不当，特别是在导线垂直排列的情况下，对于不接地系统和经消弧绕组接地系统，由于三相不对称，变压器的中性点在正常运行时会有对地电压。如为消弧绕组接地系统，还和补偿程度有关；对于直接接地系统，中性点电位固定为地电位，对地电压应为零。

5-43　油纸电容式套管内部的强力弹簧有何作用？

答：油纸电容式套管内部的强力弹簧的作用是将上下瓷套通过导电管压紧，保证套管的密封。另外，当温度发生变化时，可以由弹簧进行调节，以保证密封胶垫的压力。

5-44　有些变压器的中性点为何要装避雷器？

答：当变压器的中性点接地运行时，是不需要装避雷器的。但是，由于运行方式的需要（为了防止单相接地事故时，短路电流过大）220kV 及以下

系统中有部分变压器的中性点是断开运行的。在这种情况下，对于中性点绝缘不是按照线电压设计的，即分级绝缘的变压器中性点，应装避雷器。原因是，当三相承受雷电波时，由于入射波和反射波的叠加，在中性点上出现的最大电压可达到避雷器放电电压的1.8倍左右，这个电压作用在中性点上会使中性点绝缘损坏，所以必须装一个避雷器保护。

5-45 有载调压变压器的作用是什么？

答：所谓有载调压是指变压器在带负荷运行中，可以进行手动或电动调整一次分接头，以实现改变输出电压的目的。有载调压的调整范围可达到额定电压的±15%。有载调压变压器的主要作用是：

(1) 稳定电压，提高电压质量，满足用户需求。

(2) 作为带负荷调节电流和功率的电源以提高生产效率。

(3) 作为两个电网的联络变压器，利用有载调压变压器来分配和调整网络之间的负载。

5-46 有载调压变压器大修后重点验收什么项目？

答：有载调压变压器大修后应重点验收的项目如下：

(1) 测定变压器每个可调绕组的电压比，必须证实操动机构中所指示的分头位置及操作盘上所指示的分头位置和铭牌数据完全相符。

(2) 按照使用说明书所述方法测绘工作序图，以确定该装置动作的正确性，在测绘工作前应手动操作调整装置，使其达到上下极限位置，以检查极限开关动作是否正确。

5-47 运行中为什么要重点检查有载调压变压器油面和动作记录？

答：运行中应重点监视附加油箱的油位，因为它的油面受外部温度影响较大，其调换开关带运行电压，操作时又要切断并联分支电流，故要求附加油箱油位经常达到标示的要求，调整装置每动作五千次以后，应对它进行检修，因而要有动作记录。

5-48 变压器分接开关的绝缘结构是怎样的？

答：变压器绕组的分接抽头一般设置在高压绕组或高、中压绕组上，因此，接在抽头上的调压操动杆，一端要接到绕组的带电部分，另一端则安装在接地的箱体上，这样，分接开关的操动杆也就成为绕组对地之间的主绝缘。

无励磁分接开关的操动杆一般由酚醛绝缘纸筒做成，电压较低时也可以用干燥木材经表面涂漆后制成。操动杆的长度应根据电压等级来决定。

有载调压分接开关的对地绝缘主要靠绝缘筒、绝缘管以及绝缘控制杆组成。其绝缘距离主要根据电压等级以及开关所处的位置决定。

5-49　变压器瓦斯保护的基本工作原理是怎样的？

答：瓦斯保护是变压器的主要保护，能有效地反应变压器内部故障。

轻瓦斯保护的气体继电器由开口杯、干簧触点等组成，作用于信号。重瓦斯保护的气体继电器由挡板、弹簧、干簧触点等组成，作用于跳闸。

正常运行时，气体继电器充满油，开口杯浸在油内，处于上浮位置，干簧触点断开。当变压器内部发生故障时，故障点局部发生高热，引起附近的变压器油膨胀，油内溶解的空气被逐出，形成气泡上升，同时油和其他材料在电弧和放电等的作用下电离而产生气体。当故障轻微时，排出的气体缓慢地上升而进入气体继电器，使油面下降，开口杯产生以支点为轴的逆时针方向转动，使干簧触点接通，发出信号。

当变压器内部故障严重时，将产生强烈的气体，使变压器内部压力突增，产生很大的油流向储油柜方向冲击。因油流冲击挡板，挡板克服弹簧的阻力，带动磁铁向干簧触点方向移动，使干簧触点接通，作用于跳闸。

5-50　变压器瓦斯保护的使用有哪些规定？

答：（1）变压器投入前重瓦斯保护应作用于跳闸，轻瓦斯保护作用于信号。

（2）运行和备用中的变压器，重瓦斯保护应投入跳闸，轻瓦斯保护投入信号。重瓦斯保护和差动保护不许同时停用。

（3）变压器在进行滤油、加油、更换硅胶及处理呼吸器时，应先将重瓦斯保护改投信号，此时变压器的其他保护（如差动、速断保护等）仍应投入跳闸。工作完成，变压器空气排尽后，方可将重瓦斯保护重新投入跳闸。

（4）当变压器油位异常升高或油路系统有异常现象时，为查明原因，需要打开各放气或放油塞子、阀门，检查呼吸器或进行其他工作时，必须先将重瓦斯保护改投信号，然后才能开始工作。工作结束后即将重瓦斯保护重新投入跳闸。

（5）在地震预报期间，根据变压器的具体情况和气体继电器的类型来确定将重瓦斯保护投入跳闸或信号。地震引起重瓦斯动作停运的变压器，在投运前应对变压器及瓦斯保护进行检查试验，确定无异常后方可投入。

（6）变压器大量漏油致使油位迅速下降，禁止将重瓦斯保护改接信号。

（7）变压器轻瓦斯信号动作，若因油中剩余空气逸出或强迫油循环系统吸入空气引起，而且信号动作间隔时间逐渐缩短，将造成跳闸时，如无备用

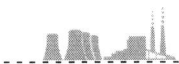

变压器，则应将重瓦斯保护改接信号，同时应立即查明原因加以消除。但如有备用变压器，则应切换至备用变压器，而不准使运行中变压器的重瓦斯保护改接信号。

5-51 主变压器为何要装设瓦斯保护？

答：装设瓦斯保护是为了防御变压器油箱内各种短路或断线故障及油面降低。这是因为，变压器内部发生严重漏油或匝数很少的匝间短路故障以及绕组断线故障时，差动保护及其他反应电量的保护均不能动作，而瓦斯保护却能动作。

5-52 主变压器为何要装设差动保护？

答：装设主变压器差动保护主要是为了防御变压器绕组和引出线相间短路、直接接地系统侧绕组和引出线的单相接地短路以及绕组匝间短路。主变压器差动保护的保护范围是三组电流互感器所限定的范围，即主变压器本体、发电机至主变压器和高压厂用变压器的引线以及主变压器高压侧到发电机—变压器组断路器的引线。

5-53 主变压器中性点直接接地运行时的零序保护是怎样构成的？

答：主变压器中性点直接接地时的零序保护由零序电流保护组成，电流元件接到变压器中性点电流互感器的二次侧。为了提高可靠性和满足选择性，变压器均配置两段式零序电流保护。

5-54 变压器零序电流保护由哪几部分组成？

答：零序电流保护主要由零序电流（电压）滤过器、电流继电器和零序方向继电器三部分组成。

5-55 主变压器中性点不接地运行时，为什么采用零序电流电压保护作为零序保护？

答：220kV及以上的大型变压器高压绕组均采用分级绝缘，绝缘水平偏低。主变压器不接地运行时，单相接地故障引起的工频过电压将超过变压器中性点绝缘水平。而避雷器是按冲击过电压设计，热容量小，在工频过电压下放电后不能灭弧，将造成避雷器爆炸，故装设了放电间隙作为过电压保护。但由于放电间隙是一种比较粗糙的保护，受外界环境状况变化的影响较大，并不可靠，且放电时间不允许过长。因此要装设专门的零序电流电压保护，它的任务是及时切除变压器，防止间隙长时间放电，并作为放电间隙拒动的后备保护。

5-56 零序保护的Ⅰ、Ⅱ、Ⅲ、Ⅳ段的保护范围是怎样划分的?

答: 零序保护的Ⅰ段是按躲过本线路末端单相短路时流经保护装置的最大零序电流整定的,它不能保护线路全长。

零序保护的Ⅱ段是与保护安装处相邻线路零序保护的Ⅰ段相配合整定的,它不仅能保护本线路全长,而且可以延伸至相邻线路。

零序保护的Ⅲ段与相邻线路的Ⅱ段相配合,是Ⅰ、Ⅱ段的后备保护。Ⅳ段则一般作为Ⅲ段的后备保护。

5-57 为什么在三绕组变压器三侧都装过流保护? 它们的保护范围是什么?

答: 当变压器任意一侧的母线发生短路故障时,过流保护动作。因为三侧都装有过流保护,能使其有选择地切除故障。而无需将变压器停运。各侧的过流保护可以作为本侧母线、线路的后备保护,主电源侧的过流保护可以作为其他两侧和变压器的后备保护。

5-58 变压器中性点零序电流电压保护是怎样构成的?

答: 零序电流电压保护用于变压器中性点间隙接地时的接地保护,它采用零序电流继电器与零序电压继电器并联方式,带有 0.5s 的限时构成。

当系统发生接地故障时,在放电间隙放电时有零序电流,则会使装设在放电间隙接地一端的专用电流互感器的零序电流继电器动作;若放电间隙不动作,则利用零序电压继电器动作。当发生间歇性弧光接地时,间隙保护共用的时间元件不得中途返回,以保证间隙接地保护的可靠动作。

5-59 为什么距离保护突然失去电压会误动作?

答: 距离保护是在测量线路阻抗值($Z = U/I$)等于或小于整定值时动作,即当加在阻抗继电器上的电压降低而流过阻抗继电器的电流增大到一定值时继电器动作,其电压产生的是制动力矩。电流产生的是动作力矩,当突然失去电压时,制动力矩也突然变得很小,而在电流回路则有负荷电流产生的动作力矩,如果此时闭锁回路动作失灵,距离保护就会误动作。

5-60 什么是变压器温度保护和冷却器故障保护?

答: 所谓主变压器温度保护,就是在冷却系统发生故障或其他原因引起变压器温度超过限值时,发出报警信号,或者延时作用于跳闸。

所谓冷却器故障保护,一般由反应变压器绕组电流的过流继电器与时间继电器构成,并与温度保护配合使用。当主变压器温度升高超过限值时温度保护首先动作,发出报警的同时开放冷却器故障保护出口。若这时主变压器

电流超过Ⅰ段整定值，则按继电器固有延时动作于减出力，降低发电机—变压器组负荷，以使主变压器温度降低。温度保护若能返回，则发电机—变压器组维持在较低负荷下运行；温度保护若不能返回，则说明减出力无效，为保证主变压器的安全，冷却器故障保护将以Ⅱ段延时动作于解列或程序跳闸。

5-61 说明变压器各种冷却方式及其工作过程。

答： 变压器主要的冷却方式一般有下列几种：强迫油循环风冷或者水冷、油浸自冷、油浸风冷等。

油浸自冷的变压器容量一般较小，主要是利用变压器运行过程中产生的热能将变压器油加热，热的油因为密度较小而上升，从而完成油的循环。油在循环时经过冷却器，利用环境中的空气对冷却器中的油降温而达到冷却效果。需要说明的是，目前由于干式变压器的广泛采用，此种类型的变压器使用已经很少。

油浸风冷形式的变压器中，油的循环机理与油浸自冷变压器一样，所不同的是，在变压器冷却器的外部装设有风扇，当变压器的油温达到一定的数值或者变压器的电流达到一定数值时启动风扇。

强迫油循环变压器中，油的循环机理与上述两种变压器是不一样的。强迫循环的变压器中，冷却系统主要由冷却器与浸泡在变压器油中的潜油泵组成。油泵运行时使变压器油循环起来，此时油的循环速度比自然循环时要快。冷却器可以采用风冷，也可以采用水冷。风冷的冷却器装设有风扇。如果变压器的电流较大，也可以采用水冷却。

5-62 主变压器的冷却器由哪些部分组成？配置冷却器控制箱以实现哪些功能？

答： 变压器冷却器由片式散热器、冷却风扇、电动机、气道、潜油泵及油流继电器组成。

变压器投入运行时，工作冷却装置应自动投入运行。当运行中的变压器上层油温或变压器负荷达到规定值时，辅助冷却器应自动投入运行。当变压器工作或辅助冷却器出现故障跳闸后，备用冷却器应自动投入运行，当工作或辅助冷却器出现某种故障，造成油流低于规定值时，备用冷却器应自动投入运行。当变压器退出电网运行时，变压器风扇及油泵全部自动停止运行。

配置冷却器控制箱既可以在内部发出故障信号，又可以发出远传故障信号到中央控制室的控制屏和计算机。控制箱内有门控的照明设施及交流220V的加热器，该加热器由可调温度湿度控制器控制，以防止箱内发生水汽凝结。控制柜内有单相交流电源插座。当箱内温度稍低于规定值或箱内湿度稍高于规定值时，加热器开始加热；当箱内温度稍高于规定值或箱内湿度稍低于规定值时，加热器停止加热。

5-63　大型变压器装设何种保护？各反映变压器内部的何种故障？

答： 大型变压器一般设有以下几种保护：

（1）瓦斯保护。反映变压器内部油存在分解现象。

（2）速断保护或者差动保护。反映变压器内部相间故障，是变压器的主保护。

（3）过流保护。反映变压器电流超过额定值的保护，为后备保护。

（4）低阻抗保护。反映变压器外部测量阻抗后较正常时小，是大型变压器的后备保护。

（5）接地保护。反映变压器发生接地的保护。

（6）冷却器故障。反映变压器冷却器故障，根据不同情况可以跳闸或者发信号。

5-64　大型变压器中性点有几种运行方式？为什么？

答： 大型变压器的中性点分为直接接地运行方式与不接地运行方式。

110kV 及其以上电压等级的变压器的中性点采用的是直接接地的运行方式，中性点设有接地开关。之所以采用这种运行方式，是因为变压器的中性点采用的分级绝缘，即中性点的绝缘强度是主绝缘强度的一半，中性点不能承受全电压。

在变压器的充电及停运过程中，中性点的接地开关必须合入，防止产生过电压。

110kV 以下电压等级的变压器的中性点是全绝缘的，可以承受全电压，所以当变压器发生单相接地时，对中性点的绝缘不会产生危害，因此中性点不需要接地开关。

第六章　电动机结构及工作原理

6-1　感应电动机的工作原理是怎样的？

答：图 6-1 是感应电动机的工作原理示意图，从图 6-1 可见，三相定子绕组接通三相交流电后，在空间产生了一个同步旋转磁场，转速为 $n_1\left(=\dfrac{60f}{p}\right)$。假定 n_1 顺时针方向旋转，此时静止的转子和旋转磁场间有了相对运动，即转子绕组（笼型转子是端部短接的线棒）切割了磁场的磁力线，从而在转子绕组中感应出电动势，方向可由右手定则判定。当转子绕组构成闭合回路时，便有了转子电流。这个转子电流便和旋转磁场相互作用产生电磁转矩作用在转子上，方向可由左手定则判定，如图 6-1 所示，从而使电动机转子顺着旋转磁场的方向转动起来。

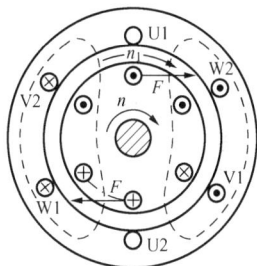

图 6-1　感应电动机
工作原理图

转子在电磁转矩的作用下加速，当转速 n 等于定子旋转磁场转速 n_1 时，旋转磁场与转子相对保持静止，此时电磁转矩消失，转子在负载或有机械损耗情况下，开始减速，此时，$n < n_1$，电磁转矩又开始作用于转子，使转子加速。在一定的负载情况下，转子的转动速度始终低于同步转速，因此，感应电动机也称为异步电动机。

6-2　异步电动机由哪几部分组成？

答：（1）定子部分：机座、定子绕组、定子铁芯。

（2）转子部分：转子铁芯、转子绕组、风扇、轴承。

（3）其他部分：端盖、接线盒等。

6-3　常用的异步电动机按其转子结构分有哪些类型？

答：按转子结构分有：绕线式和笼型（单笼、双笼、深槽式）两种。

6-4 电动机的设备规范一般应包括哪些？

答：电动机的设备规范一般应包括：设备名称、型号、额定容量、额定电压、额定电流、额定转速、接线方式、绝缘等级、生产厂家、出厂号、出厂日期等。

6-5 如何识读感应电动机上的铭牌？

答：感应电动机铭牌上除了型号外，还有额定功率、额定电压、额定电流、接线法、额定转速、绝缘等级、允许温升、功率因数及工作方式和转子额定电压等。现在简单给予介绍。

型号一般由 6 个字母或数字组成，例如 J02-51-2，它说明封闭式异步电动机，设计顺序号为 2，机座号数为 5，铁芯长度号数为 1，最后位表示磁极对数目。额定功率是指在额定情况下工作时，转轴上所能输出的机械功率：$P_N = \sqrt{3} U_N I_N \cos\varphi \cdot \eta$，$U_N$ 是额定电压，即额定工作方式时的线电压，I_N 是电动机允许长期通过的线电流，$\cos\varphi$ 是电动机的功率因数，η 是效率。额定电压和电流与接线有关，如果接成星形和接成三角形，它们的额定电压和电流就不同。额定转速是指在额定工况下带额定负载时的转速，它一般是同步转速的 95%～98%。绝缘等级是由该电动机所用的绝缘材料决定的，一般发电厂内所用的电动机均为 B 级，它的最高允许温度是 130℃。电动机允许温升与绝缘有关，负载越大，温升越大；在绝缘不良的情况下往往会导致定子绕组受损，因此在电动机工作方式上就有差别，有连续、短时、断续三种工作方式。功率因数是有功功率与视在功率之比所得的值；电动机吸收有功功率变为机械能，吸收无功功率以产生磁场，创造转换的条件。另外，绕线式转子还有转子额定电压问题，它是指转子静止时，定子绕组接于额定电压而转子绕组开路，在滑环间的电压。

6-6 对三相感应电动机铭牌中的额定功率如何理解？

答：电动机的额定功率（额定容量），指的是在这额定情况下工作时，转轴上所输出的机械功率。如 100kW 的电动机，能带 100kW 的泵或风机。这个功率不是从电源吸取的总功率，与总功率差一个电动机本身的损耗。

6-7 什么是测速发动机？它有哪些种类？

答：能够把机械转速式回转角变成相应电信号的旋转发电机称为测速发电机。它的输出电压与转速成正比。测速发电机一般用在自动控制系统中作检测和解算元件。主要分为交流与直流测速发电机两大类。

（1）交流同步测速发电机，有永磁式、感应子式和脉冲式。由于频率随

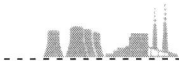

转速变化，所以前两种只作指示用。脉冲式测速发电机是以脉冲频率作为输出信号，多用于鉴频锁相稳速系统。

（2）交流异步测速发电机，有笼型转子和杯型转子两种。前者线性度差，相位误差大，一般用在精度要求不高的系统中，后者精度较高，是目前应用最广的一种测速发电机。

（3）直流测速发电机，按励磁方式可分为他励式和永励式两种。

6-8 什么是伺服电动机？它有哪些种类？

答：能够把输入电信号转换成轴上的角位移或角速度的旋转电动机，称为伺服电动机。在自动控制系统中一般用作执行元件，因此它具有良好的可控性，而且要响应快，运行稳定。

伺服电动机主要分为交流和直流两大类。其中交流伺服电动机按转子形成分为笼型和非磁性杯型两种，直流伺服电动机按励磁方式分为他励式和永励式两种。

6-9 什么是单相串励电动机？

答：单相串励电动机既可在直流电源上使用，又可在交流电源上使用，所以又称为通用电动机或交、直流两用串励电动机。由于它体积小，转速高，启动力矩大，转速可调，加之交、直流两用，所以在电动机工具中被广泛采用，单相电钻就采用了这种电动机。

6-10 绕线式电动机转子串入频敏电阻器启动的原理是什么？

答：转子串入频敏变阻器，实质上是串入一个随转子电流频率而变化的启动电阻，从而得到良好的启动特性。频敏变阻器是一个特殊的三相铁芯电抗器。它的铁芯是由厚钢板焊成的，绕组接到交流电源上时，交变磁通就会在铁芯中产生很大的涡流损耗。当电动机启动时，转速近于零，转子电流频率近于电源频率，由于涡流损耗与频率的平方成正比，故启动时反映涡流损耗的等值电阻很大。因而它限制了启动电流和加大了启动转矩。从而获得良好的启动特性。当电动机转速逐渐增加时，转差率 s 逐渐变小，转子电流频率跟着减小，等值电阻也逐渐减小，这与转子回路串入电阻后逐段切除是相似的。因此，电动机可以近似得到恒定力矩的启动特性。启动完毕，应把转子绕组短接。

6-11 为什么单相电动机要有启动绕组？

答：单相交流电动机电流是一个随时间按正弦规律变化的电流。由于它产生的磁场不是旋转磁场，而是一个脉动磁场。因此单相电流不能产生启动转矩。但是单相电动机在外力作用下，顺时针或逆时针方向推动电动机转过一角度，则电动机就会在脉动磁场作用下，产生一个顺外力推动转子转动的力矩，使转子旋转起来。因此，单相电动机本身不能产生启动转矩，必须加启动设备或启动绕组后才能自行启动。

6-12 三相异步电动机为什么能采用变频调速？

答：由三相异步电动机的工作原理可知，其同步转速为 $n = 60f/p$，即同步转速与电源频率成正比。所以，改变电源频率就可以改变电动机旋转磁动势的同步转速，从而改变电动机转速达到调速目的。

6-13 在调压过程中，为什么要保持 u 与 f 比值恒定？

答：三相异步电动机主体为一铁磁机构，为得到所需的转矩，并充分利用铁磁材料，其工作主磁通在设计时已作考虑，希望保持额定。由三相异步电动机电压表达式 $u \approx E = 4.44f\omega K\Phi$ 可知，改变频率而要维持主磁通 Φ 不变，只有保持 u 与 f 的比值恒定，才能在降低频率的情况下，不降低主磁通。

6-14 普通交流电动机变频调速系统的变频电源主要由哪几部分组成？

答：普通交流电动机变频调速系统的变频电源，主要由整流、滤波和逆变三大部分组成。

6-15 单相串励电动机是怎样在交、直流电源上工作的？

答：单相串励电动机的工作原理和串励直流电动机类似，原理接线图如图 6-2 所示。

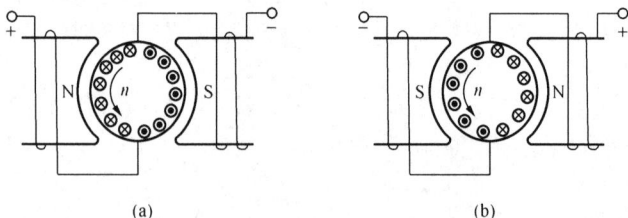

(a)　　　　　　　　　　　　　(b)

图 6-2　单相串励电动机原理接线图

单相串励电动机的励磁绕组和电枢绕组串联后接到直流电源上，按左手定则可以判断出转子的转向为逆时针方向，如图 6-2（a）所示，如果将电源极性反过来，主磁通与电枢电流方向也都随之反向，转子的转向仍为逆时针方向，如图 6-2（b）所示。当电源极性周期性地变化时，转子转向却总是朝一个方向。所以单相串励电动机可以在交、直流两种电源上使用。

由于单相串励电动机的机械特性软，轻载时转速很高，可达 20000r/min，所以，使用单相串励电动机的电动工具，例如电钻，在修理后，要带减速机构一起试运行，否则，将造成飞车损坏绕组。

6-16 为什么大型电动机采用双笼型或深槽式的转子？两者原理如何？

答：大型电动机采用这两种转子，主要是为了改善电动机的启动性质。双笼型转子的工作原理是：转子表面布置外笼，它的截面积较小，电阻较大；内部绕组是工作绕组，截面积较大，电阻较小。

如图 6-3 所示，双笼型转子可以看成是两个具有不同参数的单笼型转子的组合，外笼的特点是电阻大感抗小，内笼的特点则是电阻小，感抗大。启动时，转子回路的频率较高，因感抗与频率及导体所产生的磁通有关，内笼感抗很大，流过的电流受到限制，所以启动时电流主要流经电阻很大而感抗较小的外笼，由外笼产生较大力矩。当转差率减小，转子回路电流频率下降，感抗也越来越小，此时导线间电流分配由电阻决定。因此内笼产生较大的力矩。因此启动时，外笼起主导体作用，而稳定工作情况下由内笼承担主导体作用，这样就改善了启动特性。

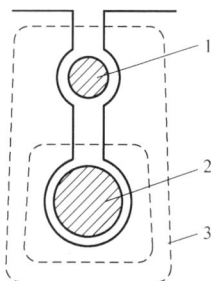

图 6-3 双笼型
电动机转子绕组
1—启动绕组；2—工作
绕组；3—漏磁通

至于深槽式电动机，它利用了交变电流的集肤效应，其启动原理与双笼型电动机原理一致。

6-17 电动机在电源切换过程中，冲击电流与什么有关？

答：电动机在电源切换过程中，当工作电源断开，备用电源合闸的瞬间，电动机将流过冲击电流。冲击电流的大小随着备用电源电压与残压之间相角差 δ 变化。当相角差 δ 很小时，引起较小的冲击电流；最大冲击电流是在备用电源电压与残压之间相角差 δ 为 $180°$ 时产生。就是说，切换不当会产生较大的冲击电流。当然，冲击电流的大小还与电压差有关。降低冲击电流的方法有如下几种：

（1）同期切换。备用电源电压与残压之间的相角差 δ 在一定的允许范围内进行的切换。由于厂用电的设计各不相同，电动机负载特性的差异以及断路器固有合闸时间也不相同，因此，δ 要经过试验或计算后才能确定。

（2）低残压切换。当残压降到较低的数值时才进行切换。

（3）制造高转差电动机，以减少时间常数，并且提出高的加速力矩和低的启动电流电动机。这种方法往往要受到制造上的限制。

（4）快速切换。要求厂用断路器具有快速的动作时间，这样才能保证在一定相角差 δ 范围内。这是近年来，国外大容量电厂厂用电切换中采用的方法，且证明是较有效的方法。

6-18　电动机一般装有哪些保护？

答：电动机一般装有如下保护：

（1）对于小电流接地系统，电动机采用两相式纵差保护或电流速断保护，作为电动机相间短路故障的主保护。

（2）对于容量在 100kW 以上的大容量低压电动机，若生产工艺过程过载时，通常采用电流速断保护作为相间短路保护。

（3）对于中性点直接接地系统中的电动机，反应单相接地短路故障常采用零序电流保护来实现。

（4）过负荷保护。对于生产过程原因会发生过负荷的电动机，应装设过负荷保护。

6-19　大容量的电动机为什么应装设纵联差动保护？

答：电动机电流速断保护的动作电流是按躲过电动机的启动电流来整定的，而电动机的启动电流比额定电流大得多，这就必然降低了保护的灵敏度，因而对电动机定子绕组的保护范围很小。因此，大容量的电动机应装设纵联差动保护，来弥补电流速断保护的不足。

6-20　高压电动机微机保护一般怎么配置？

答：高压电动机微机保护，通常也称为综合保护装置。它由微机电子元器件构成，除实现规程要求的保护功能外，还增加电动机的过热与不平衡保护等全部保护功能。有些综合保护装置还包括整个回路的测量、控制、信号等功能。高压电动机一般配置以下保护：

（1）纵联差动保护：电动机容量在 2MW 及以上时装设。

（2）电流速断保护：如不装设纵联差动保护的电动机装设速断保护。

（3）过电流保护：作为差动与速断的后备保护，由反时限电流继电器构成的反时限与定时限过流保护。

（4）过负荷保护：对生产过程易过负荷以及启动、自启动困难的电动机装设。

（5）低电压保护。

（6）对电动机微机保护，通常增加如下保护：

1）过热保护：综合计算电动机的正序、负序电流的热效应，针对电动机启动时间长、堵转等情况。

2）不平衡保护：由负序反时限保护电动机断线或反相。

电动机微机保护还有信号自保持、数字显示电流量、故障后显示故障量、电源消失、保护动作等信号显示，以及整定值整定、检查及对外通信接口、跳闸出口连接片等设施。

6-21　低压电动机微机保护一般怎么配置？

答：低压电动机微机保护一般和高压电动机微机保护相似，但由于一次设备的不同具有以下特点：

相间短路保护。一般有两种方式：

（1）断路器组成的回路中，用断路器的短路脱扣器作为相间保护。

（2）熔断器与接触器（或磁力启动器）组成的回路中，由熔断器作为相间保护。

过负荷保护。一般也有两种方式：

（1）由断路器组成的回路中，用断路器本身的过载长延时脱扣器作为过负荷保护，也可采用单独装设电流继电器作为过负荷保护。

（2）操作电器为接触器或磁力启动器的供电回路，一般由热继电器或微机电子型继电器组成。

单相接地保护：按系统接地方式实现接地保护。

两相运行保护：当用熔断器与接触器（或磁力启动器）组成的供电回路，由熔断器作为相间短路保护，应装设断相保护的热继电器或带触点的熔断器作为断相保护。

低压电动机的微机保护装置还有信号自保持、数字显示电流量、故障后显示故障量、电源消失、保护动作等信号显示，以及整定值整定、检查及对外通信接口、跳闸出口连接片等设施。

6-22　异步电动机有几种常见启动方法，应注意什么问题？

答：一般说来，由于启动过程不长，短时间流过大电流，发热不太厉害，电动机是能承受的。但如果正常启动条件被破坏，例如规定轻载启动的电动机作重载启动，不能正常升速，或电压低，电动机长时间达不到额定转速，以及电动机连续多次启动等，都将有可能使电动机绕组过热而烧毁。

此外，如果所使用的电动机启动次数虽然不频繁，当它的容量超过电源变压器容量的30％时，由于启动电流大，会造成变压器对外供电的输电线上的电压降过大，从而影响接在同一台变压器上的其他用电设备的工作。因而在启动时必须采取一定的措施，以限制启动电流不致过大。由于使用电动机种类不同，生产情况不同，所以电动机启动方法也不同。

对于笼型电动机，只要电网许可，并且启动次数不太频繁，应尽量采用直接启动。即将定子绕组接好后，直接接入额定电压。采用直接启动最简单也最经济，不需要启动设备。

如果电动机容量相对较大，或电源容量比较小、直接启动母线电压降低超过允许值时，一般采用降压启动。降压启动是在电动机启动时不给电动机加上额定电压，而是加上一个较低的电压。这样可以大大降低启动电流。常用的降压方法有：

（1）Y—△启动法。这种方法适合正常运行是三角形接线的低压电动机，启动时采用星形接法，启动后再接成三角形接法。可用于风机、水泵等启动负载较小的电动机上。降压启动方法较多，但笼型电动机采用Y—△启动，所用的设备简单，体积小，质量小，易维修，价格低，所以最常用。

（2）自耦变压器启动法。适合于低压电动机。当电动机启动时，电动机的定子通过自耦变压器接到三相电源上。当电动机转速升高到一定值时，自耦变压器被切除，电动机定子直接接到电源上，电动机进入正常运行状态。缺点是成本高，且不允许频繁启动，不能带重负载启动。

（3）定子串电抗器启动法。适合于高低压电动机。启动时定子回路串联电抗器，启动后短路掉电抗器加全电压。缺点是启动转矩随定子电压的降低而成平方关系下降，外串电阻中有较大的功率损耗。又由于是分级启动，启动特性不平滑。

（4）延边三角形启动法。适合于有9个接线头的低压电动机。

对于绕线式电动机在启动时常带较重负载，为限制启动电流，启动时采用定子接额定电压而转子电路中串入电阻或频敏变阻器。随着转速逐渐升高，将电阻逐渐退出，最后短接电阻。既能减小启动电流，又可增大启动转矩。

6-23 何谓电动机的效率？它与哪些因素有关？

答：电动机输出功率 P_2 与电动机输入功率 P_1 之比的百分数，称为电动机的效率。用字母 η 表示。即 $\eta = (P_2/P_1) \times 100\%$。电动机的效率与拖动的负载、电动机的转速、电动机的类型和电源的电压都有关系。一般异步电动机的效率为 $75\% \sim 92\%$，负载小时效率低，负载大时效率高；电动机的转速降低时，多数情况下效率是降低的；电源电压高于或低于电动机额定电压时，其铁损和铜损增加（电动机在满载情况下），因而效率降低；大中容量

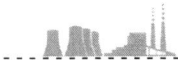

的绕线式电动机和深槽式电动机效率低。

6-24　什么是电动机的软启动？有哪几种启动方式？

答：软启动器主要采用晶闸管移相来降低电动机电压，实现软启动。

所谓电动机的软启动，实质就是电动机以较低的电流慢速启动，这样对电网的冲击小，同时可以降低变压器和控制电路的负荷裕量，同时提高设备的使用寿命。一般交流电动机直接启动时，启动电流是试运行电流的 $6 \sim 10$ 倍，而采用软启动技术后，启动电流降低到 $1 \sim 3$ 倍。

电动机的软启动主要采用如下方式：

（1）降低电源电压启动；

（2）降低电源频率启动；

（3）降低励磁电流启动。

6-25　什么是电动机的可逆性原理？

答：根据电磁基本定律可知，只要导体切割磁力线，在导体中便会有感应电动势产生；而载流导体在磁场中会受到电磁力的作用。因此，如在电动机轴上施加外力使电动机绕组与磁场发生相对运动，便可产生感应电动势并输出电功率；如在电动机绕组中输入电功率，则载流导体便在磁场中受到力的作用而发生旋转并输出机械功率。也就是说，任何电动机既可以作为发电机运行，也可以作为电动机运行，这一性质称为电动机的可逆性原理，即电动机的运行状态是可以相互转化的。

第七章 配电装置结构及工作原理

7-1 为什么电气运行值班人员要清楚了解本厂的电气一次主接线与电力系统的连接？

答：电气设备运行方式的变化都是和电气一次主接线分不开的，而运行方式又是电气运行值班人员在正常运行时巡视检查设备、监盘调整、倒闸操作以及事故处理过程中用来分析、判断各种异常和事故的依据。

7-2 什么是一次系统主接线？对主接线有哪些要求？

答：一次系统主接线是由发电厂和变电站内的各种电器设备如发电机、变压器、断路器、隔离开关、母线、电抗器和引出线等及其连接线所组成的输送和分配电能连接系统。

发电厂和变电站的主接线确定了主要设备的连接方式，从而也就确定了它们的运行方式的主要内容，因此电气主接线是电气运行人员进行各种操作和事故处理的重要依据之一。所以，发电厂电气运行人员必须熟悉发电厂主接线，了解电路中各种电气设备的用途、性能、维护检查内容和进行操作的步骤等，以保证安全发供电。

对主接线的要求有以下五点：

（1）运行的可靠性。主接线系统应保证对用户供电的可靠性。因为电源的中断会给国民经济带来损失并且打乱了用户的正常生产和生活秩序。

为了保证运行的可靠性，可将接线分成几个部分，正常时并联运行，当其中一部分有故障，退出运行，其他部分分担其负荷照常供电。还可装设"备用设备"，工作部分停止运行时，备用部分投入运行。

（2）运行、检修的灵活性。要使接线能适应各种可能的情况，正常时能保证供电；而当有设备需要检修时，电路应有备用设备代替，而不致中断对用户的供电。

（3）运行操作的方便性。主接线应连接合理，便于主要设备的投入或切除。

（4）运行的经济性。主接线在满足工作的可靠性、灵活性及运行方便性

的基础上，应使主接线的投资少、运行费用低。

（5）主接线应具有扩建的可能性。在选择主接线时，还要考虑到扩建的可能性。

7-3　如何理解电气主接线的可靠性？

答：电气主接线的可靠性是指电力主接线能在正常和事故情况下为用户提供安全、稳定、连续的、高质量的电能，是电力生产的首要要求，因为电能的生产、输送、分配和使用必须在同一时刻进行，所以电力系统中任何一个环节出现故障，都将对全局造成不利的影响。所以，电气主接线的可靠性是保证电力系统安全可靠运行的前提。它包括断路器检修时是否影响供电；设备和线路故障或检修时，停电范围的大小和停电时间的长短，以及能否保证对重要用户的供电；有没有使发电厂、变电站全部停止工作的可能性等。

主接线的可靠性并不是绝对的。同样的主接线对某些系统和用户来说可靠，而对另外一些系统和用户来说可能就不够可靠，因此，在分析和评价主接线的可靠性时，不能脱离系统和用户的具体条件。

主接线的可靠性也是发展的。随着电力系统规模的不断发展和生产技术的不断进步与更新，如设备制造水平的不断提高，自动重合闸和带电检修技术（带电作业）的采用以及系统备用容量的增加，过去被认为不可靠的主接线，今天不一定就不可靠。以往采用较为复杂的接线形式来保证供电的可靠性，而今天的发展趋势是接线趋于简单，通过可靠的设备质量及自动装置等手段来保证主接线的安全可靠。

7-4　什么是单元接线？单元接线中是否设置发电机出口断路器，如何考虑？

答：发电机与主变压器直接串联，其间没有横向联系的接线称为单元接线，单元接线是无主母线的接线形式。

单元接线中，发电机出口采用断路器的优越性主要表现在：

（1）机组正常启、停时不需切换厂用电，厂用电源可以经主变压器由电力系统倒送，甚至可以取消备用变压器。

（2）发电机、汽轮机或锅炉故障时，只需断开发电机出口断路器，既保证了厂用电，又无需进行厂用切换。

（3）主变压器或高压厂用变压器故障时，迅速断开高压侧及发电机出口断路器，对保护主变压器及厂用变压器有利。

（4）简化同期操作，便于检修、调试。

虽然装设发电机出口断路器可以简化运行操作程序，减小发电机和变压器的事故范围，简化厂用电切换及同期操作，提高其可靠性，方便调试和维护。但同时也增加了一个明显的设备和运行的故障点。另外，必须考虑主变压器或高压厂用变压器的有载调压问题和建设投资问题，以及出口断路器的运行维护等问题。

发电机出口是否装设断路器，应具体问题具体分析。如厂用备用变压器的引接方式及配电装置的布置、备用变压器的位置以及变压器的容量等因素均需考虑。同时，使用断路器后，对发电机、主变压器和高压厂用变压器及高压断路器的损坏和寿命问题、断路器的制造问题、价格问题也必须谨慎比较。

我国目前的条件下，发电机出口装设断路器的情况在中小容量发电机组中可以见到，大型机组的单元接线一般采用发电机—双绕组变压器接线形式，经技术经济比较，一般发电机至主变压器和高压厂用变压器之间采用封闭母线，而不需装设发电机出口断路器及高压厂用分支断路器。

7-5　在大容量机组的火电厂中，厂用电接线应考虑哪些问题？

答：（1）各机组的厂用电系统是独立的，特别是 200MW 以上的机组，应做到这一点。一台机组的故障停运或其辅机的电气故障，不应影响到另一台机组的正常运行，并能在短时间内恢复本机组的运行。

（2）充分考虑机组启动和停运过程中的供电要求，一般均应配备可靠的启动备用电源。在机组启动、停运和事故时的切换操作要少，并能与工作电源短时并列。

（3）充分考虑电厂分期建设过程中厂用电系统的运行方式。特别需注意对公用负荷供电的影响，更便于过渡，尽少改变接线和更换设备。

（4）200MW 及以上机组应设置足够容量的交流事故保安电源，当全厂停电时，可以快速启动和自动投入，向保安负荷供电。另外，还要设置电能质量指标合格的交流不间断供电装置，保证不允许间断供电的热工负荷的用电。

7-6　厂用电接线应满足哪些要求？

答：厂用电接线应满足下列要求：

（1）正常运行时的安全性、可靠性、灵活性及经济性。

（2）发生事故时，能尽量缩小对厂用系统的影响，避免引起全厂停电事故，即各机组厂用系统具有较高的独立性。

（3）保证启动电源有足够的容量和合格的电压质量。

（4）有可靠的备用电源，并且在工作电源发生故障时能自动地投入，保证供电的连续性。

（5）厂用电系统发生事故时，处理方便。

7-7 什么是一次设备？常用的一次设备有哪些？

答：一次设备是直接用于电力生产和输配电能的设备，经由这些设备，电能从发电厂输送到各用户。

常用的一次设备如下：

（1）生产和变换电能的设备。如生产电能的发电机、变换电压用的变压器，发电厂中的辅助机械运转的电动机。

（2）接通和断开电路的设备。如断路器、隔离开关、自动空气开关、接触器、闸刀开关等。

（3）限制故障电流或过电压的设备。如限制故障电流的电抗器，限制过电压的避雷器，限制接地电流的消弧线圈等。

7-8 什么是二次设备？常用的二次设备有哪些？

答：二次设备是对一次设备的工作进行监察、测量和操作控制及保护的辅助设备。常用的二次设备包括如下设备：

（1）保护电器，用以反映故障，作用于开关电器的操动机构以切除各种故障或作用于信号，通知值班人员。如各种继电器。

（2）测量和监察设备。用于监视和测量电路中的电流、电压和功率等参数。如测量和监视仪表、给测量仪表和继电器供电的辅助设备——电流、电压互感器等。

7-9 电力系统中性点的接地方式有几种？接地方式的选择有何原则？

答：目前，我国电力系统常见的中性点运行方式（即接地方式）可分为两个类型，即中性点非有效接地方式（或称小接地电流系统）和中性点有效接地方式（或称大接地电流系统）。其中，非有效接地又包括中性点不接地、经消弧线圈接地和经高阻抗接地；而有效接地又包括中性点直接接地和经低阻抗接地。

电力系统中性点接地方式选择的原则为：

（1）保证供电的可靠性。

（2）电力系统过电压与绝缘配合。

（3）满足继电保护要求。

（4）减少对通信和信号系统的干扰。

7-10 高压断路器有哪些主要类型？

答：高压断路器按使用的灭弧介质和灭弧原理可分为油断路器、空气断路器、六氟化硫断路器、真空断路器、磁吹断路器和自产气断路器。

7-11 高压断路器有哪些主要技术参数？

答：主要技术参数有额定电压、额定电流、额定开断电流、关合电流、t 秒热稳定电流、动稳定电流、全分闸时间、合闸时间、操作循环等。

7-12 少油断路器的基本构造及工作原理是怎样的？

答：少油断路器主要由绝缘部分（相间绝缘和对地绝缘）、导电部分（灭弧触头、导电杆、接线端头）、传动部分、支座和油箱等组成。

少油断路器合闸后，导电杆与静触头接触，整个油箱带电。绝缘油仅作为灭弧介质。分闸后，导电杆与静触头分断，导电杆借助瓷套管与油箱绝缘。

7-13 什么是断路器的开断时间？

答：断路器开断时间是指保护装置发出跳闸脉冲到断路器触点间电弧完全熄灭的时间。

7-14 怎样选择高压断路器合闸回路的熔断器？

答：为了在异常情况下，能够有效地保护合闸线圈，不因通电时间过长而使线圈烧毁。所以，合闸回路的熔断器容量可按它的额定电流值的 $1/3\sim1/4$ 来选择。这是因为，断路器的合闸时间都不会超过 0.6s，在 1s 以内，熔丝（或片）的过载能力不少于 3 倍熔断器本身的电流值。因此，在正常合闸时，瞬时电流不会使所选择的熔体熔断，而且又能保证在合闸回路故障时，迅速起到保护作用。

7-15 为什么停电时要先拉负荷侧隔离开关，再拉电源侧；送电时先合电源侧，再合负荷侧？

答：停电时先拉负荷侧隔离开关，送电时先合电源侧隔离开关，都是为了在发生错误操作时，缩小事故范围，避免人为扩大事故。

（1）在停电时，可能出现的误操作情况有：断路器尚未断开电源，先拉隔离开关，造成带负荷拉隔离开关。

当断路器尚未断开电源时，误拉隔离开关。如先拉电源侧隔离开关，弧光短路点在断路器内侧，将造成母线短路，但若先拉负荷侧隔离开关，则弧光短路点在断路器外，断路器保护动作跳闸，能切除故障，缩小了事故范围，所以停电要先拉负荷侧隔离开关。

（2）送电时，如断路器误在合闸位置，便去合隔离开关，此时如先合负荷侧隔离开关，后合电源侧隔离开关，等于用电源侧隔离开关带负荷送电，一旦发生弧光短路便造成母线故障，人为扩大了事故范围。如先合电源侧隔离开关。后合负荷侧隔离开关，等于用负荷侧隔离开关带负荷送电。发生弧光短路时，断路器保护动作跳闸，切除故障，缩小了事故范围。所以送电时先合电源侧隔离开关。

7-16　操作中发生带负荷误拉、误合隔离开关时怎样处理？

答：当误拉隔离开关时：当隔离开关并未完全断开便发生电弧，应立即合上；若隔离开关已全部断开，则不允许再合上。

当误合隔离开关时：即使误合，甚至在合闸时发生电弧，也不准再把隔离开关拉开；应尽快操作断路器切断负荷。

7-17　明备用与暗备用有何区别？

答：明备用是指有备用电源的接线方式。如厂用 6kV 母线，一般由高压厂用变压器低压侧取得，视为工作电源。为保证母线供电的可靠性，还要从厂升压站另外设一个高压备用变压器，作为备用电源。一般情况下，工作电源与备用电源的容量一致。

暗备用是指没有明确的备用电源的接线方式。如低压厂用电系统的两台变压器各带一段母线，低压母线设置母联断路器的接线方式。可将变压器的容量加大，使一台变压器可以带两段母线的负荷，当一台变压器需要检修时，将母线负荷倒换至另一台变压器接带。

7-18　低压空气开关上的电流参数 I_N、I_r、I_m、I'_m、I_{cu}、I_{cs}、I_{cw} 各是什么意思？

答：I_N 为断路器的额定电流，也是脱扣器额定电流，即脱扣器能长期通过的电流。

I_r 为断路器的长延时过载脱扣器动作电流整定值。固定式脱扣器其 $I_r = I_N$，可调式脱扣器其 I_r 为脱扣器额定电流 I_N 的倍数，如 $I_r = 0.4 \sim 1 I_N$。

I_m 为断路器的短延时电磁脱扣器动作电流整定值，是过载脱扣器动作电流整定值 I_r 的倍数。倍数固定或可调，如 $I_m = 2 \sim 10 I_r$。对不可调式可在其中选择一适当的整定值。

I'_m 为断路器的瞬时电磁脱扣器动作电流额定值，是脱扣器额定电流 I_N 的倍数。倍数固定或可调，如 $I'_m = 1.5 \sim 11 I_N$。对不可调式可在其中选择一适当的整定值。

I_{cu}为断路器的额定极限短路分断能力，是断路器在规定的试验电压及其他规定条件下的极限短路分断电流值，可用预期短路电流表示。

I_{cs}为断路器的额定运行短路分断能力，是指断路器在规定的试验电压及其他规定条件下的一种比额定极限短路分断电流小的分断电流值，I_{cs}是I_{cu}的一个百分数。

I_{cw}为断路器的额定短时耐受电流，是指断路器在规定的试验条件下短时间承受的电流值。对于交流，此电流值是预期短路电流的周期分量有效值，与额定短时耐受电流有关的时间至少为 0.05s。

7-19　高压断路器的主要作用是什么？

答：（1）正常运行时，用它来切换运行方式，把设备或线路接入电路或退出运行，起控制作用。

（2）当设备或线路发生故障时，用它来快速切除故障回路，以保证无故障部分正常运行，起保护作用。

7-20　如何解读高压断路器的型号？

答：高压断路器的型号、规格一般由文字符号和数字按以下方式表示：

| 1 | 2 | 3 | — | 4 | 5/6 | — | 7 | 8 |

其代表意义为：

1—产品字母代号。用下列字母表示：S—少油断路器；D—多油断路器；K—空气断路器；L—六氟化硫断路器；Z—真空断路器；Q—自产气断路器；C—磁吹断路器。

2—装设地点代号。N—户内；W—户外。

3—设计系列顺序号。以数字 1，2，3，…，表示。

4—额定电压（kV）。

5—其他补充工作特性标志。G—改进型；F—分相操作。

6—额定电流（A）。

7—额定开断能力（kA 或 MVA）。

8—特殊环境代号。

7-21　高压配电装置的闭锁装置应具有的"五防"功能指什么？

答：高压配电装置的闭锁装置应具有的"五防"的功能是指防止带负荷拉、合隔离开关；防止误拉、合断路器；防止带接地线合闸；防止带电挂接地线；防止误入带电间隔。

7-22 高压厂用电的电压等级是根据什么选择的?

答:由发电机的容量和电压决定高压厂用电的电压等级,具体选择如下:

(1) 容量 60MW 以下,发电机电压 10.5kV,可采用 3kV;

(2) 容量 100~300MW 宜采用 6kV;

(3) 容量 600MW 的机组可根据工程具体条件采用 6kV 一种或 3、10kV 两种高压厂用电压,当技术经济合理时,可采用两种高压厂用电压,3kV 或 10kV 两段。

7-23 对高压厂用电系统的中性点接地方式有何规定?

答:高压(3、6、10kV)厂用电系统中性点接地方式的选择,与接地电容电流的大小有关。当接地电容电流小于 10A 时,可采用高电阻接地的方式,也可采用不接地方式;当接地电容电流大于 10A 时,可采用中电阻接地方式,也可采用电感补偿(消弧线圈)或电感补偿并联高电阻的接地方式。

7-24 对低压厂用电系统的中性点接地方式有何规定?

答:低压厂用电系统中性点接地方式主要有两种,即中性点直接接地和中性点经高电阻接地。低压厂用电采用中性点不直接接地或不接地系统有利于提高厂用电系统的可靠性;采用直接接地则有利于增加运行的安全性。目前的做法是,将动力负荷与照明负荷分开,前者采用中性点不接地或经高阻接地,后者中性点直接接地。

7-25 交流绝缘监察装置的工作原理是怎样的?

答:交流绝缘监察装置是根据小接地电流系统中发生接地时,接地相对地电位降低、非接地相对地电位升高这个特征来构成的。

7-26 在中性点非直接接地系统中为何要安装绝缘监察装置?

答:中性点直接接地的电网中,一相和大地发生意外的连接,就是单相短路故障,其短路电流很大,由继电保护装置动作将故障切除。在中性点不接地的网络中某相发生接地,它并不影响正常供电,所以列为不正常状态。中性点不接地系统单相短路有以下两点结论:

(1) 发生接地后,中性点电位升高,若是金属性接地则升高为相电压,接地相对地电位为零,非接地相对地电位升高 $\sqrt{3}$ 倍。

(2) 发生接地后,各相之间的相间电压不变,因此可以继续向用户供电,所以单相接地情况列为不正常情况。

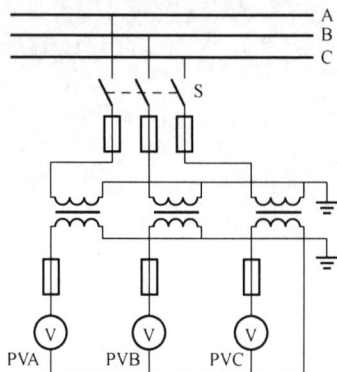

图 7-1　用三个单相电压互感器和
三个伏特表的绝缘监察装置

由于非接地相对地电位升高，所以可能又发生（第二点）接地，即形成两点接地短路，尤其是发生电弧性间歇接地而引起网络过电压时，这种可能性更大，因此要及时地发现单相接地情况，即必须装设绝缘监察装置检查判别接地情况，并及时处理。装置如图 7-1 所示。

绝缘监察装置就是根据在发生接地时，接地相对地电位降低、非接地相对地电位升高这个特征来做成的。电压互感器一次绕组中性点接地是为了测量相对地之间的电压。二次绕组中性点接地是为了工作人员的安全。当网络发生接地时，如 A 相接地，A 相伏特表指示数值下降，B、C 两相电压表数值上升，这样就可以判别是 A 相发生接地。

7-27　低压厂用电系统经高电阻接地有何特点？

答：（1）当发生单相接地故障时，可以避免断路器立即跳闸和电动机停运，也不会使一相的熔断器熔断造成电动机两相运行，提高了低压厂用电系统的运行可靠性。

（2）当发生单相接地故障时，单相电流值在小范围内变化，可以采用简单的接地保护装置，实现有选择性的动作。

（3）必须另外设置照明、检修网络，需要增加照明和其他单相负荷的供电变压器，但也消除了动力网络和照明、检修网络相互间的影响。

（4）不需要为了满足短路保护的灵敏度而放大馈线的截面。

（5）接地点阻值的大小以满足所选用的接地指示装置动作为原则，但不应超过电动机带单相接地运行的允许电流值（一般按 10A 考虑）。

7-28　厂用电接线为何要按炉分段？它有何特点？

答：发电厂中，由于锅炉辅助机械占主要地位，耗电量最多，故发电厂的厂用母线接线一般都采用按炉分段，即凡属于同一台锅炉的厂用电动机，都接在同一段母线上。按炉分段有以下优点：

（1）一段母线如发生故障，仅影响一台锅炉的运行。

（2）利用锅炉大修或小修机会，可以同时对该段母线进行停电检修。

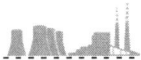

（3）便于设备的管理和停送电操作。

但对于不能按炉分段的公用负荷，可以设立公用负荷段。

7-29　6kV 厂用系统开关的运行、热备用、冷备用、试验及检修状态是如何规定的？

答：6kV 厂用系统开关的状态规定：

（1）运行状态。指开关小车在"工作"位置，开关在合闸状态，开关一、二次触头均接通，开关分合闸控制熔丝均送上，控制电源小开关合上，保护连接片在投入位置。有远方操作功能的开关，其"远方/就地"切换小开关应在"远方"位置。

（2）热备用状态。与运行状态仅区别于开关在"断开"位置。

（3）冷备用状态。开关在分闸状态，控制电源小开关断开，开关分合闸控制熔丝均取下，开关小车在"隔离"位置，开关一、二次触头均断开，保护连接片在投入位置。

（4）试验状态。开关小车在"试验"位置，一次触头断开，二次触头接通，开关分合闸控制熔丝均送上，控制电源小开关合上，二次保护连接片在投入位置，开关在"断开"位置。

（5）开关检修状态。开关小车完全拉至柜外，开关分合闸控制熔丝均取下，控制电源小开关拉开。

（6）开关所属电气回路检修状态。开关在断开状态，拉开控制电源小开关，开关分合闸控制熔丝均取下，开关在"隔离"位置。接地开关在合位。

（7）开关所属回路机械的检修状态。同冷备用状态。

7-30　6kV 小车开关原则上有哪三种位置？

答：手车开关本体原则上有三种位置。即工作位置、试验位置、检修位置。

7-31　如何降低厂用电率？

答：发电厂在生产过程中要消耗一部分厂用电，用以驱动辅机和用于照明。对燃煤电厂来说，给水泵、循环水泵、引风机、送风机和制粉系统占厂用电的比例很大，降低这些设备的用电量对降低厂用电率效果最明显。

对于给水泵和循环水泵，可采取如下措施来降低用电量。

（1）给水泵。通过变化转速调节给水量以减少节流损失；改善管路布置减少阻力；在保证负荷前提下，使运行给水泵满载，减少给水运行泵台数等。

（2）循环水泵。减少管道阻力损失；排除水室内空气，以维持稳定的循环水虹吸作用；保证经济真空条件下，减少循环水流量和循环水泵运行台数。

7-32　厂用电动机为何要建立联锁回路？

答：厂用电动机建立联锁回路或是为了满足生产工艺流程的要求，以实现连续生产；或是为了当生产流程遭到破坏时保证人身和设备的安全。其作用是当某些辅机正常工作状态破坏时，立即通过电气二次回路迅速地改变另一些辅机的工作状态（投入或退出运行）。

7-33　厂用电动机的联锁回路有哪些类型？

答：厂用电动机的联锁回路可以分为按生产工艺流程设置的联锁回路和同一类型电动机的工作和备用电动机之间的联锁两大类。按工艺流程设置的联锁回路又可分为同一系统中担负不同任务的电动机之间的联锁和厂用机械主电动机与其辅备电动机之间的联锁两种。

7-34　交流回路熔丝、直流回路控制及信号回路的熔丝怎样选择？

答：（1）交流回路熔丝按保护设备额定电流的 1.2 倍选用。

（2）直流控制、信号回路熔丝一般选用 5～10A。

7-35　断路器操动机构有哪些类型？

答：断路器的操动机构的类型有：手动操动机构（CS）；电磁操动机构（CD）；弹簧操动机构（CT）；电动机操动机构（CJ）；气动操动机构（CQ）；液压操动机构（CY）等。

7-36　断路器操动机构的工作原理是怎样的？

答：断路器操动机构的一般工作原理是：当断路器操动机构接到分闸（或合闸）命令后，将能源（人力或电力）转变为电磁能（或弹簧位能、重力位能、气体或液体的压缩能等），传动机构将能量传给提升机构。传动机构将相隔一定距离的操动机构和提升机构连在一起，并可改变两者的运动方向。提升机构是断路器的一个组成部分，是带动断路器动触头运动的机构，它能使动触头按照一定的轨迹运动，通常为直线运动或近似直线运动，从而完成分闸（或合闸）操作。

7-37　为什么高压断路器采用多断口结构？

答：这是因为高压断路器采用多断口结构有下列优点：

（1）有多个断口可使加在每个断口上的电压降低，从而使每段的弧隙恢复电压降低。

（2）多个断口把电弧分割成多个小电弧串联，在相等的触头行程下多个断口比单个断口的电弧拉伸得更长，从而增大了弧隙电阻。

（3）多断口相当于总的分闸速度加快了，介质恢复速度增大。

7-38 为什么把六氟化硫（SF_6）气体作为断路器的绝缘介质和灭弧介质？

答：这是因为 SF_6 气体是无色、无味、无毒、非燃烧性、不助燃的非金属化合物，在常温常压下，其密度为空气的 5 倍，具有下列性能：

（1）SF_6 的化学性能非常稳定。在大气压下以及温度高达 500℃ 的情况下，都具有高度的化学稳定性。一般认为，在电气设备允许运行的温度范围内，SF_6 对断路器的材料没有腐蚀性。

（2）SF_6 有很好的绝缘特性。SF_6 分子具有较强的电负性，很容易吸附自由电子而形成负离子，并吸收其能量生成低活动性的稳定负离子。这种直径更大的负离子在电场中自由行程很短，难以积累发生碰撞游离的能量。同时，正、负离子的质量都较大，行动迟缓，再结合的几率大为增加。因此，在 10^5 Pa 气压下，SF_6 的绝缘能力超过空气的 2 倍；当压力为 3×10^5 Pa 时，其绝缘能力就和变压器油相当。

（3）SF_6 气体有很强的灭弧性能。在电弧的作用下接受电能而分解成低氟化合物，但电弧过零时，低氟化合物则急速再结合成 SF_6，故弧隙介质强度恢复过程极快。所以，SF_6 的灭弧能力相当于同等条件下空气的 100 倍。此外，电弧弧柱的电导率高、燃弧电压低、弧柱能量小。

7-39 六氟化硫（SF_6）断路器有何特点？

答：（1）断口耐压高，串联断口数和绝缘支柱数较少，零件也较少，结构简单，使制造、安装、调试和运行都比较方便。

（2）允许断路次数多，检修周期长。由于 SF_6 气体分解后可以复原，且在电弧作用下的分解物中不含碳等影响绝缘能力的物质，在严格控制水分的情况下，生成物没有腐蚀性。因此，断路后的 SF_6 气体的绝缘强度不下降，检修周期也长。

（3）开断性能很好。SF_6 断路器的开断电流大、灭弧时间短、无严重的截流和截流过电压。

（4）占地少。

（5）无噪声和无线电干扰。

（6）要求加工精度高、密封性能好。

7-40 真空断路器有何特点?

答:(1)触头开距短。10kV级真空断路器的触头开距只有10mm左右。因为开距短,可使真空灭弧室做得小巧。

(2)燃弧时间短,且与开断电流大小无关,一般只有半个周,故有半周断路器之称。

(3)熄弧后触头间隙介质恢复速度快,对开断近区故障性能良好。

(4)由于触头在开断电流时烧损量很小,所以触头寿命长,断路器的机械寿命也长。

(5)体积小,质量小。

(6)能防火防爆。

7-41 为何真空断路器要装设过电压吸收装置?

答:真空断路器的过电压吸收装置通常装在断路器的负荷侧。当真空断路器在切断感性电动机负载或者变压器时,工频电流在过零时会发生熄灭电弧的现象。此时,电路中的感性负载的电抗会与线路中的等值电容产生高频震荡,从而产生较高的电压。利用过电压吸收装置可以限制负荷侧过电压的产生,保护设备的安全。

7-42 消弧线圈的结构是怎样的?

答:它的外形和单相变压器相似,而内部实际上是一只具有分段(即带间隙的)铁芯的电感线圈。

7-43 消弧线圈采用间隙铁芯的目的是什么?

答:为了避免磁饱和,使补偿电流与电压成比例关系,减少高次谐波的分量,并得到比较稳定的电抗值。

7-44 分裂电抗器有哪些优点?

答:分裂电抗器在正常情况下呈现的电抗值较小,压降也小。当其中任意支路短路时,分裂电抗器的电抗值变大,从而能有效地限制短路电流。

7-45 应用分裂电抗器时的主要困难是什么?

答:主要是在负荷变化时,两支路负荷电流不相等,以致两支路电压偏差增大。

7-46 断路器、负荷开关、隔离开关在作用上有什么区别?

答:断路器、负荷开关、隔离开关都是用来闭合和切断电路的电器设备,但它们在电路中所起的作用不同。断路器可以切断负荷电流和短路电

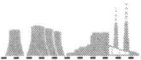

流；负荷开关只可切断负荷电流，短路电流是由熔断器来切断的；隔离开关则不能切断负荷电流，更不能切断短路电流，只用来切断电压或允许的小电流。

7-47 熔断器可分为哪几类？

答：（1）按电压分为低压和高压熔断器；

（2）按地点分为户内和户外熔断器；

（3）按结构分为螺旋式、揷片式和管式熔断器。

7-48 常用触头有哪些结构？

答：（1）对接式触头。

（2）插座式触头。

（3）滑动触头：①豆形触头；②玫瑰式（梅花形）触头；③滚动式触头。

7-49 电器触头有哪些接触形式？

答：电器触头有固定连接、可断触头和不可断触头三种接触形式。

7-50 熔断器的作用是什么？它有哪些主要参数？

答：熔断器是一种最简单的保护电器，它串接在电路中，当电路发生短路和过负荷时，熔断器自动断开电路，使其他电气设备得到保护。

熔断器的主要参数有额定电压、额定电流、熔体的额定电流、极限分断能力等。

7-51 熔断器的保护特性是怎样的？

答：熔断器的保护特性是：通过熔体的电流达到一定值时，熔体便熔断。熔断器的断路时间决定于熔体的熔化时间和灭弧时间。通过熔体的电流越大，熔体熔化得越快，断路时间越短。

7-52 RM10 型低压熔断器的灭弧原理是怎样的？

答：在切断短路电流时，RM10 熔断器的熔片窄部熔断后同时形成数段短路电弧。同时残留的熔片宽部由于重力的作用下落，使电弧拉长变细，因此可以加速电弧熄灭；熔断器的纤温管在电弧的高温作用下，管的内壁有少量纤维气化并分解为氢（40％）、二氧化碳（50％）和水蒸气（10％），这些气体都有很好的灭弧性能。另外，熔断器是封闭的，而且容积不大，在产生气体并被电弧强烈加热时，管内的压力迅速增大，同时因为熔体只有窄部蒸发，所以管内蒸汽较少，有利于灭弧。

7-53 RN2 型高压管式熔断器的灭弧原理是怎样的？

答：RN2 型高压管式熔断器采用几根熔丝并联，以便它们熔断时能产生几根平行电弧，也就是使粗大的电弧分成了几根细小的电弧，使电弧与填料的接触面积增大，加强了去游离过程，加速了电弧的熄灭。

7-54 低压熔断器的型号如何表示？

答：低压熔断器型号中：

第一位字母 R 表示：低压熔断器。

第二位字母：C—瓷插式；L—螺旋式；M—熔体密封；T—熔管内有填料。S—快速熔断；X—报警信号。

第三位数字：设计序号。

第四位数字：熔断器额定电流（A）。

"/"后数字：熔体（丝或片）额定电流（A）。

7-55 高压熔断器铭牌的型号字母含义是什么？

答：高压熔断器的型号参数及含义：□□□—□□/□

第一位：产品字母代号（R—熔断器）。

第二位：使用环境（N—户内；W—户外）。

第三位：设计序号（1，2，3…）。

第四位：额定电压（kV）。

第五位：结构特点（H—带有限流电阻；Z—带重合闸；T—带热脱扣器）。

第六位：额定电流（A）。

7-56 如何解读氧化锌避雷器的型号？

答：氧化锌避雷器的型号组成如下：

$$Y \quad \boxed{1} \quad \boxed{2} \quad \boxed{3}—\boxed{4}/\boxed{5}$$

其代表意义为：

Y—类别（氧化锌）。

1—标称电流（kA）。

2—型式。W—无间隙；B—并联间隙；C—串联间隙。

3—使用场合或设计序号。S—配电型；Z—电站型；D—电机型；X—线路型；R—电容器型；L—直流型。

4—避雷器额定电压（kV）。

5—附加特征代号或方波电流（A）。

7-57 避雷器的作用是什么？它有哪几类？

答：避雷器的作用是限制过电压以保护电气设备。避雷器的类型主要有保护间隙、阀型避雷器和氧化锌避雷器。

7-58 为什么要设置交流保安电源系统？

答：设置交流保安电源系统是为了保证大型机组在厂用电事故停电时安全停机以及在厂用电恢复后快速启动并网的要求。

7-59 发电厂保安电源必须具备哪些条件？

答：发电厂保安电源必须具备：

（1）与主系统具有相对独立性，不受主系统异常及事故的影响；保安电源投入的唯一条件只限于保安段母线失去电压。

（2）可靠性强，动作的成功率高。

（3）电能质量满足要求。电能质量包括正常运行及负荷启动状态时的电压、频率波动均符合厂用电的要求。

（4）具有足够的容量。应能满足事故保安负荷最大容量持续运行和电动机负荷启动时的容量要求。

（5）快速带负荷性能好。在保安负荷允许中断供电的最大时间范围内能成功启动带负荷运行。

（6）运行维护工作量小，一次投资和运行维护费用小。

7-60 发电厂事故保安负荷主要有哪些？

答：发电厂的事故保安负荷分为直流事故保安负荷和交流事故保安负荷两类。直流事故保安负荷由蓄电池直流系统提供电源；交流事故保安负荷由交流事故保安电源即柴油发电机组供电。

7-61 保护间隙的工作原理是怎样的？

答：保护间隙是一种最简单的防雷保护装置。在正常情况下，保护间隙对地是绝缘的。当电气设备遭受雷击过电压或在设备上产生正常绝缘所不能承受的内部过电压时。由于保护间隙的绝缘水平低于设备的绝缘水平，在过电压的作用下，首先被击穿放电，产生大电流泄入大地，使得电压水平大幅度下降，从而保护了电气设备的绝缘，使之避免发生闪络或击穿事故。

7-62 保护间隙的主要缺点是什么？

答：当雷电波入侵时，主间隙先击穿，形成电弧接地。过电压消失后，主间隙中仍有正常工作电压作用下的工频电弧电流（称为工频续流）。对中性点接地系统而言，这种间隙的工频续流就是间隙处的接地短路电流。由于这种间隙的熄弧能力较差，间隙电弧往往不能自行熄灭，将引起断路器跳闸，这是保护间隙的主要缺点。

7-63　柴油发电机组的作用是什么？

答：柴油发电机组的作用是当电网发生事故或其他原因造成发电厂厂用电长时间停电时，向机组提供安全停机所必须的交流电源，如汽轮机的盘车电动机电源、顶轴油泵电源、交流润滑油泵电源等，以保证机组在停机过程中不受损坏。

7-64　什么是柴油发电机组的自启动功能？

答：柴油发电机组自启动成功的定义是：柴油发电机组在额定转速、发电机在额定电压下稳定运行 $2\sim3s$，并具备首次加载条件。

柴油发电机组保证在火电厂的全厂停电事故中，快速自启动带负载运行。在无人值守的情况下，接启动指令后在 $10s$ 内一次自启动成功，在 $30s$ 内实现一个自启动循环（即 3 次自启动）。若自启动连续 3 次失败，则发出停机信号，并闭锁自启动回路。

7-65　为什么采用柴油发电机组作为发电厂的事故保安电源？

答：（1）柴油发电机组的运行不受电力系统运行状态的影响，是独立可靠的电源。

（2）柴油发电机组自启动迅速。当保安段母线失电后，柴油发电机组能够迅速启动，满足发电厂允许短时间中断供电的交流事故保安负荷供电要求。

（3）柴油发电机组可以长期运行，以满足长时间事故停电的供电要求。

（4）柴油发电机组结构紧凑，辅助设备简单，热效率高，经济性好。

7-66　柴油发电机组作为发电厂事故保安电源需具备哪些功能？

答：（1）自启动功能。柴油发电机组可以在全厂停电事故中，快速自启动带负荷运行。

（2）带负荷稳定运行功能。柴油发电机组自启动成功后，无论是在接带负荷过程中，还是在长期运行中，都可以做到稳定运行。柴油发电机组有一定的承受过负荷能力和承受全电压直接启动异步电动机能力。

（3）自动调节功能。柴油发电机组无论是在机组启动过程中，还是在运行中，当负荷发生变化时，都可以自动调节电压和频率，以满足负荷对供电质量的要求。

（4）自动控制功能。柴油发电机组自动控制功能很多，可满足无人值守要求，主要有：

1）保安段母线电压自动连续监测功能。

2）自动程序启动、远方启动和就地手动启动。

3）机组在运行状态下的自动检测、监视、报警和保护功能。

4）自动远方、就地手动和机房紧急手动停机。

5）蓄电池自动充电功能。

（5）模拟试验功能。柴油发电机组在备用状态时，能够模拟保安段母线电压低至 25% 额定电压或失压状态，使机组实现快速自启动。

（6）并列运行功能。多台柴油发电机组之间的并列运行，程序启动指令的转移，或单台柴油发电机组与保安段工作电源之间的并列运行及负荷转移，以及柴油发电机组正常和事故解列功能。

7-67 柴油发电机组有哪些保护和信号要求？

答： 随柴油发电机组型号的不同，其保护和信号会有所不同。

柴油发电机组装设的保护有：①1000kW 以上的柴油发电机组装设内部相间短路保护和过负荷保护；②1000kW 以下的柴油发电机装设过电流保护和速断保护；③发电机总馈线及分支馈线装设相间短路保护和过负荷保护；④发电机还设有逆功率、失磁、过电压、低电压、频率高和频率低等保护；⑤发动机设有超速、发电机温度高、机油压力低、机油压力高和水温高等保护。另外，柴油发电机组还设置了电池电压低和电池电压高保护。

柴油发电机组装设的信号有：①机油压力低预告信号；②低水温信号；③启动失败（3 次）；④柴油机运行；⑤紧急停机按钮按下；⑥机组运行方式选择；⑦断路器位置信号；⑧燃油箱油位低信号；⑨控制电源故障；⑩并车失败；⑪柴油机故障总信号等。

7-68 什么是电流互感器？

答： 把电路中的大电流变为小电流的电气设备，称为电流互感器。电流互感器的一次侧绕组串接在一次电路中，二次侧额定电流一般设计成 5A 或 1A。所以一次侧绕组匝数少于二次侧绕组匝数。二次侧绕组与测量仪表或继电器的电流线圈相串联。电流互感器是电力系统中供测量和保护用的重要设备。

7-69 什么是零序电流互感器？它有什么特点？

答： 零序电流互感器是一种零序电流滤过器，它的二次侧反映一次系统的零序电流。这种电流互感器用一个铁芯包围住三相的导线（母线或电缆），一次绕组就是被保护元件的三相导体，二次绕组就绕在铁芯上。

正常情况下，由于零序电流互感器一次侧三相电流对称，其相量和为零，铁芯中不会产生磁通，二次绕组中没有电流。当系统中发生单相接地故障时，三相电流之和不为零，一次绕组将流过电流，此电流等于每相零序电流的 3 倍，因此此铁芯中出现零序磁通，该磁通在二次绕组感应出电动势，二次电流流过继电器，使之动作。实际上，由于三相导线排列不对称，它们与二次绕组间的互感彼此不相等，零序电流互感器的二次绕组中有不平衡电流流过。

零序电流互感器一般有母线型和电缆型两种。

7-70　什么是电压互感器？

答：将高电压变为低电压的电气设备称为电压互感器。电压互感器的一次侧绕组并接在高压电路中，将高电压变为低电压，二次侧额定电压一般为 100V，所以一次侧绕组匝数大于二次侧绕组匝数，二次侧绕组与测量仪表或继电器的电压线圈并联。电压互感器是电力系统中供测量和保护用的重要设备。

7-71　电流互感器与普通变压器相比较，有何特点？

答：目前电力系统中广泛采用的是电磁式电流互感器，其工作原理与变压器相似，但有其特点：

（1）变压器的一次绕组中的电流随二次绕组中的负荷电流的增减而增减，可以说是二次绕组中的负荷电流起主导作用；而电流互感器的一次绕组串联在电路中，并且匝数很少，故一次绕组中的电流完全取决于被测电路的负荷电流，而二次绕组中的电流大小则取决于一次绕组中的电流。

（2）电流互感器的二次绕组所接的负载是电流表和继电器的电流线圈，阻抗很小，所以正常情况下，电流互感器在相当于短路状态下运行。

7-72　电压互感器与普通变压器相比较，有何特点？

答：电磁式电压互感器的工作原理和结构与普通变压器相似，但有其特点：

（1）容量较小，通常只有几十伏安或几百伏安。

（2）二次侧所接测量仪表和继电器的电压线圈阻抗很大，故电压互感器在近于空载状态下运行。

7-73　为什么电压互感器铭牌上标有好几个容量？

答：由于电压互感器的误差随其负载值的变化而变化，所以一定的容量

（实际上是供给负荷的功率）是和一定的准确度相对应的。一般所说的电压互感器的额定容量指的对应于最高准确度的容量。容量增大，准确度会降低。铭牌上也标出其他准确度时的对应容量。

7-74 电压互感器与电流互感器在作用原理上有什么区别？

答：主要区别是正常运行时工作状态很不相同，表现为：

（1）电流互感器二次可以短路，但不得开路；电压互感器二次侧可以开路，但不得短路。

（2）相对于二次侧的负载来说，电压互感器的一次内阻抗较小以至可以忽略，可以认为电压互感器是一个电压源；而电流互感器的一次内阻很大，以至可以认为是一个内阻无穷大的电流源。

（3）电压互感器正常工作时的磁通密度接近饱和值，故障时磁通密度下降；电流互感器正常工作时磁通密度很低，而短路时由于一次侧短路电流变化很大，使磁通密度大大增加，有时甚至远远超过饱和值。

7-75 电流互感器和电压互感器的一、二次侧引出端子为什么要标出极性？

答：电流互感器、单相电压互感器（或三相电压互感器的一相）的一、二次侧都有两个引出端子。任何一侧的引出端子用错，都会使电流或电压的相位变化180°，影响测量仪表和继电保护装置的正确工作，因此必须对引出端子作出标记，以防接线错误。

7-76 为什么电流互感器和电压互感器二次回路必须有一点接地？

答：将电流互感器和电压互感器二次回路一点接地是为了保证人身和设备的安全。如果二次回路没有接地点，接在互感器一次侧的高压电压，将通过互感器一、二次线圈间的分布电容和二次回路的对地电容形成分压，将高压引入二次回路，其值将决定于对地电容的大小。如果互感器的二次回路有了接地点，则二次回路对地电容将为零，从而达到保证安全的目的。

7-77 为什么电流互感器在运行中不允许二次回路开路？

答：电流互感器在正常运行时，二次电流产生的磁通势对一次电流产生的磁通势起去磁作用，励磁电流很小，铁芯中的总磁通很小，二次绕组的感应电动势不超过几十伏。如果二次侧开路，二次电流的去磁作用消失，其一次电流完全变为由励磁电流引起铁芯内磁通剧增，铁芯处于高度饱和状态，加之二次绕组的匝数很多，就会在二次绕组两端产生很高（甚至可达数千伏）的电压，不但可能损坏二次绕组的绝缘，而且将严重危及人身安全。再者，由于磁感应强度剧增，使铁芯损耗增大，严重发热，甚至烧坏绝缘。因此，电流互感器二次回路不准开路。鉴于以上原因，电流互感器的二次回路中不能装设熔断器；二次回路一般不进行切换，若需要切换时，应有防止开路的可靠措施。

7-78　为什么电压互感器在运行中不允许二次回路短路？

答：电压互感器二次电压与一次电压相比低得多，故二次侧匝数很少，内阻很小。正常运行中电压互感器二次侧负载阻抗较大，相当于开路运行，其中流过的电流很小。如果电压互感器二次侧短路，由于其内阻很小，将在二次线圈中产生很大的短路电流，极易烧坏电压互感器。所以电压互感器二次不允许短路。

7-79　电压互感器二次回路中熔断器的配置原则是什么？

答：（1）在电压互感器二次回路的出口，应装设总熔断器或自动开关，用以切除二次回路的短路故障。自动调节励磁装置及强行励磁用的电压互感器的二次侧不得装设熔断器，因为熔断器熔断会使它们拒动或误动。

（2）若电压互感器二次回路发生故障，由于延迟切断二次回路故障时间可能使保护装置和自动装置发生误动作或拒动，因此应装设监视电压回路完好的装置。此时宜采用自动开关作为短路保护，并利用其辅助触点发出信号。

（3）在正常运行时，电压互感器二次开口三角辅助绕组两端无电压，不能监视熔断器是否断开；且当熔断器熔断时，若系统发生接地，保护会拒绝动作，因此开口三角绕组出口不应装设熔断器。

（4）接至仪表及变送器的电压互感器二次电压分支回路应装设熔断器。

（5）电压互感器中性点引出线上，一般不装设熔断器或自动开关。采用B相接地时，其熔断器或自动开关应装设在电压互感器B相的二次绕组引出端与接地点之间。

7-80　在带电的电压互感器二次回路上工作，应注意哪些安全事项？

答：（1）严格防止电压互感器二次短路和接地，工作时应使用绝缘工具，带绝缘手套。

（2）根据需要将有关保护停用，防止保护拒动和误动。

（3）接临时负荷时，应装设专用隔离开关和熔断器。

7-81　为什么动力用的熔断器都装在隔离开关的负荷侧而不装在电源侧（母线侧）？

答：熔断器装在隔离开关的电源侧，当隔离开关拉开后，熔断器未与电源断开，如果要检查或更换熔断器，则须带电工作，容易造成触电事故。所以，为了用电安全，必须将熔断器装在隔离开关的负荷侧。

7-82　为什么在使用绝缘电阻表时，测量用的引线不能编织在一起？

答：绝缘电阻表的电压较高，在使用时如果将两根引线编织在一起进行测量，如果导线的绝缘不良，相当于被测设备上并联了一个低值电阻，将会使测量误差变得很大。即使导线绝缘良好，由于导线编织在一起，距离较近，分布电容的存在也将是测量结果出现大的误差。所以，绝缘电阻表测量用的引线不能编织在一起使用。

7-83　为什么电力母线等设备要涂有色漆？

答：电力母线等设备刷涂色漆的原因如下：

（1）便于运行及检修人员识别直流的极性和交流的相别。

（2）可以提高母线等设备的散热效果（可提高 12％～15％）。

（3）对于铜母线等还可以起到防锈作用。

7-84　简述电动机熔断器定值的选择。

答：（1）熔断器选择的原则。

1）熔断器保护的回路电气设备及线路故障时、较长时间过负荷时应熔断，以保护电动机。

2）正常运行和电动机启动时熔断器不应熔断。

3）电动机熔断器更换应按规程所给定值，采用合格的熔断器进行更换。

（2）更换电动机应按以下规定执行。

无定值的电动机按下列方法计算：

1）$I_H > I_P$；$I_H \geqslant I_{st}/2.5$。其中 I_H 为熔断器额定电流；I_P 为电动机额定工作电流；I_{st} 为电动机启动电流。对于异步电动机，$I_{st} = (5 \sim 7)I_P$；对于直流电动机，$I_{st} = 5I_P$。

2）$I_H = 2.5 I_P$。

3）对于没有额定电流规定的电动机，可按 5A/kW 计算。

4）闸门盘、专用盘、热控盘等数台电动机电源熔断器的确定按：总熔断器额定电流（A）＝（1.5～2.5）×容量最大的电动机额定电流＋其余电动机额定电流之和。

7-85　简述备用电源自投装置与厂用电快切装置的特点。

答：备用电源自投装置一般采用以下两种启动方式：工作电源开关的辅助触点与母线低电压启动。当工作电源跳闸时，启动装置实现快速切换，切换不成功则转入低压切换；当母线电压下降到一定数值时，跳开工作电源开关并检查开关确已跳闸后合入备用电源开关。备用电源自投装置只具有单向功能，即只能实现由工作电源向备用电源的倒换。

厂用电快切装置一般具有以下功能：

（1）手动切换厂用。启动装置，可以完成厂用电由工作至备用或者由备用至工作的倒换。根据方式的不同，可以实现并列倒换，也可以实现先断开后合入的倒换。

（2）检测同期。工作电源开关跳闸时，保证母线电压在下降过程中的第一个周期内合入备用开关，保证电动机的自启动。

（3）断路器偷跳。即非装置启动，包括手动拉开断路器与真正意义上的偷跳。

（4）去耦。当两断路器并列时，如果该跳的断路器在规定时间内未跳开，则启动该环节，跳开刚合入的断路器。

厂用电快切装置功能较多，但使用比较复杂，同时由于要检测两系统的同期，所需要接入的电压较多，包括母线电压、工作电源低压侧电压、备用电源低压侧电压，同时还要接入工作电源开关与备用电源开关的辅助触点。

7-86　发电机做厂用电切换试验的步骤如何？

答：（1）通知相关单位做好失去厂用电的事故预想。

（2）将厂用电倒换至工作电源运行。

1）检查快切装置或者备用电源自投装置运行良好，联锁投入正确。

2）将公用系统尽量倒换至其他机组。

3）确保保安段的备用电源及柴油机备用联动正常。

4）对于低压厂用电系统，如果有备用电源，确认其备用良好。

5）根据机组运行方式的需要，拉开某一段工作电源，检查备用电源投入正确，如果未投入，手动按合备用电源开关。

6）对另一段厂用电源的实验方法同上。

7-87　厂用电快切装置的切换方式按启动原因分为哪几种、各有什么特点？

答：（1）正常手动切换。由运行人员手动启动。快切装置按事先设置的手动切换方式（并联、同时）进行分合闸操作。

（2）事故自动切换。由保护接点启动。发电机—变压器组、厂用变压器或其他保护出口跳工作电源开关的同时，启动快切装置进行切换。快切装置

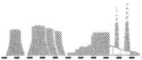

按事先设定的自动切换方式（串联、同时）进行分合闸操作。

（3）非正常自动切换：分为两种非正常情况。一是母线失压，母线电压低于整定电压并达到延时后，装置自动启动，按自动方式进行切换；二是工作电源开关误跳，由工作电源开关触点启动装置，在切换条件满足时合上备用电源开关。

7-88 厂用电快切装置的切换方式按开关动作顺序分为哪几种、各有什么特点？

答：分为以下几种（以工作电源向备用电源切换为例）：

（1）并联切换：如先合上备用电源开关，两电源暂时并列，再跳开工作电源开关，母线不断电。这种方式多用于正常切换，如启、停机时。

（2）串联切换：先跳开工作电源开关，确认工作电源开关跳开后，再合上备用电源开关。母线断电时间至少为备用电源合闸时间，这种切换方式多用于事故切换。

（3）同时切换：这种方式介于并联切换与串联切换之间。合备用开关指令在跳工作电源开关指令发出之后、工作电源开关跳开之前发出。母线断电时间大于0s、小于备用开关合闸时间。这种方式既可用于正常切换，又可用于事故切换。

7-89 厂用电快切装置的切换方式按切换速度分为哪几种、各有什么特点？

答：分为以下几种：快速切换、短延时切换、同期捕捉切换、残压切换。

7-90 保安母线的电源如何配置？

答：保安母线的电源一般从机组的低压厂用母线上取得。可以从两段分别独立的低压母线上各取一路电源，此两路电源具备自动投入条件。另外，为保证全厂停电时保安母线的正常供电，还需要为保安母线配置柴油机，柴油机在全厂停电时自动快速投入。有的厂还将厂外系统的电源接入保安段作为其电源。另外，为保证保安段的可靠性，也可以将保安母线电源分为几段母线。

7-91 电弧放电有何特征？

答：电弧的能量集中，温度很高，亮度很高。电弧一般由三部分组成，维持电弧燃烧的电压很低。电弧是游离气体，质量较小，容易变形。

7-92 利用气体灭弧主要有哪两种方法？

答：气体灭弧主要有纵吹和横吹两种方法。

7-93　在油断路器中是使用什么方法来灭弧的？

答：电弧周围的油被加热分解出大量的气体，气体的体积受到周围的慢性力和灭弧室的限制，气体压力很大，并从喷弧口对电弧进行强烈地吹弧。吹弧方式又可分为纵吹和横吹两种，其中纵吹方式是把被吹弧劈为许多细弧，从而使电弧熄灭；而横吹方式是对电弧横吹，使电弧拉长、冷却而熄灭。

7-94　直流电弧有哪些特征？

答：它的特征可以用弧长的电压分布和伏安特性来表示，弧柱上的电压及电位梯度与电流大小、弧隙长短及介质状态有关。

7-95　直流电弧熄灭的条件是什么？

答：电源电压不足以维持稳态电弧电压或线路电压自行下降时，电弧自行熄灭。

7-96　为何在高压断路器上加装均压电容？

答：高压断路器上加装均压电容，可以使断路器中两个断口的电压相等，使每个断口的工作条件基本一样。

7-97　为何在断路器主触头上并联低值电阻？

答：并联电阻后，可以提高断路器的开断性能。

7-98　对电器触头有哪些基本要求？

答：（1）通过额定电流时，其温度不超过允许值；

（2）通过极限电流时，要具有足够的动稳定；

（3）开断短路电流或负荷电流时，不产生严重的机械磨损和电气烧伤。

7-99　什么故障会使 35kV 及以下电压互感器的一、二次侧熔断器熔断？

答：电压互感器的内部故障，（包括相间短路、绕组绝缘破坏）以及电压互感器出口与电网连接导线的短路故障、谐振过电压，都会使一次侧熔丝熔断。二次回路的短路故障会使电压互感器二次侧熔断器熔断。

7-100　6kV 小车隔离开关装什么联锁？作用是什么？

答：因为隔离开关没有灭弧装置，只能接通和断开空载电路，所以在断路器断开的情况下，才能拉、合隔离开关，否则将发生带负荷拉、合隔离开关，严重影响人身设备的安全。为此，断路器与隔离开关之间要加装闭锁装置，使断路器在合闸状态时隔离开关拉不开，可有效地防止带负荷拉、合隔离开关。这种装置称为防误闭锁装置，一般采用的闭锁装置有机械闭锁和电

气闭锁两种。

7-101 调整消弧线圈分接头的目的是什么？

答：调整消弧线圈的补偿方式，根据电位、电容和电流的改变，对其补偿值做相应变动。

7-102 高压隔离开关有哪些用途？

答：（1）接通或断开允许的负荷电路；

（2）造成一个明显断开点。

7-103 什么原因会使运行中的电流互感器发生不正常的音响？

答：电流互感器过负荷、二次侧开路以及内部绝缘损坏发生放电等，均会造成异常音响。此外，由于半导体漆涂刷得不均匀形成的内部电晕以及螺钉松动等也会使电流互感器产生较大的音响。

7-104 什么原因会使液压操动机构的油泵打压频繁？

答：具体原因有：

（1）储压筒活塞杆漏油。

（2）高压油路漏油。

（3）微动开关的停泵、启泵距离不合格。

（4）放油阀密封不良。

（5）液压油内有杂质。

（6）氮气损失。

7-105 对自动重合闸的基本要求是什么？

答：基本要求主要有：

（1）动作时间要短，但要大于故障点介质去游离的时间，既能使故障点的绝缘强度及时恢复，又能使断路器传动机构及时恢复原状。

（2）重合闸的重合次数要可靠，一次重合闸，只能重合一次。

（3）手动合闸于有故障的线路上，继电保护动作跳闸后不能重合。

（4）手动拉闸或母线保护动作跳闸，不应重合。

7-106 线路停电如何操作？如何布置检修措施？

答：线路停电的操作：

（1）检查线路负荷为零，有时也可能带负荷停电，具体操作根据调度令执行。

（2）根据调度令，停用线路的重合闸。

（3）拉开线路断路器，停控制电源。

布置检修措施：

（1）检查断路器在断开位置，停断路器动力系统的电源。

（2）拉开出线侧隔离开关。

（3）拉开母线侧隔离开关。

（4）取下线路侧 CVT 的二次熔断器。

（5）根据检修工作票要求，合上线路出线的接地开关、断路器两侧的接地开关。

（6）如果线路阻波器有检修工作，还要在阻波器处封地线一组。

7-107　线路送电的操作步骤是什么？

答：（1）接调度令，拆除临时接地线，拉开出线侧接地开关、断路器两侧接地开关。

（2）上好线路出线 CVT 二次熔断器。

（3）检查断路器在断位，将断路器动力系统的电源送电，检查断路器动力系统正常。

（4）合母线侧隔离开关并检查合好。

（5）合出线侧隔离开关并检查合好。

（6）检查线路保护电源开关合好，保护连接片投入正确。

（7）如果是对侧先送电，则投入线路断路器同期装置，经同期检定后合入断路器；如果是本侧先送，则解除同期装置后合入线路断路器。

（8）根据调度命令，投入线路的重合闸。

（9）如果采用闭锁式高频，则需要对试通道后投入高频保护。

7-108　线路旁路断路器有何作用？

答：当线路的断路器出现异常或者故障时，可以通过旁路断路器与旁路母线，将线路的负荷转移至旁路断路器，从而实现线路断路器停运而负荷不停电的目的。设置旁路断路器需要设置一条旁路母线，所有的出线均应有接在旁路母线上的旁路隔离开关。旁路断路器所配置的保护一般与线路的保护配置相同。

7-109　什么是厂用电和厂用电系统？

答：发电厂需要许多机械（如给水泵、送风机、油泵等）为主要设备（锅炉、汽轮机及发电机等）和辅助设备服务，这些机械称为厂用机械，它们一般都是用电动机带动的。在发电厂内，照明、厂用机械用电及其他用电，称为厂用电。供给厂用电的配电系统称为厂用电系统。

7-110 厂用电负荷是怎样分类的？

答：根据厂用设备在生产中的作用，以及供电中断对人身和设备安全的影响，厂用电动机可分为三类：

（1）一类负荷：凡短时停电（包括手动操作恢复电源，亦认为是短时停电）会带来设备损坏，危及人身安全，造成主机停运，大量影响出力的厂用电负荷，如给水泵、凝结水泵、循环水泵、吸风机、送风机等都属于一类负荷。这类负荷都设有备用，且在短时停电（0.5s）内都不会自动断开，以便在电压恢复时实现自启动。

（2）二类负荷：有些厂用机械允许短时（如几秒至几分钟）停电，经人工操作恢复电源后，不会造成生产紊乱，这些都属二类负荷。如工业水泵、疏水泵、灰浆泵、输煤系统机械等。

（3）三类负荷：凡几小时或较长时间停电不致直接影响生产的厂用负荷，都属三类负荷。如修理间、试验室、油处理室等的负荷。

7-111 厂用电电压等级有多少？各有何特点？

答：目前我国生产的 125MW 和 200MW 发电机组，其高压电动机的额定电压一般均采用 6kV，低压电动机一般均采用 380V。故厂用电电压等级亦为 6kV 和 380V。对于 6kV 系统采用中性点不接地，以提高供电的可靠性。而对 380V 则采用三相四线制，以引出单相电源，供照明及单相负荷用电。

7-112 母线有哪几种接线方式？

答：母线的接线方式有单母线、双母线、桥形、多角形和具有旁路母线及 3/2 接线等形式。

7-113 单断路器的双母线接线方式有何优点？

答：（1）供电可靠。通过两组母线隔离开关的倒闸操作，可以轮流检修一组母线，而不致使供电中断，一组母线故障后能迅速恢复供电；检修任一回路的母线隔离开关，只停该回路。

（2）调度灵活。各个电源和各个回路负荷可以任意分配到某一组母线上，能灵活地适应系统中各种运行的需要。

（3）扩建方便。

（4）便于试验。当个别回路需要单独进行试验时，可将该回路分开，单独接至一组母线上。

7-114　双母线带旁路母线接线方式有何优缺点？

答：优点：

（1）供电可靠；

（2）便于调度；

（3）便于检修，可以不停电检修任一台进、出线断路器。

缺点：

（1）接线复杂；

（2）在检修断路器时，每次要操作旁路断路器和较多的隔离开关，而且每次检修仅限一台，总的检修时间较长；

（3）操作复杂；

（4）投资大。

7-115　采用 3/2 接线方式受到哪些限制？

答：（1）占地面积；

（2）资金限制；

（3）保护配置困难；

（4）接线至少应有三串（每串三台断路器，接两个回路），才能形成多环形。

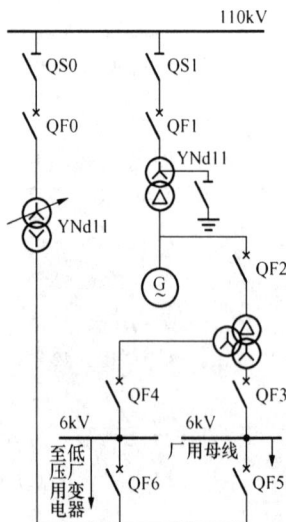

图 7-2　发电机—变压器组及厂用电的一次接线

7-116　在发电机—变压器组接线中，抽取厂用电源有何好处？

答：如图 7-2 所示在发电机—变压器组连接线中抽取厂用电源的厂用电路。该厂用电路的特点之一是厂用工作变压器从发电机、主变压器之间抽取电源。其次，是采用明备用的方式，备用变压器由 110kV 母线供电。

厂用工作变压器的电源，从发电机、变压器之间抽取，比直接到 110kV 母线上有下列优点：①厂用电供电可靠性较高，如 110kV 母线发生短路时，发电机—变压器组电路的高压断路器自动跳闸后，发电厂不会失去厂用电。②厂用电源的电压波动也比较小，因为它不受负荷变化时在主变压器上电压降变动的影响。至于为什么

要将备用变压器接在 110kV 母线上，而不像工作厂用变压器那样也接在发电机、变压器之间，这主要是为了提高备用的可靠性。因为在 110kV 母线上接有其他电源的情况下，当发电机—变压器组发生故障时，可以从 110kV 母线经备用变压器取得厂用电。

另外，若主变压器的接线组别为 Yy0，那么，厂用备用变压器和工作变压器都采用 Yyn0 接线。若主变压器的接线组别为 Yd11，而厂用工作变压器采用 Yyn0 时，则厂用备用变压器必须采用 Dyn11 接线的降压变压器。这是为了使厂用 6kV 电压的相位一致，以便在用备用变压器代替工作变压器的倒闸操作时，允许工作变压器和备用变压器短时并列，从而避免在倒闸操作时使厂用电短时中断。

7-117 简述高压线路保护配置与断路器的主要特点。

答：高压线路的电压等级高，输送功率大，线路的负荷电流大，对稳定性的要求极高，要求发生故障时迅速切除故障。因此，线路保护强调主保护，一般配置两套保护原理不同的全线速动的主保护，同时两套主保护的出口分别作用于断路器的两个跳闸线圈，以确保断路器的可靠动作。同时，配置作为三段式距离保护与多段零序保护，作为线路的后备保护。

7-118 简述母线保护的原理。

答：目前的母线保护主要采用的是差动保护原理。

正常运行与母线外部故障时，母线保护的差回路中无电流；故障时，差动保护的差回路中有电流。目前的母线差动保护可以有效区别内部故障与外部故障，同时可以判断 TA 饱和带来的不利影响，从而提高母线保护动作的可靠性与动作速度。

第八章 直流系统设备及工作原理

8-1 发电厂的直流系统有何作用？

答：发电厂的直流系统是由直流电源装置、直流配电装置、控制和监测装置等构成的直流供电网络，在正常及事故状态下为上述直流负荷提供可靠的直流操作电源。主要用于对开关电器的远距离操作、信号设备、继电保护、自动装置及其他一些重要的直流负荷（如事故油泵、事故照明和不停电电源等）的供电。直流系统是发电厂厂用电中最重要的一部分，它应保证在任何事故情况下都能可靠和不间断地向其用电设备供电。

8-2 电力系统对直流系统有何要求？

答：随着现代电力系统向大机组、大电网、超高压、高度自动化方向的快速发展，其直流系统运行品质对保证发电厂、变电站及电力系统的安全运行有着十分重要的影响。因此对直流系统应要求高度可靠性和稳定性，系统接线简单清晰、操作方便，蓄电池及充电装置应安全可靠，免维护或少维护，可实现直流系统微机在线监测，并实现与发电厂、变电站控制系统的通信接口。

8-3 直流监控系统的主要任务是什么？

答：直流监控系统主要由集中监控器和监控调度中心计算机组成。集中监控器装于直流电源屏内，通过分散控制方式，对直流系统的充电机、蓄电池组、直流母线、绝缘监测装置、交直流配电装置等进行实时监控，并完成与上位机的通信。监控调度中心可通过电话网、光纤或标准串行口对直流系统进行遥测、遥信、遥调、遥控。监控调度人员可在监控调度中心监视各个现场的直流系统的运行情况，一旦发现某个系统出现异常或报警，则可以直接访问该系统的集中监控器，获取必要的详细信息，实施必要的应急操作，然后根据需要做好准备，再赴现场进行故障处理，实现无人值守，提高维护工作的效率。

集中监控器的主要功能如下：

（1）显示及监测功能。

1) 能够对变送器采集的各种模拟量进行监测并显示。还能够将这些模拟量与设定的参数进行对比判断，异常时发出报警信号。如直流母线的电压电流、蓄电池的充放电电压电流和充电机输出的电压电流等。

2) 能够对各种开关量输入信号进行判断并显示，异常状态时发出报警信号。

3) 能够对绝缘监测装置采集的系统绝缘电阻、电压进行监测并显示。

4) 能够对系统设置的各项参数进行查询显示或更改。

(2) 对充电机的管理功能。

1) 能够对充电模块进行统一管理。

2) 能够对充电机的直流输出电压进行调节，手动强制调节或自动调节。

3) 能够对充电机的直流输出电流进行调节，手动强制调节或自动调节。

4) 能够对充电机进行控制，手动强制控制或自动控制充电机的开/关机、均/浮充。

5) 能够监测充电机的直流输出电压、电流。

6) 能够监测每一组充电机的运行状态，故障时发出报警信号。

(3) 对蓄电池的管理功能。

1) 显示蓄电池电压和充、放电电流，当出现过、欠压时报警。

2) 设有温度变送器测量蓄电池环境温度，当温度偏离 25℃时或根据蓄电池厂家提供值，由监控器发出调压命令到充电模块，调节充电模块的输出电压，实现浮充电压温度补偿。

3) 具有蓄电池浮充电流过电流报警功能。

4) 手动定时均充，可通过监控器键盘预先设置均充电压，然后启动手动定时充。定时均充程序：以整定的充电电流进行稳流充电，当电压逐渐上升到均充电压整定值时，自动转为稳压充电，当达到预设时间时转为浮充运行。

5) 自动均充功能。系统连续浮充运行超过设定的时间（3 个月），充电器应自动转入均衡充电状态，当充电电流小于 $0.01C_{10}$ 后延时一定时间自动转入浮电充电状态。交流电源停电后又恢复供电（时间可以设定），充电器应自动转入均衡充电状态，当充电电流小于 $0.01C_{10}$ 后延时一定时间自动转入浮充电状态。

交流电源停电后蓄电池放电容量超过设定值后，充电器应自动转入均衡充电状态，当充电电流小于 $0.01C_{10}$ 后延时一定时间自动转入浮充电状态。

(4) 历史记录功能。系统运行中的重要数据、状态和时间等信息存储起来以备后查，装置掉电不丢失（最大可显示 128 条）。

（5）具有"四遥"功能。监控器设有 RTU 接口，统一汇总系统及各功能单元的实时数据、故障告警信号和设置参数，并完成与上位计算机的通信，实现直流系统的"四遥"功能。

8-4 铅酸蓄电池有何结构和功能特点？

答： 蓄电池是一种既能把电能转换为化学能储存起来，又能把化学能转变为电能供给负载的化学电源设备。蓄电池主要由容器、电解液和正、负电极构成。蓄电池可以反复进行充电、放电，反复使用，其电极反应有良好的可逆性。蓄电池分为铅酸蓄电池和碱性蓄电池两类。

铅酸蓄电池主要有防酸隔爆式铅酸蓄电池和阀控式密封铅酸蓄电池。铅酸蓄电池具有可靠性高、容量大和承受冲击负荷能力强等优点，所以以往在电力系统应用较广。铅酸蓄电池的构造主要部件有管式正极板、负极板、隔板、容器和电解液。其电解液为 $27\%\sim37\%$ 的硫酸水溶液，正极为 PbO_2（二氧化铅），负极为 Pb（铅）。正极板可采用玻璃丝管式极板，用来增大极板与电解液的接触面积，以减少内阻和增大单位体积的蓄电容量。玻璃丝管内部充填有多孔的有效物质，通常为氧化铅粉，因玻璃丝表面具有许多细缝，可使管内的有效物质与管外电解液充分接触，有效物质又不易由细缝漏出，所以无脱皮掉粉等弊病，寿命较长。负极板为涂膏式结构，即将铅粉用稀硫酸及少量的硫酸钡、腐植酸、松香等调制成糊状混合物涂填在铅锑合金制成的栅板上。为了增大极板与电解液的接触面积，负极板表面有凸起的楞纹。蓄电池的每一电极是由若干块极板组成的，极板的数目和面积以容量而定，正、负极板交错地排列，负极板比正极板多一块。

为防止极板发生短路，在正、负极板之间用隔板隔开。而正、负极板则浸于电解液中，上缘比电解液面低 10mm 以上，以防止极板翘曲，下缘又与容器的底部保持一定的距离，以防沉积物造成短路。

蓄电池充、放电时极板的可逆化学反应方程式为

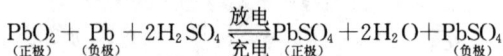

$$\underset{\text{(正极)}}{PbO_2} + \underset{\text{(负极)}}{Pb} + 2H_2SO_4 \underset{\text{充电}}{\overset{\text{放电}}{\rightleftharpoons}} \underset{\text{(正极)}}{PbSO_4} + 2H_2O + \underset{\text{(负极)}}{PbSO_4}$$

由可逆化学反应方程式可见，蓄电池放电时，正、负极板都形成了硫酸铅（$PbSO_4$），同时消耗了电解液中的硫酸（H_2SO_4），析出水（H_2O），使电解液的密度下降。在蓄电池充电后，正极板恢复了原来的二氧化铅（PbO_2），负极板恢复了活性铅（Pb），电解液中水减少，硫酸增加，电解液密度恢复到原值。

由于铅酸蓄电池维护量大、体积大，使用过程中产生氢气和氧气，并伴随着酸雾对环境带来污染，如液体溅出会伤及人体，需要经常补充电解液，

维护操作比较复杂，因此，近年来阀控式密封铅酸蓄电池很快发展起来。

8-5 什么是阀控式铅酸蓄电池?

答：阀控式铅酸蓄电池基本克服了防酸式隔爆铅酸蓄电池的缺点，以它优越的技术性能，如放电性能优良、自放电电流小、不漏液、无酸雾、无需加水和调酸，以及全封闭、免维护等功能，已逐步代替一般的铅酸蓄电池，其构造如图 8-1 所示。

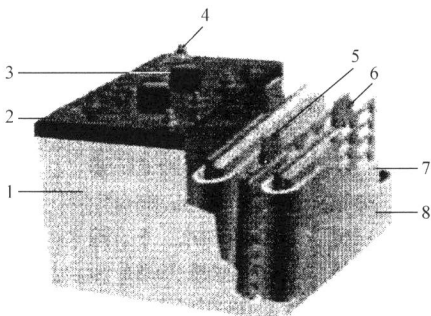

图 8-1 阀控式铅酸蓄电池构造

1—电池壳；2—电池盖；3—安全阀；4—极柱；
5—负极板；6—正极板；7，8—隔板

所谓"阀控"，是指蓄电池正常运行时内部电解液通过控制阀与外界密封隔离，当由于析出气体而使电池内压力升高时，控制阀自动打开排出气体，防止蓄电池超压，防止液体溅出。

阀控式铅酸蓄电池的充、放电化学反应与传统的"铅—硫酸—二氧化铅"没有什么区别，所不同的是，防酸式铅酸蓄电池充电过程中会因水的电解在正极板产生氧气($2H_2O \longrightarrow O_2 \uparrow + 4H^+ + 4e$)，而在负极板产生氢气($4H^+ + 4e \longrightarrow 2H_2 \uparrow$)。阀控式铅酸蓄电池通过以下措施使正极板产生的氧气在充电时很快与负极板的活性物质起反应并恢复成水，所以损失极少，可以使其成为全密封式蓄电池，而无需加酸加水和检查电解液密度，对内部无需维护。

8-6 阀控式铅酸蓄电池的充电方式有哪些? 各有何特点?

答：蓄电池的充电方式分为以下几种：

(1) 初充电。新安装的蓄电池使用前，或大修中更换的蓄电池为完全达到荷电状态所进行的第一次充电。初充电的工作程序应参照制造厂家说明书进行。

(2) 恒流充电。充电电流在充电电压范围内，维持在恒定值的充电。

(3) 均衡充电。为补偿蓄电池在使用过程中产生的电压不均匀现象，使其恢复到规定的范围内而进行的充电。单体电池的均衡充电电压为 $2.30 \sim 2.40V$，均衡充电电流一般为 $(1.0 \sim 1.25) I_{10}$（I_{10} 为 10h 放电率的放电电流）。

(4) 恒流限压充电。先以恒流方式进行充电，当蓄电池组端电压上升到限压值时，充电装置自动转换为恒压充电，直到充电完毕。

(5) 浮充电。在充电装置的直流输出端始终并接着蓄电池和负载，以恒压充电方式工作。正常运行时充电装置在承担经常性负荷的同时向蓄电池补充充电，以补充蓄电池的自放电，使蓄电池组以满容量的状态处于备用。单体电池的浮充电压为 $2.23 \sim 2.27V$，浮充电流一般为 $1 \sim 3mA/Ah$，可根据要求设定。

(6) 补充充电。蓄电池在存放过程中，由于自放电，容量逐渐减少，甚至于损坏，按厂家说明书定期进行充电。

8-7 什么是直流监控系统的"四遥"功能？

答：直流监控系统是直流电源控制、监视及管理的总称，它的基本功能是完成被监控设备与监控中心的信息交流，是对被监控的直流设备实施"四遥"即遥信、遥测、遥控和遥调功能，完成被监控设备的配置、操作、状态和故障等工况的有序管理。

在发电厂的直流系统中，被监控设备即直流电源设备，监控中心即上位机，是指发电厂的分散控制系统（DCS）。

(1) 遥信。将被监控设备的工作状态信号反映到监控中心，称为遥信。如蓄电池的工作状态，充电装置的状态，有无异常情况或有无故障情况等。

(2) 遥测。将被监控设备的主要技术数据反映到监控中心，称为遥测。如充电电流、充电电压、浮充电流、母线电压等。

(3) 遥控。将监控中心的操作指令传送到被监控设备，称为遥控。如充电装置开机/关机，蓄电池浮充/均充等。

(4) 遥调。将监控中心的调整指令传送到被监控设备，称为遥调。如充电电压整定与调整、充电方式变换条件调整等。

8-8 在单元控制室内电气部分控制的设备和元件有哪些？

答：在单元控制室内电气部分控制的设备和元件主要有汽轮发电机及其励磁系统、主变压器、高压厂用工作变压器、高压厂用备用变压器（或启动备用变压器）、高压厂用母线等。

8-9　什么是二次设备？什么是二次回路？

答：二次设备是指对一次设备的工作进行监测、控制、调节、保护以及为运行、维护人员提供运行工况或生产指挥信号所需的低压电气设备，如熔断器、控制开关、继电器、控制电缆等。

由二次设备相互连接所构成的对一次设备进行监测、控制、调节和保护的电气回路称为二次回路或二次接线系统。

8-10　二次回路的重要作用表现在哪些方面？

答：二次回路的故障常会破坏或影响电力生产的正常进行。例如，若某变压器差动保护的二次回路接线错误，则当变压器带的负荷较大或发生穿越性相间短路时，就会发生误跳闸；若线路保护接线有错误时，一旦系统发生故障，则可能会出现断路器该跳闸的不跳闸，不该跳闸的却跳闸的情况，就会造成设备损坏、电力系统瓦解的大事故；若测量回路有问题，就将影响计量，少收或多收用户的电费，同时也难以判定电能质量是否合格。因此，二次回路虽非主体，但它在保证电力生产的安全，向用户提供合格的电能等方面都起着极其重要的作用。

8-11　常用的二次接线图有哪些种类？

答：常用的二次接线图有原理接线图、展开接线图和安装接线图等三种。

8-12　什么是原理接线图？它有什么特点？

答：二次接线的原理接线图是用来表示继电保护、测量仪表、自动装置等的工作原理的。通常是将二次接线和一次接线中与二次接线有关的部分画在一起。在原理图上，所有仪表、继电器和其他电器都是以整体形式表示的，其相互联系的电流回路、电压回路和直流回路都综合在一起，而且还表示出有关的一次部分。

原理接线图的特点是能够使看图者对整个装置的构成和动作过程有一个明确的整体概念，它是绘制展开图和安装接线图的基础。

8-13　什么是展开接线图？

答：所谓展开接线图，是指把整个二次回路分成交流电流回路、交流电压回路、直流操作回路和信号回路等几个主要组成部分，每一部分又可分成很多支路，各元件被分解成若干部分，把属于同一元件的不同部件，分别画在不同回路中的二次回路图。

8-14　展开图有何特点?

答：(1) 把二次设备用分开法表示，即分成交流电流回路、交流电压回路、直流回路和信号回路。

(2) 将同一设备的线圈和触点分别画在所属回路内；属于同一回路的线圈和触点，按照电流通过的顺序依次从左到右（或从上到下）连接，结果就形成各条独立的支路，即所谓的展开图的"行"（或"列"）。

(3) 在展开图中，每个设备一般用分开法表示，对同一设备的线圈和触点采用相同的文字符号表示。

(4) 便于识图。展开图若以"行"的形式表达时，在图右侧与行对应的位置以文字说明该回路的作用；若以"列"的形式表达时，在图的下方与列对应的位置以文字说明该回路的作用。

8-15　阅读展开图的基本步骤是什么?

答：(1) 先一次后二次。因为二次回路是为一次回路服务的，只有对一次回路有了一定的了解后，才能更好地掌握二次回路的结构和工作原理。

(2) 先交流后直流。所谓先交流后直流，就是说应先了解交流电流回路和交流电压回路，从交流回路中可以了解互感器的接线方式、所装设的保护继电器和仪表的数量以及所接的相别。

(3) 先控制后信号。相对于信号回路而言，控制回路与一次回路、交流电流回路、交流电压回路有更密切的关系，了解控制回路是了解二次回路的关键部分。

(4) 从左到右，从上到下。在了解直流回路时，应按照从左到右、从上到下的动作顺序阅读，再辅以展开图右边的文字说明，就能比较容易地掌握二次回路的构成和动作过程。

8-16　对断路器控制回路的基本要求是怎样的?

答：断路器的控制回路一般应满足下列基本要求：

(1) 能手动跳合闸且自动跳闸或重合闸后应有明显的信号。

(2) 有防止断路器多次合闸即"防跳"的闭锁装置。

(3) 能显示断路器合闸与跳闸位置状态。

(4) 能监视电源及跳合闸回路的完好性。

(5) 合闸或跳闸完成后能自动解除命令脉冲。

(6) 接线力求简单、可靠，电缆线芯使用最少。

8-17 直流系统一般包括哪些设备？

答：直流系统一般有蓄电池组、充放电装置、端充电装置、端电池调整器、绝缘监察装置、闪光装置、电压监察装置、直流母线、变流机组、直流负荷等。

8-18 直流负荷分为哪几类？

答：直流负荷通常分为如下三类：

（1）经常性直流负荷。这类负荷是经常接入的，如信号灯、位置继电器、继电保护和自动装置以及中央信号中的直流设备。这些负荷电流不大，只有几安。

（2）短时负荷。如继电保护和自动装置操作回路、断路器的跳合闸线圈等，通电时间短、电流大，可达几十至几百安。

（3）事故负荷。如事故照明、事故油泵电动机等，只在事故时投入。

8-19 直流系统各部件有何作用？

答：直流系统主要由交流配电单元、充电模块、直流馈电回路、集中监控单元、绝缘监测单元、降压单元和蓄电池组等部分组成。直流系统原理如图 8-2 所示。

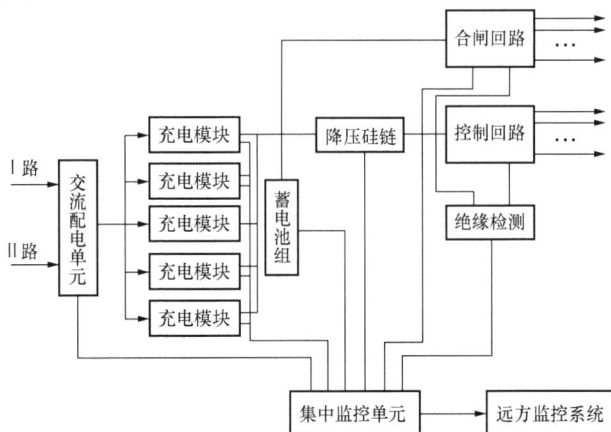

图 8-2 直流系统组成框图

两路交流输入经交流配电单元选择其中一路交流提供给充电模块，充电模块输出稳定的直流，一方面对蓄电池进行浮充电，另一方面为控制负荷提供工作电流。绝缘监测单元可在线监测直流母线和各支路的对地绝缘状况，集中监控单元可实现对交流配电单元、充电模块、直流馈电、绝缘监测单元、直流母线和蓄电池组等运行参数的采集与各单元的控制和管理，并可通过远程接口接受远方 DCS 控制系统的监控。为保证蓄电池放电时合闸母线有较高的电压，在蓄电池输出回路上串联降压单元（降压硅链）后接控制母线。

8-20　为什么要设置直流系统绝缘监察装置？

答：直流系统运行中会因设备本身原因或外部原因发生对地绝缘能力的降低或接地的危险情况，如不及时发现将会使缺陷持续发展，若直流系统两极发生接地将会造成保护及自动装置误动、断路器误跳闸、拒动等严重事故。因此，必须设置直流系统绝缘监察装置，要求装置可以对正、负极直流母线对地绝缘电阻进行实时监测，当绝缘电阻低于设定值时发出报警，以便运行人员及时发现和处理。所以要设置直流系统绝缘监察装置。

8-21　直流电压监察装置的作用有哪些？

答：运行中，应保持直流母线电压正常。直流母线电压允许在 $1\sim1.05U_N$ 范围内变动。电压过高会引起设备损坏，电压过低会降低保护和自动装置的灵敏度以致拒绝动作。因此，需装设电压监视装置。当运行的直流系统出现过电压或低电压时，应发出信号。典型的电压监视装置接线如图 8-3 所示，它由两只电压继电器组成。

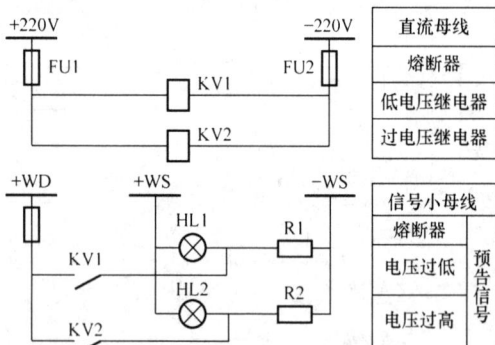

图 8-3　直流电压监察装置接线图

8-22　什么是晶闸管？

答：晶闸管是一种大功率整流元件，它的整流电压可以控制，当供给整流电路的交流电压一定时，输出电压能够均匀调节，它是一个四层三端的硅半导体器件。

8-23 蓄电池为什么负极板比正极板多一片？

答：在充放电时，两极板和电解液发生化学反应而发热使极板膨胀，但两极板发热程度不同，正极板发热量大，膨胀较严重，而负极板则很轻微，为了使正极板两面均发生同样的化学变化，膨胀程度均衡，防止极板发生弯曲和折断现象，所以要多一片负极板，外层负极板虽仅一面发生化学变化，但因其发热量很小不致引起变形和断裂。

8-24 直流动力母线接带哪些负荷？

答：动力母线主要是接带大的动力负荷，如断路器合闸及储能电源、直流润滑油泵、直流密封油泵、UPS 的直流电源及事故照明等。该系统正常情况下不带负荷或接带瞬时负荷，因此只保留浮充电电流。事故情况下靠蓄电池放电维持直流母线电压。

8-25 直流控制母线接带哪些负荷？

答：控制系统主要接带全厂的操作、信号、保护用 220V 直流电源及热控 220V 直流电源柜。

8-26 为使蓄电池在正常浮充电时保持满充电状态，每个蓄电池的端电压应保持多少？

答：为了使蓄电池保持在满充电状态，必须使接向直流母线的每个蓄电池在浮充时保持有 2.15V 的电压。

8-27 为什么要采用蓄电池放电装置？

答：蓄电池组作为直流系统的备用电源，其地位极其重要。正常工作时，由交流电源经整流后供给直流负荷用电。若交流电中断，则由蓄电池组连续不断地向直流负荷供电。所以蓄电池是整个供电系统的重要组成部分，是保证供电电源不中断的最后屏障。因此，必须时刻保证蓄电池具有足够的工作可靠性和输出容量。

为了保证蓄电池能够在事故情况下起到关键的备用作用，保证系统的正常运行，根据 DL/T 724—2000《电力系统用蓄电池直流电源装置运行与维护技术规程》规定，对于新装或大修后的蓄电池组，应每年进行一次核对性放电，以核对蓄电池的容量和寿命，因此，需要设置蓄电池放电装置。对蓄电池放电装置具有操作方便、放电稳流精度高、无谐波干扰、不对直流系统及蓄电池运行产生影响、装置故障率低和监控方便等要求。

8-28　蓄电池的浮充电、定期充放电、均衡充电、个别电池补充电的目的和方法是什么？

答：（1）浮充电。充电后的蓄电池，由于电解液及极板中有杂质存在，会在极板上形成局部放电，因此，为使电池在饱满的容量下处于备用状态，电池常与充电机并联，接于直流母线上，充电机除担负经常的直流负载外，还给电池一适当的充电电流，这种方式称为浮充电。

（2）定期充放电。定期充放电就是以浮充电运行的电池，经过一定时间后，要使其极板的物质进行一次比较大的充放电反应，以检查电池容量，发现落后电池及时维护处理，保证电池的正常运行。方法是：先用 10h 放电率进行放电，当电池电压降为 1.8V，电解液密度降到 1.18 或放出容量达到额定值的 50%～60% 时进行充电，充电电流先以 10h 放电率电流进行，待电池电压升至 2.45V 后即将电流降为额定值的 2/3，以后随电压的上升及电池内气泡的大量出现，可将电流降为额定值的 1/2 或 1/3。原则是电池的气泡不能很大，密度在 3h 以上不变化，密度的绝对值不能低于放电前的水平，充进的容量不少于放出容量的 120%，表示电池已经充足。

（3）均衡充电。以浮充电方式运行的电池，在长期的运行中，由于每个电池的自放电不是相等的，但浮充电流是一致的，结果就会出现部分电池处于欠充状态。为使电池能在正常的水平上工作，每 1～3 个月须对电池进行一次均衡充电。具体方法是将浮充电电流增大，使电池电压保持 2.35V，持续一定时间，待密度较低的电池电压升高后，即恢复正常浮充方式运行。

（4）个别电池补充电。运行中的电池会出现个别电池落后，其原因一般是自放电较大，因为这样一个或几个电池对整组电池进行均衡充电或过充电是不合适的，为使这种电池能及早恢复正常，要以低电压的整流器对个别电池在不退出运行情况下进行过充电处理，直至恢复正常为止。

8-29　为什么要进行蓄电池的核对性放电？

答：核对性放电是指在正常运行中的蓄电池组，为了检验其实际容量并发现存在的问题，以规定的放电电流进行恒流放电，可得出蓄电池组的实际容量。因为长期浮充电方式运行的防酸蓄电池，极板表面将逐渐生产硫酸铅结晶体（一般称为"硫化"），堵塞极板的微孔，阻碍电解液的渗透，从而增大了蓄电池的内阻，降低了极板中活性物质的作用，蓄电池容量大为下降。核对性放电，可使蓄电池得到活化，容量得到恢复，使用寿命延长，确保发电厂和变电站的安全运行。

8-30 为什么选用高频开关作为蓄电池组充电装置？

答：阀控蓄电池组能否满足正常运行和事故放电的要求，选用性能良好并具有足够容量的整流电源作为运行中电池均衡充电和浮充电的充电电源非常重要。整流电源是将交流电转换为直流电的一种换流设备，目前应用的整流电源主要有相控式（晶闸管式）和高频开关式整流装置。

虽然采用晶闸管式整流装置作为蓄电池充电电源装置已经有多年的运行经验，但它存在体积大、技术性能差等缺点。而高频开关充电装置采用模块化结构，是采用 PWM（Pulse Width Modulation，脉宽度制电路）变换技术，将交流变成直流的静止型电力变换器，其主要功能是实现蓄电池的均/浮充功能，所以称为充电模块。开关电源的逆变单元工作在高频开关状态。由于工作频率高，电路中滤波电感及电容的体积可大大缩小；同时，高频变压器取代了传统的工频变压器，变压器的体积减小、质量降低；另外，由于开关管高频工作，功率损耗小，因而开关电源效率高。开关管采用 PWM 控制方式，稳压稳流特性较好。将高频开关技术应用于充电电源，不仅有利于充电电源的小型化和高效化，而且易于产生极性相反的高频脉冲电流，从而实现蓄电池脉冲快速充电。

基于高频开关充电模块的上述优点，在电力系统中得到了广泛的应用。

8-31 直流系统运行方式切换时有哪些规定？

答：（1）在直流系统运行方式切换过程中，凡是涉及两个电源系统的并列时，并列前应确证并列点两个系统的极性相同、电压差符合要求（一般不大于 5V）；（2）各直流系统的工作充电柜停用时，只将其各充电模块的交流电源开关断开即可。

8-32 直流回路的开关电器为什么选用直流断路器？

答：直流回路断路器包括直流主回路断路器和直流配电回路断路器，起着直流回路的控制和保护作用。如果采用交流断路器代替，则其切断直流电流的能力很差，常因不能正常灭弧而损坏。而采用熔断器则较简单，但熔断器的性能不稳定，受外部环境影响很大，上下级熔断器的配合容易出现误差而造成越级熔断。因此，直流断路器作为直流回路的专用开关电器，以其良好的灭弧性能和工作的可靠性得到了广泛的应用。直流断路器具有以下特点：

（1）电流适用范围广，过载时限特性易于实现上下级配合，有很好的选择性。

(2) 具有控制、保护、信号功能，可实现远方和就地操作。可具有过电流、速断（瞬时、延时）及过、欠电压保护功能，可实现工作状态的远方监视。

(3) 断路器可做成插拔式结构，检修时可形成明显的断开点，可节省隔离开关。

8-33 铅蓄电池产生自放电的原因是什么？

答：产生自放电的原因很多，主要有：

(1) 电解液中或极板本身含有有害物质，这些杂质沉附在极板上，使杂质与极板之间、极板上各杂质之间产生电位差。

(2) 极板本身各部分之间和极板处于不同浓度的电解液层而各部分之间存在电位差。

这些电位差相当于小的局部电池，通过电解液形成电流，使极板上的活性物质溶解或电化作用，转变为硫酸铅，导致蓄电池容量损失。

8-34 为什么要定期对蓄电池进行充放电？

答：定期充放电也称为核对性放电，就是对浮充电运行的蓄电池，经过一定时间要使其极板的物质进行一次较大的充放电反应，以检查蓄电池容量，并可以发现老化电池，及时维护处理，以保证电池的正常运行，定期充放电一般是一年不少于一次。

8-35 过充电与欠充电对蓄电池有什么影响？怎样判断？

答：碱性蓄电池对过充电与欠充电耐性较大，只要不太严重，对其影响不大；但过充电会使酸性电池的极板提前损坏，欠充电将使负极板硫化，容量降低。

电池过充电的现象是：正负极板的颜色较鲜艳，电池室的酸味大，电池内的气泡较多，电压高于 2.2V，电池的脱落物大部分是正极的。

电池欠充电的现象是：正负极板颜色不鲜明，电池室的酸味不明显，气泡少，电压低于 2.1V，脱落物大部分是负极的。

8-36 为什么蓄电池不宜过度放电？

答：因为在蓄电池放电过程中，二氧化铅和海绵铅在化学反应中形成硫酸铅小晶块，在过度放电后，硫酸铅将结成许多体积较大的晶块。而晶块分布不均匀时，使极板发生不能恢复的翘曲。同时增大极板内阻。在充电时，硫酸铅大晶块很难还原，妨碍了充电的进行。

8-37 为什么采用硅整流作变电站或发电厂的直流电源？

答：发电厂或变电站直流电源是供操作、保护、灯光信号、照明和通信等设备使用的，应有良好的电压质量及足够的输出容量，运行稳定可靠，因此一般多使用固定蓄电池组。但由于蓄电池组造价高、寿命短及维护工作量大等缺点，因而只作备用，而主要采用硅整流来获取直流电源。硅整流克服了蓄电池组的严重缺点，采用浮充电方式保证了直流负荷用电的可靠性。

8-38 蓄电池串、并联使用时，总容量和总电压如何确定？

答：(1) 蓄电池串联使用时：总容量等于单个电池的容量，总电压等于单个电池电压相加。

(2) 蓄电池并联使用时：总容量等于并联电池容量相加，总电压等于单个电池的电压。

8-39 控制回路中的防跳跃闭锁继电器是怎样接线的？动作原理怎样？

答：防跳跃闭锁继电器的接线图，如图 8-4 所示。

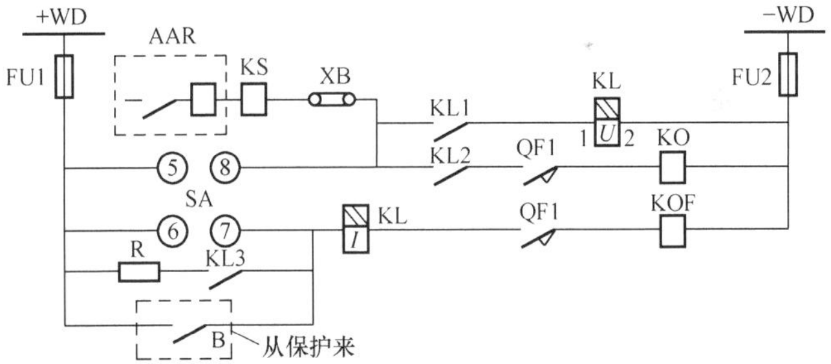

图 8-4　防跳跃闭锁继电器的接线图

所谓"跳跃"，是指断路器在手动或自动装置动作合闸后，如果操作控制开关未复归或控制开关触点、自动装置触点卡住，此时若保护动作使断路器跳闸，而发生多次的"跳—合"现象。所谓防跳，就是利用操动机构本身机械闭锁或另在操作线路上采取措施防止这种"跳跃"的发生。

防跳跃闭锁继电器回路接线原理是：KL 为专设的防跳继电器，当控制开关 SA⑤—⑧接通，使断路器合闸后，如保护动作，从保护来的"B"触点闭合，使断路器跳闸，此时 KL 的电流线圈带电，其触点 KL1 闭合。如果合闸脉冲未消除，KL1 的电压线圈自保持，其触点 KL2 断开合闸线圈回路，使断路器不致再次合闸。只有合闸脉冲解除，KL 的电压线圈断电后，接线才恢复原来状态。

8-40　铅酸蓄电池之间采用什么材料连接?

　答:铅酸蓄电池之间的连接条,只能用铅连接,绝不能采用其他的普通金属。这是因为铅不会被硫酸溶液腐蚀,而其他金属则易被硫酸腐蚀,所以用铅作为连接蓄电池组最为有利,可以保证蓄电池组的可靠安全运行。

第九章　UPS 系统设备及工作原理

9-1　什么是交流不停电电源？有什么作用？

答：交流不停电电源（简称 UPS）系统，它的主要功能是在正常、异常和供电中断的情况下，均能向重要负荷提供安全、可靠、稳定、不间断、不受倒闸操作和系统运行方式影响的交流电源。这些重要负荷包括如计算机控制系统、热工保护、监控仪表和自动装置等，这类负荷对供电的连续性、可靠性和电能质量具有很高的要求，一旦供电中断将造成计算机停运、控制系统失灵及重大设备损坏等严重后果，因此，在发电厂中还必须设置对这些负荷实现不间断供电的交流不停电电源（简称 UPS），并设立不停电电源母线段，它要求机组启停和正常运行的全部过程供电不间断。

9-2　说明交流不停电电源的主要组成部分，并说明其工作原理。

答：交流不停电电源（UPS）主要由一组整流部分、直流电源部分、一组逆变部分、市电旁路部分、两组静态开关、一个手动旁路开关及控制部分组成。一般对外的电源接口，一路为交流工作电源，取自低压厂用母线；一路为直流电源，取自直流母线或者设置蓄电池；另外接一路交流电源作为旁路，旁路电源一般取自保安母线。

正常工作时，交流工作电源经过整流，整流器的出口为直流电压。UPS 的直流电源部分与整流器的出口相连。如果是蓄电池，则直接接在整流器的出口；如果直流电源是由直流母线而来，则在整流器出口与直流母线之间还要加一个隔离二极管。UPS 的直流电压经过逆变器的逆变后，经由一组静态开关变成含有脉动成分的交流电压，此交流电压经过滤波后输出正弦交流电压。UPS 正常工作时，由交流工作电源供电。当工作电源出现故障时，整流器关闭，直流电源投入，如果直流电源投入后，直流电压下降或者出现故障，则逆变器关闭，经由静态开关自动切换至旁路工作。逆变器与旁路电源的切换是通过切换时间极短的两组静态开关完成的。如果 UPS 装置需要检修，可以通过手动切换开关将其切换至大旁路工作。大旁路是不经过静态开关的。

9-3　对交流不停电电源系统的基本要求是怎样的?

答:(1)保证在发电厂正常运行和事故状态下,为不允许间断供电的交流负荷提供不间断电源。在全厂停电情况下,这种电源系统满负荷连续供电的时间不得少于 0.5h。

(2)输出的交流电源质量要求为:电压稳定度在 5‰~10‰范围内,频率稳定度稳态时不超过±1‰,暂态时不超过±2‰,总的波形失真度相对于标准正弦波不大于 5‰。

(3)交流不停电电源系统切换过程中,供电中断时间小于 5ms。这样短的切换时间只有静态开关才能做到。

(4)交流不停电电源系统必须有各种保护措施,保证安全可靠运行。

9-4　交流不停电电源应满足哪些条件?

答:(1)在机组正常和事故状态下,均能提供电压和频率稳定的正弦波电源。

(2)能起电隔离作用,防止强电对测量、控制装置,特别是晶体管回路的干扰。

(3)全厂停电后,在机组停机过程中保证对重要设备不间断供电。

(4)有足够容量和过载能力,在承受所接负荷的冲击电流和切除出线故障时,对本装置无不利影响。

9-5　采用晶闸管逆变器的 UPS 系统中,各部件起什么作用?

答:整流器的作用是将从保安电源来的 380V 交流电整流后向逆变器提供电源,它要承担机组在正常情况下不允许间断供电的全部负荷。此外,整流器还有稳压和隔离作用,能防止厂用电系统的电磁干扰侵入到负荷回路。

逆变器的作用是将整流器输出的直流电或来自蓄电池的直流电变换成单相或三相正弦交流电。它是不停电电源系统的核心部件。

旁路隔离变压器的作用是当逆变回路故障时能自动地将负荷切换到旁路回路。为确保对不允许间断供电负荷安全可靠地供电,不能直接将厂用电系统保安电源直接接到负荷上,而应通过旁路回路中设置的隔离和稳压变压器向不允许间断供电负荷供电。

静态开关的作用是在来自逆变器的交流电源和旁路系统电源中选择其一送至负荷。它的动作条件是预先整定好的,要求在切换过程中对负荷的间断供电时间小于 5ms。静态开关是一个关键性部件。

手动旁路开关的作用是在维修或需要时将负荷在逆变回路和旁路回路之间进行手动切换。要求切换过程中对负荷的供电不中断。

9-6　常用交流不停电电源装置如何接线？

答：常用的 UPS 接线如图 9-1 所示。正常运行时，不停电母线段由具有独立供电能力（一般由厂用工作 PC 供电），与蓄电池组通过的逆变装置供电，可保证全厂交流停电时，自动切换到直流系统逆变供电而不停电，母线不需切换。由直流系统运行 20min 后，考虑到为减轻蓄电池的负担，可手动切换到保安 PC 供电。若在运行中逆变装置发生故障时，需切换到旁路供电（由保安 PC 供电），为了使交流侧的断电时间不大于 5ms，采用由电子开关构成的静态切换开关来保证。采用静态逆变装置，具有可靠性高，故障检修时间短等优点，故可不设备用逆变装置。

每台 200MW 及以上的发电机组，至少应配置一套 UPS 装置，因为工作 UPS 故障而由旁路供电时难以保证较高的电能质量，所以一般应考虑 UPS 的冗余配置。可以采用两套 UPS，一用一备，串联热备份，只有当备用 UPS 故障时才切换到旁路供电。

由于发电厂、变电站目前多采用阀控式密封铅酸蓄电池和高频开关式充电装置，直流系统容量大，可靠性高，所以逆变器无需配备备用电源而是由发电厂、变电站的直流系统供电。不过大多数 UPS 装置也可以自带阀控电池和其他形式的可靠电池，接线方便，可以实现全自动化智能控制。

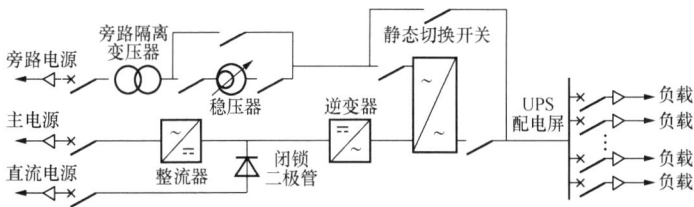

图 9-1　UPS 装置原理接线示意图

9-7　交流不停电电源有哪些运行方式？正常运行方式是怎样的？

答：交流不停电电源 UPS 系统为单相两线制系统。运行方式有正常运行方式、蓄电池运行方式、静态旁路运行方式和手动旁路运行方式。正常运行时，由保安段向 UPS 供电，经整流器后送给逆变器转换成交流 220V、50Hz 的单相交流电向 UPS 配电屏供电。220V 蓄电池作为逆变器的直流备用电源，经逆止的二极管后接入逆变器的输入端，当正常工作电源失电或整流器故障时，由 220V 蓄电池继续向逆变器供电。当逆变器故障时，静态旁路开关会自动接通来自保安段的旁通电源，但这种切换只有在 UPS 电源装置电压、频率和相位都和旁通电源同步时才能进行。当静态旁路开关需要维修时，可操作手动旁路开关，使静态旁路开关退出运行，并将 UPS 主母线切换到旁路电源供电。

UPS 正常运行方式如图 9-2 中实线所示，手动旁路开关在 AUTO 位置。交流输入（整流器市电）通过匹配变压器送到相控整流器，整流器补偿市电波动及负载变化，保持直流电压稳定。交流谐波成分经过滤波电路滤除。整流器供给逆变器能量，同时对电池进行浮充，使电池保持在备用状态（依赖于充电条件和电池型号决定浮充电或升压充电）。此后，逆变器通过优化的脉宽调制将直流转换成交流，通过静态开关供给负载。

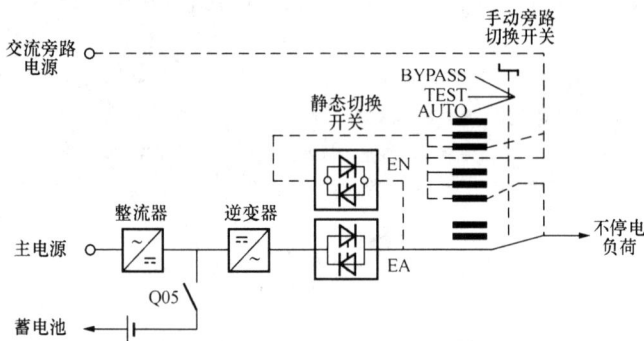

图 9-2 UPS 装置正常运行方式示意图

9-8 交流不停电电源运行中应进行哪些检查？

答：（1）运行人员每班对 UPS 装置检查一次。

（2）柜内各元件应无异音、异臭及过热现象，熔断器完好，室温在 −15℃～45℃ 范围内。

（3）检查 UPS 装置状态指示灯指示正确，各冷却风扇运转正常。

（4）检查 UPS 装置输出电压、输出电流正常，负载电流不超过额定值。

（5）检查 UPS 装置旁路稳压柜运行正常。

（6）检查 UPS 装置各隔离开关、断路器实际位置与运行方式相符。

（7）检查 UPS 装置无异常报警信号，盘面指示灯和实际运行方式相对应。装置发生故障报警时，可按下"报警停止"键停止音响，故障未消除前信号仍存在，故障消除后报警自动解除。

9-9 交流不停电电源有哪两种非正常运行方式？

答：（1）由蓄电池供电方式。

（2）由备用电源供电方式。

9-10　交流不停电电源失电时有什么现象？

答：（1）热工电源失去，锅炉主燃料跳闸（MFT），汽轮机跳闸，发电机—变压器组跳闸。

（2）电气侧光字牌电源将失去，所有电气变送器辅助电源失去，相应表计均指示到机械零位，所有开关的红绿灯指示熄灭。

9-11　交流不停电电源（UPS）失电时电气方面应如何处理？

答：UPS失电时，事故处理的主要步骤如下：

（1）确认发电机逆功率保护动作正确，发电机—变压器组断路器跳闸、灭磁开关跳闸。如果发电机逆功率保护拒动，应手动解列灭磁。

（2）确认高压备用电源自投成功、低压保安段工作正常后，立即检查UPS控制面板上的报警信号，检查UPS母线失电原因，同时检查主路、旁路和直流电源的供电情况，在查明故障设备并隔离或排除后重新启动UPS，尽快恢复UPS母线供电。

（3）如果查明向低压保安段供电的那段高压厂用母线备用电源未自投，则应查明低压保安段已切至自投成功的那段母线运行。

（4）备用进线电源开关自投不成功要抢送时，必须先确认该段母线低电压保护已动作，有关辅机均已跳闸后，还应确认母线确无故障迹象，工作电源进线断路器已断开。

（5）如果两段高压厂用母线的备用电源均未自投，则首先要确认保安段柴油机自投成功；如不成功，则应紧急启动柴油机供电。如远方启动失败，应立即去柴油机房就地紧急启动柴油机。同时应尝试恢复一段高压厂用母线和一段低压厂用母线的供电，以恢复低压保安段正常供电。

（6）当直流油泵及空侧直流密封油泵运行后，需对直流220V母线电压加强监视，适当调整充电器的充电电流，维持直流220V母线电压正常。

9-12　说明交流不停电电源在切换电源供电时应注意什么？

答：当逆变器有问题，需要切换到备用电源供电（即旁路供电）时，操作人员在操作前一定要检查盘前的旁路灯应明亮，即同期指示，方可停止逆变器，让其切到旁路供电。

9-13　交流不停电电源在什么情况下采用自动切换备用电源供电方式？

答：当逆变器出现故障时，静态开关自动将负荷转到备用变压器供电，此种供电方式不属于正常运行。当出现此种方式时，应设法转为正常方式，以免影响机组运行。

9-14　交流不停电电源在什么情况下手动切换倒为备用电源供电？

答：当逆变器有异常或不能工作，而且需将逆变器停电时，可手动倒为备用电源供电。

9-15　当交流不停电电源整流器内部发生故障时处理原则是什么？

答：检查电源是否正常，如果电源无问题，故障在整流器内部，处理原则如下：

（1）将工作电源开关置"OFF"位置，使逆变器停下；

（2）片刻后静电开关将负荷自动转到旁路供电，同时旁路灯亮。

应注意：在机组运行时，应尽快将整流器处理好投入正常运行方式，当蓄电池供电时应注意蓄电池的端电压及放电电流和放电时间，不应长时间只让蓄电池带着逆变器运行。

9-16　交流不停电电源系统在什么情况下采用蓄电池供电方式？

答：当整流器故障或交流电源故障时，逆变器供电电源将自动切到蓄电池供电，此种方式只适合在事故情况下采用。

第三部分

运行岗位技能知识

第十章　发电机启动、停止及运行监视、维护

10-1　发电机定子绕组冷却水的控制参数有哪些?

答：进水压力：$0.1\sim0.2$MPa；

进水温度：$40℃\pm5℃$；

出水温度：小于 $65℃$；

水量：30t/h（包括端部引出线水量 3t/h）；

水质要求：pH 值 $7\sim8$；

硬度：小于或等于 1μmoL/L，铜含量小于或等于 40μg/L；

电导率：$0.5\sim1.5\mu$S/cm（$20℃$时）。

10-2　发电机氢气参数有哪些要求?

答：工作氢压：0.3MPa；

最低氢压：0.1MPa；

氢气纯度：大于或等于 96%（当小于或等于 94%发声光报警信号）；

入口风温：$30\sim40℃$；

出口风温：小于 $65℃$；

额定氢压下的氢气湿度为 4g/m^3，相对湿度不大于 85%，含氧量不大于1.2%；

氢气的露点温度在 $-25\sim-5℃$之间（在线）；

发电机内氢压必须大于水压 0.03MPa 以上。

10-3　发电机氢气冷却器、主励磁机冷却器参数有哪些?

答：发电机氢冷却器：进水温度小于或等于 $33℃$，进水压力为 0.2MPa。

主励磁机冷却器：进水温度小于或等于 $33℃$，进水压力为 0.2MPa。

10-4　发电机运行特性曲线（P-Q 曲线）四个限制条件是什么?

答：（1）运行中能维持发电机的出口电压在额定值附近。

（2）能实现并列运行机组之间合理的无功分配。

（3）当发电机内部故障（发电机主断路器以内）时，能够实现对发电机的快速灭磁。

（4）当发电机外部故障（发电机主断路器以外电网）时，能够实行可靠的强行励磁。

10-5 运行中的发电机有哪些损耗？

答：运行中的发电机损耗包括轴承和滑环等的摩擦损耗、空冷或氢冷风扇的风损、铁芯中的涡流损耗和磁滞损耗、定子和转子绕组中的铜损耗等。

10-6 如何根据测量发电机的吸收比判断绝缘受潮情况？

答：吸收比对绝缘受潮反应很灵敏，同时温度对它略有影响，当温度在 $10 \sim 45 ℃$ 范围内测量吸收比时，要求测得的 60s 与 15s 绝缘电阻的比值，应该大于或等于 1.3 倍（$R_{60''}/R_{15''} \geqslant 1.3$），若比值低于 1.3，则说明发电机绝缘受潮了，应进行烘干。

10-7 进风温度过低对发电机有哪些影响？

答：（1）容易结露，使发电机绝缘电阻降低。

（2）导线温升增高，因热膨胀伸长过多而造成绝缘裂损。转子铜、铁温差过大，可能引起转子绕组永久变形。

（3）绝缘变脆，可能经受不了突然短路所产生的机械力的冲击。

10-8 对氢冷发电机内的氢气有哪些规定？

答：（1）额定氢压为 0.414MPa，冷却器进口温度为 $30 \sim 48 ℃$，水压应小于 0.857MPa，水温应不超过 35℃。当氢气纯度降到 90% 以下时，机组就不能继续运行了，而要停机进行氢气置换。氢气置换要在静止或盘车状态下进行，紧急情况下，可在转速低于 1000r/min 时进行。

（2）正常发电机氢气纯度应大于 96%，当低于 96% 时，应进行排污和补氢，以提高发电机氢气纯度，使其符合要求。

（3）发电机不得在空冷方式下升压或带负荷运行。

（4）用 CO_2 置换氢气或空气时，检测纯度应从发电机顶部取样；用氢气或空气置换 CO_2 时，检测纯度应从发电机底部取样。

（5）发电机各氢气冷却器出口风温差不得大于 2℃。

（6）运行中，密封油压应比氢压高 0.084MPa，不允许密封油压与氢压差低于 0.056MPa。

10-9　为何氢冷发电机机内氢气纯度要高于96%？

答：如果氢气内混进空气，当氢气的纯度达到75%时，碰到电火花或高温就会引起爆炸，并产生0.5～0.6MPa的爆炸力。因此，氢冷发电机的机座和端盖要能承受0.8MPa（表压）时15min的水压试验而不变形。机座和端盖接触面及轴伸端，都需采取可靠的密封措施，以保持机内氢气纯度不低于96%。

10-10　发电机气体置换合格的标准是什么？

答：（1）二氧化碳置换空气：发电机内二氧化碳含量大于85%合格。

（2）氢气置换二氧化碳：发电机内氢气纯度大于96%，含氧量小于1.2%合格。

（3）二氧化碳置换氢气：发电机内二氧化碳含量大于95%合格。

（4）空气置换二氧化碳：发电机内空气的含量超过90%合格。

10-11　氢冷发电机氢气干燥器是如何进行工作的？

答：发电机内的氢气在转轴风扇的驱动下，一部分沿着管路进入氢气干燥器（内装硅胶或氧化钙等吸潮物），被干燥的氢气沿着管道回到风扇的负压区，如此不断循环，从而降低发电机内氢气的湿度。

10-12　为什么提高氢冷发电机的氢气压力可以提高效率？

答：氢压越高，氢气密度越大，其导热能力越高。因此，在保证发电机各部分温升不变的条件下，能够散发出更多的热量。这样，发电机的效率就可以相应提高，特别是对氢内冷发电机，效果更显著。

10-13　发电机运行中氢压降低的原因可能有哪些？

答：（1）轴封油压过低或供油中断。

（2）供氢母管氢压低。

（3）发电机突然甩负荷，引起过冷却而造成氢压降低。

（4）氢气管道或阀门泄漏。

（5）密封瓦塑料垫破裂，造成氢气大量进入油系统、定子引出线套管。

（6）转子密封破坏造成漏氢。

（7）冷却器铜管有砂眼或裂纹，造成氢气进入冷却水系统。

（8）运行中发生误开排氢门的操作等。

10-14　提高发电机的功率因数对发电机的运行有什么影响？

答：功率因数提高后，发供电设备就可以少发送无功负荷，而多发送有功负荷。同时若有功负荷不变，提高功率因数，可减少输送电流，也就减少线路、供电设备上的电能和电压损耗，节约电能，提高电网电压水平。

10-15　汽轮发电机是如何防止绕组结露的？

答：为防止汽轮发电机冷态时，定子绕组冷却水温度过低而致使绕组结露，系统中设置了提高定子绕组冷却水温度的电加热器。运行人员应根据氢温，使经加热后的水温高于氢温5℃左右。

10-16　如何防止双水冷发电机空气冷却器的结露？

答：（1）注意发电机内部气体相对温度变化；

（2）冷却水温不应过低；

（3）发电机内部不应有漏水的可能；

（4）启动过程中不应过早投入空气冷却器冷却水。

10-17　如何保证发电机氢气冷却系统的安全运行？

答：（1）必须设置专门的氢气供应系统，有控制地向发电机内输送氢气，保持机内氢气压力稳定。

（2）保证机内氢气品质合格，自动监视机内氢气纯度、温度和湿度等参数符合运行要求。

（3）配置机内氢气密封装置，设置完善的气体、液体泄漏检测装置。

（4）保证氢冷水系统的正常运行，参数符合要求。

（5）氢气系统的操作动作要轻缓，避免猛烈碰撞。

（6）远离火源，配置完善的消防设施。

10-18　新装发电机启动前应具备哪些条件？

答：（1）每台发电机和励磁装置均应有制造厂的定额铭牌，发电机应与本厂的顺序编号明显的标在发电机及有关设备上。

（2）发电机应有必要的运行备品和技术资料，其内容主要包括运行维护所必需的备品，安装、维护、使用说明书和随机提供的产品图纸，发电机安装、检查及各种试验记录，以及现场运行规程。

（3）发电机所有的水、气、油、氢管道应按规定着色，对于不同冷却方式的发电机，其冷却系统图应悬挂在现场。

（4）由建设单位及安装单位验收人员经技师验收合格。

10-19　发电机启动前应测量哪些回路的绝缘？

答：（1）发电机定子回路。

（2）发电机励磁回路。

（3）主励磁机定子绕组。

（4）主励磁机转子绕组。

（5）副励磁机定子绕组。

（6）主励磁机轴承对地绝缘。

（7）副励磁机机座对地绝缘。

10-20 怎样用绝缘电阻表来测量发电机定子绕组的绝缘？

答：试验绝缘电阻表测量发电机定子绕组的绝缘需在定子回路未通水的情况下进行。测量时，应将汇水管到外接水管法兰处的跨接线拆开，然后用一根导线将绕组和机座分别接到绝缘电阻表的对应端上。绝缘电阻值一般应以均匀摇动 1min 后的读数为准。测量绝缘后，应恢复原状。

10-21 测量发电机系统绝缘电阻，其值有何规定？

答：停机后或停机时间超过 24h 的发电机启动前，应测量发电机系统绝缘电阻。

（1）发电机定子绕组的绝缘电阻由高压班用专用绝缘电阻表测定，其值应符合规定。

（2）发电机励磁回路用 500V 绝缘电阻表测量其值不低于 1MΩ。

（3）主励磁机轴承对地绝缘电阻用 1000V 绝缘电阻表测量其值不低于 1MΩ。

（4）主励磁机定子绕组绝缘电阻用 1000V 绝缘电阻表测量其值不低于 1MΩ，转子绕组绝缘电阻用 500V 绝缘电阻表测量其值不低于 1MΩ。

（5）永磁发电机定子绕组用 500V 绝缘电阻表测量其值不得低于 1MΩ，定子机座用 1000V 绝缘电阻表测量其值不低于 2MΩ。

（6）测量发电机—变压器组绝缘的工作应在主油开关、隔离开关、高压厂用变压器低压侧断路器、发电机 YH、避雷器均处于断开状态下进行，测副励磁机绝缘时应将其出口的所有断路器断开，测主励磁机绝缘时应将所有电源侧断路器及负荷侧断路器、隔离开关断开。

（7）以上绝缘电阻不合格时，应采取措施加以消除，若不能恢复时，是否投入运行，应由总工程师决定。

（8）测量绝缘前、后应将被测设备对地放电，测量结果应记入绝缘记录本。

10-22 发电机励磁侧轴承为什么要对地绝缘？

答：发电机组由于某些原因（如磁通不对称，高速蒸汽产生的静电等）

引起发电机组轴上产生了电压即轴电压，如果发电机的轴承座不绝缘，可能会出现轴电流而将轴瓦烧坏，为了防止轴电流，一般在励磁机侧，轴承与其他基础底座之间加装绝缘垫，以切断电流回路。与此同时，轴承座的固定螺钉也要用云母绝缘，在螺母下要垫绝缘垫圈，连到轴承座的油管也要与轴承绝缘。

10-23　如何维护、判断发电机励磁侧轴承绝缘情况？

答：发电机运行时，应监视轴承的绝缘情况，亦应经常清理轴承座周围绝缘处的脏物，因为脏物易形成导电路径，使轴承失去绝缘，运行中能检查轴承的绝缘情况。只要用电压表分别测量一下铁片与轴承之间，铁片与底座之间有无电压就可知道绝缘是否良好，若铁片的两侧都没有电压说明绝缘良好，若有一个有电压则说明绝缘垫失效。

10-24　发电机并列有哪几种方法？各有何优缺点？

答：发电机的并列方法分两类：准同期法和自同期法。

满足同期条件的并列方法称为准同期法。将转速调到额定值，合上断路器然后再合励磁开关的并列方法，即在不给励磁的情况下将发电机投入电网的并列方法称为自同期法。准同期法并列的优点是发电机没有冲击电流，对电力系统没什么影响，但如果因某种原因造成非同期并列时，则冲击电流很大，比机端三相短路时电流还大一倍。自同期法并列的优点是操作方法比较简单，合闸过程的自动化也简单；在事故状况下，合闸迅速。缺点是有冲击电流，而且对系统有影响，即在合闸的瞬间系统电压降低。

10-25　发电机并列前必须满足哪些条件？不符合这些条件将产生什么样的后果？

答：（1）待并发电机的电压与系统电压近似相等，允许电压差不大于 5%；

（2）待并发电机的频率与系统频率相等，允许频率差不大于 0.1Hz；

（3）待并发电机电压的相位与系统电压的相位相同；

（4）发电机大修或同期回路变动后，须经核相正确，方可并列操作。

不符合这些条件将产生如下后果：

（1）电压不等的情况下，并列后，发电机绕组内出现冲击电流 $I = \Delta U / X''_d$，因为次暂态电抗 X''_d 很小，因而这个电流相当大。

（2）频率不等，将使发电机产生机械振动，产生拍振电流，因为两个电压相量相对运动，如果这个相对运动比较小，则发电机与系统之间的自整步

作用，使发电机拉入同步，但频率相差较大时，因转子惯性冲力过大而不起作用。

（3）电压相位不一致，其后果是可能产生很大的冲击电流而使发电机烧毁。相位不一致比电压不一致的情况更为严重。如果相位相差180°，近似等于机端三相短路电流的两倍，此时，流过发电机绕组内电流具有相当大的有功成分，这样会在轴上产生冲击力矩，或使设备烧毁，或使发电机大轴扭曲。

10-26　发电机启动前，对碳刷和滑环应进行哪些检查？

答：启动前，对碳刷和滑环应进行下列检查：

（1）滑环、刷架、刷握和碳刷必须清洁，不应有油、水、灰等，否则应给予清除。

（2）碳刷在刷握中应能上下活动，无卡涩现象。

（3）碳刷弹簧应完好，压力应基本一致，且无退火痕迹。

（4）碳刷的规格应一致，并符合现场规定。

（5）碳刷不应过短，一般不短于2.5cm，否则应给予更换。

10-27　发电机正常运行中，运行值班人员应如何维护发电机、励磁机的滑环、电刷？

答：发电机运行中，励磁系统的滑环、整流子及电刷装置是最容易发生故障的。如不加强检查维护，一旦发生故障，轻者限制出力，重者必须停机处理。故值班人员必须认真细致地进行这项工作，其具体内容如下：

（1）电刷在刷握内不得卡住、摇摆或跳动。刷辫软线应完整，并与电刷及刷架接触紧密无发热变色及碰壳接地现象。

（2）同一整流子或滑环的电刷牌号必须一致，电刷尺寸长短适宜，既要使压簧有调节余地，又不得磨其铜片。

（3）电刷压簧压力尽量调成一致，使各电刷电流分担均匀。

（4）电刷在运行中无振动及冒火现象。

（5）整流子、滑环及电刷装置应清洁无积垢；整流子及滑环表面应光滑，无过热烧坏现象。

10-28　当发电机、励磁机电刷产生火花时，运行值班人员应采取哪些措施消除？

答：当电刷发生火花时，运行值班人员应采取下列措施消除：用干净的帆布将电刷、整流子及滑环表面擦干净；调整电刷压力一致；用细砂纸轻轻擦其表面等。若冒火比较严重,应适当减少励磁电流,通知检修人员检查处理。

10-29 发电机启动前应做哪些检查和准备工作?

答:新安装的发电机或检修后的发电机需投入运行时,在启动前,应收回发电机及其附属设备的全部工作票并索取试验数据,拆除安全措施恢复所设遮栏。此外应进行下述检查:

(1) 发电机、励磁机、整流器、引出线、冷却系统及其他有关设备应清洁完整无异常。

(2) 发电机组合导线、断路器、灭磁开关、电压互感器、保护装置、自动调整励磁装置、硅整流装置等一、二次回路情况应正常。

(3) 若为发电机—变压器组接线时,则应检查变压器的连接线,变压器高压侧断路器和隔离开关状态正常。

(4) 发电机滑环、整流子及电刷应清洁完整无接地现象,电刷均应在刷握内,并保持 0.1~0.2mm 的间隙,使电刷在刷架内自由移动,不能被卡住,且整个表面应压在滑环或整流子上。

(5) 继电保护、自动装置完好,并处于投入状态。

(6) 励磁可变电阻接线无误,电阻处在最大位置。

(7) 检查完毕后,测量发电机各部位绝缘电阻,完毕后进行启动前的试验:断路器、灭磁开关、励磁开关、短路开关的拉合闸试验。

(8) 断路器与灭磁开关、励磁开关的联锁、闭锁试验。

(9) 整流柜风机联锁试验。

(10) 强励动作试验。

(11) 断水保护动作试验。

(12) 做机、电联系信号试验。

这样,启动前的准备工作就序,就可以做启机工作。

10-30 发电机冷态启动过程中有哪些注意事项?

答:(1) 发电机检修后第一次启动,应缓慢升速并监听发电机的声音。

(2) 汽轮机冲转后,观察发电机轴承和集电环处是否有异常噪声,并检查轴承润滑和密封油系统的运行情况。当发电机转速达到 1500r/min 时,应检查发电机电刷是否有跳动、卡涩或接触不良现象,如有异常,应设法消除。

(3) 当机组转速增加或正在进行暖机时,应测轴承振动情况,特别注意当发电机通过临界转速和转速上升到额定转速时的振动情况,并注意轴承的

温度，应严密监视密封油系统各油箱油位，防止发电机进油。

（4）发电机并网后，投入氢气冷却器时，打开排气阀，打开氢气冷却器的入口阀并调节出口阀，让少量的水流动。把空气全部排出冷却器。然后关闭排气阀并用出口阀调节冷却水流量，以防止冷却器中的压力降到大气压以下。

（5）当发电机氢气温度增加到43℃以后，可缓慢调整氢气冷却器的冷却水量，使各冷却器出口氢气温度基本相等或者调整为（43±2）℃，但必须低于定子冷却水入口温度5℃。

（6）发电机升压前，应注意发电机冷却系统及密封油系统是否良好运行。发电机升压过程中，检查转子电流、电压、定子电压应均匀上升，定子电流为零或接近零值且三相平衡。发电机升压后，应检查发电机空载参数正常，发电机定子电压应为额定值。

（7）发电机并网后，应注意监视主变压器、高压厂用变压器温度并及时检查主变压器、高压厂用变压器冷却器是否自动投入。若未自动投入，应手动投入运行并查明原因。

（8）发电机增带负荷时，应及时调整发电机无功功率。注意监视发电机、励磁系统各种运行参数和各部位温度变化。

（9）发电机带满负荷以后，应对发电机—变压器组一、二次系统进行一次详细检查。

（10）正常情况下发电机并网后，有功负荷增加的速度取决于汽轮机，由50%升至100%额定负荷时间不应少于1h；事故情况下，发电机定子电流增加速度不作限制，但应加强对发电机温度的监视。

10-31　发电机启动升压时有哪些注意事项？

答：发电机启动操作过程中应当注意：断路器未合闸，三相定子电流均应等于0；若发现有电流，则说明定子回路上有短路点，应立即拉开灭磁开关检查。三相定子电压应平衡。核对空载特性，用这种方法检查发电机转子绕组有无层间短路。

升压时，根据转子电流表的指示来核对转子电流是否与空载额定电压时转子电流相符，若电压达到额定值，转子电流大于空载额定电压时的数值，说明转子绕组有层间短路，如操作正常，频率也达到额定值时，即可进行并列操作。

10-32　发电机启动升压过程中为什么要监视转子电流和定子电流？

答：发电机升压过程中监视转子电流的目的：

（1）监视转子电流和与之对应的定子电压，可以发现励磁回路有无短路。

（2）额定电压下的转子电流较额定空载励磁电流显著增大时，可以粗略判定转子有匝间短路或定子铁芯有局部短路。

（3）电压回路断线或电压表卡涩时，防止发电机电压升得过高，威胁发电机等设备的绝缘。

（4）发电机升压过程中监视定子电流的目的是为了判断发电机出口及主变压器高压侧有无短路线。

10-33　为何要检查发电机三相电压是否平衡？

答： 检查发电机三相电压值，可以查出发电机引出线至电压互感器回路有无开路情况。

10-34　发电机并列操作时应注意哪些问题？

答：（1）发电机并列操作应由专人监护，一般由单元长或专业技术人员监护。当副值班员操作时，可由主值班员监护，且在并列过程中，不应更换操作人。

（2）并列过程中，汽轮机转速的调整应根据同期表计的转向与快慢来进行，使同期表的指针以顺时针方向转动（即发电机的频率稍高于系统频率），转动不可过快或过慢。

（3）并列过程中出现下列现象时，不准合闸：

1）同期表指针旋转过快；

2）同期表指针出现跳动；

3）同期表指针停在同期点不动。

（4）发电机并列后，应注意监视、调整发电机各参数，直至机组负荷及各参数稳定。

10-35　如何防止发电机非同步并网？

答： 发电机非同步并网过程类似电网系统中的短路故障，发电机产生强大的冲击电流，不仅危及电网的安全稳定运行，而且对并网发电机、主变压器以及发电机整个轴系将产生巨大的破坏作用。在设计、调试和运行中都要采取相关措施以避免非同步并网的发生。

（1）在设计中，需正确选取同步电压的电压值和相位。二次接线要认真分析同步点两侧的电压值（100V 或 $100/\sqrt{3}$V）和接地点（TV 二次侧中性点或 V 相接地），核实发电机电压相序和系统相序是否一致（如变压器两侧的

接线组别，决定是否要转角）等，同时对同步点是否是"同频"和"差频"并网要分析，以采取合适的方式和同步装置。

（2）对新投机组或大修后的机组，在并网前必须进行严格细致地校验（如自动同步装置、同步表、同步继电器等），通过电压互感器施加试验电压，模拟断路器的合闸试验，进行倒送电及假同步试验，验证同步装置的接线正确及整定值，同时对断路器的控制电缆的绝缘也要检查与试验，满足检验要求。

（3）选用可靠、技术先进的准同步装置，不宜采用以往的模拟量同步装置等。装置选定后，应严格检验其技术性能是否满足大机组同步并网的要求。

10-36 发电机启动前应做哪些试验？

答： 启动前，应做下列试验：

（1）主断路器、灭磁开关、励磁开关的合、分试验（一般在机组大修后做）。

（2）主断路器与灭磁开关、整流柜的联锁试验。

（3）调整感应调压器动作试验，要求调整平稳，转向正确，试验结束后，将转速降到最低位置。

（4）磁场变阻器调节试验，要求调整灵活，无卡住现象，试验结束后，将电阻放在最大位置。

（5）整流柜风机联锁试验。

（6）断水保护动作联跳主断路器和灭磁开关试验。

（7）主汽门关闭联跳主断路器，灭磁开关试验。

10-37 大修后的发电机为什么要做空载和短路试验？

答： 图 10-1 是发电机空载特性和短路特性曲线。

这两项试验都属于发电机的特性和参数试验，它与预防性试验的目的不同。这类试验是为了了解发电机的运行性能、基本量之间的关系的特性曲线以及被发电机结构确定了的参数。做这些试验可以反映发电机的某些问题。空载特性是指发电机以额定转速空载运行时，其定子电压与励磁电流之间的关系。它的用途很多，利用特性曲线，可以断定转子绕组有无匝间短路，也可判断定子铁芯有无局部短路，如有短路，该处的涡流去磁作用也将使励磁电流因升至额定电压而增大。此外，计算发电机的电压变化率、未饱和的同步电抗，分析电压变动时发电机的运行情况及整定磁场电阻等都需要利用空载特性。而短路特性是指在额定转速下，定子绕组三相短路时，这个短路电

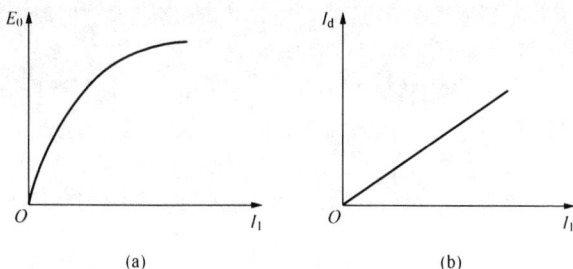

图 10-1　发电机空载特性和短路特性曲线

(a) 空载特性；(b) 短路特性

流与励磁电流之间的关系。利用短路特性，可以判断转子绕组有无匝间短路，因为当转子绕组存在匝间短路时，由于安匝数减少，同样大的励磁电流，短路电流也会减少。此外，计算发电机的主要参数如同步电抗、短路比以及进行电压调整器的整定计算时，也需要短路特性。

10-38　发电机的空载试验如何做？应注意哪些问题？

答：（1）检查发电机与主变压器、高压厂用变压器系统接地线已经拆除。

（2）发电机、主变压器、高压厂用变压器冷却系统运行正常。

（3）投入发电机—变压器组保护。

（4）检查主油开关确已断开，并断开其操作电源。

（5）励磁方式选择为"手动"，启动励磁系统。

（6）缓慢增加励磁电流，直至发电机电压达到额定值。

实验过程中应注意下列问题：

（1）升压过程中应缓慢。

（2）电压调节方向应保持一致，不得逆向调节。

（3）升压过程中应监视定子电流，如有异常，立即停止升压。

（4）发电机绕组与铁芯温度不得出现异常。

（5）定子电压额定时核对空载特性正确。

10-39　如何做发电机的假同期试验？

答：（1）检查发电机出口隔离开关在断开位置。

（2）对母线的接线方式，保证母线运行正常，对直接接于线路的方式，保证线路电压正常。

（3）调整汽轮机转速略微偏离 3000r/min。

（4）由检修人员短接出口隔离开关至同期系统辅助触点。

（5）启动励磁系统，逐步增加励磁电流，使发电机电压略微偏离额定。

（6）投入同期装置，检查其调压、调速功能正常。

（7）在同期点时，主断路器应该合入。

（8）假同期试验时，发电机全部保护投入正确。

10-40　汽轮机做超速实验时，电气如何进行操作？

答：（1）发电机并网后，暖机时间合乎规程要求。

（2）试验前，将厂用电倒为备用电源接带。

（3）将发电机有功与无功降至最小。

（4）发电机解列灭磁。

（5）其他操作由汽轮机人员完成。

10-41　发电机失磁运行时，应采取哪些补救措施？

答：具体步骤应按各厂运行规程的具体规定去做。但原则应注意，对不允许无励磁运行的发电机，应立即解列；对允许无励磁运行的发电机，退出强行励磁及自动电压调整器，降低出力至该机的允许值，注意厂用电变化，增加其他机组的励磁，尽快查明原因。当励磁恢复时，一般能很快拉入同期。现在，一般大型机组不允许无励磁运行，都设有失磁保护。

10-42　发电机无励磁运行时，应重点检查哪些部位？

答：发电机无励磁运行时，应检查定子电流平均值不得超过额定电流的105％，以保证定子绕组的安全，发电机转子表面涡流损耗的限制值应保证发电机不过热，定子各测点的温度不应直达规定值，如进（出）水温度、压圈温度及铁芯端部温度等。另外，还应注意转子绕组开路时的感应过电压或短路时的感应电流。

10-43　当发电机过励时，仪表将发生哪些变化？

答：励磁电压、电流都上升，发电机的无功电能表上升有突增现象，其幅度大小与强励大小有关。发电机定子电压上升，转子温度表急速上升，有时达到最大值，功率表也随之有摆动现象。启、停机时，若转速未到额定值，而电压已升到额定值，因频率低也会产生过励，但此时仪表的变化不大。

10-44　如何从仪表的变化来寻找引起振荡的内在原因？

答：（1）因本厂发生事故引起的失步，总可以从本厂的操作原因或故障地点来判断哪一台有关机组失步；

（2）一般来讲，失步发电机的表计摆动的弧度比别的发电机厉害；

（3）有功表摆向零时，其他机组摆向正值。

10-45 发电机的短路试验如何做？

答：1. 短路点在主变压器高压侧

（1）事先在主断路器靠主变压器侧加装临时短路线，保证可以承受足够大的电流。

（2）保证主断路器始终处于断开位置，出口隔离开关在断开位置。

（3）主变压器冷却系统运行正常。

（4）厂用分支断路器在检修位置。

（5）发电机冷却系统工作正常。

（6）启动励磁系统，逐步增加励磁电流，使发电机电流符合实验要求。

2. 短路点在厂用分支侧

（1）检查主变压器高压侧无任何接地线或者短路线。

（2）确保主断路器处于断开位置，出口隔离开关在断开位置。

（3）高压厂用变压器冷却系统工作正常。

（4）如果采用短路小车，则将其推入实验间隔；如果采用分支断路器，则将断路器靠母线的加短路线后合入，但必须保证断路器母线侧触头的防护板闭合，使短路线与母线隔离。

（5）发电机冷却系统工作正常。

（6）启动励磁系统，逐步增加励磁电流，使高压厂用变压器分支电流符合实验要求。

（7）短路实验过程中，一般只投入非电量保护，待差动保护相量核对正确后再投入差动保护。

10-46 发电机检修后如何确定相位？

答：分两种接线方式进行讨论：

（1）发电机接于母线的方式。

1）腾空一条母线，注意母线 TV 隔离开关不拉开，二次开关投入。

2）检查主油开关在断开位置，合发电机出口隔离开关。

3）合主油开关。

4）启动发电机励磁系统，将发电机电压升至额定。

5）启动发电机同期系统，应该指示在同步位置，否则接线错误，应灭磁检查。

（2）发电机—主变压器—线路接线方式。

1）向调度申请，将线路对侧断路器与隔离开关拉开。

2）线路侧 CVT 二次开关投入。

3）检查主油开关在断开位置，合发电机出口隔离开关。

4）合主油开关。

5）启动发电机励磁系统，将发电机电压升至额定。

6）启动发电机同期系统，应该指示在同步位置，否则接线错误，应灭磁检查。

7）实验过程中，发电机—变压器组保护与冷却系统均投入运行。

10-47　如何进行氢冷发电机大修后的气密试验？

答：当发电机及气体管路需要做气密试验时，从气体控制站经阀门引入压缩氢气（或压缩空气），经过气体干燥、脱除水分后，再沿着管路进入发电机。气密试验合格后，经过排放阀门将发电机内部压缩气体排至厂房外。

10-48　当汽轮机转速达到 1500r/min，应对发电机系统进行哪些操作与检查？

答：（1）发电机主副励磁机声音正常、机组振动不超过规定值。

（2）碳刷无卡涩、无跳动，接触良好。

（3）检查各部温度不超过规定值。

（4）再次检查定子绕组、定子引出线、主励磁机、发电机冷却器的通水情况，压力、流量及温度指示正常。

10-49　为何规定并列初期定子电流最好不大于 50%额定负荷？

答：发电机并列后，有功负荷增长速度取决于原动机，即汽轮机、锅炉的情况逐渐增加负荷。对发电机本身来说，如果并列后立即带上满负荷对定子绕组问题不大，可是对转子绕组来讲，可能会出现残余变形即绕组变形后回不到原来的形状了。正常运行时转子每分钟要转动 3000r，离心力很大，在离心作用下，转子绕组被挤压在槽楔和护环上不能动弹，与转子钢体成为一个整体，转子绕组不能克服摩擦力而自由移动。因此在突然带负荷的情况下转子绕组不能像定子线棒那样自由膨胀，因为转子绕组的膨胀温度和转子本体是不一样的，一般绕组的温度膨胀要大于转子本身，又由于在高速转速下绕组被压缩变形在转子绕组中产生了一种机械应力，这个应力是压缩应力，如果这个机械应力超过了绕组的"弹性极限"就会出现残余变形，在这种变形多次积累后，导致线压之间错位可能导致匝间短路。根据计算，突然带负荷时如果不超过额定电流的 50%～70% 问题不大，转子绕组不会出现残余变形。所以在运行规程中规定并列初期定子电流最好不大于 50% 额定负荷。

10-50　发电机运行中，调节无功负荷时要注意什么？

答：无功负荷的调节是通过改变励磁电流的大小来实现的。在调节无功负荷时应注意：

（1）无功增加时，定子电流，转子电流不要超出规定值，也就是不要使功率因数太低。功率因数太低，说明无功过多，即励磁电流过大，这样，转子绕组就可能过热。

（2）由于发电机的额定容量、定子电流、功率因数都是相对应的，若要维持励磁电流为额定值，又要降低功率因数运行，则必须降低有功出力，不然容量就会超过额定值。

（3）无功减少时，要注意不可使功率因数进相。

10-51　发电机运行中，调节有功负荷时要注意什么？

答：有功负荷的调节是通过改变汽门开度，即改变功角 δ 的大小来实现的。运行中，调节有功负荷时应注意：

（1）观察自动励磁装置调节情况及发电机的无功负荷变化情况，使功率因数保持在规定的范围之内，一般不大于迟相 0.95。因为功率因数高说明此时有功功率相对应的励磁电流小，即发电机定、转子磁极之间的磁力线少，容易失去稳定。从功角特性来看，送出去的有功功率增大，功角就会接近 90°，发电机容易失步。

（2）调整有功负荷时要缓慢，要与锅炉和汽轮机的运行情况配合好。

10-52　投入发电机密封油系统时，应注意哪些问题？

答：当气压小于 0.1MPa 时，注意随时调整针形阀开度，维持油、氢压差，防止跑油。

10-53　如何投入发电机水冷却系统？

答：（1）启动前检查电动机绝缘良好，送电、泵油质、油位正常，各报警、保护表计一次门开启，热工联锁保护投入，温度、压力调节器投入，各阀门位置正确，就地报警盘送电。

（2）启动前冲洗补水管路、阀门，水质正常后，方可进行投入系统的具体操作。

10-54　投入发电机水冷却系统时，应注意哪些问题？

答：注意管道、阀门系统的水冲洗，保持水质合格，排出空气后，确认冷却水流量正常。

10-55　发电机的出、入口风温差变化说明什么问题？

答：发电机的出、入口风温差与氢气带走的热量以及空气量有关，另外，与冷却水的水温、水量也有关系。在同一负荷下，出、入口风温差应该不变，这可与以往的运行记录相比较。如果发现风温差变大，说明是发电机的内部损耗增加，或者是氢气量减少，应引起注意，检查并分析原因。

发电机内部损耗的突然增加，可能是定子绕组某处一个焊头断开、股间绝缘损坏，或铁芯出现局部高温等。氢气量减少可能是由于冷却器或风道被脏物堵塞等原因所致。

10-56　发电机允许最低入口风温是根据什么规定的？

答：发电机允许最低入口风温，应以气体冷却器不凝结水珠为标准（包括氢冷发电机）。这只是总的要求，具体的最低入口风温要由发电机的冷却形式、冷却介质及机组容量等来决定。

10-57　发电机的空气冷却器在什么情况下会结露？

答：发电机冷却器表面上附着水珠的现象称为冷却器结露，俗称"出汗"。这是一种不正常现象，对发电机是很不利的。一是冷却器上的小水珠被风扇吸入发电机内部，使绝缘受潮，特别是定子绕组的端部引线处；二是由于冷却器表面有水珠，易造成生锈，降低冷却效果。

什么情况下会"结露"呢？从分析看，有三个条件：一是与温度有关，二是与空气中的水蒸气有关，三是与空气中的尘埃有关。平时空气里是有水蒸气的，空气容纳水蒸气的能力随着温度的高低而变化。温度越低，空气容纳水蒸气的能力越弱。当达到某温度下的最大容纳量时，称为饱和；再有多余的水蒸气，就会凝结成水滴分离出来，称为凝结。当空气里有尘埃微粒时，尘埃微粒就充当了"凝聚中心"，称为凝结核。当有了凝结核时，空气即使未到饱和，水蒸气也能凝结成水滴。

10-58　入口风温变化时对发电机有哪些影响？

答：入口风温的变化，将直接影响发电机的出力。因为发电机铁芯和绕组的温度与入口风温及铜、铁中的损耗有关。而铁芯和绕组的最高允许温度是一个限定值，因为入口风温与允许温升之和不能超过这个允许温度。若入口风温高，允许温升就要小，而当电压保持不变时，温升与电流有关，若温升小，电流就要降低。反之，入口风温低，电流就可增大。

从上可见，入口风温超过额定值时，要降低发电机的出力，入口风温低于额定值时，可以稍微提高发电机的出力。出力的提高或降低多少，应根据温升试验来确定。

10-59　运行中，发电机定子汇水管为何要接地？

答：发电机运行中两汇水管接地，主要是为了人身和设备的安全。汇水管与外接水管间的法兰是一个绝缘结构，而汇水管距发电机绕组端部近且汇水管周围敷设很多测温元件，如果不接地，一旦绕组端部绝缘损坏或绝缘引水管绝缘击穿，使汇水管带电，对在测温回路上工作的人员和测温设备都是危险的。因此，运行中，在汇水管与外接水管的法兰处接有一根跨接线，汇水管就通过这根跨接线接地。

10-60　发电机解列、停机应注意什么？

答：解列、停机时应注意：

（1）发电机若采用单元式接线方式，在解列前，应先将厂用电倒换。

（2）如发电机组为滑参数停机时，应随时调整无功负荷，注意功率因数在规定值运行。

（3）如在额定参数下停机，值班人员转移有功、无功负荷时，应缓慢、平稳地进行，不得使功率因数超过额定值。

10-61　发电机停机后做哪些工作？

答：发电机停机后，应完成以下工作：

（1）立即测量发电机定子绕组及全部励磁回路的绝缘电阻，如测量结果不合格，汇报有关人员。

（2）检查励磁机励磁回路变阻器和灭磁开关上的各触点，如有发热或熔化情形，则必须设法消除。

（3）检查冷却系统。

10-62　发电机运行中应检查哪些项目？

答：正常运行中发电机检查每班不少于两次，检查项目如下：

（1）发电机运转声音正常，振动不大于 0.05mm。

（2）发电机各部温升、温度正常。

（3）主、副励磁机各部温度正常。

（4）滑环碳刷清洁无损坏，碳刷压力均匀接触良好，不过短、不冒火、不跳跃、刷辫、滑环不过热，滑环最高温度不超过 120℃。

（5）灭磁开关盘各部隔离开关触头及引线无过热现象。

（6）整流装置各部温度、指示正常。

（7）发电机氢气系统各法兰、阀门无泄漏现象。

（8）发电机引线及封闭母线无异常，外壳温度不超过 60℃。

（9）继电保护及自动装置无异常，各连接片位置正确。

（10）发生故障后，应对发电机进行全面检查。

10-63 对发电机正常运行时定子电流有何规定？

答：发电机正常运行时，定子三相电流应平衡，如果不平衡，其最大电流不得超过额定电流。如果三相电流的数值与平均值之间的最大差值超过 10%额定值时，应降低有功功率或无功功率，以减小三相电流之间的差值。

10-64 发电机运行中，维护碳刷时应注意什么？

答：运行中的发电机，应定期用压缩空气吹净整流子和滑环表面上的灰尘，使用的压缩空气应无水分和油，压力应不超过 0.3MPa。在滑环上工作时，工作人员应穿绝缘鞋或站在绝缘垫上，使用绝缘良好的工具，并应采取防止短路及接地的措施。当励磁回路有一点接地时，尤其应特别注意。禁止用两手同时碰触励磁回路和接地部分，或两个不同极的带电部分。工作时应穿工作服，禁止穿短袖衣服或把衣袖卷起来；衣袖要小，并在手腕处扣紧。更换的碳刷应是同一型号和尺寸，且经过研磨，每次每极更换的碳刷数不应过多，以不超过每极总数的 20%为宜，对更换过碳刷应做好记录。

10-65 发电机运行中，对滑环应定期检查哪些项目？

答：运行中，应定期对滑环进行下列检查：

（1）整流子和滑环上电刷的冒火情况。

（2）电刷在刷框内有无跳动或卡涩的情况，弹簧的压力是否正常。

（3）电刷连接软线是否完整，接触是否良好，有无发热，有无碰触机壳的情况。

（4）电刷边缘是否有剥落的情况。

（5）电刷是否过短，若超过现场规定，则应给予更换。

（6）各电刷的电流分担是否均匀，有无过热现象。

（7）滑环表面的温度是否超过规定值。

（8）刷框和刷架上有无积垢情况。

10-66 发电机并列后，何时进行厂用电的切换操作？

答：当发电机并网且负荷升至 30～50MW 时，在得到单元长的同意后，可进行厂用电的切换操作。

10-67　发电机出现哪些情况时，应立即紧急拉闸停机？

答：（1）发电机（包括同轴励磁机）内有摩擦撞击声，振动突然增加 0.05mm 或超过 0.1mm。

（2）发电机组（包括同轴励磁机）氢气爆炸，冒烟着火。

（3）发电机内部故障，保护或断路器拒动。

（4）发电机主断路器以外发生长时间短路，静子电流表指针指向最大，电压剧烈降低，发电机后备保护拒动。

（5）发电机无保护运行（直流系统瞬时找接地和直流熔断器接触不良等能立即恢复正常者除外）。

（6）发电机电流互感器着火冒烟。

（7）励磁回路两点接地保护拒动。

（8）定子绕组引出线漏水、定子绕组大量漏水，并伴随定子绕组接地且保护拒动。

（9）发电机—变压器组发生直接危及人身安全的危急情况。

（10）发电机 15.75kV 系统发生一点接地，定子接地保护拒动。

（11）发电机发生失磁，失磁保护拒动。

（12）发电机定子冷却水中断，30s 内不能恢复，断水保护拒动。

（13）汽轮机发生危急情况，汽轮机打闸，"汽轮机保护"动作光字信号发，同时发电机负荷到零或负起。

（14）定子绕组槽部最高与最低温度间温差达 14℃ 或各定子绕组出水温度间的温差达 12℃，或任一定子绕组槽部温度超过 90℃ 或任一定子绕组出水温度超过 85℃ 时，在确认测温元件无误后，应立即停机处理。

（15）当发电机转子绕组发生一点接地时，应立即查明故障点与性质。如是稳定性的金属接地，应立即停机处理。

10-68　发电机遇有哪些情况应请示总工程师后将发电机解列？

答：（1）发电机无主保护运行。

（2）进风温度超过 55℃，出风温度异常升高达 75℃ 以上，经采取措施后仍无效。

（3）发电机定子引出线出水温度超过 65℃ 采取措施后仍无效。

（4）大量漏氢，氢压无法维持。

（5）液位计大量排水且无法清除。

10-69 简述发电机紧停操作步骤。

答:(1)立即手动断开发电机主断路器及灭磁开关。

(2)检查厂用电是否联动成功,否则尽快倒为备用电源接带。厂用电的倒换应采用动态联动方法,防止发生发电机逆功率。

10-70 励磁调节器运行时,手动调整发电机无功负荷时应注意什么?

答:(1)增加无功负荷时,应注意发电机转子电流和定子电流不能超过额定值,既不要使发电机功率因数过低。否则无功功率送出太多,使系统损耗增加,同时励磁电流过大也会使转子过热。

(2)降低无功负荷时,应注意不要使发电机功率因数过高或进相,从而引起稳定问题。

10-71 励磁系统投入前应进行哪些检查?

答:在励磁系统投入之前,必须保证检修工作全部结束,所需的全部电源已经送电,保证能安全启动,且必须进行下述的检查:

(1)系统的检修维护工作已完成。

(2)励磁系统的绝缘合格。

(3)控制和电源柜已准备好具备运行条件。

(4)灭磁开关的控制电源及调节器电源已送电。

(5)励磁调节器所有信号指示正常,没有报警信号和故障信息。

(6)励磁系统切换到远方控制方式。

(7)励磁系统切换到自动运行方式。

(8)对通道进行检查无异常;励磁系统可控整流柜、交流开关柜、灭磁柜等屏柜信号指示正常,符合投运条件。

10-72 发电机励磁系统在运行中应进行哪些检查?

答:(1)主、副励磁机运转良好,各部温度、温升正常,振动不超过规定值。

(2)碳刷与滑环接触良好,无冒火、过热现象,碳刷高度不低于2/3刷握高度。

(3)励磁调节柜、整流柜各指示灯、表计与运行状态相符,各断路器、继电器、熔断器接头、隔离开关、电缆头无过热振动现象。

(4)励磁整流柜、操作柜各熔断器完好,其最高允许温度为80℃,监视信号正常。

(5)整流柜及励磁调节柜冷却风机运转正常。每套整流柜集中指示仪指示正常。

(6) 硅元件允许温升 80℃，最高温度不得超过 120℃，如无法测量内部温度时，掌握外壳温度不超过 80℃。

(7) 励磁调节柜各插件连接良好，各单元无过热、焦味等。

(8) 励磁调节柜面板上测量值与给定值相差不能超过 5%。

(9) 感应调压器调节灵敏，转向正确无卡涩现象。

10-73 运行中，发电机励磁整流柜应进行哪些检查？

答：(1) 整流屏面各表计和指示灯指示正常。

(2) 主励三相交流电压应平衡。

(3) 各整流柜输出电流应基本相同，符合现场规定。

(4) 各整流柜风机运行正常，无异常声音。

(5) 各元件无过热，接线无松动。

(6) 避雷器无放电现象。

10-74 发电机励磁整流柜的启停操作应如何进行？

答：整流柜的启动操作原则如下：

(1) 给上风机电源熔断器及控制熔断器。

(2) 检查交流断路器在分闸位置。

(3) 合上直流隔离开关。

(4) 启动风机，一台运行，另一台备用，且切换正常。

(5) 合上交流断路器。

(6) 检查整流柜面板各指示无异常。

整流柜的停止操作与此相反。

10-75 如何进行静态励磁系统的检查工作？

答：(1) 整流器柜内氖灯应明亮。

(2) 报警光字应处于复位状态。

(3) 励磁风机声音正常，无明显振动等现象，运行风机冷却空气温度表指示数值在正常范围内。

(4) 冷却水管路各截止阀、法兰、电磁阀不漏水、不渗水，备用风机的冷却水管路上手动门应在开启状态。

(5) 就地盘上各表计指示正常。

10-76 励磁系统"自动"切换为"手动"操作步骤有哪些？

答：见图 10-2：

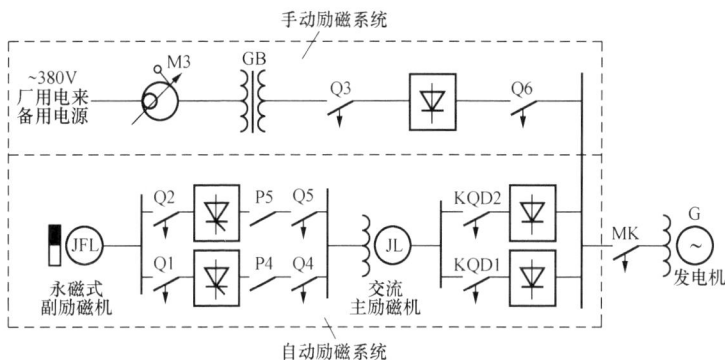

图 10-2 某三机励磁系统示意图

(1) 检查感应调压器在降压侧最大位置。

(2) 合上手动励磁 Q6 开关（Q3 开关正常在合位）。

(3) 点击手动增磁按钮，同时点击自动减磁按钮，逐渐将自动负荷转移至手动（维持发电机无功功率不变）。

(4) 点击自动减磁按钮将自动励磁调节器给定值调至最小（减磁限位灯亮），断开自动励磁 Q4、Q5 开关。

10-77 励磁系统"手动"切换为"自动"操作步骤有哪些？

答：见图 10-2：

(1) 检查自动励磁调节器给定值调至最小（减磁限位灯亮），操作面板上各开关位置正确。

(2) 检查励磁系统 Q1、Q2 断路器及 P4、P5 隔离开关合好，合上自动励磁 Q4、Q5 断路器。

(3) 点击自动增磁按钮，同时点击手动减磁按钮，逐渐将手动负荷转移至自动（维持发电机无功功率不变）。

(4) 点击手动减磁按钮将手动励磁调节器给定值调至最小（减磁限位灯亮），断开手动励磁 Q6 断路器。

10-78 启励成功的必要条件是什么？

答：启励成功的必要条件是：

(1) 励磁开关必须已经在接通位置。

(2) 没有断开命令和无跳闸命令。

(3) 发电机转速应大于额定转速的 90%。

（4）必须有建立励磁的辅助电源。

10-79　简述发电机解列操作步骤。

答：（1）检查主变压器中性点隔离开关在合位。

（2）检查厂用电倒至备用电源接带。

（3）将发电机有功、无功负荷减至零。

（4）断开发电机主断路器。

（5）恢复自动励磁调节器断路器至断开位置。

（6）检查自动调压装置降至降压侧最大位置。

（7）断开灭磁开关。

（8）检查发电机主断路器在断开位置。

（9）接值长命令断开发电机主断路器出口隔离开关。

（10）断开主断路器跳闸启动逆变灭磁压板。

（11）停止励磁调节器风机运行。

10-80　简述发电机并列操作步骤

答：（1）接值长"可以并列"命令。

（2）检查主断路器出口隔离开关合好。

（3）检查主变压器中性点隔离开关合好。

（4）检查主断路器跳闸启动逆变灭磁连接片在断开位置。

（5）检查发电机—变压器组保护投入正确。

（6）检查线路保护投入正确。

（7）依次合上灭磁开关、自动励磁调节器 Q4、Q5 断路器，检查发电机出口电压开始上升。

（8）检查定子回路应无接地，定子绝缘监视表指示为零。

（9）用自动柜增磁按钮调整发电机电压至额定。

（10）检查投入同期装置的条件均满足要求。

（11）合上"投入同期装置"按钮。

（12）检查启动同期装置的条件均满足要求。

（13）合上"启动同期装置"按钮。

（14）检查同期调压、调速功能正常。

（15）待主断路器合闸后。

（16）恢复主断路器于合闸后位置。

（17）检查主断路器合位指示正确。

（18）按下"退出同期装置"按钮。

（19）汇报值长，通知机炉值班员发电机已并网。

（20）根据值长命令带少许有功、无功负荷。

（21）给上主断路器跳闸启动逆变灭磁连接片。

（22）合上励磁调节柜风机断路器。

（23）按值长命令改变主变压器中性点运行方式。

10-81　发电机进相运行如何进行？

答：为确定发电机的进相运行能力，对发电机必须做进相实验。实验时，要求在不同的负荷下验证发电机的进相能力。

试验时，发电机的有功负荷必须稳定，自动励磁调节器运行在"自动"方式下，发电机的冷却系统必须正常运行。实验开始以后，对于某一稳定的负荷，逐步降低发电机的无功出力。试验时，应保证发电机的失磁与失步保护正确投入。

10-82　发电机进相运行试验时，有哪些需要重点监视的参数？

答：做发电机进相试验时，应监视的参数如下：

（1）发电机定子电流不得超过额定值。

（2）发电机定子电压不得低于额定值的 90%。

（3）厂用分支的电压不得低于额定值的 90%。

（4）发电机的冷却水出水温度不得超过规定值。

（5）发电机的绕组温度不得超过规定值。

（6）发电机的铁芯温度不得超过规定值。

（7）发电机的冷却系统各参数不得超过规定值。

以上各参数均为进相实验时的极限参数，一旦有参数达到极限数值，应立即增加发电机的无功出力。另外，实验过程中还应该严密监视各运行发电机的电流数值，必要时降低其出力；实验过程中，避免启动较大的负荷，从而保证厂用电电压的稳定。

10-83　适应发电机进相运行的措施有哪些？

答：（1）定子铁芯端部结构，如压指、压圈、通风槽钢等，均采用非磁性材料。

（2）端部采用整体冲压形成的钢屏蔽结构。

（3）边端铁芯设计成阶梯状，拉大转子漏磁通在气隙中的路径。

（4）在边端铁芯齿中间开窄槽，阻断轴向漏磁通产生的涡流的路径。

（5）加强边端铁芯的通风冷却。

(6) 定子铁芯冲片绝缘采用含有无机填料的 F 级绝缘漆，提高可靠性。

(7) 设置端部构件温度的测温元件。

10-84 为什么水冷发电机对水质有严格要求？

答：为防止空心导线堵塞，水内不可含有机械杂物，更不得含有可溶杂质。水与空气接触后，水中便含有氧和游离的二氧化碳，它的电阻率就会降低。发电机在运行中，尽管定期更换并补充凝结水，但因在水箱内水与空气接触，使得水中总会含有 $7.5 \sim 8.2 mg/L$ 氧和 $0.6 \sim 2 mg/L$ 二氧化碳。这种水与铜导线相接触，导线受到电化腐蚀，水中就会出现铜离子。水中含氧量越多，腐蚀性越强，铜离子越多，水的电阻率就下降越多。为了保持凝结水的良好性能，在冷却水系统内装有离子过滤器，以清除水中的铜离子和游离的二氧化碳。此外，水系统内尚需装磁性过滤器，以清除水中的铁磁微粒。

10-85 为何在大型双水冷发电机系统中要加装离子交换器？

答：在双水内冷发电机中，冷却水在转子绕组内的流速比在定子绕组内快，这样就增大了给铜表面的供氧量，使腐蚀加快和水中含铜离子量增多。因此，对于独立的转子冷却水系统，加装离子交换器是绝对必要的，并规定凝结水的电阻率应低于 $50 \times 10 \Omega \cdot cm$。

10-86 怎样防止氢气爆炸？

答：氢爆是非常危险的，但可以预防，只要了解掌握了氢气的性质、氢爆发生的条件，并做到以下几方面，就可以保证氢气系统的安全运行。

(1) 保证运行中氢气的纯度。

1) 保证供应氢气纯度在 99% 以上，一旦发现纯度下降，立即查找原因并排除。

2) 在充氢、排氢的置换操作中，严格遵守规程规定，不能简化操作。

(2) 深入了解氢气的性质，制定防范措施，提高安全意识。

(3) 严格按规程操作。遵守站运行规程和安全操作规定、《氢气使用安全技术规程》(GB 4962—2008)、《电业安全工作规程（热力和机械部分）》、《电力设备典型消防规程》(DL 5027—1993)，严格工作票制度和操作票制度。

(4) 加强氢气系统的巡回检查，发现隐患及时查找并处理。

(5) 加强氢气系统的取样、化验工作，加强系统各参数的监视、监督

工作。

10-87　为何大容量汽轮发电机组的涡流附加损耗会增大?

答：大容量汽轮发电机定子电流大，电流密度大，带电导体在槽内产生的漏磁场沿槽高分布不同，导体内感生的漏磁电动势沿槽高不相等，致使导体内电流沿高度分布也不均匀，形成趋表效应。趋表效应使导体内涡流附加损耗增大，该损耗与电流平方成比例，与导体高度的四次方成比例。

10-88　轴电压与轴电流的存在对发电机有何危害?

答：轴电压、轴电流的存在，会使润滑油油质劣化，严重时会使转子轴和轴瓦产生烧伤而损坏，损坏汽轮机及油泵的传动蜗轮和蜗杆，还会使汽轮机的有关部件、发电机的外壳、轴承和其他与转轴相连的零件发生磁化现象。因此，实际运行中，励磁侧以后的所有轴承、机座都与地绝缘，在轴承座、机座下垫绝缘板，包括螺钉和油管路的法兰处加装绝缘垫圈的套筒，以防止轴电流形成通路。

10-89　短路对发电机和系统有什么危害?

答：短路时的主要特点是电流大，电压低。电流大的结果是产生强大的电动力和发热，它有以下几点危害：

(1) 定子绕组的端部受到很大的电磁力的作用。

(2) 转子轴受到很大的电磁力矩的作用。

(3) 定子绕组和转子绕组发热。

10-90　高次谐波电动势的存在对发电机有什么不良影响?

答：实际的发电机中，由于磁极磁场不可能是理想的正弦波形，因此造成感应的定子电动势也不可能是理想的正弦波形，必然含有幅值、频率与基波不等的各高次谐波分量。高次谐波分量的存在，主要有以下不良影响：

(1) 发电机本身损耗增加，温升增加，效率下降。

(2) 可能引起输电线路的电感和电容谐振，产生过电压。

(3) 对通信线路产生干扰。

10-91　大型发电机采用哪些措施削弱高次谐波的影响?

答：大型发电机削弱高次谐波影响的常用方法有：

(1) 隐极发电机的气隙是均匀的，因此只要把每极范围内安放的励磁绕组与极距之比设计在 $0.7 \sim 0.8$ 范围内，就可使发电机磁极磁场的波形比较接近于正弦波形。

（2）采用星形绕组。3次谐波及其倍数奇次谐波是同大小、同相位的，因此采用这种接法可把这些谐波抵消掉。

（3）采用短距绕组，可削弱5、7次谐波。

（4）采用分布绕组，即增大每极每相槽数 q，可显著削弱高次谐波电动势；但随着 q 值的增大，电枢槽数增多，这将引起制造成本增加。所以，一般隐极发电机的每极每相槽数取 6～12 之间。

10-92　电力系统稳定器（PSS）正常运行有何规定？

答：发电机的有功功率达到某一设定值时，就可以手动投入电力系统稳定器 PSS，发电机电压则被限制在设置的给定范围内（例如在 90％～110％ U_{GN}，U_{GN} 为发电机额定电压）。PSS 可以在任意时间手动退出，并且，如果发电机有功功率及电压超出设定值或者与电网解列，PSS 将自动退出。但正常运行情况下，PSS 的投入、退出必须遵守如下规定：

（1）正常运行情况下，运行机组的 PSS 应投入运行。

（2）运行机组的 PSS 投入、退出由值长调度。励磁调节器需投手动运行时，应提前经省级调度中心值班调度员同意。

（3）运行机组的 PSS 定值整定试验完毕，任何现场工作人员不得改动。PSS 定值的修改应根据电网运行的要求，并征得省级调度中心批准。

（4）励磁调节器运行在自动模式时，PSS 正常情况下在发电机视在功率大于 25％额定视在功率时自动投入运行。在满足以上条件下，也可根据调度命令手动将 PSS 投入或退出运行。

第十一章 变压器投运、停止及运行监视、维护

11-1 变压器的额定容量、额定电压、额定电流、空载损耗、短路损耗和阻抗电压各代表什么意思？

答：额定容量：变压器在额定电压、额定电流时连续运行所能输送的容量。

额定电压：变压器长时间运行所能承受的工作电压。

额定电流：变压器允许长期通过的工作电流。

空载损耗：变压器二次开路在额定电压时，变压器铁芯所产生的损耗。

短路损耗：将变压器的二次绕组短路，流经一次绕组的电流为额定电流时，变压器绕组导体所消耗的功率。

阻抗电压：将变压器二次绕组短路，使一次侧电压逐渐升高，当二次绕组的短路电流达到额定值时，此时一次侧电压与额定电压比值百分数，即是阻抗电压。

11-2 变压器有哪些主要技术参数？

答：变压器的技术参数主要有额定容量 S_N、额定电压 U_N、额定电流 I_N、额定温升 T_N、阻抗电压百分比 $U_d\%$。此外还有相数、接线组别、额定运行时的效率及冷却介质温度等参数或要求。

11-3 主变压器新投入或大修后投入运行前应验收哪些项目？

答：运行前应验收的项目包括以下五个方面：

（1）变压器本体无缺陷、无漏油、油面正常，各阀门的开闭位置正确，油桶油化验和绝缘度试验合格，变压器绝缘试验合格。外壳有接地装置，电阻应合格。分接开关位置三相一致，分头数符合电网运行要求。有载调压装置良好，电动手动操作正常。基础牢固，变压器主体有可靠的止动装置。

（2）保护测量回路接线正确，动作正确，定值符合要求，连接片投入运行在规定位置。

（3）风扇、油泵运行良好，自启装置动作正确、呼吸器装有合格的干燥

剂，主变压器引线对地和线间距离合格，导线坚固良好，防雷保护符合规程要求。

（4）变压器坡度合格。测温回路良好。放油小阀门和瓦斯放气阀门无堵住现象。在变压器上无大修遗留物，临时设施拆除。

（5）相位和接线组别满足运行要求，核相工作完毕并有明确的结论。

以上项目均完成后，变压器可以投入运行。

11-4 新投入或大修后的变压器运行时应巡视哪些部位？注意哪些事项？

答：新投入或大修的变压器运行巡视和注意事项如下：

（1）声音正常，油位变化情况应正常。

（2）试摸散热片温度是否正常。

（3）油温变化是否正常。

（4）监视负荷变化和导线接头有无发热现象。

（5）检查瓷套管有无放电打火现象。

（6）气体继电器应充满油。

（7）防爆管玻璃应完整。

（8）各部件有无渗漏油情况。

（9）冷却装置运行良好。

11-5 备用状态下的变压器应具备哪些条件？

答：备用状态下的变压器应具备下列条件：

（1）在备用状态下的变压器应一切正常，断路器一经投入即可投入运行。

（2）变压器保护连接片投入应符合规程规定。

（3）不得在备用变压器一次或二次回路上进行任何工作。

（4）除非有作业，均不得将备用变压器退出备用状态。

11-6 变压器不对称运行时，有哪些问题需要考虑？

答：电网出现不对称运行，会产生负序及零序电流、电压，能在对称的设备中造成不对称，负序电流会在旋转电机中引起发热和振动，并会恶化继电器的工作条件，造成继电保护错误动作。零序电流会对沿路通信线路产生干扰，大的零序电流可能造成零序继电保护误动作。

11-7 为什么要规定变压器的允许温度？

答：因为变压器运行温度越高，绝缘老化越快，这不仅影响使用寿命，

而且还会因绝缘变脆而碎裂，使绕组失去绝缘层的保护。另外，温度越高，绝缘材料的绝缘强度就越低，很容易被高电压击穿造成故障。因此，变压器运行时不允许超过允许温度。

11-8　为什么要规定变压器的允许温升？

答：当周围空气温度下降很多时，变压器的外壳散热能力将大大增加，而变压器内部的散热能力却提高很少。当变压器带大负荷或超负荷运行时，有时尽管变压器上层油温尚未超过规定值，但温升却超过规定值很多，绕组有过热现象。因此要规定变压器的允许温升。

11-9　运行中变压器哪部分温度最高？

答：运行中的变压器各部分温度差别很大，绕组导线的温度高，其次是铁芯，绝缘油的温度最低，上部油温高于下部油温。

11-10　变压器绕组的平均温升极限是怎样规定的？

答：通常，变压器绕组最热点温度高于绕组平均温度 10℃左右，所以保证变压器有正常寿命的绕组平均温升极限应为

绕组的平均温升＝95℃（绕组最热点温度）－20℃（年平均气温）－10℃（差值）＝65℃

对于导向强迫油循环的变压器，绕组最热点温度和绕组平均温度之差在 5℃左右，因此绕组的平均温升极限为 70℃。

11-11　什么是变压器的空载运行？

答：变压器的空载运行是指变压器的一次绕组接电源，二次绕组开路的工作状况。当一次绕组接上交流电压时，原绕组中便有电流流过，这个电流称为变压器的空载电流。空载电流流过一次绕组，便产生空载时的磁场。在这个磁场（主磁场，即同时交链一、二次绕组的磁场）的作用下，一、二次绕组中便感应出电动势。变压器空载运行时，虽然二次侧没有功率输出，但一次侧仍要从电网吸收一部分有功功率来补偿由于磁通饱和，在铁芯内引起的铁耗即磁滞损耗和涡流损耗。磁滞损耗的大小取决于电源的频率和铁芯材料磁滞回线的面积，涡流损耗与最大磁通密度和频率的平方成正比。另外还有铜耗，由一次绕组流过空载电流引起。对于不同容量的变压器，空载电流和空载损耗的大小是不同的。

11-12　什么是变压器的负载运行？

答：变压器的负载运行是指一次绕组接上电源，二次绕组接有负载的状

况。当二次绕组接上负载后，二次绕组便有电流 i_2 流过，i_2 将产生磁通势 $i_2 w_2$，该磁通势将使铁芯内的磁通趋于改变，使一次电流 i_0 发生变化，但是由于电源电压 u_1 为常值，故铁芯内的主磁通 Φ_m 始终应维持常值，所以，只有当一次绕组新增的电流 Δi_1 所产生的磁通势 $w_1 \Delta i_1$ 和二次绕组磁通势 $i_2 w_2$ 相抵消时，铁芯内主磁通才能维持不变。即 $w_1 \Delta i_1 + w_2 i_2 = 0$。

上述关系称为磁通势平衡关系。变压器正是通过一、二次绕组的磁通势平衡关系，把一次绕组的电功率传递到了二次绕组，实现能量转换。

11-13　什么是变压器的正常过负荷？

答：变压器在运行中的负荷是经常变化的，即负荷曲线有高峰和低谷。当它过负荷运行时，绝缘寿命损失将增加；而轻负荷运行时绝缘寿命损失将减小，因此可以互相补偿。变压器在运行中冷却介质的温度也是变化的。在夏季油温升高，变压器带额定负荷时的绝缘寿命损失将增加；而在冬季油温降低，变压器带额定负荷时的绝缘寿命损失将减小，因此也可以互相补偿。变压器的正常过负荷能力，是指在上述的两种补偿后，不以牺牲变压器的正常使用寿命为前提的过负荷。

11-14　变压器正常过负荷应考虑哪些因素？

答：变压器正常过负荷运行时，除应保持正常寿命损失，注意绕组最热点温度不超过允许值外，还应考虑到套管、引线、焊接点和分接开关等组件的过负荷能力。综合考虑以上因素，并结合我国变压器目前的设计结构，推荐变压器正常过负荷的最大值是：油浸自冷、风冷变压器为额定负荷的 1.3 倍；强油循环风冷、水冷变压器为额定负荷的 1.2 倍。同时绕组最热点温度不超过 140℃（强油循环 125MVA 及以上容量变压器不超过 135℃）。变压器存在较大缺陷（例如冷却系统不正常、严重漏油、色谱分析异常等）时，不准过负荷运行。

11-15　变压器负载状态是如何分类的？

答：进行负载状态分类是确定变压器运行方式的基础。

（1）正常周期性负载。在周期性负载中，某段时间内在环境温度较高或超额定负载的电流下运行，可以由其他时间内环境温度较低或低于额定电流下运行所补偿。从热老化的观点出发，只要相对老化率大于 1 的各段时间中的老化值被相对老化率小于 1 的老化值所补偿，即平均相对老化率小于或等于 1，则这种负载称为"正常周期性负载"。它与正常环境温度下连续在额定负载下运行是等效的。

（2）长期急救周期性负载。它是指要求变压器长时间在环境温度较高或超过额定电流下运行的负载，类似于原来所说的正常过负载情况。这种负载是由于系统中部分变压器长时间退出运行而引起的，可以持续几星期或几个月，这时中、小型变压器绕组最热点温度允许不超过140℃，大型变压器应低于120℃。这种情况下，将导致变压器的老化加速，但绝缘不会击穿。

（3）短期急救负载。是指变压器在短时间内大幅度超过额定电流的负载，类似于过去所说的事故过负荷。这种负载是由于系统中发生了事故而引起的，变压器负载严重地超过额定负载，导线热点温度达到危险的程度，使绝缘强度暂时下降。

11-16　主变压器正常巡视项目有哪些？

答：变压器在正常运行中应每班检查一次，经大修后投入的变压器每2h检查一次，经4h按固定周期检查，每月十五日前夜，室外变压器进行一次熄灯检查。

正常检查项目：

（1）运行声音正常，上层油温在允许范围内。

（2）油色、油位正常，各处无渗油、漏油现象。

（3）套管无破损、裂纹、放电现象。

（4）引线接头无过热、变色现象。

（5）冷却风扇、潜油泵运转良好。

（6）呼吸器良好无堵塞，干燥剂大部分不变色。

（7）防爆筒完好，无破裂。

（8）气体继电器内充满油，无气体。

（9）外壳接地线完整无损。

（10）散热器及通风冷却装置无振动、松动现象，各散热器温度均匀，冷却装置就地控制开关位置正确。

（11）油流继电器指针在"流动"区域内。

11-17　哪些情况下值班人员应对变压器进行特殊检查？检查内容有哪些？

答：当系统发生短路故障，或者天气突然发生变化时（如大风、大雨、大雪及气温骤冷骤热等），值班人员应对变压器进行特殊检查。检查内容如下：

（1）当系统发生短路故障或变压器故障跳闸后，应立即检查变压器系统有无爆裂、断脱、变形、移位、焦味、烧伤、闪络、烟火及喷油现象。

（2）下雪天气，应检查变压器引线接头部分是否有落雪后立即溶化或冒蒸汽现象，导线部分应无冰柱。

（3）雷雨天气，检查瓷套管有无放电闪络现象，并检查避雷器放电记录器的动作情况。

（4）大风天气，应检查引线摆动情况及有无搭挂杂物。

（5）大雾天气，检查瓷套管有无放电闪络现象。

（6）气温骤冷或骤热，应检查变压器的油位及油温正常，伸缩节导线及接头是否有变形或发热现象。

（7）变压器过负荷时对变压器的温度、温升进行特别检查，其冷却系统的风扇、油泵运行正常。

（8）变压器异常运行期间（如轻瓦斯动作）应对变压器的外部进行检查。

（9）大修及新安装的变压器在试运期间，对变压器的声音、电流、温度、引线套管等部位进行检查无异常及过热现象，同时变压器本体无漏油、渗油现象，气体继电器内无气体。

11-18　干式变压器运行中有哪些检查项目？

答：（1）变压器自动信号温控系统正常，冷却风机正常，通风孔无堵塞现象。

（2）变压器各部位有无局部过热现象，各部温度是否正常。

（3）变压器套管清洁，无放电现象。

（4）变压器引线支持牢固，位置正常，接地牢固可靠。

（5）变压器是否平衡可靠，无局部变形振动现象。

（6）变压器周围环境清洁，无积水、漏气、水等情况。

（7）变压器所在配电室通风良好。

对于干式变压器，温控计工作的正常与否，直接影响到变压器的稳定运行，对温控计的检查维护特别重要，发现问题时，必须立即通知有关检修班组处理。处理时注意保持与带电部分的安全距离。

11-19　油浸式变压器运行中有哪些检查项目？

答：油浸式变压器运行中的检查项目有：①变压器油温和油位计应正常，储油柜的油位应与温度相对应；②充油部分无漏油、渗油现象；③套管油位应正常，套管清洁，无损坏及放电现象；④各部接头无过热现象；⑤声音正常，无明显变化和异音；⑥防爆管隔膜及压力释放阀完整，外壳接地线

牢固无损；⑦气体（瓦斯）继电器应充满油，无气体，引出线完好，阀门开启；⑧呼吸器中的吸潮剂不应出饱和状态；⑨冷却装置控制箱内各部元件无过热现象，所有把手位置符合运行要求；⑩油泵和风扇运行正常；⑪油流指示器指示正常；⑫有载调压装置正常；⑬变压器周围照明充足，防火设备齐全、完好；⑭消防喷淋装置各部正常，无异常报警信号；⑮变压器室内门窗、门锁、照明及防火设备齐全、完备，室内无漏水。

11-20　变压器气体继电器的巡视项目有哪些？

答：变压器气体继电器的巡视项目有：

（1）气体继电器连接管上的阀门应在打开位置。

（2）变压器的呼吸器应在正常工作状态。

（3）瓦斯保护连接片投入正确。

（4）检查储油柜的油位在合适位置，继电器应充满油。

（5）气体继电器防水罩应牢固。

11-21　变压器出现假油位，可能是哪些原因引起的？

答：变压器出现假油位可能是由以下原因引起的：

（1）油标管堵塞。

（2）呼吸器堵塞。

（3）安全气道通气孔堵塞。

（4）薄膜保护式储油柜在加油时未将空气排尽。

11-22　变压器绕组绝缘损坏是由哪些原因造成的？

答：变压器绕组绝缘损坏的原因有：

（1）线路短路故障。

（2）长期过负荷运行，绝缘严重老化。

（3）绕组绝缘受潮。

（4）绕组接头或分接开关接头接触不良。

（5）雷电波侵入，使绕组过电压。

11-23　变压器的绝缘是怎样划分的？

答：变压器的绝缘可分为内绝缘和外绝缘，内绝缘是油箱内的各部分绝缘，外绝缘是套管上部对地和彼此之间的绝缘。内绝缘又可分为主绝缘和纵绝缘两部分。主绝缘是绕组与接地部分之间，以及绕组之间的绝缘。在油浸式变压器中，主绝缘以油纸屏障绝缘结构最为常用。纵绝缘是同一绕组各部分之间的绝缘，如不同线段间、层间和匝间的绝缘等。通常以冲击电压在绕组上的分布作为绕组纵绝缘设计的依据，但匝间绝缘还应考虑长时期工频工作电压的影响。

11-24 怎样测量变压器的绝缘？如何判断变压器绝缘的好坏？

答：变压器在安装或检修后、投入运行前以及长时期停用后，均应测量绕组的绝缘电阻。变压器绕组额定电压在 6kV 以上，使用 2500V 绝缘电阻表；变压器绕组额定电压在 500V 以下，用 1000V 或 2500V 绝缘电阻表；变压器的高中低压绕组之间，使用 2500V 绝缘电阻表。

变压器绕组绝缘电阻的允许值不予规定。在变压器使用期间所测得的绝缘电阻值与变压器安装或大修干燥后投入运行前测得的数值相比是判断变压器运行中绝缘状态的主要依据。如在相同条件下变压器的绝缘电阻剧烈降低至初次值的 $\frac{1}{3} \sim \frac{1}{5}$ 或更低，吸收比 $R_{60''}/R_{15''} < 1.3$，应进行分析，查明原因。

11-25 测量变压器的绝缘电阻有哪些注意事项？

答：(1) 摇测前应将绝缘子、套管清扫干净，拆除全部接地线，将中性点接地隔离开关拉开。

(2) 使用合格绝缘电阻表，摇测时将绝缘电阻表放平，当转速每分钟达到 120r 时，读 $R_{15''}$、$R_{60''}$ 两个数值，以测出吸收比。

(3) 摇测时应记录当时变压器的油温及温度。

(4) 不允许在摇测时用手摸带电导体或拆接线，摇测后应将变压器的绕组放电，防止触电。

(5) 摇测项目：对三绕组变压器应测量一次对二、三次及地，二次对一、三次及地，三次对一、二次及地的绝缘电阻。

(6) 在潮湿或污染地区应加屏蔽线。

11-26 在分析变压器绝缘时，应注意哪些问题？

答：在分析变压器绝缘时，要注意试验时的油温、使用的仪表及天气情况等对试验结果的影响。

11-27 变压器并联运行应满足哪些条件？

答：(1) 变比相同；

(2) 短路电压（或阻抗百分数）相等；

(3) 接线组别相同；

(4) 新安装或大修后应校对相序相同。

11-28 不符合并列运行条件的变压器并列运行会产生什么后果？

答：如果变比不相同，将会产生环流，影响变压器出力。如果百分阻抗不相等，就不能按变压器的容量比例分配负荷，也会影响变压器的出力。如果接线组别不相同，会使变压器短路。

11-29 并列的变压器怎样做到经济运行？

答：运行中并联的变压器的经济运行，主要是按照运行方式，使变压器运行总损失最小的情况下。即根据负荷的变化，投入或者切除并联中的变压器。

变压器运行经济与否，是以变压器损耗的大小来衡量的。变压器的损耗由不变损耗（铁损）和可变损耗（铜损）两部分组成，而可变损耗与所带负荷的大小、持续的时间有关。

在数台变压器并联运行的情况下，可控制在不同负荷时的运行变压器台数，使其总损耗最小，运行状态最佳。

当并联的各台变压器形式和容量相同时，不同负荷情况的运行变压器台数，可按负荷增加或减少的公式决定。

当并联的各台变压器形式和容量不同时，不同负荷情况下的运行变压器台数，则由查曲线的方法决定。如图 11-1 所示。

纵坐标 P 为损耗，横坐标 S 为负荷。曲线 1、2 分别是变压器的损耗曲线，曲线 3 是两台同时运行的总的损耗曲线。损耗曲线的交点，是确定经济运行变压器台数的分界点。

图 11-1 P-S 曲线

要尽量减少变压器的操作次数，停用的时间一般不少于 2～3h。

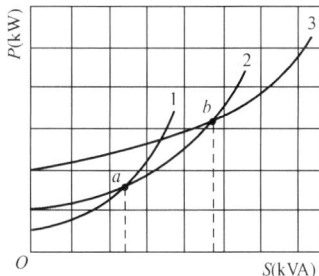

11-30 变压器的定期试验工作应包含哪些项目？

答：包含下列项目的试验工作：

（1）绝缘电阻和吸收比；

（2）介质损失角；

（3）泄漏电流；

（4）分接开关的直流电阻；

（5）变压器油压的电气性能（包括绝缘电阻、损失角和击穿电压三个项目）；

　　（6）油色谱分析。

11-31　主变压器冲击合闸试验一般要做几次？为什么新安装或大修后的变压器在投入运行前要做冲击合闸试验？

　　答：一般新安装的变压器需做 5 次冲击试验，大修的变压器需做 3 次冲击试验。为考核变压器的机械强度和绝缘强度，以及验证变压器的继电保护装置是否能躲过变压器区大的空载励磁涌流，因此要做冲击试验。

11-32　变压器短路试验的目的是什么？

　　答：变压器短路试验的目的是为了测量变压器铜损，与制造厂提供的数据进行比较，达到对绕组匝间绝缘和磁路检查的目的。

11-33　变压器合闸时为什么会有励磁涌流？

　　答：变压器绕组中，励磁电流和磁通的关系，由磁化特性决定，铁芯越饱和，产生一定的磁通所需要的励磁电流越大。由于在正常情况下，铁芯中的磁通就已饱和，如在不利条件下合闸，铁芯中磁通密度最大值可达到两倍的正常值，铁芯饱和将非常严重，使其磁导率减小。磁导与电抗成正比，因此，励磁电抗也大大减少，因而励磁电流数值大增，由磁化特性决定的电流波形很尖，这个冲击电流可超过变压器额定电流的 6～8 倍，为空载电流的 50～100 倍，但衰减很快。

11-34　为何切除空载变压器会引起过电压？

　　答：切除空载变压器是系统中常见的一种操作。变压器在空载运行时，表现为励磁电感 L_m，因此切除空载变压器，也就是切除电感负载。而切除电感负载，就会引起操作过电压。

　　图 11-2(a) 为切除空载变压器的等值电路。其中 C 为变压器绕组及其连线的对地杂散电容，L_s 为电源系统电感（$L_s \ll L_m$）。由于感抗 ωL_m 与由电容 C 引起的容抗 $\dfrac{1}{w_C}$ 相比很小，所以流过断路器 Q_F 的电流 i，也就是工频励磁电流，它的相位角比电源电动势落后 $90°$。现在假定励磁电流 i_0 在自然过零点之时被切断，那么在这一瞬间，电容和电感两端的电压恰好达到最大值，即等于电源电动势 e 的幅值 E_m，而电感 L_m 中的电荷通过 L_m 放电，并在衰减过程中逐渐消失。显然这样的合闸过程不会引起过电压。但是当断路器具有强烈的熄弧能力时，由于励磁电流很小，所以在电流自然过零点之前（例如 $I_0 = I_0'$ 时）就可以强行切断，如图 11-2(b) 所示。在此截流瞬间，电

感中的储能 $Li_0^2/2$ 是不会消失的，因此截流的结果将迫使绕组中的储能以振荡的形式转换给杂散电容，其值为 $CU^2/2$，切除空载变压器所产生的过电压的大小，主要与变压器回路的参数及开关的性能有关，$\dfrac{Li_0^2}{2} = \dfrac{CU^2}{2}$，截流过电压 $U = i_0 \sqrt{\dfrac{L}{C}}$。空气开关的熄弧能力强，截流大且重燃次数少，故能引起较大的过电压。充油断路器等熄弧能力弱的断路器，其截流小而重燃次数多，多次重燃将使铁芯电感中的储能越来越小，故过电压的幅值也较低。通常认为在中性点直接接地的电网中，切断 $110\sim300kV$ 空载变压器的过电压一般不超过 $3.0U_{ph,m}$（$U_{ph,m}$ 变压器的最高运行相电压），个别可达 $6.0U_{ph,m}$。在中性点不接地或经消弧线圈接地的 $35\sim154kV$ 电网中，切空载变压器所产生的过电压一般不超过 $4.0U_{ph,m}$，个别可达 $7.0U_{ph,m}$。变压器的励磁电流越小，则过电压也越小。对切空载变压器所产生的过电压，可用阀型避雷器保护。因为切空载变压器的过电压为持续时间甚短的高频振荡，对绝缘的作用与大气过电压相似，所以可用阀型避雷器限制。另外装有并联电阻的断路器，可以将变压器等值电容 C 两端的电荷通过并联电阻泄漏出去，也能限制此种过电压。

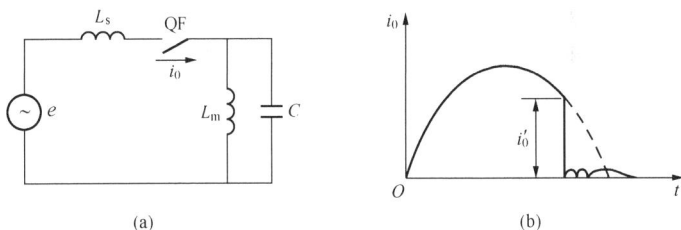

图 11-2　切除空载变压器

（a）切除空载变压器的等值电路；（b）励磁电流被强行切断

11-35　怎样计算变压器过负荷的百分数？

答： 过负荷百分数＝（负荷电流—变压器额定电流）/变压器额定电流 $\times100\%$。

11-36　遇有哪些情况，应立即将变压器停运？

答：（1）套管爆炸或破裂，大量漏油，油面突然降低。

（2）套管端头熔断。

（3）变压器冒烟、着火。

（4）变压器铁壳破裂。

（5）变压器漏油，油面降到气体继电器以下。

（6）防爆筒破裂，且向外喷油、喷烟火。

（7）内部有异音且有不均匀的爆炸声。

（8）变压器无保护运行（直流系统瞬时选接地，直流熔断器熔断、接触不良等，能立即恢复正常者除外）。

（9）变压器保护或开关拒动。

（10）变压器轻瓦斯保护动作，放气检查为黄色或可燃性气体。

（11）发生直接威胁人身安全的危急情况。

（12）在正常冷却条件下，变压器的温度不正常，并不断上升。

11-37 变压器的损耗有几种？与何因素有关？

答：变压器的损耗一般主要分为两种：铜损与铁损。

变压器的铜损是指变压器的绕组存在电阻，当电流流经绕组时会产生热量而变成相应的损耗。变压器制造完成以后，绕组的电阻就是一定的。因此，铜损只与变压器绕组的电流大小有关。变压器的铁损是指变压器铁芯的磁滞损耗与涡流损耗，取决于变压器的铁芯结构、硅钢片的质量与制造水平，同时与运行时的电压和频率数值有关。

11-38 强迫循环变压器冷却器的风扇控制系统有哪些要求？

答：强迫循环变压器冷却器的电源必须有两路，且具备互相切换的功能。当一路电源故障时，另一路电源必须自动投入，当工作电源恢复时，备用电源自动退出，并且有信号传至远方。当工作冷却器故障时，备用冷却器必须可靠投入，投入故障后应有信号。当变压器的温度达到一定数值或者电流达到一定数值时，应当启动辅助冷却器。

11-39 变压器运行时的温度与哪些因素有关？强迫油循环变压器的温度如何规定？

答：变压器运行时会产生损耗。变压器的损耗主要有铜耗和铁耗，其中铁耗只与变压器运行时的电压有关，基本不变。当变压器的电流发生变化时，铜耗与电流的平方成正比，故变压器的负荷决定变压器的损耗，进而决定变压器的发热状况。在变压器发热为一定的前提下，冷却系统的运行情况决定变压器的温度。当冷却器投入的数量较多或者冷却效果好时，变压器的温度会相对较低，反之则会较高。在变压器的负荷与冷却条件均一定的情况

下，变压器的温升是一定的，环境温度也决定了变压器温度的高低。目前主要监视变压器上层油的温度。

11-40 采用分级绝缘的主变压器运行中应注意什么？

答：采用分级绝缘的主变压器，中性点附近绝缘比较薄弱，故运行中应注意以下问题：

（1）变压器中性点一定要加装避雷器和防止过电压间隙。

（2）如果条件允许，运行方式允许，变压器一定要中性点接地运行。

（3）变压器中性点如果不接地运行，中性点过电压保护一定要可靠投入。

11-41 画变压器联结组别时，需要知道哪些条件？

答：画变压器联结组别需要知道以下三个条件：

（1）绕组首末端标志，即 AX、ax 等。在三相变压器中，A、B、C 表示高压侧绕组首端，X、Y、Z 表示高压绕组的末端；a、b、c 表示低压绕组的首端，x、y、z 表示低压绕组的末端，星形接线的中性点用 O 表示。

（2）绕组的绕向，即高、低压绕组的绕向相同还是相反。

（3）高、低压绕组的连接方式，即 Yy、Yd、Dd、Dy 等。

知道以上三个条件，就可画出相量图，通过相量图就可以看出该台变压器的联结组别。

11-42 为什么变压器相序标号不能随意改变？

答：变压器高、低压侧套管旁边标有 A、B、C 和 a、b、c 字样，这就是相序标号，相序与联结组别有着密切的关系。如果相序改变，联结组别也就改变了。特别是两台变压器并联，若将其中一台变压器相序改变，并联运行时，由于接线组别不同，在变压器二次侧将出现很大的电位差，即使变压器二次绕组没有接负荷，在电位差的作用下也会产生高出几倍的额定电流（环流），这个循环电流可使变压器发出高温而不能正常运行，甚至于过热烧毁。

11-43 什么情况下变压器出现不对称运行？变压器不对称运行时，有哪些问题需要考虑？

答：变压器出现不对称运行状态，通常是由下述原因造成的：

（1）三相负荷不一样。如向单相电炉、电机车供电的变压器，以及向民用照明供电的配电变压器。这类变压器的负荷应尽量调使之接近对称，要定期监测各负荷，其中 Yyn0 接线变压器的中性线电流，不超过低压绕组额定电流的 25%。

（2）三个单相变压器组成的三相变压器组，当一相损坏而用不同参数的来代替时，会造成电流和电压的不对称。这种运行状态的可用容量和不对称程度，决定于变压器参数的配合情况。

（3）不对称的接线造成变压器的不对称运行。如用两台单相变压器组成的 Vv 接线变压器组，以及由两线一地制供电的变压器，在确定所带的负荷时，应保持不对称度在允许范围，如两线一地制，允许线路中电压损失在 10% 以内，电压不对称不超过 1%～2%。要注意，如果未接地相的导线中某一条接地即造成对地短路，并会产生危险的接触电压和跨步电压。对邻近的通信线路能感应出危险的电压和产生干扰。

电网出现不对称运行，会产生负序及零序电流、电压，能在对称的设备中造成不对称，负序电流会在旋转电动机中引起发热和振动，并会恶化继电器的工作条件，造成继电保护错误动作。零序电流会对沿路通信线路产生干扰，大的零序电流可能造成零序继电保护误动作。

11-44 主变压器停、送电操作顺序有哪些规定？为什么？

答：主变压器断路器停、送电操作顺序是：停电时先停负荷侧，后停电源侧；送电时先送电源侧，再送负荷侧。原因如下：

（1）多电源的情况下，按操作顺序停电，可以防止变压器反充电；若停电时先停电源侧，遇有故障，可能造成保护误动或拒动，延长故障切除时间，使停电范围扩大。

（2）当负荷侧母线电压互感器带有低频减载装置，且未装设电流闭锁时，可能由于大型同步电动机的反馈使低频减载装置动作。

（3）从电源侧逐级送电，如遇故障便于送电范围检查、判断和处理。

11-45 变压器中性点在什么情况下应装设保护装置？

答：直接接地系统中的中性点不接地变压器，如中性点绝缘未按线电压设计，为了防止因断路器非同期操作，线路非全相断线，或因继电保护的原因造成中性点不接地的孤立系统带单相接地运行，引起中性点的避雷器爆炸和变压器绝缘损坏，应在变压器中性点装设棒型保护间隙或将保护间隙与避雷器并接。保护间隙的距离应按电网的具体情况确定。如中性点的绝缘按线电压设计，但变电站是单进线具有单台变压器运行时，也应在变压器的中性点装设保护装置。非直接接地系统中的变压器中性点，一般不装设保护装置，但多雷区进线变电站应装设保护装置，中性点接有消弧绕组的变压器，如有单进线运行的可能，也应在中性点装设保护装置。

11-46　变压器在什么情况下进行核相？不核相并列可能有什么后果？

答：变压器在下列情况下应进行核相：

（1）新装或大修后投入，或异地安装；

（2）变动过内、外接线或接线组别；

（3）电缆线路或电缆接线变动，或架空线走向发生变化。

变压器与其他变压器或不同电源线路并列运行时，必须先做好核相工作，两者相序相同才能并列，否则会造成相序短路。

11-47　变压器并列时应注意什么？

答：（1）新安装或进行有可能变更相位作业的厂用系统，在受电与并列倒换前，应检查相序、相位正确。

（2）收回所有相关的工作票，拆除临时安全措施，恢复常设措施。

（3）6kV厂用系统、380V厂用系统及厂用公用系统电源倒换前，必须了解两侧系统连接方式。若环网运行，应并列倒换；若开环运行及事故的情况下，系统不清时，不得并列倒换。

（4）操作前，应考虑环并回路与变压器有无过载可能、运行是否可靠、事故处理是否方便等。

11-48　三绕组变压器停一侧，其他两侧能否继续运行？应注意什么？

答：三绕组变压器任何一侧停止运行，其他两侧均可继续运行。但应注意的是：①若低压侧为三角形接线，停止运行后应投入避雷器；②高压侧停止运行，中性点接地开关必须投入；③应根据运行方式考虑继电保护的运行方式和整定值，此外还应注意容量比、运行中监视负荷情况。

11-49　三绕组自耦变压器有哪些运行方式和注意事项？

答：采用三种电压的自耦变压器运行时，对不同侧的负荷送电、受电情况应予以注意。否则，在某些情况下，自耦变压器会过负荷，在另一些情况下，容量又得不到充分利用。常见的运行方式下负荷分配应注意以下几点：

（1）高压侧向中压侧（或反向）送电。这种方式对于降压变压器来说，经它传递的最大传输功率可以等于变压器的额定容量；对升压变压器来说，有时可能低一些，这种情况出现在低压绕组布置在高、中压绕组之间时，由于这时连接的发电机停止运行，自耦变压器高、中压绕组之间的漏磁容量增加，引起大量的附加损耗，所以需将传输功率限制为额定容量的70%～80%。

（2）高压侧向低压侧（或反向）送电。这种情况下，变压器的最大传输功率只要不超过低压绕组的额定容量即可，它小于自耦变压器的额定容量。

（3）中压侧向低压侧（或反向）送电。这种方式与第（2）种方式相似，变压器的最大传输功率只要不超过低压绕组的额定容量即可。

（4）高压侧同时向中压侧及低压侧（或反向）送电。这种运行方式下，最大传输功率不能超过自耦变压器高压绕组的额定容量，即铭牌容量。

（5）中压侧同时向高压侧及低压侧（或反向）送电。这种运行方式下，自耦变压器的中压绕组是一次绕组，而其他两侧绕组是二次绕组，中压绕组内最大允许通过的电流不能超过该绕组本身的额定电流，向两侧送电的传输功率的大小也与负荷的功率因数有关。

11-50　运行中对变压器的温度有什么规定？

答：温度表指示的是变压器上层油温，一般不得超过 95℃，运行中的油温监视定为 85℃。温升是指变压器上层油温减去环境温度。运行中变压器在外温 40℃时，其温升不得超过 55℃，运行中要以上层油温为准，温升是参考数字。上层油温如果超过 95℃，其内部绕组的温度就要超过绕组绝缘物的耐热强度。为使绝缘不致迅速老化，所以才规定了 85℃ 这个上层油温界限；但在长期过负荷运行时，要适当降低监视温度，具体数值应由试验决定。

11-51　变压器允许过电压能力是如何规定的？

答：当变压器一次绕组所加电压升高时，由于其铁芯磁化过饱和，铁芯损耗迅速增加而造成铁芯过热，可能使绝缘遭到破坏。因此，国家有关标准规定，变压器一次侧所加电压一般不超过所接分接头额定电压的 105%，并要求二次绕组的电流不超过额定电流。本机组主变压器要求，在额定频率下可在高于 105% 的系统额定电压下运行，但不得超过 110% 的额定电压。变压器和发电机直接连接必须满足发电机甩负荷的工作条件，在变压器与发电机相连的端子上应能承受 1.4 倍的额定电压时允许 5s。

11-52　变压器运行中，运行电压高于额定电压时，各运行参数将如何变化？

答：变压器运行中电压升高至额定值以上，假设其他条件不变，则根据"电压决定磁通"，即 $U = 4.44 f N \Phi_m$ 可知，铁芯磁路的磁通量将随工作电压升高而增加，铁芯饱和程度增加，造成励磁阻抗下降，空载电流增加，损耗

增加，温升增加，容量利用率下降，效率降低。因此，正常运行中变压器应工作在额定电压。

11-53 变压器轻瓦斯动作原因是什么？

答：轻瓦斯动作的原因是：

(1) 因滤油、加油或冷却系统不严密以致空气进入变压器。

(2) 因温度下降或漏油致使油面低于气体继电器轻瓦斯浮筒以下。

(3) 变压器故障产生少量气体。

(4) 发生穿越性短路。

(5) 气体继电器或二次回路故障。

11-54 变压器在并列前如何确定其相位？

答：对于低压变压器，并列前一般采用如下的方法进行相位测量：

将一台变压器送电，另一台变压器充电运行，第三台变压器的低压侧断路器两侧是不同变压器系统的电压。用万用表分别在断路器三相的上、下口测量电压，对应上、下口的电压差应为零，不对应上、下口的电压差应该为线电压，即380V。

对于高压变压器，除了用专用的核相仪进行核相外，还必须在电压互感器的二次侧用万用表进行核相，方法同低压变压器，只是线电压的数值是100V。

11-55 切换变压器中性点接地开关应如何操作？

答：切换原则是保证电网不失去接地点，采用先合后拉的操作方法。

(1) 合上待投入变压器中性点的接地开关。

(2) 拉开工作接地点的接地开关。

(3) 将零序保护切换到中性点接地的变压器。

11-56 变压器怎样实现倒换操作？

答：变压器的倒换操作主要可以分为并列倒换与瞬间停电的瞬切倒换。并列倒换是指在倒换过程中，先合入备用电源，检查确认备用电源带负荷以后，再将工作运行的变压器停电。此种倒换过程中，应注意并列的时间不要过长，同时在两个电源并列时有可能使环流过大。

瞬切倒换是指在倒换过程中，由于不满足同期条件或者二次回路上设计无法并列倒换时，先将工作电源拉开，再合入备用电源的倒换方法。此种倒换过程中，应注意倒换前通知相关单位将母线负荷停运，防止倒换过程中造成运行的负荷停电。

11-57　为什么发电机—变压器组解、并列前必须投入变压器中性点接地开关?

答：发电机—变压器组解、并列前投入变压器中性点接地开关的主要目的是为了避免某些操作过电压。在110～220kV大电流接地系统中，为了限制单相短路电流，部分变压器的中性点是不接地的。进行发电机—变压器组解、并列操作前，若不将变压器中性点接地，则当操作过程中断路器发生三相不同步动作或不对称开断时，将发生电容传递过电压或失步工频过电压，从而造成事故。

11-58　变压器有载调压操作的有关规定是什么?

答：(1) 变压器有载调压操作，调整时应得到值班负责人同意后才能进行。

(2) 操作时应注意母线电压情况，当变压器过负荷时，不允许调整。

(3) 当有载调压装置在调整中失控时，应立即按下开关电源停按钮，通知有关人员；若分接头没能调到所到位置时，采用手动调节。

(4) 有载调压分接头位置的操作调整，应进行记录。

11-59　变压器运行中进行补油时，应注意哪些事项?

答：(1) 注意防止混油，新补入的油经试验合格；

(2) 补油时应将重瓦斯保护改接信号位置，防止误掉闸；

(3) 补油后要注意检查气体继电器，及时放出气体，待24h无问题后，再将重瓦斯接入掉闸位置；

(4) 补油量要适宜，油位与变压器当时的油温相适应；

(5) 禁止从变压器下部截止阀补油，以防将变压器底部沉淀物冲进绕组内，影响变压器的绝缘和散热。

11-60　变压器过负荷时应采取什么措施?

答：变压器过负荷时，应严格监视变压器油温和绕组温度，并设法调整负荷到允许范围内，使最高温升控制在允许条件下。

11-61　变压器停送电操作的主要原则有哪些?

答：在变压器停送电操作中，应严格遵循以下原则。

(1) 变压器各侧都装有断路器时，必须使用断路器进行切合负荷电流及空载电流的操作。如没有断路器时，使用隔离开关仅允许拉合空载电流不大于2A的变压器。

(2) 变压器投入运行时应从装有保护装置的电源侧进行充电。变压器停

止时，装有保护装置的电源侧断路器应最后断开。

（3）变压器高低压侧均有电源时，为避免充电时产生较大的励磁涌流，一般采用高压侧充电，低压侧并列的操作方法。

（4）经检修后的厂用变压器投入运行或热备用前，应从高压侧对变压器充电一次，确认正常后方可投入运行或列为备用。

（5）对于大接地电流系统的变压器，在投入或停止时，均应先合中性点接地开关，以防过电压损坏变压器的绕组绝缘。同时必须注意做好变压器中性点的切换工作。

第十二章 电动机的
启停及运行、监视维护

12-1 三相异步电动机旋转磁场是如何产生的?

答：三相电动机定子绕组在空间位置上互差120°，当通入对称的三相交流电流时，根据电生磁的原理，每相绕组都产生磁场，这些磁场叠加在一起，便形成一个合成的旋转的磁场。

12-2 什么是电动机的自启动?

答：感应电动机因某些原因，如所在系统短路、换接到备用电源等，造成外加电压短时消失或降低，致使转速降低，而当电压恢复后转速又恢复正常，这就是电动机的自启动。

12-3 直流电动机的基本结构包括哪些部分? 有什么作用?

答：直流电动机由定子、转子和其他部件组成，如图12-1所示。

(1) 定子。定子是产生电动机磁场并构成部分磁路的部件，它又可分成以下几个部分：

1) 机座。用铸钢或钢板焊成，具有良好的磁导性和机械强度，起保护和支撑作用，同时还是电动机磁路的一部分。

2) 主磁极。由铁芯和励磁绕组组成，作用是产生主磁场。铁芯通常用1~2mm厚的薄钢板冲制叠压后，用铆钉铆紧制成，也有用0.5mm厚的硅钢片叠压制成的。励磁绕组用铜线式铝线绕制。按一定尺寸用模具制成形后套装在铁芯上，一起固定在机座上。励磁绕组通入直流电后，便产生主磁通。

3) 换向极，又称为附加极或中间极，作用是改善换向。铁芯大多用整块钢加工制成。换向极绕组和电枢绕组串联，电流较大，一般用圆铜线或扁线绕制。换向极安装在相邻两主磁极之间的几何中线上。

(2) 转子是能量转换的重要部分，由以下部分组成：

1) 电枢铁芯。由0.5mm厚的硅钢片叠压而成。铁芯的作用是固定电枢绕组，同时又是磁路的一部分，整个铁芯固定在转轴上。

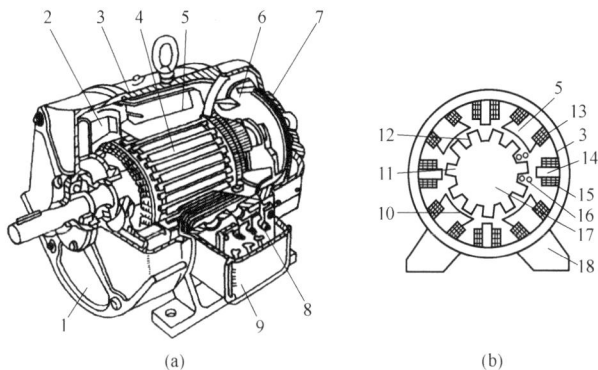

(a)   (b)

图 12-1 直流电动机的结构图

（a）内部结构；（b）剖面图

1—端盖；2—风扇；3—机座；4—电枢；5—主磁极；6—刷架；

7—换向器；8—接线板；9—出线盒；10—极掌；11—电枢齿；

12—电枢槽；13—励磁线圈；14—换向极；15—换向极绕组；

16—电枢绕组；17—电枢铁芯；18—底脚

2）电枢绕组。产生感应电动势并通过电流，使电实现能量转换。

3）换向器。由许多互相绝缘的楔形换向片装成一个圆柱体，有金属套筒式和塑料套筒式两种。换向器起换向作用。

（3）电刷装置。换向器通过电刷与外电路相连，使电流流入或流出电枢绕组。

（4）端盖。一般用铸铁制成，作为转子的支撑和安装轴承用。

12-4 直流电动机是怎样转起来的？

答：直流电动机是根据通电导体在磁场中受力的作用而产生运动这一原理转起来的。如图 12-2 所示，当电刷 A、B 接到直流电源上，A 刷接正极、B 刷接负极时，电流从 A 刷流入线圈，沿 a→b→c→d 方向流动，由 B 刷流出。按左手定则判断出线圈逆时针转动。当 ab 边由 N 极转到 S 极下，cd 边由 S 极下转到 N 极下时，电流在线圈中流动的方向变为 d→c→b→a，但线圈边受力方向仍使它逆时针旋转。外电路的电流永远是从 A 刷流入，从 B 刷流出。靠换向器的作用，保证任一磁极下导体中的电流方向不变，于是电动机就转起来了。

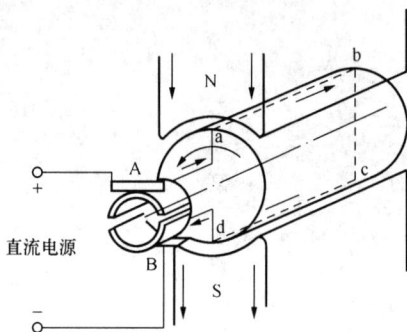

图 12-2 直流电动机的工作原理

12-5 电磁调速异步电动机由哪几部分组成?

答: 电磁调速异步电动机又称为滑差电动机, 是一种交流无级调速电动机, 可进行较广范围的平滑调速。它是由三相笼型异步电动机、电磁转差离合器和测速发电机组成。如图 12-3 和图 12-4 所示。

三相异步电动机为原动机, 测速发电机安装在电磁调速电动机的输出轴上, 用来控制和指示电动机的转速。电磁转差离合器是电磁调速的关键部件, 电动机的平滑调速就是通过它的作用实现的, 其结构主要是电枢和磁极, 如图 12-4 所示, 电枢和磁极没有机械联系。

电枢——形状是圆筒形, 通常是铸钢加工而成。它是直接固定在异步电

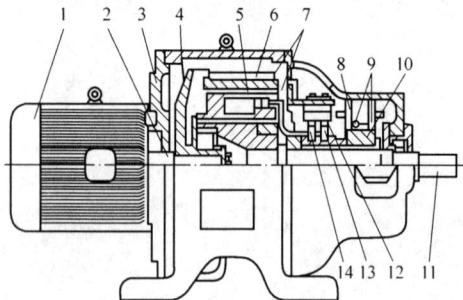

图 12-3 电磁调速异步电动机

1—电动机; 2—主动轴; 3—法兰端盖; 4—电枢; 5—工作气隙;
6—励磁绕组; 7—磁极; 8—测速发电机; 9—测速机磁极;
10—永久磁铁; 11—输出轴; 12—刷架; 13—碳刷; 14—集电环

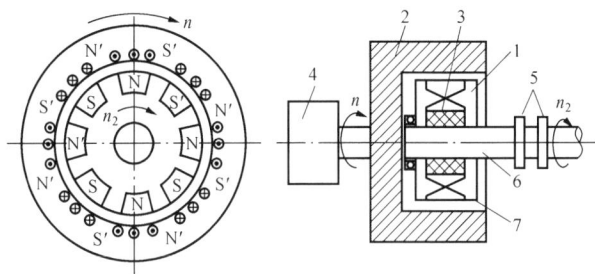

图 12-4　转差离合器示意图

1—异步电动机；2—电枢；3—励磁绕组；4—爪形磁极；

5—集电环；6—输出轴；7—气隙

动机的轴伸上，随异步电动机旋转，属主动部分。

磁极——形状为爪形，有励磁绕组，固定在输出轴上，属从动部分。

12-6　直流电动机的调速方法有几种？

答： 根据转速公式 $n=\dfrac{U-I_s(R_s+R_f)}{C_e\Phi}$，可知直流电动机有三种调速方法：

（1）改变串接在电枢回路中的附加电阻 R_f。由于一台完好的直流电动机，它的电枢电阻 R_s 是一定的，但可在电枢回路中串接附加电阻 R_f，改变 R_f，以改变电枢回路的总电阻（R_s+R_f）。若阻值增大，电枢电流减少，转矩减小，故转速 n 下降。

（2）减弱磁通 Φ。减小励磁电流，也就减少了磁通。在负载转矩不变的情况下，随 Φ 的减少，转速 n 升高。为了防止电动机铁芯过饱和，一般不允许增加磁通 Φ，而只采用减弱磁通的办法调速。

（3）改变电枢端电压 U。需用一套能够改变端电压的直流设备（如平行控制器、磁放大器等）。

12-7　单相异步电动机是怎样转起来的？

答： 由于单相异步电动机的定子绕组仅有一相，接通单相交流电源后，将产生一个脉振磁场，转子静止时，转子上合成转矩为零，不能产生启动转矩，电动机便不能自行启动。为此，在定子铁芯上再安放一个启动绕组，它和工作绕组在空间相距 90°电角度，启动绕组与电容串联后和工作绕组一起并联在电网上，如图 12-5 所示。

选择合适的电容使启动绕组中的电流超前工作绕组中的电流 90°，并且产生的磁通势相等，就会在电动机气隙中形成一个旋转磁场而产生启动转矩，于是电动机就转起来了。

12-8　电磁调速异步电动机是怎样调节转速的？

答：电磁调速异步电动机的平滑调速是通过电磁转差离合器来实现的，其工作原理如下：

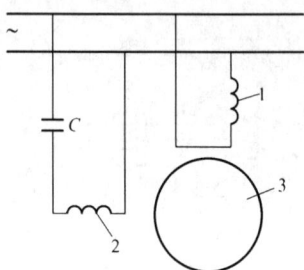

图 12-5　单相电容启动电动机
1—工作绕组；2—启动绕组；3—转子

笼型异步电动机拖动电枢旋转，若励磁绕组没有通入电流，此时输出轴不会转动。当离合器的励磁绕组通以直流电时，则沿气隙圆周面的各爪极将形成若干对 N、S 极性交替的磁极，其磁路经爪极 N→气隙→电枢→气隙→爪极 S 形成闭合磁路，此时电枢切割磁通而产生感应电动势，从而在电枢中产生涡流，此涡流与磁场相互作用，产生电磁转矩，带动输出轴与电枢同一方向旋转，但其转速恒低于电枢的转速，励磁电流越大，电枢与磁极间作用力越大则转速升高，反之则转速降低。因此，只要改变离合器的励磁电流的大小，就可调节输出轴的转速，从而达到调速的目的。

12-9　新安装或大修后的异步电动机启动前应检查哪些项目？

答：（1）摇测电动机定子回路绝缘电阻是否合格。

（2）检查电动机接地线是否良好。

（3）检查电动机各部螺钉是否紧固，轴承是否缺油。

（4）根据电动机铭牌，检查电源电压是否相符，绕组接线方法是否正确。

（5）用手扳动电动机转子，转动应灵活，无卡涩、摩擦现象。

（6）检查传动装置、冷却系统联轴器及外罩、启动装置是否完好。

（7）检查控制元件的容量、保护及熔断器定值，灯光指示信号、仪表等是否符合要求。

（8）电动机本体及周围是否整洁，无影响启动和检查的杂物等。

12-10　对新安装或大修后电动机的远方启动操作有何要求？

答：对新安装或大修后电动机在远方操作合闸时，负责电动机运行人员应留在电动机就地，直到转速升到额定值，电动机各部无异常方可投入运

行。若有异常情况立即停止。

12-11　为什么处于备用中的电动机应定期测量绕组的绝缘电阻？

答：绝缘好坏可以用绝缘电阻的大小来表明。备用电动机处于停用状态，温度较运转的电动机低。因为固体都有一定的吸附能力，因此容易吸收空气中的水分而受潮，为了在紧急情况下能投入正常运转，监视备用电动机的绝缘情况很有必要，因此要求定期测量绕组的绝缘电阻。

12-12　三相异步电动机的启动特点有哪些？启动方法有哪些？

答：异步电动机的启动特点有：①启动电流大；②启动转矩小。

异步电动机的启动方法有：

（1）直接启动。电动机接入电源后在额定电压下直接启动。

（2）降压启动。将电动机通过一专用设备使加到电动机上的电源电压降低，以减少启动电流，待电动机接近额定转速时，电动机通过控制设备换接到额定电压下运行。

（3）在转子回路中串入附加电阻启动。这种方法使用于绕线式电动机，它可减小启动电流。

12-13　为什么规程规定允许笼型感应电动机在冷态下可连续启动 2～3 次，而在热态下只许启动一次？

答：冷态是指电动机任何部分的温度与周围空气温度之差不超过 3℃时的状态。热态是指停机后热量未散时的状态。

电动机连续启动的温升曲线如图 12-6 所示，热态下的电动机，它的温升是 τ_0。当启动后，它的温升达到 τ_{m1}，直接达到了电动机最大允许温升。而处于冷态下的电动机，它的初始 $\tau=0$，它

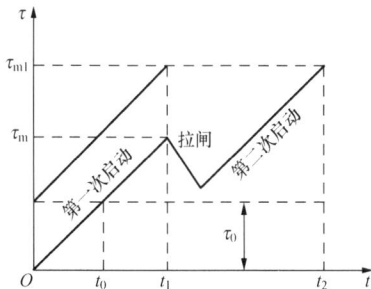

图 12-6　电动机连续启动的温升曲线

启动一次后，到达 τ_m，因此，经过拉闸后温度有所下降，再启动一次也没关系。所以，冷态下启动 2～3 次的后果相当于热态下启动一次所致的结果。

12-14　对锅水循环泵电动机的启动有何规定？

答：锅水循环泵电动机仅允许连续启动两次，1h 之内允许启动 4～5

次，但每次之间应有一定的间隔时间（如 10min）。

12-15　论述运行中对电动机的技术要求。

答：（1）电动机启动时，应注意电流，监视启动过程与以往相比启动时间不过长，启动结束后，电流表指示回到正常值。

（2）监视电动机的电流表不应超过允许值，各部分温度和温升应不超过规定值，测温装置应完好。

（3）注意电动机及其轴承的声音是否正常，有无气味。

（4）检查电动机的振动、串动值不超过规定值，机内无火花。

（5）检查轴承润滑情况良好，不缺油、不甩油，润滑油油位、油色、油环转动均应正常。

（6）检查电动机冷却系统的工作是否正常。

（7）直流电动机和绕线式电动机的滑环不过热，碳刷不冒火。

12-16　电动机合闸前应进行哪些外部检查？

答：（1）电动机及其附近应无杂物且无人工作。

（2）电动机所带动的机械已具备启动条件。

（3）轴承与启动装置中的油位正常。轴承如系强力润滑及用水冷却者，则应先将油系统及水系统投入运行，冷却水应通畅、充足。

（4）大型密闭式电动机空气冷却器的水系统已投入运行。

（5）对于备用机组，应经常检查，保证机组随时启动。

12-17　对运行中的电动机应注意哪些问题？

答：为了保证电动机的安全运行，在运行中的电动机要进行日常的监视和维护，除规程规定外，还需强调以下几点：

（1）电流、电压。正常运行时，电流不应超过允许值，允许不对称度为 10%。电压不能超出 10% 或低于 5% 范围的额定电压，允许不对称度为 5%。

（2）温度。密切监视电动机的温度，其值应低于电动机温度的最高允许值。

（3）音响，振动和气味。电动机正常运转时，声音应是均匀的，无杂音。电动机的振动应在允许范围内。如用手触摸轴承觉得发麻，说明振动已很厉害。另外，在电动机附近有焦味或冒烟，则应立即查明原因，采取措施。

（4）轴承工作情况。主要是注意轴承的润滑情况，温度是否过高，是否

有杂音。大型电动机应特别注意润滑油系统和冷却水系统的正常运行。

（5）对于绕线式电动机还应注意滑环上电刷的运行情况。

12-18　电动机的运行限额是怎样规定的？

答：对电动机运行限额的一般规定是：

（1）电动机在额定冷却空气温度时，可按制造厂铭牌上所规定的额定数据运行；冷却空气温度高于额定值时，应通过试验确定其运行数据。

（2）电动机绕组和铁芯的最高监视温度，应根据制造厂的规定，在任何运行方式下均不应超出此温度。

（3）电动机一般可以在额定电压上下变动$-5\%\sim+10\%$的范围内运行，其额定出力不变。

（4）电动机在额定出力运行时，相间电压的不平衡不得超过$\pm5\%$。

（5）电动机运行时，在每个轴承测得的振动，不应超过表 12-1 所列数值。

表 12-1　　　　　　　　　电动机轴承振动允许值

额定转速（r/min）	3000	1500	1000	750 及以下
双振幅振动值（mm）	0.05	0.085	0.10	0.12

（6）电动机轴承的最高允许温度若无制造厂规定，可按照下列原则：滑动轴承最高允许温度为 80℃，滚动轴承最高允许温度为 95℃。

12-19　对转动机械的电动机轴承温度有哪些规定？

答：电动机滑动轴承（出油温度不超过 65℃ 时）为 80℃，滚动轴承（环境温度不超过 40℃ 时）为 95℃。

12-20　运行中的电动机遇到哪些情况应立即停运？

答：电动机发生下列情况之一者应立即停止运行（按下事故按钮的时间不宜过短）。

（1）必须停止电动机运行才可避免的人身事故。

（2）电动机所带机械严重损坏至危险程度。

（3）发生威胁电动机完整的强烈振动。

（4）电动机冒烟着火。

（5）运转中发生鸣音，同时转速大幅下降。

（6）静、转子发生摩擦冒烟。

（7）轴承温度剧烈上升超过规定值仍有上升趋势。

（8）被水淹时。

12-21　为什么要加强对电动机温升变化的监视？

答：电动机在运行中，要加强对温升变化的监视。主要是通过对电动机各部位温升的监视，判断电动机是否发热，及时准确地了解电动机内部的发热情况，有助于判断电动机内部是否发生异常等。

12-22　正常运行时电动机有哪些检查和维护项目？

答：（1）监视电动机的电流是否超过允许值，如超过，则应采取措施，使其恢复到允许值以下。

（2）检查轴承的润滑及温度是否正常。对油环式润滑的轴承，应注意油环转动是否灵活，轴承箱内的油是否充满到油面计所指示的位置，要防止假油位。对强力润滑的轴承，应检查其油系统和冷却水系统运行是否正常。

（3）注意电动机的响声有无异常。

（4）对直流电动机应注意电刷是否冒火。

（5）注意电动机及其周围的温度；保持电动机附近清洁（不应有煤灰、水气、油污、金属导线、棉纱头等，以免被卷入）；定期清扫电动机。

（6）对大型密闭式冷却的电动机，应检查其冷却水系统运行是否正常。

（7）电动机的接地线应完好。

（8）按现场规定的时间，记录电动机表计的读数、电动机启停时间及原因，并记录所发现的一切异常现象。

（9）电动机运行中，如发现轴承温度有不正常的升高时，应立即查明原因，设法消除。

（10）按现场规程规定定期更换或补充轴承润滑油。

当值班人员发现异常现象时，应迅速报告上级。

12-23　厂用电动机低电压保护起什么作用？

答：（1）当电动机供电母线电压短时降低或短时中断时，为了防止多台电动机自启动使电源电压严重降低，通常在次要电动机上装设低电压保护。

（2）当供电母线电压低到一定值时，低电压保护动作将次要电动机切除，使供电母线电压迅速恢复到足够的电压，以保证重要电动机的自启动。

12-24　电动机的外壳为什么要接地？

答：将电动机外壳接地是一项安全用电的措施，可以防止人体触电事故。当电动机绕组绝缘损坏，带电导体碰及电动机金属外壳，会造成该电动

机外壳带电，当外壳电压超过安全电压时，人体触及后就会危及生命安全。如果将电动机的金属外壳可靠接地，可使外壳与大地保持等电位（即零电位），人体触及后就不会发生触电事故，从而保证人身安全。

12-25 启动电动机时应注意什么？

答：启动电动机应注意下列事项：

（1）如果接通电源开关，电动机转子不动，应立即拉闸，查明原因并消除故障后，才可允许重新启动。

（2）接通电源开关后，电动机发出异常响声，应立即拉闸，检查电动机的传动装置及熔断器等。

（3）接通电源开关后，应监视电动机的启动时间和电流表的变化。如启动时间过长或电流表电流迟迟不返回，应立即拉闸，进行检查。

（4）在正常情况下，厂用电动机允许在冷态下启动两次，每次间隔时间不得少于 5min；在热态下启动一次。只有在处理事故时，才可以多启动一次。

（5）启动时发现电动机冒火或启动后振动过大，应立即拉闸，停机检查。

（6）如果启动后发现运转方向反了，应立即拉闸，停电，调换三相电源任意两相后再重新启动。

12-26 如何监视遥控启动的电动机？

答：电动机启动时，遥控或就地操作，运行人员应监视启动过程。如为自启动或事故处理紧急启动，则在启动结束后应检查电动机的电流是否超过额定值，指示异常时，应报告单元长。

12-27 为什么遥测电缆绝缘前，要先对电缆进行放电？

答：因为电缆线路相当于一个电容器，电缆运行时会被充电，电缆停电后，电缆芯上积聚的电荷短时间内不能完全释放，此时，若用手触及，则会使人触电，若用绝缘电阻表，会使绝缘电阻表损坏，所以摇测绝缘前，应先对地放电。

12-28 用绝缘电阻表测量绝缘时，如果接地端子 E 与相线端子 L 接错，会产生什么后果？

答：与绝缘电阻表的相线端子 L 串接的部件都有良好的屏蔽，以防止绝缘电阻表的泄漏电流造成测量误差；而 E 端子处于地电位，没有考虑屏蔽。正常摇测时，绝缘电阻表的泄漏电流不会造成误差；但如 E、L 端子接错，则由于 E 没有屏蔽，流过试品的电流中多了一个绝缘电阻表的泄漏电流，一般测出的绝缘电阻都要比实际值偏低，所以 E、L 端子不能接错。

12-29 电动机启动送电前一般应检查哪些内容？

答：（1）电动机上或其附近应无人工作、无杂物，工作票已终结，检修有交底记录。

（2）电动机所带动的机械应具备运行条件，可以启动，保护应投入。

（3）轴承油位应正常，油盖应盖好，如轴承是强制供油循环或用水冷却，则应将油压调至正常值，并检查排油情况或将冷却水系统投入运行。

（4）对直流电动机应检查整流子表面是否完好，电刷接触是否良好。

（5）转动部分防护罩应装设良好。

（6）机械部分无卡涩现象，靠背轮能盘动（小容量电动机）。

（7）大型密封式电动机空气冷却器的冷却水系统应投入运行。

（8）检查各部螺钉、外壳接地线、出线罩电缆接头完好。

12-30 对电动机启动前测绝缘电阻有哪些规定？

答：（1）6kV 电动机定子绕组用 2500V 绝缘电阻表测量其阻值不低于 6MΩ。

（2）380V 及以下电动机定子绕组用 1000V 绝缘电阻表测量其阻值不低于 0.5MΩ。

（3）直流电动机用 500V 绝缘电阻表测量，其阻值不低于 0.5MΩ。

测量绝缘不合格时，不应送电，汇报值长，通知检修查明原因。

有双电源的电动机测绝缘时，应先将两侧电源停电，并将两侧开关拉出间隔，用高压验电器验明出线电缆确无电压方可进行测量，严禁打开间隔后门测量高压电动机绝缘。测量工作应由两人进行并注意与带电部位的安全距离。

低压电动机测绝缘时，应将被测设备停电，验明设备确无电压，方可进行。

测量绝缘前后，必须将被测设备对地放电。

测量绝缘后的电动机应恢复到测量前的状态。

无论高、低压电动机，测量绝缘前应征得机械值班员的同意。

12-31 在哪些情况下，可先行启动备用电动机，然后停用运行中的电动机？

答：（1）电动机内有不正常的声音或绝缘有烧焦气味。

（2）电流超过正常运行数值。

（3）大型密闭冷却电动机的冷却系统发生故障（如给水泵）。

（4）轴承温度升高，采取措施无效。

（5）电动机振动超过允许值。

12-32 对于运行中电动机自动跳闸时的再启动，在规程中有何要求？

答：自动跳闸的电动机，只有确认是运行人员误碰、误停或电压瞬间消失而引起的，方可重新启动运行。对于重要的厂用电动机，在没有备用或不能迅速启动备用电动机的情况下，允许已跳闸的电动机重合一次，但下列情况除外：

（1）电动机启动装置上有明显的短路或损坏现象；

（2）发生需要立即停机的人身事故；

（3）电动机所带的机械部分损坏。

12-33 为什么电动机不允许过载运行？

答：电动机所带负载过重时，转子转速下降，电动机的转差率增大，这时电动机的定子电流将增大。当定子电流较长时间超过额定值运行时，发热量的增加将使电动机温度升高，使绝缘过热加速老化，甚至于烧毁电动机。

12-34 为什么要进行厂用电动机自启动校验？

答：电厂中不少重要负荷的电动机都要参与自启动，以保障机炉运行少受影响。因成批电动机同时参加自启动，很大的启动电流会在厂用变压器和线路等元件中引起较大的电压降，使厂用母线电压降低很多。这样，可能因母线电压过低，使某些电动机电磁转矩小于机械阻力转矩而启动不了；还可能因启动时间过长而引起电动机的过热，甚至危及电动机的安全与寿命以及厂用电的稳定运行。所以，为了保证自启动能够实现，必须要进行厂用电动机自启动校验。

12-35 在启动电动机的过程中，出现启动故障时应检查哪些项目？

答：（1）立即拉开断路器；

（2）有条件的应人为盘车，以证实是否有问题；

（3）若机械正常，应检查断路器是否一次触头有问题，或电动机接线有问题；

（4）对于低电压电动机，还应检查开闭器（若有的话）及电动机接线盒是否有问题。

12-36 简述双电源高压电动机停电检修、送电注意事项。

答: 停电检修注意事项:

(1) 停电前一定要检查该设备确已停止运转,电流表指示为零;

(2) 将该设备双电源全部停电;

(3) 验明该设备电源负荷侧确无电压后分别合上两路电源负荷侧接地开关;

(4) 布置安全措施。

检修后送电注意事项:

(1) 检查该设备电动机所属回路完好,具备送电条件;

(2) 拆除安全措施;

(3) 分别断开该设备两路电源负荷侧接地开关;

(4) 测量该设备绝缘良好后;

(5) 对两路电源分别进行送电。

12-37 对于 6kV 电动机的运行维护,应注意什么问题?

答: (1) 启动 6kV 转动设备,值班人员必须站在设备的紧急按钮旁,一旦发生不正常情况,可立即停用该辅机。

(2) 热状态的电动机(指连续运行 30min 以上)允许启动一次;冷状态的电动机(指停转 30min 以上)允许启动两次,但必须间隔 30min。

(3) 在事故处理时,电动机启动次数可按规定增加一次,启动后应对电动机进行全面检查。

(4) 进行平衡试验时,启动的间隔时间为:

1) 200kW 以下的电动机,不应小于 0.5h;

2) 200~500kW 的电动机,不应小于 1h;

3) 500kW 以上的电动机,不应小于 2h。

(5) 电动机运行的监视:

1) 电动机的电流不超过额定电流;

2) 电动机的轴承润滑油压、油量正常;

3) 电动机转动声音无异常,无火花,无焦臭味;

4) 电动机的外壳温度不得高于规定值。

12-38 对于厂用 6kV 高压电动机的冷、热态启动,在规程上有何规定?

答: 对于所有的 6kV 高压厂用电动机,在热态和冷态下均允许连续启动两次,第三次启动需等待 30min,第四次启动与第三次之间需等 60min。

12-39　对装有防潮电阻的电动机的加热电阻有哪些要求？

答： 在装有防潮电阻的电动机中，其加热电阻应保持良好状态，应能随开关的操作而自动投入运行。运行人员检查时，应注意加热盘上各电动机的加热熔断器均应投入，如有损坏，应及时更换。

12-40　如何防止电动机的反转？

答： 电动机拆开电源线的接头后，恢复接线之前，必须用相序表检查电源线的相序，再按电动机上的接线图接好各接头，防止电动机反转。

第十三章　配电装置的
运行、监视维护

13-1　简述高压断路器操作的有关规定。

答：（1）严禁在无保护的情况下操作断路器。

（2）在操作前必须检查断路器位置。

（3）带有同期回路的断路器，正常送电操作时，严禁将同期闭锁回路解除。

（4）断路器的单项操作，只允许在事故情况下手动跳闸。

（5）拒绝跳闸和三相不同期的断路器严禁投运。

（6）严禁在主断路器 SF_6 压力低的情况下操作主断路器。

13-2　油断路器有哪些一般规定？

答：（1）油断路器检修后，投入运行前，必须做远方跳合闸试验，试验时应将两侧隔离开关断开。

（2）有液压操动机构的断路器，跳合闸前，升不到所需的油压，不允许跳合闸，以防造成断路器慢分、慢合。

（3）油断路器严禁连续拉合闸试验十次以上，以免合闸线圈烧毁及机构严重磨损。

（4）油断路器禁止带电压手动机械合闸。

（5）各断路器允许按断路器铭牌上规定的数值长期运行，油断路器工作电压、电流和切断故障电流不应超过铭牌额定值。

（6）油断路器操作和合闸电源电压变动，不得超过额定值的 $\pm5\%$。

（7）掉闸机构失灵的断路器，禁止投入运行，操动机构拒绝合闸的断路器，禁止列入备用。

（8）油断路器在事故遮断后，值班人员应将遮断次数，日期清楚地记在油断路器遮断记录中，同时应对断路器进行外部检查及断路器油色油位检查。6kV 小车开关拉出、推入哪个断路器间隔，应在断路器卡上标明并注明推入或拉出的时间。

（9）各断路器遮断次数见表 13-1。

表 13-1 各断路器遮断次数

电压等级（kV）	允许切断故障次数	退重合闸时切断故障次数
220	5	4
110	5	
6	5	

13-3 油断路器投运前的检查项目有哪些？

答：（1）检查断路器及连接设备上的工作票已全部收回，安全措施全部拆除，设备上确已无人工作。

（2）检查油断路器本体及周围无杂物及金属线，没有检修人员遗留下的工具和其他物件。

（3）检查油色、油位、油压正常，无漏油及渗油现象。

（4）检查套管应清洁无破损、裂纹、放电痕迹及其他异常现象，油缓冲器正常。

（5）断路器各部螺钉紧固，标示牌位置应指示正确，固定遮栏完好。

（6）开关室照明灯完好，门应关好。

（7）检查操作箱应完整、清洁、机械跳闸装置正常。

（8）二次插座、插头完好无损。

（9）对于真空断路器，应检查真空罩内无裂纹、无漏气、无异音，导电部分无变色、氧化。

13-4 油断路器运行中的检查项目有哪些？

答：（1）对正常运行的油断路器应按投运前的检查内容进行检查，另外还应注意：

1）断路器无喷油、无异味、无放电闪络现象。

2）断路器导电接触端不应变色，否则应测量温度，其温度不超过 70℃。

3）检查操动机构及电接点压力表读数，观察蓄压器活塞杆位置正确。

4）断路器操作箱严密关好，液压操作回路不漏油，且压力在规定的范围内，当油温低于 5℃（以环境温度为准）时液压油加热器应自动投入，当温度高于 20℃时，其加热器应自动退出。

（2）当发生事故或天气突然恶化时，还应进行特殊检查：

1）油断路器每次事故跳闸后或事故状态中，套管应无烧伤和破裂现象，无喷油现象及异常音响，油色正常不发黑，套管端头无松动的现象，各接点处无发热及烧伤痕迹及变形现象。

2）大雪天检查各接线端子接触点落雪不应立即溶化，传动机构应无冰溜子或冻结现象。

3）大风时检查套管端头接线无剧烈摆动，上部无杂物。

4）浓雾及阴雨天套管应无火花及放电现象。

13-5 指示断路器位置的红、绿灯不亮，对运行有什么影响？

答：指示断路器位置的红、绿灯不亮会对运行造成以下危害：

（1）不能正确反映断路器的跳、合闸位置，故障时易造成误判断。

（2）如果是跳闸回路故障，当发生事故时，断路器不能及时跳闸，会扩大事故。

（3）如果是合闸回路故障，会使断路器事故跳闸后不能自动重合或自投失败。

（4）跳、合闸回路故障均不能进行正常操作。

13-6 更换断路器的红灯泡时应注意哪些事项？

答：更换断路器的红灯泡时应注意的事项：

（1）更换灯泡的现场必须有两人进行。

（2）应换用与原灯泡同样电压、功率、灯口的灯泡。

（3）如需要取下灯口时，应使用绝缘工具，防止将直流短路或接地。

13-7 操作6kV电源断路器（真空断路器）应注意哪些事项？

答：操作6kV电源断路器（真空断路器）应注意：

（1）每次合闸后，其储能电动机应启动并发出"合闸储能"信号，否则应检查合闸电源是否良好，信号回路是否正常并通知检修人员检查处理。

（2）断路器合闸后，发出"合闸储能"信号，应在15s内消失，否则应检查断路器储能电动机是否停运，断路器机构是否储能，储能电动机停不下来时，应断开合闸电源，立即通知检修人员处理。

（3）使用维护小车将断路器本体从柜内移出或放回断路器柜内时，应先将维护小车与断路器柜锁定，并确认移动小车可靠地锁定到断路器柜上时方可移动断路器。

（4）断路器从柜内移至维护小车上时，应确认断路器本体已被可靠地锁定到维护小车上时，方可移动维护小车，防止断路器掉落损坏断路器或砸伤人。

（5）断路器移至维护小车上时，不可操作小车横档上的带球手柄，不要通过手抓断路器可移开部分的触臂来提升或移动可移开部分，推动小车过程

中，要平稳缓慢，不可过快或过猛地推拉。

13-8　表用互感器投运前有哪些检查项目？

答：表用互感器投运前检查项目有：

（1）检查油色油位应正常，无漏油、渗油现象。

（2）检查表用变压器本体清洁、套管无裂纹及放电痕迹或其他异常现象。

（3）检查一、二次熔断器完好，二次线牢固，检查表用互感器接地线应完好。

（4）在运行中，对表用互感器除按以上各条检查外，还应注意：

1）互感器无焦味或其他异味。

2）互感器内部无异常声音及放电现象。

3）各结合处无发热现象。

13-9　表用互感器运行中有哪些规定？

答：（1）绝缘电阻值应符合表 13-2 中规定。

表 13-2　　　　　　　　绝缘电阻值应符合的规定

工作电压 （kV）	最低允许绝缘电阻值 （MΩ）	使用绝缘电阻表电压等级 （V）
220	240	2500 或 5000
110	120	2500 或 5000
15.75	16	2500 或 5000
6	6	2500
0.38	0.5	1000
0.22	0.5	1000

通常情况下运行人员可不测量，但送电前做外部检查，或连同所连接的设备一起充电检查。

（2）电压互感器二次侧熔丝的容量，根据 YH 负荷和容量大小定，一般为 5A。

（3）在任何情况下，电压互感器二次侧不得短路，电流互感器二次侧不得开路。

13-10　当厂用系统电压下降或消失时，对运行中的厂用电动机断路器有何规定？

答：当厂用电动机电源电压下降或消失时，禁止值班人员立即拉开电动机断路器，应等 1min 后，电源电压仍未恢复，再拉开电动机断路器。待电压恢复并得到单元长通知后，方可重新启动。

13-11　非直接接地系统一相接地时，为何接地相电压降低而其他两相电压升高？

答：当非直接接地系统一相接地时，三相电压不对称，中性点将向接地的那一相浮动，致使接地相电压降低，而其他两相电压升高。

13-12　中性点直接接地短路电流系统的缺点是什么？

答：中性点直接接地系统供电可靠性低，因为这种系统中一相接地时，易与除中性点外的另一个接地点构成短路回路，接地相电流很大。为了防止损坏设备，必须迅速切除接地相甚至三相，对保护要求比较高。

13-13　为何将系统中性点直接接地？

答：不接地系统虽供电可靠，但绝缘水平的要求也高。在电压等级较高的系统中，绝缘费用在设备价格中占相当大的比例，降低绝缘水平带来的经济效益很显著，因此要求采用系统中性点的直接接地方式。

13-14　电力系统中性点为何采用经消弧线圈接地系统？

答：由于导线对地有电源，中性点不接地系统中一相接地时，接地点接地相电流属容性电流；而且随网络的延伸，这电流也愈益增大，以致完全有可能使接地点电弧不能自行熄灭并引起弧光接地过电压，甚至发展成严重的系统性事故。为了避免发生上述情况，可在网络中某些中性点处装消弧线圈，使接地点接地相电流中增加一个感性电流分量。它和装设消弧线圈前的容性电流分量相抵消，减小了接地点的电流，使电弧易于自行熄灭，提高供电可靠性。

13-15　电流互感器开路有哪些现象？如何处理？

答：（1）有关表计指示失常，若为发电机仪表用 LH，则有、无功指示降低。

（2）可能使所带的保护误动或拒动。

（3）开路 LH 有大的电磁振动声，开路处有火花和放电声响。

处理：

（1）汇报值长退出可能误动的保护。

（2）发电机仪表用 LH 断线时应根据流量、压力保持发电机负荷，严禁发电机过负荷，若为 LH 内部开路则应请示值长，停机处理。

（3）对故障 LH 及所带负荷回路进行检查，检查时应穿绝缘靴，戴绝缘手套，如为表计回路故障，通知仪表班处理；如为保护回路故障，应按"继电保护规程"有关规定进行处理。

（4）有条件时应尽可能停电处理。

（5）电流互感器内部故障时，应停电处理。

（6）LH 开路期间应按高压设备带电测量规定进行，并遵守《电业安全工作规程》有关规定，不准用低压电表或低压验电笔对该回路进行测量。

13-16　停用电压互感器时，应注意哪些问题？

答：停用电压互感器时，应考虑该电压互感器所带保护及自动装置。为防止保护误动，可将有关保护及自动装置停用。

13-17　厂用电系统操作一般有什么特点？

答：厂用电系统的操作规定如下：

（1）厂用电系统的倒闸操作和运行方式的改变，应由值长发令，并通知有关人员。

（2）除紧急操作及事故处理外，一切正常操作均应按规定填写操作票，并严格执行操作监护及复诵制度。

（3）厂用电系统的倒闸操作，一般应避免在高峰负荷或交接班时进行。操作当中不应进行交接班。只有当操作全部终结或告一段落时，方可进行交接班。

（4）新安装或进行过有可能变更相位作业的厂用电系统，在受电与并列切换前，应进行核相，检查相序、相位的正确性。

（5）厂用电系统电源切换前，必须了解两侧电源系统的连接方式，若环网运行，应并列切换；若开环运行及事故情况下系统不清时，不得并列切换，防止非同期。

（6）倒闸操作应考虑环并回路与变压器有无过载的可能，运行系统是否可靠及事故处理是否方便等。

（7）厂用电系统送电操作时，应先合电源侧隔离开关，后合负荷侧隔离开关；先合电源侧断路器，后合负荷侧断路器。停电操作顺序与此相反。

（8）断路器拉合操作中，应考虑继电保护和自动装置的投、切情况，并检查相应仪表变化，指示灯及有关信号，以验证断路器动作的正确性。

13-18　厂用母线送电的操作原则怎样？

答：厂用电送电操作的原则如下：

（1）检查厂用母线上所有检修工作全部终结，各部及所属设备均完好，符合运行条件。

（2）将母线电压互感器投入运行。即投入电压互感器高、低熔丝及直流熔丝，合上电压互感器一次隔离开关。

（3）检查母线工作电源断路器和备用电源断路器均断开，并将其置于热备状态。

（4）合上母线工作电源断路器（或合上母线备用电源断路器），检查母线电压正常。

（5）投入相应母线备用电源自投装置（由备用电源供电时，此项不执行）。

13-19　厂用母线停电的操作原则怎样？（厂用母线由工作电源接带状态）

答： 厂用母线的停电操作原则如下：

（1）检查厂用母线所属负荷均已断开。

（2）断开厂用母线备用电源自投装置。

（3）拉开厂用母线工作电源断路器（操作此项时，应考虑有关保护投、断问题）。

（4）将厂用母线工作电源和备用电源断路器置于检修状态。

（5）拉开厂用母线电压互感器隔离开关，并取下其高、低压熔丝及其直流熔丝。

13-20　简述厂用电倒换为高压备用变压器的操作步骤。

答： 使用备用电源自投装置与快切装置两种形式进行说明。

1. 使用备用电源自投装置

（1）检查备用电源开关处于热备用状态。

（2）合上备用电源开关。

（3）检查备用电源开关已经带负荷。

（4）退出该段的联锁开关。

（5）拉开工作电源开关，并取下其操作熔断器。

（6）检查工作电源开关确已断开，并将开关停电。

2. 使用快切装置

（1）检查备用电源开关热备用良好。

（2）检查快切装置运行正常，各方式开关位置正确，正常倒换时一般采用并联倒换。

（3）启动快切装置，检查备用电源开关合好，并已经带负荷，工作电源开关确已断开。

（4）闭锁快切装置。

（5）就地检查备用电源开关已合好。

（6）就地检查工作电源开关已拉开，并将其停电。

13-21 简述厂用电倒换为高压厂用变压器的操作步骤。

答： 使用备用电源自投装置与快切装置两种形式进行说明。

1. 使用备用电源自投装置

（1）检查工作电源开关本体及间隔无异常，开关在断位，将开关送电，操作机构送电。

（2）检查高压厂用变压器保护投入正确，高压厂用变压器冷却器运行方式正确。

（3）合厂用分支工作电源开关，并检查开关已带负荷。

（4）投入该分支联锁开关。

（5）拉开该分支备用电源开关。

（6）就地检查工作电源开关合好，备用电源开关确已拉开。

2. 使用快切装置

（1）检查工作电源开关本体及间隔无异常，开关在断位，将开关送电，操作机构送电。

（2）检查高压厂用变压器保护投入正确，高压厂用变压器冷却器运行方式正确。

（3）检查快切装置运行正常，各方式开关位置正确，正常倒换时一般采用并联倒换。

（4）解除快切装置闭锁。

（5）启动快切装置，检查工作电源开关合好并已经带负荷，检查备用电源开关已断开。

（6）检查装置动作正常后，复归快切装置至工作状态。

（7）就地检查工作电源开关确已合好。

（8）就地检查备用电源开关确已断开。

13-22 厂用母线停电做检修措施的操作步骤是什么？

答： 首先需要将母线上的各负荷开关停电。停电时，如果有双电源的负荷，可以将负荷倒换至另一路电源带；对于有备用设备的系统，可以启动备用设备，将该母线上的负荷停运。某些负荷，可以接临时电源，将各负荷开关停运。母线上的所有负荷开关停电后，一般先将母线的备用电源开关停运，断开控制电源。检查母线电源开关的电流指示为零，确定母线上的所有负荷已停电,可以停运母线失电后发出信号的保护与自动装置(如低电压保护的直流电源),以免母线失电时发出信号。拉开工作电源开关,断开操作电源,将母线上的电压互感器二次与一次停电。在母线上验明无电压后,在母线上封地线。必要时还应将母线的控制直流、合闸直流、其他的电源停电。最后,在本母线上带电的间隔挂"运行中"红布,用围栏与相邻的带电母线隔离。

13-23　如何进行断路器检修后的传动?

答:首先保证断路器本体的检修工作已经完成,断路器具备合、跳条件。其次确认断路器的保护与二次回路的工作结束。将本母线的控制、合闸直流电源送电。将断路器送至"试验"位置,插入断路器的二次插头。如果是母线未送电,还应退出母线或者断路器的低电压保护,解除停电后动作的其他保护,对于热机负荷,还应解除相应的热工保护。然后,将断路器的控制、合闸电源送电,进行断路器的合、跳闸操作。

13-24　断路器在运行中遇到哪些情况时应查明原因或停电处理?

答:(1)断路器内发出异常振动声;

(2)断路器内有绝缘焦味时;

(3)断路器内有明显的放电声。

13-25　油断路器发生哪些故障应立即停电?

答:(1)断路器内部有明显放电声或套管炸裂;

(2)导体连接部分严重过热,并有严重放电;

(3)断路器严重喷油或着火;

(4)人身触电。

13-26　电抗器的正常巡视项目有哪些?

答:电抗器正常巡视项目有:

(1)接头应接触良好无发热现象;

(2)支持绝缘子应清洁无杂物;

(3)周围应整洁无杂物;

(4)垂直布置的电抗器不应倾斜;

(5)门窗应严密。

13-27　检修后母线送电的操作步骤是什么?

答:首先将母线上的临时接地线拆除,拆除各种临时布置的安全措施,恢复常设措施。确认母线上的所有负荷断路器均在"检修"位置。在母线上

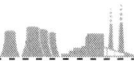

验明无电压，用绝缘电阻表测量母线的绝缘合格。在测量过程中，有的低压母线上还接有电能表等仪表或者是交流开关的控制电源，需要将此类的接线解除，否则母线的绝缘测量数值会很低。然后将母线上的电压互感器送至"工作"位置，二次侧恢复正常，保证对母线的电压数值可以监视。将工作电源开关送至"工作"位置，将工作电源开关的控制、合闸直流电源送电。此后，检查母线的保护电源指示正常，保护的出口连接片投入正确。合工作电源开关，检查母线的电压指示正常，如果有可能，切换三相电压平衡。母线充电正常后，若有备用电源开关，将备用电源开关送至"工作"位置，投入相应的开关联锁。

13-28　对于动力中心断路器合闸失灵时应进行哪些检查？

答：动力中心断路器合闸失灵：

(1) 检查开关操作直流小开关是否投入；

(2) 断路器是否已储能；

(3) 检查断路器本身闭锁压把是否到位；

(4) 开关下面中间有色按钮是否因过流保护动作而弹出；

(5) 控制直流熔断器是否熔断。

13-29　当控制中心断路器合闸失灵时应进行哪些检查？

答：(1) 检查操作电源熔断器是否投入；

(2) 检查控制回路、二次端子是否有松动现象；

(3) 限位断路器是否接通。

13-30　220kV 或 110kV 断路器合闸失灵时应检查哪些项目？

答：(1) 检查操作直流小开关是否投入；

(2) 检查就地控制箱控制电源熔断器是否上好；

(3) 检查同期开关使用是否正确（110kV 断路器无此项）；

(4) 检查同期回路是否有问题（110kV 断路器无此项）；

(5) 检查就地压缩空气压力是否在正常值；

(6) 检查就地箱内"远方"、"就地"选择开关指示位置是否正常，且就地控制箱门锁好；

(7) 检查联锁关系是否满足。

13-31　对于 110kV 或 220kV 断路器出现哪些情况时应对断路器动静触头进行检查，必要时应进行更换？

答：(1) 切除短路故障 16 次之后（220kV 断路器为 17 次）；

(2) 切除短路后出现异常现象。

13-32　高压断路器合不上、拉不掉的原因是什么？

答：高压断路器合不上的原因：

(1) 电气回路故障。如操作、合闸电源、继电器端子接触不好等，限流元件如合闸熔断器、操作熔断器熔断，如发生开关合闸后就复跳，有联跳的触点使跳闸回路带电等。

(2) 机械故障。主要有：由于调整不当，跳闸后机械传动部分不复位，合闸铁芯犯卡，开关提升机械有卡涩，机构跳跃、跳闸铁芯卡涩或调整不当等。

高压断路器拉不掉闸的原因：

(1) 操动机构的机械有故障；

(2) 继电保护有故障；

(3) 跳闸线圈无电压，跳闸回路有断线及熔断器熔断等。

13-33　当厂用 6kV 系统出现速断保护动作时如何处理？

答：运行人员应到就地检查电动机及电缆有无放炮和异味；检查电动机的启动电流倍数是否超过保护定值（只限电动机刚启动时跳闸），如超过说明保护定值偏小造成电动机启动时保护动作，运行人员可通知保护人员检验继电器有无问题，如为继电器无问题，可检查电动机机械部分是否有问题。全部检查无问题后得到值长同意后，方可重新再启动一次，当运行中速断保护动作后，如检查无问题，情况紧急而且无备用电动机时，运行人员可再启动一次。但启动不成功时，不应再启动，应找出原因处理正常后再启动。

13-34　当厂用 6kV 系统出现过流保护动作时如何处理？

答：当运行中过流保护动作引起断路器跳闸，就地检查保护装置，确有过负荷，应设法降低电动机的负荷再启动，同时把继电器内信号复归。

13-35　当厂用 6kV 系统出现负序保护动作时如何处理？

答：该保护动作后，6kV 配电室应有相应的报警。运行人员首先检查设备，包括一次电缆有无断裂、破损，电动机有无问题、异味等，然后检查二次端子是否松动。如检查无问题，而应检查电缆及电动机的电阻绝缘，看有无问题。如有问题，处理完后，方可再启动。

13-36　为什么同一单元内的同期开关只能投一个？

答：合上两个或两个以上的同期开关，相当于把两个电压互感器通过同

期开关并联起来，由于两个电压互感器的二次侧存在电压差和相位差，从而产生环流，使二次回路短路将熔断器熔断。另外几个同期开关同时投入会造成误并列。

13-37 互感器发生哪些情况必须立即停用？

答：互感器发生下列情况时，必须立即停用。

（1）TA、TV 内部有严重放电声和异常声。

（2）TA、TV 发生严重振动时。

（3）TV 高压熔丝更换后再次熔断。

（4）TA、TV 冒烟、着火或有异臭。

（5）引线和外壳或线圈和外壳之间有火花放电，危及设备安全运行。

（6）严重危及人身或设备安全。

（7）TA、TV 发生严重漏油或喷油现象。

13-38 哪些情况下容易诱发电压互感器铁磁谐振？

答：电压互感器铁磁谐振常发生在中性点不接地的系统中。当系统中的电感、电容的参数满足"激发"铁磁谐振的条件时，如电源向只带电压互感器的空母线突然合闸或者发生单相接地等，电压互感器就可能产生铁磁谐振。

电压互感器铁磁谐振可能是基波（工频）的，也可是分频的，甚至可能是高频的。经常发生的是基波和分频谐振。根据运行经验，当电源向只带有电压互感器的空母线突然合闸时，易产生基波谐振；当发生单相接地时，易产生分频谐振。

13-39 高压厂用变压器一般配置哪些保护？

答：高压厂用变压器的保护配置与主变压器类似，但作了适当简化。高压厂用变压器保护配置情况如下：

（1）差动保护。作为主保护，用于保护变压器绕组内部及引出线相间短路保护。

（2）瓦斯保护。用于保护变压器油箱内部故障和油位降低。

（3）复合电压过电流保护。作为后备保护。

（4）分支过流保护（高压厂用变压器采用分裂绕组变压器时）等。

13-40 低压厂用变压器一般配置哪些保护？

答：低压厂用变压器一般配置下列保护：

（1）电流速断保护。作为低压厂用变压器相间短路的主保护，瞬时作用于跳闸。

（2）瓦斯保护。油浸式低压厂用变压器装设瓦斯保护，轻瓦斯保护作用于信号，重瓦斯保护作用于跳闸。

（3）温度保护。干式低压厂用变压器装设温度保护，作为主保护，瞬时作用于跳闸。

（4）过电流保护。作为变压器的后备保护，延时作用于跳闸。

（5）接地保护。中性点直接接地的低压厂用变压器一般装设零序过流保护，作为相邻元件及本身主保护的后备保护。

13-41　柴油发电机组启动前应检查哪些项目？

答：柴油发电机组启动前的检查项目有：

（1）检查柴油机机油油位在 ADD 与 FULL 之间，冷却液液位正常。

（2）检查燃油充足（应至少有 8h 的燃油量）。

（3）检查柴油机冷却风机各部良好。

（4）检查所有软管无损坏和松脱现象、系统无泄漏。

（5）检查发电机加热器、水加热器自动投停正常，水温保持在 32℃左右。

（6）检查空气进口管道连接牢固，空气滤清器进气阻力指示器正常。

（7）检查蓄电池电压正常，接线无松动，充电装置运行正常。

（8）检查辅助电源投入正常，仪表及控制面板指示正常，无报警信号。

（9）检查发电机各部良好，接线无松动、脱落现象。

（10）检查柴油发电机组现场清洁、无人工作、照明充足。

13-42　柴油发电机组应进行哪些保养和维护项目？

答：（1）每日或 8h 后检查油位、水位是否正常，检查机油、柴油、冷却水系统和排气系统有无泄漏。在发电机运行时，检查排气系统，如有泄漏，立即检修。

（2）每周或 50h 后，检查空气滤清器是否堵塞，环境恶劣地区应增加检查频率。检查柴油油水分离器，排出柴油油水分离器水分或沉淀物；检查电池充电系统正常。

（3）每月或 100h 后，检查皮带张力变化情况，检查燃油油位，排出排气管凝结水，检查电池液位及密度，检查发电机排风口无阻塞及异物等。

（4）每半年或 250h 后，更换机油及机油滤清器（如发电机是作常载机组时，每 6 个月或 250h 更换；如发电机是作备用机组时，每 12 个月或 250h 更换），更换冷却水滤清器，清洁柴油机呼吸口，更换空气滤清器，检查水

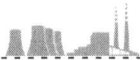

箱管路有无松脱或磨损，更换柴油滤清器。

（5）每年或500h后，清洁冷却系统，测试发电机绝缘。

13-43 柴油发电机组启动步骤是怎样的？

答：柴油机的启动步骤如下：

（1）检查柴油发电机出口断路器各部分良好，出口隔离开关确定在合闸位置。

（2）检查柴油发电机组控制面板方式开关在"自动"位置，检查柴油发电机组并网柜机组启动模式（选择开关SW1）在自动位置，功率输出模式（选择开关SW2）在"停止"位置，系统模式（选择开关SW3）在"自动"位置。

（3）通过DCS操作面板点击柴油发动机启动按钮或手操台柴油机启动按钮启动柴油机。

（4）检查柴油发电机组启动至全速运行，检查各仪表指示正确，信号灯指示正常，无异常报警。

（5）检查柴油发电机出口断路器合闸正常。

（6）根据需要将保安段负荷倒至柴油发动机供电。

13-44 柴油发电机运行中信号系统包括哪些内容？

答：柴油发电机运行中信号系统可分别设置在柴油发电机组的控制柜和送往单元控制室DCS。按故障性质分为预告信号（用光字牌和电铃）和事故信号（用光字牌和蜂鸣器）。

柴油发电机组装设的信号有：电气设备故障信号，柴油发电机组运行信号，柴油发电机组启动（3次）失败信号，柴油发电机组超速信号，润滑油油压低、油压过低信号，冷却水水温高、水温过高信号，燃油箱油位低信号，24V直流电源电压消失信号，110V直流控制电源故障信号，旋转整流二极管故障信号，自动电压调整器故障信号，柴油发电机组故障总信号，柴油发电机组运行异常信号，运行方式选择开关位置信号，保安段电源自投回路熔断器熔断信号等。

上述所有信号均可实现与控制室DCS通信接口，其中柴油发电机组运行信号、柴油发电机组故障总信号、柴油发电机组运行异常信号和运行方式选择开关位置信号除就地安装外，还通过硬接线引至主机组的单元控制室（无源接点输出）。

13-45 柴油发电机组带稳定负载能力有何要求？

答：柴油发电机组自启动成功后，保安负荷分两级投入。柴油发电机组接到启动指令后 10s 内允许加载，允许首次加载不小于 50% 额定容量的负载（感性）；在首次加载后的 5s 内再次发出加载指令，允许加载至满负载（感性）运行。

柴油发电机组能在功率因数为 0.8 的额定负载下，稳定运行 12h 中，允许有 1h1.1 倍的过载运行，即

$$1.1P' \geqslant \frac{aP_c}{1.1\eta}$$

式中　P'——柴油机修正后的输出功率，kW；

　　　P_c——计算负荷的有功功率，kW；

　　　η——柴油发电机效率；

　　　a——柴油发电机组的功率配合系数，取值 1.10～1.15。

并在 24h 内，允许出现上述过载运行两次。在负载容量不低于 20% 时，允许长期稳定运行。

实际上，我国大多数柴油发电机允许 0s 投入的负荷不超过额定功率的 30%。为了保证柴油发电机组在首批负荷投入后能安全运行，应尽量减少 0s 投入的负荷总量，分批投入；另外，可以加大柴油发电机组的容量。

13-46　对柴油发电机蓄电池的运行维护有哪些要求？

答：（1）蓄电池的液面经常保持在"MAX"位置；

（2）蓄电池必须用纯净的蒸馏水加以补充；

（3）正常情况下，蓄电池应处在浮充状态；

（4）检查控制回路用蓄电池电压正常，充电电源正常；

（5）因控制回路用蓄电池充电机交流电源取自柴油发电机房照明电源，故要注意监视交流电源的运行情况，防止电池放电。

13-47　当柴油发电机进行自动切换时，应注意哪些问题？

答：（1）厂用电中断后，应迅速检查失电的母线上的柴油发电机是否启动成功，发电机电压是否正常，定子三相电流是否平衡或超过允许值，如果柴油发电机在 30s 内仍未能启动，则应手动启动柴油发电机。但在手动启动柴油发电机之前，要确认厂用电来的断路器、柴油机出口断路器在断开位置。

（2）在柴油发电机启动以后，要密切注意其运行情况。如柴油机运行时间较长，则应就地监视柴油发电机的运行情况，如油压、油位、水温及机组的振动，发电机三相电压是否平衡，定子电流是否超过额定值等。

13-48　柴油发电机自启动供电后，应重点检查哪些情况？

答：当柴油机发电机自启动带负荷以后，要注意检查柴油发电机的运行

情况，且在任何情况下，不应使柴油发电机长期过负荷运行，并根据柴油发电机带负荷情况来增、减负荷。

13-49 柴油发电机紧急停用的条件有哪些？

答：（1）柴油发电机本体冒烟。

（2）整流环着火，飞出熔化金属。

（3）柴油发电机确无输出电压。

（4）发生危及人身安全的事故。

13-50 异步电动机的保护配置原则是怎样的？

答：电动机的保护应根据运行重要程度，进行经济技术比较，选择简单而可靠的保护装置。

（1）对于 1000V 以下的小于 75kW 的低压厂用电动机，广泛采用熔断器或低压断路器本身的脱扣器作为相间短路保护。

（2）对于 1000V 以上的异步电动机，应装设由继电器构成的相间短路保护装置，通常都采用无时限的电流速断保护，并且一般用两相式，动作于跳闸。

（3）对于 2000kW 及以上的电动机或容量小于 2000kW 但电流速断不能满足灵敏度要求时，应装设纵联差动保护作为相间短路的主保护。

（4）对电源变压器中性点不接地或经消弧线圈接地的系统，当单相接地电容电流大于 5A 时，应装设接地保护，作用于跳闸或信号，但当接地电流大于或等于 10A 时，应作用于跳闸。

（5）对于在运行中容易发生过负荷的电动机和由于自启动或自启动条件较差而使启动或自启动时间过长的电动机，都应装设过负荷保护，根据具体情况作用于跳闸或信号。

（6）对于次要电动机和不允许自启动的电动机要装设低电压保护，作用于跳闸。

13-51 什么是备用电源自动投入装置？

答：备用电源自动投入装置就是当工作电源因故障被断开后，能自动而迅速地将备用电源投入工作或将用户供电切换到备用电源上去，使用户不至于停电的一种装置。

13-52 对备用电源自动投入装置的基本要求是什么？

答：备用电源自动投入装置应满足下列基本要求：

（1）无论什么原因，工作母线失压，备用电源自动投入装置均应启动。

（2）工作电源断开后，备用电源才能投入。

（3）备用电源自动投入装置只允许动作一次。

（4）备用电源自动投入装置的动作时间，应使负荷的停电时间尽量短。同时必须考虑故障点的去游离时间，以保证备用电源自动投入装置投入成功。

（5）厂用工作母线 TV 二次侧熔丝熔断时，备用电源自动投入装置不应动作。

（6）当备用电源无电压时，备用电源自动投入装置不应动作。

13-53　在什么情况下快切装置应退出？

答：（1）机组已停运 6kV 厂用电源由备用电源带。

（2）快切装置故障并闭锁。

（3）正常运行时快切装置的二次回路检修、消缺工作。

（4）机组正常运行时检修维护断路器的辅助接点，会造成快切装置误动作的工作。

（5）机组正常运行时检修人员在发电机—变压器组保护启动快切回路的工作。

（6）6kV 电压互感器停运前。

（7）在 6kV 电压互感器回路进行工作有可能造成快切不能正常切换的工作。

（8）机组运行中，6kV 备用电源断路器检修时。

13-54　为什么许多过电流保护要加装低电压闭锁装置？

答：低电压闭锁装置如图 13-1 所示。过流保护的启动电流是按躲过最大负荷电流来整定的。当保护动作电流值较大，而外部故障稳态短路电流值较小时，过流保护不能满足灵敏度的要求。为了提高保护灵敏度，则利用短路时母线电压显著下降，而过负荷时母线电压降低甚少的特点，采用低电压闭锁装置有效地避免过负荷时引起保护的误动作，从而提高了过流保护的灵敏度。

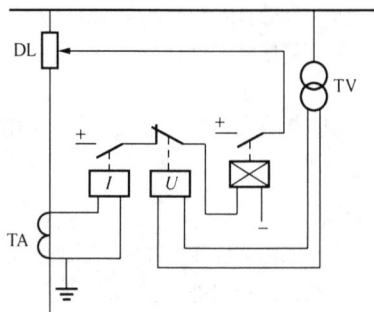

图 13-1　低电压闭锁装置

13-55　为什么隔离开关要用操动机构操作？

答：用操动机构操作隔离开关可以提高操作的可靠性和安全性。因为操

动机构可使操作人员和隔离开关保持一定距离；使隔离开关操作简化和省力；实现隔离开关与断路器的相互闭锁，防止误操作；实现隔离开关远方电动操作。

13-56　隔离开关及母线运行规定有哪些？

答：（1）母线、隔离开关绝缘电阻值每千伏不低于 $1M\Omega$。

（2）母线、隔离开关送电前可进行详细的外部检查，而不必测定其绝缘。

（3）母线、隔离开关各接头最高允许温度为 $80℃$，检查时以变色漆不变色来判断。

（4）对于封闭母线，母线导体温升不超过 $50℃$，母线镀银接触面温升不超过 $65℃$，外壳温升不超过 $25℃$，外壳接头处温升不超过 $30℃$。

（5）隔离开关停送电操作，应在断路器切断情况下进行。

13-57　隔离开关及母线投运前应检查哪些内容？

答：（1）工作票全部收回，设备上确实无人工作，安全措施和地线已拆除。

（2）封闭母线周围清洁，无漏水、漏气现象。

（3）检查封闭母线密封件是否老化，漆层是否脱落，接地线是否可靠。

（4）检查母线支持绝缘子完好，无裂纹、无放电痕迹及其他异常现象。

（5）各部螺钉紧固，伸缩节正常。

（6）隔离开关正直，传动机构良好。

13-58　隔离开关及母线在运行中应检查哪些内容？

答：运行中应对母线、隔离开关进行下列检查：

（1）瓷套管和支持绝缘子无放电或其他异常现象，各触点无发热现象（变色漆不变色）；

（2）封闭母线外壳的温度、温升符合规定。

13-59　隔离开关及母线在哪些情况下应进行特殊检查？

答：（1）过负荷时，应对母线和隔离开关进行详细检查，查看温度和声音是否正常；

（2）事故后检查其可疑部件；

（3）大雾天、大雪天、大风天及连绵雨天，应对母线及隔离开关进行详细检查，查看其温度、绝缘子放电及有无杂物等情况。

13-60 正常运行中，厂用电系统应进行哪些检查？

答：(1) 值班人员应严格监视各厂用母线电压及各厂用变压器和母线各分支电流均正常，不得超过其铭牌额定技术规范。

(2) 各断路器、隔离开关等设备的状态符合运行方式要求。

(3) 定期检查绝缘监视装置、了解系统的运行状况。

13-61 厂用系统初次合环并列前如何定相？

答：新投入的变压器与运行的厂用系统并列，或厂用系统接线有可能变动时，在合环并列前必须做定相试验，其方法是：

(1) 分别测量并列点两侧的相电压是否相同；

(2) 分别测量两侧同相端子之间的电位差。

若三相同相端子上的电压差都等于零，经定相试验相序正确即可合环并列。

13-62 电缆的运行及维护有哪些内容？

答：(1) 电力电缆的绝缘电阻允许值不低于该所属设备的电阻允许值。

(2) 正常情况下，电力电缆的电流不得超过其额定值。

(3) 电缆的绝缘电阻应同所属设备一起测量，绝缘电阻的测定周期标准及使用绝缘电阻表的电压等级，同所属设备的有关规定相同。

(4) 电缆表面温度不应超过表 13-3 规定。

表 13-3 电缆表面最高允许温度

电缆额定电压（kV）	3 以下	3~10
最高允许温度（℃）	65	45

(5) 新投放和做头后的电缆，投运前应由检修班测定相序，禁止将相序不明的电缆投入运行。

(6) 禁止在运行中的电缆外皮上进行任何工作。

13-63 运行中对电缆的检查内容有哪些？

答：(1) 巡视电缆时不得移开电缆沟孔盖，禁止用手触摸电缆外皮或移动电缆。

(2) 电缆上不允许放置任何物体，电缆不应有挤压受热、受潮或摇动现象。

(3) 电缆钢甲应完整无锈蚀、渗油或凹痕。

(4) 电缆应无渗油现象，接地线完好。

（5）电缆沟内不应积水和有其他动物。

特殊检查：

（1）大负荷时，电缆头接合处不应过热。

（2）系统发生短路故障后，电缆外皮应无膨胀现象。

（3）洪水季节检查电缆沟内无水或被水冲塌现象。

13-64 避雷器在投运前的检查内容有哪些？

答：（1）避雷器的绝缘电阻允许值与其所在系统电压等级设备允许值相同。

（2）上下部引线接头应紧固无断线现象。

（3）外部绝缘子套管应完整并无放电痕迹。

（4）接地线完好，接触紧固，接地电阻符合规定。

（5）雷电记录器应完好。

每次雷雨后，除对上述各项检查外，还应注意：

（1）仔细听内部是否有放电声音。

（2）外部绝缘子套管是否有闪络现象。

（3）检查雷电动作记录器是否已动作，并做好记录。

13-65 需要立即停用避雷器的故障有哪些？

答：（1）瓷套管爆炸或有明显的裂纹。

（2）引线折断。

（3）接地线不良。

当发现上述现象，应查明故障性质，并将其拉出退出运行，对无隔离开关的或不能拉出的应用相应的断路器将其切断。

13-66 允许联系处理的避雷器事故有哪些？

答：（1）内部有轻微的放电声。

（2）瓷套管有轻微的闪络痕迹。

（3）发现上述现象可以联系停电，由检修人员处理。

13-67 电容器有哪些巡视检查项目？

答：电容器巡视检查项目有：

（1）检查电容器是否有膨胀、喷油、渗漏油现象。

（2）检查瓷质部分是否清洁，有无放电痕迹。

（3）检查接地线是否牢固。

（4）检查放电变压器串联电抗是否完好。

（5）检查电容器室内温度、冬季最低允许温度和夏季最高允许温度均应符合制造厂家的规定。

（6）电容器外熔丝有无断落。

13-68　简述 6kVA（B）段母线电压互感器送电操作步骤。

答：（1）检查 6kVA（B）段母线电压互感器具备投入条件。

（2）测 6kVA（B）段母线电压互感器绝缘电阻合格。

（3）检查 6kVA（B）段母线电压互感器一次熔断器完好，装上一次熔断器。

（4）将 6kVA（B）段母线电压互感器小车推至运行位置。

（5）插入 6kVA（B）段母线电压互感器二次插头。

（6）装上 6kVA（B）段母线电压互感器二次交流熔丝。

（7）检查 6kVA（B）段母线电压表指示正常。

（8）装上 6kVA（B）段母线电压互感器二次直流熔丝。

（9）投入厂用母线备用电源自投装置。

（10）检查 6kVA（B）段母线绝缘监察装置指示正常。

（11）汇报值长、单元长：6kVA（B）段母线电压互感器已送电。

13-69　厂用电倒闸操作的注意事项是什么？

答：（1）必须了解系统运行方式和状态，并考虑电源及负荷的合理分布、系统的运行方式调整情况；

（2）在厂用电系统和设备送电时，必须收回工作票，拆除安全措施，对厂用电气设备进行详细检查，在确认断路器已断开后，方可送电操作；

（3）有备用电源的系统，工作电源停电时采用并列倒换的方法进行，待负荷转移正常后，将工作电源停电；

（4）母线停电时，应考虑负荷分配，进行负荷转移，不能切换的设备应做好停电的联系工作，负荷全部停运时，用电源断路器切除空母线，而后停电压互感器 TV；

（5）母线送电荷，应先测绝缘电阻，并详细检查设备，先送母线电压互感器 TV，然后用电源断路器对母线充电，正常后再恢复对负荷的供电；

（6）程序控制的厂用负荷的程控开关，应随同设备的停、送电一起进行；

（7）厂用电源的倒换，应考虑系统的运行方式，防止发生非同期并列。

13-70　倒母线时拉母联断路器应注意什么？

答：在倒母线结束前，拉母联断路器时应注意：

（1）对要停电的母线再检查一次，确定设备已全部倒至运行母线上，防止因"漏"倒引起停电事故。

（2）拉母联断路器前，检查母联断路器电流表应指示为零；拉母联断路器后，检查停电母线的电压表应指示为零。

（3）当母联断路器的断口（均压）电容 C 与母线电压互感器的电感 L 可能形成串联铁磁谐振振时，要特别注意拉母联断路器的操作顺序：先拉电压互感器，后拉母联断路器。

13-71 短路电流发热有何特点？

答：（1）短路电流大而持续时间很短（0.15～8s）导体内产生很大的热量来不及向周围环境放热，短时间内所产生的热量都用来使导体温度迅速升高；

（2）短路时导体温度变化范围很大；它的电阻和比值不能再视为常数，而应为温度函数。

13-72 允许用隔离开关进行的操作有哪些？

答：（1）拉合无故障的表用互感器、避雷器。

（2）无故障、无负荷时投入 380/220V 系统母线和线路。

（3）在正常情况下，拉合无故障的变压器中性点接地开关。

（4）投入和切断直接连在母线上的电容电流（该断路器已断开，合闸熔断器已取下）。

13-73 禁止用隔离开关进行的操作有哪些？

答：（1）带负荷的情况下合上或拉开隔离开关。

（2）投入或切断变压器及送出线。

（3）切除接地故障点。

13-74 简述 380V A、B 段母线由分段运行切换为单台变压器经母联断路器串带的操作步骤？（1 号低压厂用变压器转热备用）

答：（1）接到值长可以操作的命令。

（2）装上 380V A、B 母线联络断路器操作熔断器。

（3）检查 380V A、B 段母线联络断路器保护投入正确。

（4）检查 380V A、B 段母线联络断路器确在断位。

（5）合上 380V A、B 段母线联络隔离开关。

（6）检查 380V A、B 段母线联络隔离开关合好。

（7）在 380V A、B 段母线联络断路器上下口测量电压差不大于 10V。

（8）合上 380V A、B 段母线联络断路器。

（9）检查 380V A、B 段母线联络断路器电流表指示正常。

（10）断开 1 号低压厂用变压器低压侧断路器。

（11）检查 1 号低压厂用变压器低压侧断路器确在断位。

（12）检查 380V 工作 A 段母线电压指示正常。

（13）断开 1 号低压厂用变压器高压侧断路器。

（14）检查 1 号低压厂用变压器高压侧断路器确在"分闸"位置。

（15）对以上操作进行全面检查。

13-75　对厂用 6kV 及 380V 断路器进行正常的巡视检查时，应包括哪些项目？

答：（1）断路器运行状况与实际情况相符；

（2）断路器柜内无振动声；

（3）指示灯指示与断路器位置应一致；

（4）无放电声，无异味；

（5）各断路器操动机构均已储能，跳合闸位置指示正确。

13-76　对 110kV 和 220kV 的断路器及隔离开关进行正常检查时，应包括哪些项目？

答：（1）检查断路器的压缩空气正常，SF_6 压力正常，各断路器拉合状态位置正确，传动机构应正常；

（2）各断路器的每相断开或合入的位置指示应正确；

（3）绝缘子、瓷套管无破损，无严重"放炮"；

（4）在冬季，传动机构箱内的温度低于 0℃ 时，应投入加热装置；

（5）各隔离开关断开或合入状态良好，已合入的隔离开关接触应良好，无过热现象；

（6）各隔离开关电动操动机构箱的门应关好；

（7）电容式电压互感器应检查外观无破损，且无放电现象。

13-77　什么情况下，在隔离开关合上后应重新拉合一次？

答：隔离开关合上后，如刀刃未合到位，经活动不能解决时，在确认未带上负荷后，应重新拉合一次。

13-78　切换厂用电操作时应注意哪些问题？

答：（1）倒厂用电时，检查 6kV 工作段母线与备用段母线电压相等；

（2）倒厂用电时，6kV 电动机暂时停止启动；

（3）倒厂用电操作后，应及时调整启动变压器 6kV 侧电压；

（4）倒厂用电操作后，应及时将母线切换投自动方式，从计算机界面操作完后，应检查操作站方式及灯光指示正确。

13-79　哪些原因能使 6kV 工段母线电源断路器跳开？

答：（1）当发电机运行中掉闸；

（2）当高压厂用变压器运行中故障保护掉闸；

（3）6kV 工段母线故障；

（4）6kV 工作段动力故障断路器越级掉闸。

13-80　在电力设备配置上，可采取哪些措施来保证系统的稳定？

答：电力系统的稳定分为静态稳定和暂态稳定。为了提高系统的稳定性，可分别采取以下措施。

（1）提高系统静态稳定性的措施：

1）发电机装设先进的调节器，就相当于缩短了发电机和系统间的电气距离，从而可提高静态稳定性；

2）提高发电机电动势和功率曲线上升部分的角度；

3）减小线路阻抗；

4）保证中枢点电压。

（2）提高系统动态稳定性的措施：

1）快速切除故障；

2）广泛采用自动重合闸；

3）利用发电机强行励磁装置，改善稳定条件；

4）提高汽轮机调节水平，减少甩负荷时的飞升；

5）正确选择系统的运行方式，克服不稳定因素。

13-81　短路电流周期分量有效值的变化与哪些因素有关？

答：短路电流周期分量有效值的变化与电压的幅值和短路回路的阻抗有关。

13-82　不完全接地时，故障相的电压和电流怎样变化？

答：不完全接地时，故障相的电压和电流比完全接地时要小。

13-83　系统的电压值与间歇电弧有何关系？

答：系统电压值越高，间歇电弧越容易产生。

13-84　短路事故对电力系统有什么危害？

答：电力系统中发生短路故障，使电压严重下降，可能破坏各发电厂并联运行的稳定性，使整个系统被迫解列为几个局部系统运行，这时会出现某些发电厂过负荷，因此必须切除部分负荷。短路时电压下降得越大，持续时间越长，对系统稳定运行的破坏也越严重。

13-85 雷雨天气对电力系统有何影响？

答：打雷对电力系统可能造成的危险后果有以下三个方面：①线路因过电压可能发生闪络，形成短路；②露天电气设备一旦遭受直接雷击可能引起设备损坏或火灾；③由于雷电过电压波传到变电站和电厂后可能会使变压器、发电机及其他电气设备的绝缘损坏。当发电机遭受雷击时，强烈的电流可能会将绝缘和铁芯烧毁。

在设计电厂的电器主接线及进线时采取了必要的防止雷击的措施，室外变压器采用静电环和线圈的特殊绕法等，而对电机的防雷方式一般包括两个部分，一个部分是装设在母线上的阀型避雷器及电容器，避雷器的作用是限制波的幅值，电容器的作用是限制波的陡度；另一个部分是进线保护，它的作用是将线路上传来的较强的雷电波先来一次削弱。发电机的防雷保护接线种类很多，根据电机的容量、电厂主接线的方式及对供电可靠性的要求不同而有所区别。

第十四章　直流系统的运行、监视维护

14-1　直流系统充电柜投运前及运行中的检查项目有哪些?

答:(1) 检查充电柜电源正常,电源 I、II 指示灯均亮。

(2) 检查充电柜 C 级防雷器的开关已合上,防雷子窗口颜色为绿色;D 级防雷器的绿色指示灯亮。

(3) 充电柜各充电模块接线良好。

(4) 充电柜内交流电源切换开关在"自动"位置。

(5) 运行中各充电柜的监控模块及充电模块运行正常,系统各参数显示在正常范围内,充电模块无过热等异常情况。

14-2　直流系统接地时有哪些现象出现?

答:(1) 主控厂用盘上"直流接地"报警,光字出现;

(2) 用万能表测量"+"或"—"对地电压明显不平衡,死接地时,接地极对地电压为零。

14-3　蓄电池的检查、维护有哪些主要内容?

答:(1) 每班巡回检查一次。

(2) 电解液面在最高和最低线之间。

(3) 电解液温度不得超过 40℃。

(4) 蓄电池室温度在 15~25℃。

(5) 室内通风良好,不应有酸气过重现象。

14-4　直流母线系统及硅整流器的检查、维护有哪些主要内容?

答:(1) 直流母线电压应在允许范围内。

(2) 浮充电压应符合规定值。

(3) 电压监察装置良好。

(4) 直流系统绝缘良好,无接地现象。

(5) 闪光装置良好。

(6) 各隔离开关、电缆无发热现象。

(7) 硅整流器各表计指示正常，各指示灯及熔断器良好，各元件无过热现象，声音正常。

(8) 直流熔断器应按配置要求存放、更换。

14-5 晶闸管的工作原理是什么？

答：晶闸管是一种可以改变导通时间的整流元件。通过改变晶闸管的导通角可以改变晶闸管的输出电压。晶闸管的输出电压含有直流成分及各种频率交流成分，通过滤波将高次交流成分滤除以后可以获得直流电压。改变导通角就可以改变直流电压的数值。

14-6 相控式硅整流装置的主要组成元件有哪些？

答：相控式硅整流装置的主要组成部分如下：

(1) 隔离变压器，实现与交流电源系统的隔离。

(2) 三相全控晶闸管，将交流电压整流成直流电压。

(3) 控制电路，实现晶闸管导通角的改变，改变输出直流电压。

(4) 滤波部分，将晶闸管输出的电压中的脉动高次谐波分量滤除，得到平稳的直流电压波形。

14-7 直流母线并列如何操作？

答：直流母线并列前，首先，应确定母线的极性正确。其次，应检查各母线的绝缘数值正常，尽量不要在母线发生直流接地时进行并列操作，禁止在两条母线不同极性发生直流接地时进行并列操作。最后，应该退出一组母线的绝缘检查装置，防止因母线并列导致两组绝缘检查装置同时运行而造成装置检测不正常。

14-8 如果蓄电池进行充放电，如何进行相关操作？

答：要进行蓄电池的充放电操作，首先应该将蓄电池所带的直流母线负荷转移至另一条母线带。目前的机组直流系统普遍采用两条直流母线的接线方式，并且两条母线之间都有联络断路器，这一点是可以实现的。两条母线并列前，退出待充电蓄电池所带母线的绝缘监察装置，确定母线无接地现象后，合入母线的备用电源断路器。确定备用断路器已经带负荷以后，拉开工作电源断路器，将待充电蓄电池与母线隔离。这样可以使充电装置与蓄电池处于与母线相隔离的状态，可以实现蓄电池的充放电操作。

14-9 直流系统装置的投运步骤是什么？

答：（1）检查直流系统充电柜总电源开关（工作和备用电源）均在合位。

（2）依次合上充电柜各整流模块的交流电源开关，检查模块投入运行正常。

（3）蓄电池和充电柜的并列：在充电柜和蓄电池同时停电后投运时（或者在蓄电池放电后接入充电柜时），应先将充电模块投入运行正常后，联系电气继电保护人员调整浮充电压与蓄电池电压相同后将蓄电池并入充电柜，并列后再将浮充电压调至正常值，防止由于蓄电池电压与充电柜电压相差较大时造成蓄电池接入时冒火花。

14-10 运行中的直流母线对地绝缘电阻值应不小于多少兆欧？

答：运行中的直流母线对地绝缘电阻值应不小于 $10M\Omega$，若有接地现象应立即寻找和处理。

14-11 每月应进行蓄电池的哪些检查项目？

答：（1）检查电解液的高度，必要时用蒸馏水充入，以保持液面在正常水平；

（2）测量每个电瓶电压的读数，保证其在合格范围内；

（3）测量每个电瓶电解液的密度，保证其在合格范围内。

14-12 每年应进行一次蓄电池的哪些维护工作？

答：（1）检查连接螺栓，并将之拧紧；

（2）清洁电池与机架，以保持清洁；

（3）进行一次均衡充电，以保证单个电池电压差在最小值内。

14-13 对蓄电池室温度有何规定？

答：蓄电池室温度保持在 $15\sim30℃$，最高不得超过 $35℃$，最低不得低于 $10℃$。

14-14 影响蓄电池容量的因素有哪些？

答：蓄电池的实际容量受下列因素影响：

（1）蓄电池的放电率，即蓄电池每小时放电电流的大小。放电率越大，蓄电池的容量就越小。这是因为放电电流大时，极板上的活性物质与其周围的硫酸迅速起反应，会生成颗粒较大的硫酸铅晶块而堵塞极板的细孔，使硫酸难以进一步扩散到极板的深处。因此，深处的活性物质就不能完全参加化学反应，即蓄电池不能释放全部容量。放电率小即放电电流较小时，电解浓度与极板上活性物质细孔内电解液的浓度相差较小，而且外层硫酸铅形成较慢，生成晶粒也较小，硫酸容易扩散到极板细孔内部，使极板深处的活性物质都能参加化学反应，所以蓄电池实际放出的容量就较大。

（2）电解液的温度。电解液温度越高，电解液黏度就越低，其运动速度就较大，渗透力也较强。因此化学反应增强，从而使电池的容量增大。反之，当电池电解液温度下降时，黏度增大，渗透力减弱，扩散作用也减弱，化学反应滞缓，蓄电池的容量就降低。蓄电池容量与电解液温度的关系如下

$$Q_{25} = \frac{I_f t}{1+0.08\ (T-25)}$$

式中　Q_{25}——电解液的平均温度为 25℃时的蓄电池容量，Ah；

　　　T——放电过程中电解液的实际平均温度，℃；

　　　I_f——在电解液为 25℃时的放电电流，A；

　　　t——连续放电时间。

一般来说，电解液温度每升高 1℃，蓄电池容量可增加 8‰，但当温度超过一定界限时，易使正极板弯曲，同时增大了蓄电池的局部放电。

（3）极板的面积。一定厚度的极板，面积越大，容量也越大。所以在运行中，电解液液面必须高过极板顶部。液面低于极板顶部，就会减小极板的有效面积，降低蓄电池的容量。

（4）蓄电池放电前的充电状况。如果长时间欠充，其极板深处有效物质会变成惰性硫酸铅，就会降低蓄电池的容量。

因此，为了保持蓄电池有足够的容量，维护使用均需极为谨慎。

14-15　铅蓄电池电动势与哪些因素有关？

答：蓄电池电动势的大小与极板上的活性物质的电化性质和电解液的浓度有关。与极板的面积无关。当极板活性物质已经固定，则蓄电池的电动势主要由电解液的浓度来决定。此外，电动势也受温度影响，一般温度升高，电动势的值也升高，反之，电动势的值降低，故蓄电池不应在过高或过低的温度下工作，一般以 15～25℃最为合适。

14-16　蓄电池内阻与哪些因素有关？

答：蓄电池的内电路主要由电解液构成。电解液有电阻，而极栅、活性物质、连接物、隔离物等，都有一定电阻，这些电阻之和就是蓄电池的内阻。影响内阻大小的因素很多，主要有各部分的构成材料、组装工艺、电解液的密度和温度等。因此，蓄电池内阻不是固定值，在充、放电过程中，随

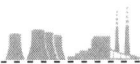

电解液的密度、温度和活性物质的变化而变化。

14-17　何时进行蓄电池的手动再充电和均衡充电？如何进行？

答：当因某种原因整流器不能浮充或停电时间较长而引起电池电压降低时，需要对电池进行再充电，以均衡蓄电池的电压。

当蓄电池在事故放电时，整流器能自动给蓄电池充电，直到正常值转为浮充电运行。在事故放电后，运行人员应检查整流器是否能够进行强充。在事故放电后，运行人员应将开关置手动位置，然后以该组电池额定容量的10%的电流进行充电。待电压的密度正常后，再继续稳定 3h 以上，并通知有关人员对整流器进行检查。

14-18　阀控式密封铅酸蓄电池如何实现免维护？

答：铅酸蓄电池采取许多结构措施，使蓄电池在充放电过程中避免了电解液的损失，建立起良好的氧循环，并配置了完善的监控、监视手段，实现了密封免维护。

(1) 采用铅钙合金板栅，提高了释放氢气电位，抑制了氢气的产生，同时使自放电率降低。

(2) 采用负极活性物质海绵状铅，在潮湿的条件下活性极高，能与氧气快速反应，抑制了水的减少。

(3) 氧气与负极反应再化合成水过程的同时，一部分负极板变成放电状态，也抑制了负极板氢气的产生，与氧气反应变成放电状态的负极物质经过充电又恢复到原来的海绵状铅。

(4) 为了让正极释放的氧气尽快流通到负极，采用了超细玻璃纤维隔板，其孔率达 90% 以上，电池中电解液被完全吸附在隔板和正、负极板中即极群组内部不能流动，装配时需采取紧装配，使氧气容易流通到负极再化合成水。

氧气的循环复合反应方程式如下

$$O_2 + 2Pb \Longrightarrow 2PbO$$
$$PbO + H_2SO_4 \Longrightarrow PbSO_4 + H_2O$$

为了防止蓄电池内压力异常升高而损坏电池，阀控式铅酸蓄电池设置了安全阀。安全阀开启压力为 10～49kPa。为了防止外部气体进入电池，安全阀返回压力为 1～10kPa。

14-19　阀控铅酸蓄电池的运行维护事项有哪些？

答：(1) 电池投入使用前，应先进行补充充电，然后方可投入运行。

(2) 在巡检中应检查电池间连接片有无松动和腐蚀现象，壳体有无渗漏和变形，极柱与安全阀周围是否有酸雾溢出，绝缘电阻是否下降，蓄电池温度是否过高等。

(3) 基准温度为 25℃时，应随温度的变化适当调整阀控蓄电池浮充电压值。

(4) 电池放电电流一般不应超过 $1C_{10}$ A。电池不应过放电，放电后应及时充电。

(5) 保持存放地点清洁、通风、不潮湿，保持最佳环境温度。若储存不用时，每半年补充充电一次。

(6) 电池在储存等各种状况下均应防止短路；定期对阀控蓄电池组做外壳清洁工作。

(7) 电池应有完整的运行履历记录，记录内容包括出厂日期、安装和运行状况等。

(8) 新、旧电池不能混合使用。

14-20　蓄电池室正常运行中为什么要严禁烟火？

答：电池在充电中，当充电电流不能全部使极板作用于化学反应时，一部分电流将把电解液中的水电解为氢气和氧气，分别沿负极板与正极板析出，充斥于电池室中，当室内空气中的氢气量达到一定量时，遇有明火可能发生爆炸，故在充电室中要严禁烟火。

14-21　铅酸蓄电池在定期充放电时，为什么不能用小电流放电？

答：因为小电流放电在放电过程中，酸与水的置换过程比较慢，正负极板深层的物质将有可能参与反应而变为硫酸铅，放电时用的电流越小，这一反应就越深透。再次充电时，用较大电流进行，其充电的化学反应比较剧烈，极板深层的硫酸铅就不能还原为二氧化铅和铅绵，这样在正、负极板内部就留有硫酸铅晶块，时间越久，越不易还原，经常以这样方式进行充放电，极板深处的硫酸铅晶块会逐渐加大，造成极板有效物质脱落。

另一方面，定期放电还有检查落后电池的作用，用小电流放电达不到这一目的，所以定期充放电时，一定要用 10h 放电率电流进行，不能用小电流，尤其不能用小电流放电大电流充电。

14-22　直流环路隔离开关的运行方式怎样确定？运行操作应注意哪些事项？

答：直流环路隔离开关要根据网络的长短、电流的大小和电压降的大小

确定其运行方式，一般在正常时都是开环运行。

注意事项：

（1）解环操作前必须查明有没有给网络造成电流中断的可能性。

（2）当直流系统发生同一极两点接地时，在原因未查明、故障未消除前不准合环路隔离开关。

14-23 预告信号哪些接瞬时？哪些接延时？

答：发电厂或变电站的预告信号分瞬时动作和延时动作两种。

瞬时动作预告信号是由发生异常的元件给出脉冲信号，经光字牌两只并联的信号灯，接通瞬时预告信号小母线，发出灯光和音响信号。而延时预告信号在中央信号回路中通常是通过分别在各有关回路中加延时继电器来实现。发生异常情况需要及时告知值班员的信号应接于瞬时，如主变压器瓦斯信号、温度信号等。为防止可能误发信号，或瞬时性故障而不需要通知值班人员的信号应接于延时，如主变压器过负荷信号、直流系统一点接地、直流电压过高或过低等。

14-24 中央信号的作用是什么？共分几种信号？

答：中央信号是监视发电厂或变电站电气设备运行状况的一种信号装置。当发生事故或出现故障时，相应的装置将发出各种灯光及音响信号。根据信号的指示，运行人员能迅速而准确地确定和了解所得到的信号的性质、地点和范围，从而作出正确的处理。

中央信号应能完成下列任务：

（1）中央信号应能保证断路器的指示正确。

（2）当断路器跳闸时应能发出音响信号。

（3）当发生故障时应能发出区别于事故音响的另一种音响。

（4）事故预告信号装置及光字牌应能进行是否完好的试验。

（5）当发生信号或预告信号后应能手动复归或自动复归，而故障性质的显示仍保留。

（6）其他信号装置，如区域性信号、联系信号、电源中断及检查各级电压交流接地的信号装置等。

发电厂及变电站的中央信号按用途分三种：事故信号、预告信号和位置信号。

14-25 "掉牌未复归"信号的作用是什么？通过什么信号反映？

答："掉牌未复归"灯光信号是为了使值班人员在记录、分析保护动作情况的过程中，不至于发生遗漏造成错误判断。应注意及时复归信号掉牌，以免出现重复动作，使前后两次不能区分。"掉牌未复归"信号通常通过"掉牌未复归"光字和预告铃来反映。任何一路未恢复均发出灯光信号，值班员可以根据信号查找未恢复的信号继电器掉牌。

14-26 闪光装置的作用是什么？

答：闪光装置提供的闪光母线在断路器控制回路中当断路器与断路器控制开关出现不对应状态时，发出闪光信号，给运行人员分析和判断事故的性质提供了一个可靠的依据。

14-27 清扫二次线应注意什么？

答：值班人员清扫二次线时，使用的清扫工具应干燥，金属部分应包好绝缘，工作时应将手表摘下。清扫工作人员应穿长袖工作服，戴线手套。工作时必须小心谨慎，不应用力抽打，以免损坏设备元件或弄断线头。

14-28 如何用万用表核对两直流系统极性？

答：用万用表核对直流系统极性分开路法和闭路法两种：

（1）开路法核对极性：

1）将万用表放直流挡，量程不小于母线电压；

2）在并列点处两侧测电压，在万用表表笔极性不变的情况下，两次测量若万用表指针指向同一方向，说明两系统极性一致，可以并列，否则应改变极性。

（2）闭路法核对：

1）在并列点处将任一极用临时线接好，使其通路，在另一极的断口处测量压差，压差为零，说明两系统极性一致，可以并列，否则出现两倍母线电压；

2）拆除临时接线，测量时注意安全，防止接地和短路。

第十五章 继电保护装置的运行、监视维护

15-1 继电保护在电力系统中的任务是什么?

答:GB/T 50062—2008《电力装置的继电保护和自动装置设计规范》规定,电力网中的电力设备和线路,应设反映短路故障和异常运行保护装置。继电保护和自动装置应能尽快地切除短路故障和恢复供电。

为了减轻故障和不正常工作状态造成的影响,继电保护的任务是:

(1)当被保护的电力系统元件发生故障时,应该由该元件的继电保护装置迅速准确地给距离故障元件最近的断路器发出跳闸命令,使故障元件及时从电力系统中断开,以最大限度地减少对电力元件本身的破坏,降低对电力系统安全供电的影响,并满足电力系统的某些特定要求(如保持电力系统的暂态稳定性等)。

(2)反映电气设备的不正常工作情况,并根据不正常工作情况和设备运行维护条件的不同(例如有无经常值班人员)发出信号,以便值班人员进行处理,或由装置自动地进行调整,或将那些继续运行而会引起事故的电气设备予以切除。反映不正常工作情况的继电保护装置允许带一定的延时动作。

15-2 电力系统对继电保护装置的基本要求是什么?

答:(1)快速性。要求继电保护装置的动作尽量快,以提高系统并列运行的稳定性,减轻故障设备的损坏,加速非故障设备恢复正常运行。

(2)可靠性。要求继电保护装置随时保持完整、灵活状态。不应发生误动或拒动。

(3)选择性。要求继电保护装置动作时,跳开距故障点最近的断路器,使停电范围尽可能缩小。

(4)灵敏性。要求继电保护装置在其保护范围内发生故障时,应灵敏地动作。

15-3 构成继电保护装置的基本原理是什么?

答:电力系统发生故障时,其基本特点是电流突增,电压突降,电流和

电压相位角发生变化，反映这些基本特点，就能构成各种不同原理的继电保护装置。

15-4 什么是继电保护装置和安全自动装置？

答：当电力系统中的电力元件（如发电机、线路等）或电力系统本身发生了故障或危及其安全运行的事件时，需要各种自动化措施和设备向运行值班人员及时发出警告信号，或者直接向所控制的断路器发出跳闸命令，以终止这些事件发展。实现这种自动化、用于保护电力设备的成套硬件装置，一般通称为继电保护装置；用于保护电力系统的，则通称为电力系统安全自动装置。

15-5 继电保护装置和安全自动装置各有什么作用？

答：继电保护装置是保证电力元件安全运行的基本装备，任何电力元件不得在无继电保护的状态下运行。电力系统安全自动装置则用以快速恢复电力系统的完整性，防止发生和终止已开始发生的足以引起电力系统长期大面积停电的重大系统事故，如失去电力系统稳定、频率崩溃或电压崩溃等。

15-6 继电保护如何分类？

答：继电保护无论是微机保护还是常规保护都可以按不同方法进行分类。

（1）按保护所反映的故障类型的不同，可以分为相间短路保护、接地保护、匝间短路保护、失磁保护等类型。

（2）按保护功能的不同，可分为主保护、后备保护和辅助保护等。

1）主保护是指能按要求切除被保护线路（或元件）范围内的短路故障，起主要作用的继电保护。

2）后备保护是当主保护或断路器拒绝动作时起作用的继电保护。有远后备和近后备两种方式。

3）辅助保护一般用于弥补主保护某些性能的不足而装设的一种保护。

（3）按被保护对象的不同，可分为输电线路保护、发电机—变压器组保护、发电机保护、变压器保护、电动机保护、母线保护和电容器保护等。

（4）按继电保护所反映的物理量的不同，可分为电流保护、电压保护、方向电流保护、距离保护、差动保护、高频保护和瓦斯保护等。

1）电流保护是反映电流的增大而动作的保护。

2）电压保护是反映电压的增大或减小而动作的保护。

3）方向电流保护加以方向判别的电流保护。

4）距离保护是反映故障点到保护安装处之间的距离，并根据这一距离的远近来决定动作时限的保护。

5）差动保护是通过比较两参考点之间的电气信号（如电流、相位、功率方向等）差别而动作的保护。

6）高频保护是将线路两端的电气量信号转变成高频信号，利用输电线路作为高频通道传送至对端进行比较，来决定动作时限的保护。有高频方向保护、高频距离保护、高频零序保护和相差高频保护。

7）瓦斯保护是反映变压器油箱内部故障时产生的气体而构成的保护。

15-7　继电保护装置由哪几部分组成？各部分的作用是什么？

答：继电保护装置由测量部分、逻辑部分和执行部分组成，如图 15-1 所示。

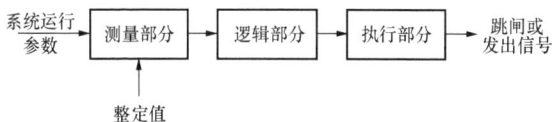

图 15-1　继电保护基本原理构成

（1）测量部分测量被保护元件的某些运行参数，并与保护的整定值进行比较，以判断被保护元件是否发生故障。如果运行参数达到或超过整定值，测量部分向逻辑部分发出信号，表明发生了故障，且保护装置已经启动。

（2）逻辑部分接受测量部分送来的信号后，按照预定的逻辑条件，判断保护装置是否应该动作于跳闸，即实现选择性的要求，并向执行部分发出信号。

（3）执行部分根据逻辑部分送来的信号，按照预定的任务，动作于断路器跳闸或发出信号。

15-8　正常运行时，对继电保护和自动装置的检查应包括哪些内容？

答：正常运行时，各值的电气值班员，在值班期间至少应对继电保护和自动装置进行一次全面检查，其内容如下：

（1）运行中的继电保护和自动装置的柜门关好，继电器的盖子应盖好，盘、柜和继电器外壳应清洁。

（2）继电保护和自动装置无异常、过热，继电器和端子排无受潮现象。

（3）运行中的继电保护和自动装置盘、柜无强烈振动，继电器无烧坏现象，螺钉及接线无脱落现象。

（4）保护及自动装置运行指示正常，继电器触点状态正常、无掉牌。

（5）继电保护和自动装置与运行中的一次设备工况相对应。

（6）每值电气值班员对继电保护和自动装置进行一次清扫，清扫中防止带电部分接地和短路。

（7）检查控制室的空调设备应正常，继电保护和自动装置的周围环境温度应在 5～30℃ 之间，最大相对湿度不超过 75%，周围介质不得有导电尘埃。

15-9　允许电气值班员对继电保护和自动装置的操作内容有哪些？

答：允许操作内容一般包括：操作开关、电源开关（或电源启动按钮）、切换开关、同期开关、监视开关、试验按钮、复归按钮、继电保护和自动装置的连接片和按照有关规定运行人员可操作的端子式连接片。

15-10　继电保护及自动装置的投、切应遵守哪些规定？

答：（1）继电保护及自动装置的投切应与运行方式相适应。继电保护在电气设备投运前投入，自动装置在电气设备投运正常后投入，退出顺序相反。

（2）电气设备加压前，必须按规定投入继电保护装置，禁止无保护或保护装置不完善的电气设备投运。特殊情况下，需得到厂级领导批准后，方可退出保护投运。

（3）继电保护投入应先投交流回路后投直流回路，并检查继电器触点开闭正常，用高内阻电压表测量保护出口连接片两端无电压后方可投入保护连接片。退出顺序与此相反。

（4）继电保护及自动装置的投切必须经有关领导（部门）批准，自动装置的投切还需根据系统值班调度员的命令执行。

（5）接到投入和解除某种继电保护及自动装置的命令时，必须重复清楚无疑问后方可执行，并及时将执行情况汇报命令发布人。

（6）继电保护及自动装置的投切及方式切换，都应由专用的连接片和开关进行，严禁采用拆除二次线和短接线等方法。

（7）继电保护及自动装置的工作状态变更，必须根据有关领导（部门）的通知书和电话命令，采取完备的安全措施后由继电保护人员执行。

（8）运行人员严禁任意将自动装置、运行设备的保护更改或退出运行，各项更改和退出必须经值长同意。

（9）对于带有交流电压回路的保护，如距离保护、低电压保护、低电压闭锁过电流保护、复合电压过电流保护、功率保护、定子接地和匝间保护，

当电压互感器故障停用或在其回路上工作（处理熔断器）时，须退出该保护装置。

（10）在运行中仅需投切某一保护时，由继电保护人员在装置中通过软连接片投切，不允许用投切总出口连接片的方法投切。

（11）新安装的继电保护及自动装置投运前，其规程、图纸应齐备，并使有关运行人员掌握后方可投入运行。

15-11 微机继电保护投运时应具备哪些技术文件？

答： 微机继电保护投运时应具备以下技术文件：

（1）竣工原理图、安装图、技术说明书、电缆清册等设计资料；

（2）制造厂提供的装置说明书、保护屏（柜）电原理图、装置电原理图、分板电原理图、故障检测手册、合格证明和出厂试验报告等技术文件；

（3）新安装检验报告和验收报告；

（4）微机继电保护装置定值和程序通知单；

（5）制造厂提供的软件框图和有效软件版本说明；

（6）微机继电保护装置的专用检验规程。

15-12 微机保护与传统保护相比有何优越性？

答： 传统的继电保护包括机电型、整流型、晶体管型和集成电路型等四种类型，都是反应模拟量的保护，保护的功能完全依赖于继电器等硬件来实现，往往设备复杂、调试周期长、故障率高。而微机保护是数字式继电保护（是指基于可编程数字电路技术和实时数字信号处理技术实现的电力系统继电保护）的简称。是依赖于微型计算机和相应的软件程序，通过将各种输入量转化成数字信号并经过处理而形成的一种性能优良的新型继电保护装置。它不仅能够实现常规保护装置难以实现的复杂保护原理，提高继电保护的性能，而且能提供诸如简化调试及整定、自身工作状态监视、事故记录及分析等高级辅助功能，还可以完成电力自动化所要求的各种智能化测量、控制、通信及管理等任务，具有优良的性能。它与常规保护相比具有以下特点：

（1）维护调试方便。微机保护的保护性能及特性主要是由软件来实现的，只要微机保护的硬件电路完好，保护的性能就可以得到保证。调试人员只需进行简单的操作即可了解保护装置是否工作良好。

（2）灵活性好。微机保护只要改变软件就可以使保护的性能和特点灵活地适应电力系统运行方式的变化。

（3）可靠性高。微机保护具有自动纠错的功能，能够自动地识别和排除干扰，防止因干扰造成的误动；其次，它还具有自诊断能力，能够自动检测出装置本身硬件的异常部分，因此，它的可靠性要高于常规保护。

（4）易于获得附加功能。在系统发生故障后可以提供多种信息，如保护各部分的动作顺序、动作时间、故障类型、故障相别、故障前后的电流和电压的波形和测距值等，配置一台打印机，即可获得纸质报告，通过通信接口可以将上述信息送到当地监控系统或上级调度机构。

（5）保护性能完善。由于计算机的应用，使传统保护中存在的难于解决的技术问题得以很好地解决。如短线路上允许过渡电阻的能力，距离保护中如何区分短路和振荡的问题，以及变压器差动保护中如何识别励磁涌流和内部故障的短路电流等问题，都找到了解决问题的新的原理和方法。

15-13　什么情况下应该停用整套微机继电保护装置？

答：（1）微机继电保护装置使用的交流电压、交流电流、开关量输入、开关量输出回路作业时；

（2）装置内部作业时；

（3）继电保护人员输入定值时。

15-14　过电流保护和速断保护的作用范围是什么？速断为什么有带时限的、不带时限的？

答：电力系统的输电线、发电机、变压器等元件发生故障时，短路电流显著增大。故障点越靠近电源，则短路电流越大。针对这个特点，利用电流继电器通常可以组成过电流保护和速断保护，当电流超过整定值时保护就动作，使断路器跳闸。

（1）过电流保护：可作为本线路的主保护或后备保护和相邻线路的后备保护。它是按照躲过最大负荷电流整定，动作时限按阶梯原则选择。

（2）速断保护：分为无时限和带时限的两种。①无时限电流速断保护装置是按故障电流整定的。电路有故障时，它能瞬时动作，其保护范围不能超出本线路末端，它只能保护线路的一部分。②带时限电流速断保护装置：当电路采用无时限保护没有保护范围时，为使线路全长都能得到快速保护，常常采用略带时限的电流速断与下级无时限电流速断相配合，其保护范围不仅包括整个线路，而且深入相邻线路的第一级保护区，但不保护整个相邻线路，其动作时限比相邻线路的无时限速断保护大一个 Δt。

15-15　过流保护为什么要加装低电压闭锁？什么样的过流需加装闭锁？

答：动作电流按躲过最大负荷电流整定的过电流保护装置在有些情况下，不能满足灵敏度的要求，因此，为了提高过电流保护装置在发生短路时

的灵敏度和改善躲过负荷电流的条件，有时可采用低电压闭锁的过电流保护装置。例如对于两台并列的变压器，其中一台因检修或其他故障退出运行时，所有负荷由一台变压器负担，很可能因过负荷而使过电流保护跳闸。为了防止该动作，需将电流整定值提高。但是提高整定值，动作的灵敏度就要降低，而采用低电压闭锁就可以解决这个矛盾，既使保护不误动，又能提高灵敏度。

15-16　主变压器低压侧过流保护为什么要联跳本侧分段断路器？

答：两台主变压器并列运行时，当低压侧一段母线有故障或线路有故障且本身断路器拒动时，两台主变压器侧过流保护同时动作，如果当主变压器过电流保护动作后，首先断开本侧分段断路器，保证非故障段母线的正常运行，缩小停电面积。

15-17　有的主变压器为什么三侧都安装过流保护装置？它们的保护范围是什么？

答：因为三侧都装设了过电流保护，可有选择性的切除故障。各侧的过电流保护可作为本侧母线、线路、变压器的主保护或后备保护。例如对降压变压器，若中、低压侧拒动时，高压过流保护应动作，以切除故障。

15-18　为什么有的配电线路只装过流保护，不装速断保护？

答：如果线路首末端短路时，两者短路电流差值很小，或者随运行方式的改变安装处的综合阻抗变化范围大，装速断保护后，保护范围很小，甚至没有保护范围，同时该处短路电流较小，用过流保护作为该配电线路的主保护足以满足稳定等要求，就不再装速断保护。

15-19　大型发电机的主要保护有哪些？

答：（1）差动保护：反映发电机内部的相间故障，是主保护。

（2）匝间保护：反映内部定子回路某相同一分支或者不同分支的匝间故障，是主保护。

（3）定子接地保护：反映定子绕组的单相接地故障，水内冷发电机设有100%接地保护，是反映内部故障的主保护。

（4）速断保护：反映相间故障的保护，是主保护。

（5）逆功率保护：反映发电机转入电动机运行状态的保护，主要保护汽轮机低压缸末级叶片免受过热损坏。

（6）失磁保护：反映发电机转子磁场消失，避免发电机定子电流过大，出口电压过低。

（7）热工保护：反映汽轮机或者锅炉故障的保护。

（8）断水保护：反映发电机内冷水中断的保护。

（9）过励磁保护：反映发电机定子铁芯磁通密度过大的保护。

（10）失步保护：反映发电机与系统失去同步的保护。

（11）过电压保护：反映发电机出口电压过高的保护。

（12）转子接地保护：反映励磁绕组出现接地的保护，可分为转子一点接地、转子两点接地。

15-20　发电机纵差保护的工作原理是怎样的？

答：发电机纵差保护的基本原理是通过比较发电机机端和中性点侧同一相电流的大小和相位来检测保护范围内的相间短路故障。

发电机纵差保护是根据差流法的原理来装设的。其原理接线如图 15-2 所示。

在发电机中性点侧与靠近发电机出口断路器 QF 处，装设性能、型号相同的两组电流互感器 TA1、TA2，来比较定子线圈首尾端的电流值和相位，两组电流互感器，按环流法连接，差流回路接入电流继电器 I-I。

正常时，中性点与出口侧的电流数值和相位都相同，差流回路没有电流，继电器 I-I 不会动作。

在保护范围外发生短路故障，与正常运行时相似，差流回路也没有电流，保护也不会动作。

在保护范围内发生短路故障，流经电流继电器 I-I 的电流为 TA1、TA2 电流互感器二次电流之差，继电器 I-I 启动，保护装置将动作。这就是发电机纵差保护的基本工作原理。

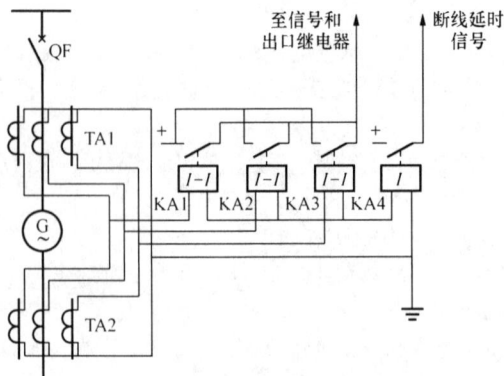

图 15-2　发电机纵差保护原理图

15-21 大型发电机纵差动保护的特点是什么?

答:(1)不能反映绕组单相接地故障;

(2)不能反应绕组匝间短路(不完全差动保护可以);

(3)靠近中性点经过渡电阻故障时,保护有死区;

(4)不同相之间两点接地故障时,一点在保护范围以内,另一点在保护范围以外,此时仅有一相差动保护动作。

15-22 简述线路纵差保护的工作原理。

答:线路纵差保护是按比较被保护线路始端和末端电流大小与相位的原理来实现的。为此,在线路两端要装设相同型号和变比的电流互感器,并用辅助导线将它们连接起来。其连接方式是:在正常运行和外部故障时,使测量元件中没有电流;在被保护线路内部短路时,流入测量元件的电流等于流经该侧的故障电流,当故障电流大于测量元件的动作电流时,保护动作,瞬时将故障线路两侧断路器跳开。

15-23 差动继电器的原理是怎样的?

答:差动继电器的铁芯一般用口口形的硅钢片制成,如图 15-3 所示。在铁芯的中间柱上绕有差动线圈 WL 和两个平衡线圈 WP1 和 WP2,制动线圈 WZ 和三次线圈 W2 绕在边柱上。

正常运行时,制动线圈流过电流产生磁通仅流过两边柱,而不流过中间柱,并且在两边二次线圈中感应出的电动势方向相反,即二次线圈输出端总电压为零,也就是制动线圈及二次线圈之间没有互感。

图 15-3 BCH-1 型差动继电器

当被保护变压器外部故障时,故障电流流过制动线圈产生励磁作用,使铁芯饱和导致差动线圈和二次线圈之间的传递作用变坏,从而增大了保护装置的动作电流。内部故障时,流过差动线圈的电流等于或大于制动线圈的电流,继电器能可靠地动作。

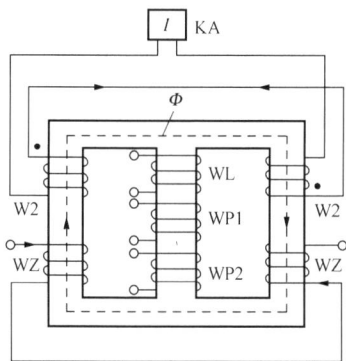

15-24 在什么情况下采用三相差动保护?在什么情况下采用两相差动保护?

答:(1)大电流接地系统的差动为三相式;

（2）发电机系统一律采用三相差动保护；

（3）所有升压变压器及容量为 15 000kVA 以上变压器，一律采用三相差动保护；

（4）容量为 10 000kVA 以下的降压变压器，采用两相三继电器接成，但对其中 Yd 接成的双绕组变压器来说，如果灵敏度足够，可采用两相继电器差动保护；

（5）对单独运行的容量为 7500kVA 以上的降压变压器，当无备用电源时，采用三相三继电器差动保护。

15-25　发电机相间短路的后备保护应在什么情况下动作？

答：（1）发电机内部故障，而纵联差动及其他主保护拒动时；

（2）发电机或发电机—变压器组的母线故障，而该母线没有母线差动保护或保护拒动时；

（3）当连接在母线上的电气元件（如变压器、线路）故障而相应的保护或断路器拒动时。

发电机后备保护主要包括低电压启动的过电流保护、复合电压启动的过电流保护、负序电流以及单元件低压过电流保护和阻抗保护。

15-26　什么是距离保护？

答：距离保护又称为阻抗保护，所谓距离保护是指利用阻抗元件来反映短路故障的保护装置，阻抗元件反映接入该元件的电压与电流之比值，即反映短路故障点至保护安装处的阻抗值，因线路的阻抗与距离成正比。

距离保护的动作是当测量到保护安装处至故障点的阻抗值等于或小于继电器的整定值时动作，与运行方式变化时短路电流的大小无关。

距离保护一般组成两段或三段，第Ⅰ段整定阻抗小，动作时限是阻抗元件的固有时限。第Ⅱ、Ⅲ段整定阻抗值逐级增大，动作时限也逐级增加，分别由时间继电器来调整时限。

15-27　距离保护由哪几部分组成，各有什么作用？

答：一般情况下，距离保护装置由以下四个元件组成，其逻辑图如图 15-4 所示。

（1）启动元件。启动元件的主要作用是在发生故障的瞬间启动整套保护，并可作为距离保护的Ⅲ段。启动元件 1 通常使用过电流继电器或阻抗继电器。

（2）方向元件。方向元件 2 的主要作用是保护动作的方向性，防止反方

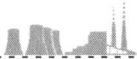

向故障时，保护误动作。方向元件可采用单独的功率方向继电器，但更多的是采用方向元件和阻抗元件相结合而构成的方向阻抗继电器。

（3）距离元件。距离元件（3 和 4）的主要作用是测量短路点到保护安装地点之间的距离，一般采用阻抗继电器。

（4）时间元件。时间元件（5 和 6）的主要作用是按照故障点到保护安装处的远近，根据预定的时限确定动作时限，以保证动作选择性，一般采用时间继电器。

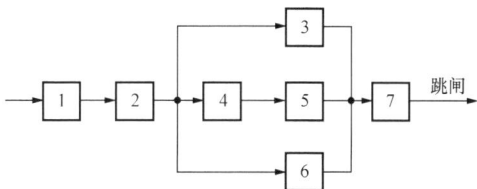

图 15-4 距离保护的组成元件

1—启动元件；2—方向元件；3—Ⅰ段距离元件；

4—Ⅱ段距离元件；5—Ⅱ段时间元件；6—Ⅲ段时

间元件；7—出口元件

以图 15-4 为例，当正方向发生故障时，启动元件 1 和方向元件 2 动作，其输出信号同时作用于Ⅰ段和Ⅱ段距离元件 3 和 4，同时启动第Ⅲ段的时间元件 6。如果故障位于第Ⅰ段范围内，则 3 动作，瞬时作用于出口元件 7 跳闸。如果故障位于距离Ⅱ段范围内，则元件 3 不会动作而元件 4 动作，元件 4 动作即启动时间元件 5，待时间到达后，也启动出口元件 7，如果故障位于Ⅱ段保护之外，则待时间元件 6 到达后，动作出口元件 7，动作于跳闸。由此可见，当距离保护的第Ⅲ段采用方向过电流元件为启动元件时，它实际上就是一个作为后备的方向过电流保护。

15-28 为什么方向继电器会有死区？

答：当在保护安装点正方向出口处发生相间短路时，故障回路的残余电压将降低到零，例如，在三相短路时，$U_{AB}=U_{BC}=U_{CA}=0$，A-B 两相短路时，$U_{AB}=0$，此时，任何具有方向性的继电器将因加入的电压为零而不能动作，从而出现保护的"死区"。

15-29 距离保护的Ⅰ、Ⅱ、Ⅲ段的保护范围是怎样划分的？

答：在一般情况下，距离保护第Ⅰ段只能保护本线路全长的 80％～

85%；第Ⅱ段的保护范围为本线路的全长并延伸至下一段线路的一部分，它为第Ⅰ段保护的后备保护；第Ⅲ段为第Ⅰ、Ⅱ段的后备保护，它能保护本线路和下一段线路全长并延伸至再下一段线路的一部分。

15-30　距离保护突然失压时为什么会误动？

答：距离保护的动作是当测量到阻抗值 Z 等于或小于整定值时就动作，即加在继电器中的电压降低、电流增大，相当于阻抗 Z 减小，继电器动作。电压产生制动力矩，电流产生动作力矩，当电压突然失去时，制动力矩很小，电流回路有负荷电流产生动作力矩。如果闭锁回路动作不灵，距离保护就要误动作。

15-31　系统振荡与短路故障两种情况，电气量的变化有哪些主要差别？

答：(1) 振荡过程中，由并列运行发电机电动势间相角差决定的电气量是平稳变化的，而短路时的电气量是突变的。

(2) 振荡过程中，电网上任一点电压之间的角度，随着系统电动势间相角差的不同而变化，而短路时电流和电压之间的角度基本上是不变的。

(3) 振荡过程中，系统是对称的，故电气量中只有正序分量，而短路时各电气量中不可避免地将出现负序或零序分量。

15-32　距离保护为何需装设电压回路断线闭锁装置？

答：目前的距离保护，启动回路经负序电流元件闭锁。当发生电压互感器二次回路断线时，尽管阻抗元件会误动，但因负序电流元件不启动，保护装置不会立即引起误动作。但当电压互感器二次回路断线而又遇到穿越性故障时仍会出现误动，所以还要装设断线闭锁装置，在发生电压互感器二次回路断线时发出信号，并经大于第Ⅲ段延时的时间启动闭锁保护。

15-33　距离保护装置所设的总闭锁回路起什么作用？

答：其作用是当距离保护装置失压或装置内阻抗元件失压以及因过负荷使阻抗元件误动作时，由电压断相闭锁装置或阻抗元件经过一段延时后去启动总闭锁回路，使整套距离保护装置退出工作，同时发出信号。只有当工作人员处理完毕后，才能复归保护，解除总闭锁。

15-34　电压互感器电压消失后应注意什么？

答：LH-11 型距离保护的启动元件与测量元件正常时都通有 10mA 的助磁电流，当电压互感器电压消失后，执行元件因瞬间制动力矩消失，在助磁电流的作用下，触点闭合不返回。因此，一旦电压互感器电压消失，首先将

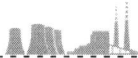

保护退出，然后解除本保护直流，使启动元件与测量元件的执行元件返回，在投入保护时，一定要首先投保护的电压回路，然后再投直流回路。

15-35　GH-11 型距离保护的断线闭锁回路为什么要串一个电流继电器？

答：由零序电压滤过器组成的断线闭锁装置，不仅在电压回路断线时动作，而当系统发生接地短路时亦能动作。对大接地电流电网中反应相间短路的 GH-11 型距离保护来说，两相接地短路而使保护装置解除工作是不允许的，因此，在闭锁回路中串一个零序电流继电器，继电器的动断触点起反闭锁作用。

为了防止电流继电器动断触点接触不良，一般将该触点短路，而用电流继电器动合触点接在断线闭锁的动断触点上，起反闭锁作用。

15-36　电压互感器二次为什么要加电磁小开关代替总熔断器？

答：电压互感器二次如果用熔断器，当二次回路短路时，熔断器熔断的时间较长，距离保护由于电压降低要动作，而且动作时间较快，断线闭锁需要等熔断器熔断后才能动作，才能可靠地起闭锁作用，保护要误动作。改用快速的电磁小开关后，在电压互感器二次回路最远处短路时，能保证快速地跳开，使断线闭锁迅速动作，可靠地闭锁保护。有的采用电磁开关跳开同时切断距离保护的直流电源，防止电压互感器二次短路时距离保护误动。

15-37　电压互感器二次回路电磁开关跳开后应怎样处理？

答：当发现电压互感器二次回路电磁开关跳开后，断线闭锁发出信号，值班人员应首先将该电压互感器所带的距离保护停用，然后检查电压互感器有无故障，如无故障再手动将跳开的电磁开关再合上。

15-38　发电机为什么要装设低励失磁保护？

答：励磁异常下降或全部失磁是发电机常见故障之一，因此要求装设失磁保护，即使检测到失磁故障，并根据失磁过程的发展，采取不同的措施，来保证系统和发电机的安全。

15-39　发电机为什么要装设纵联差动保护？

答：大型发电机若发生定子绕组相间短路故障，会引起巨大的短路电流而严重烧损发电机，因此需要装设纵联差动保护。纵差保护瞬时动作于全停，是发电机的主保护之一。

15-40　中性点直接接地系统中发生接地短路时，零序电流的分布与什么有关？

答：零序电流的分布，只与系统的零序电抗有关。零序电抗的大小取决于系统中接地变压器的容量，中性点的接地数目和位置，当增加或减少变压器中性点接地的台数时，系统零序电抗网络将发生变化，从而改变零序电流的分布。零序电流与电源数目无关。

15-41　零序电流保护有什么特点？

答：零序电流保护的最大特点是：只反应单相接地故障。因为系统中的其他非接地短路故障不会产生零序电流，所以零序电流保护不受任何故障干扰。

15-42　电力系统在什么情况下运行将出现零序电流？

答：电力系统在三相不对称运行状况下将出现零序电流。如：

(1) 电力变压器三相运行参数不同；

(2) 电力系统中单相短路，或两相接地短路；

(3) 单相重合闸过程中的两相运行；

(4) 三相重合闸和手动合闸时，断路器三相不同期；

(5) 空载投入变压器时三相的励磁涌流不相等；

(6) 三相负载的严重不平衡。

15-43　主变压器零序保护在什么情况下投入运行？

答：主变压器零序保护是变压器中性点直接接地侧来保护该侧绕组的内部及引出线上接地短路的，可作为防止相应母线和线路接地短路的后备保护。因此在主变压器中性点接地时，应投入零序保护。

15-44　零序保护Ⅰ、Ⅱ、Ⅲ、Ⅳ段的保护范围怎样划分？

答：零序保护第Ⅰ段是按躲过本线路末段单相短路时，流经保护装置的最大零序电流整定的，它不能保护全段线路。Ⅱ段是与保护安装处的相邻线路零序保护第Ⅰ段相配合，一般它能保护本线路全长并延伸到相邻线路中去。Ⅲ段是与相邻线路零序保护Ⅱ段相配合的，它是第Ⅰ、Ⅱ段的后备保护。第Ⅳ段一般是作为Ⅲ段的后备段。

15-45　母差保护的保护范围是什么？当保护动作后应怎样检查、判断和处理？

答：母差保护的范围是：母线各段所有出线开关母差电流互感器之间的电气部分。母差动作后应进行详细的检查：

(1) 检查停电母线及其相连的设备是否正常，有无短路、接地和闪络故障痕迹。若发现故障点，应及时隔离，并尽快恢复供电。

（2）母差动作前，系统正常，无故障冲击，现场查不出故障点，判断母差保护是否误动作，并查明原因，同时退出母差保护，对停电母线恢复送电（条件允许时，先由零升压）。

（3）对直流绝缘情况进行检查，排除短路点。

（4）检查母差保护装置的继电器是否损坏，若损坏，及时更换。

15-46　母差保护在哪些情况下应停用？

答：当220kV母联断路器或110kV旁路断路器把220kV工作母线、备用母线或110kV工作母线、备用母线分成不同期的独立系统时，母差保护应停用；当利用发电机—变压器组对母线电气设备零升压或用电源开关向空母线冲击合闸时，母差保护应停用；当母差保护交流电流回路操作时应短时停用母差保护；当母差回路有工作或校验时应停用母差保护；当母差装置故障时，应停用母差保护。新线路第一次送电前，应停用母差保护。

15-47　母差保护停用时应注意哪些事项？

答：（1）母差保护校验工作尽可能与机组检修配合进行。

（2）母差停用时间尽量缩短，并在天气好的条件下停用。

（3）对侧厂站缩短保护（距离、零序三段）时限，故障切除时间为0.6s。

（4）母差保护停用期间，不安排系统操作。

母差保护的具体停用原则，应以本厂、站继电保护运行规程规定为准。

15-48　为何要装设断路器失灵保护？

答：电力系统中，有时会出现系统故障，继电保护动作而断路器拒绝动作的情况。这种情况可能使设备烧毁，扩大事故范围，甚至使系统的稳定运行遭到破坏。因此，对于重要的高压电力系统，需要装设断路器失灵保护。

断路器失灵保护又称为后备保护，它是防止因断路器拒动而扩大事故的一项有效措施，通常与母线保护联用。

15-49　保护出口中间继电器线圈为什么要并电阻？

答：因为出口中间继电器的线圈是电压线圈，直流电阻很大，因此保护动作后，信号继电器KS回路电流很小，可能不动作，尤其当几种保护同时动作时，对信号继电器的动作影响更大，往往出现保护动作，断路器跳闸，但反映不出是哪种保护动作，因此必须并联电阻。

如图15-5所示。出口中间加并联电阻R后，降低了串联回路的总电阻，在保护动作时，流过信号继电器的电流大大增加，这样既保证各种保护的信号继电器能可靠地工作，同时也能反映或分清各种保护的动作情况。而且，当保护返回时，出口中间继电器线圈突然断电产生的自感反电动势也有了良好的泄放回路，减轻了触点断弧的负担。

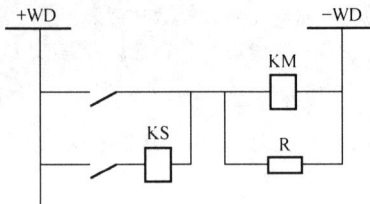

图 15-5　出口中间继电器并联电阻 R

15-50　什么是瓦斯保护？瓦斯保护的范围有哪些？

答：当变压器内部故障时，由于发热或短路点电弧燃烧等原因，致使变压器油体积膨胀，产生压力，并产生或分解出气体，导致油流冲向储油柜，油面下降而使气体继电器触点接通，作用于断路器跳闸，这种保护就是瓦斯保护。

瓦斯保护的范围有：

（1）变压器内部多相短路。

（2）匝间短路、匝间与铁芯或外部短路。

（3）铁芯故障。

（4）油位下降或漏油。

（5）分接头开关接触不良或导线焊接不良等。

15-51　重合闸的作用是什么？

答：（1）在线路发生暂时性故障时，迅速恢复供电，从而提高供电可靠性。

（2）对于有双侧电源的高压输电线路，可以提高系统并列运行的稳定性，从而提高线路的输送容量。

（3）可以纠正由于断路器机构不良，或继电保护误动作引起的误跳闸。

15-52　电力系统中为什么要采用自动重合闸？

答：自动重合闸装置是将因故障跳开后的断路器按需要自动投入的一种自动装置。电力系统运行经验表明，架空线路绝大多数的故障都是瞬时性的，永久性故障一般不到 10%。因此，在由继电保护动作切除短路故障之

后，电弧将自动熄灭，绝大多数情况下短路处的绝缘可以自动恢复。因此，自动将断路器重合闸，不仅提高了供电的安全性和可靠性，减少了停电损失，而且还提高了电力系统的暂态稳定水平，增大了高压线路的送电容量，也可纠正由于断路器或继电保护装置造成的误跳闸。所以，架空线路要采用自动重合闸装置。

15-53　重合闸装置应符合哪些要求？

答：（1）动作迅速，且自动选相。

（2）不允许任意多次重合。

（3）动作后能自动复归。

（4）手动跳闸或手动合闸于故障线路时不应重合。

15-54　综合重合闸有几种运行方式？

答：（1）综重：单相故障时，单相跳闸单相重合；重合永久性故障后跳三相；相间故障时，三相跳闸进行三相重合。

（2）三重：任何故障均进行三相跳闸三相重合；永久故障跳三相。

（3）单重：单相故障，单相跳闸单相重合；相间故障，三相跳闸不重合。

（4）停用方式：任何故障跳三相，不重合。

15-55　哪些保护不启动综合重合闸？

答：接入综合重合闸 R 端子的保护不启动重合闸。如母线差动、低频解列保护及设备不允许使用重合闸的保护等。这些保护动作后，一般都跳开三相断路器，不启动重合闸，也不进行重合。

15-56　一般哪些保护与自动装置动作后应闭锁重合闸？

答：一般来说，如果母线差动保护动作，变压器差动保护动作，自动按频率减载装置动作或联切装置动作等引起跳闸后应闭锁相应的重合闸装置。

15-57　什么是重合闸后加速？为什么采取同期重合时不用后加速？

答：当线路发生故障后，保护将有选择性的动作切除故障。随即重合闸进行一次重合恢复供电。若重合于永久性故障上，保护装置将不带时限加速动作断开断路器，这种跳闸方式称为重合闸后加速。

同期重合是当线路对端无压重合成功，线路带电后进行的。此时，断路器两侧电源的相角差若在允许范围，重合闸将启动并合闸。因此采用同期重合闸再投后加速装置就没有意义了。另外，同期重合后出现冲击或振荡，阻抗保护第三段（即启动元件）将动作（无振荡闭锁），并经加速回路跳闸，也是我们不希望的，因此采用同期重合时，不再投入后加速。

15-58 使用重合闸有哪些不利影响？

答：自动重合闸有其优点，但也有其缺点。当重合于永久性故障上时，它将带来以下不利影响：

（1）使电力系统又一次受到故障的冲击。

（2）使断路器的工作条件变得更加严重，因为它要在很短的时间内，连续切断两次短路电流，这种情况对于油断路器必须加以考虑。因为第一次跳闸时，由于电弧的作用，已使油的绝缘强度降低，在重合后第二次跳闸时，是在绝缘已经降低的不利条件下进行的，因此油断路器在采用重合闸以后，其遮断容量也要不同程度地降低，因而在短路容量比较大的电力系统中，上述不利因素往往限制了重合闸的使用。

（3）三相快速重合闸对大容量发电机轴承等处的潜在危险很大，因此，与发电厂相连的线路禁止使用这种重合闸。

15-59 哪些保护能躲开非全相运行？

答：接入综合重合闸 N 端子的保护能躲开非全相运行。如高频保护、零序一段（定值较大时）、零序三段（动作时间较长时），这些保护在单相跳闸后，出现非全相运行时，保护不退出运行。此时没有发生故障的两相线路再发生故障时，上述保护仍能动作跳闸。

15-60 哪些保护不能躲开非全相运行？

答：接入综合重合闸 M 端子的保护不能躲开非全相运行。如阻抗保护、零序二段保护，这些保护在非全相运行时，自动退出运行。

15-61 故障录波器的作用是什么？

答：故障录波器是提高电力系统安全运行的重要自动装置，当电力系统发生故障或振荡时，它能自动记录整个故障过程中各种电气量的变化。它的作用是：①根据所记录波形，可以正确地分析判断电力系统、线路和设备故障发生的确切地点、发展过程和故障类型，以便迅速排除故障和制定防止对策。②分析继电保护和高压断路器的动作情况，及时发现设备缺陷，揭示电力系统中存在的问题。③积累第一手材料，加强对电力系统规律性的认识，不断提高电力系统运行水平。

15-62　故障录波器分析报告的主要内容是什么？

答：（1）发生事故时电网的运行方式及事故情况简述。

（2）继电保护和自动装置的动作情况，断路器跳合情况。

（3）故障原因及故障点。

（4）录波照片的波形分析结果。

（5）分析意见及结论。

15-63　故障录波器运行有何要求？

答：故障录波器必须经常投入运行，定期检修或临时要求退出运行时均须得到省调同意，胶卷的储量必须大于 1m，故障录波器启动后必须迅速通知检修人员尽快冲洗胶卷。

15-64　什么是微机保护故障处理的实时性？

答：微机保护装置是实时性要求较强的工控计算机设备，所谓实时性就是指在限定的时间内对外来事件能够及时做出迅速反应的特性。例如保护装置需要在限定的极短的时间内完成数据采样，在限定时间内完成分析判断并发出跳合闸命令或报警信号，在其他系统对保护装置巡检或查询时及时响应。这些都是保护装置的实时性的具体表现。保护装置的实时性还表现在保护对外来事件做出及时反应，就要求保护中断自己正在执行程序，而去执行服务于外来事件的操作任务和程序。实时性还有一种层次的要求，即系统的各种操作的优先等级是不同的，高一级的优先操作应该首先得到处理。显然，这就意味着保护装置将中断低层次的操作任务去执行一级优先操作的任务，也就是说保护装置为了要满足实时性要求必须采用带层次要求的中断工作方式。

15-65　微机保护硬件中程序存储器的作用和使用方法是什么？

答：程序存储器用于存放微机保护功能程序代码和一些固定不变的数据，目前实际使用的是一种紫外线可擦除且电可编程只读存储器（EPROM）。EPROM 中的数据允许高速读取且在失电后不会丢失。改写EPROM 存储的内容需要两个过程，首先在专用擦除器内经紫外线较长时间照射擦除原来存储的数据，然后在专用写入器（称为编程器）写入新数据。因此 EPROM 的内容不能在微机保护装置中直接改写，保存数据的可靠性极高。

15-66　微机保护硬件中 RAM 的作用是什么？

答：随机存储器 RAM 用来暂存需要快速交换的大量临时数据，如数据采集系统通过的数据信息、计算处理过程的中间结果等。RAM 中的数据允许高速读取和写入，但在失电后会丢失。所以 RAM 中不能存放定值等掉电不允许丢失的信息。

15-67　为什么设联锁切机保护？

答：装设联锁切机保护是提高系统动态稳定的一项措施。所谓联锁切机就是在输电线路发生故障跳闸时或重合不成功时，联锁切除线路送端发电厂的部分发电机组，从而提高系统的动态稳定性。也有联锁切机保护动作后，作用于发电厂部分机组的主汽门，使其自动关闭，这样可以防止线路过负荷，并可减少机组并列、启机的复杂操作，待系统恢复正常后，机组可快速地带上负荷，避免系统频率大幅度波动。

15-68　切机保护投切有何规定？

答：切机保护的投切，必须有调度命令经值长下达才能执行。投入切机保护时，必须测量切机出口连接片两端无电压；停用切机保护时，应停用所有切机保护连接片，使整套装置不带电。

15-69　备用电源自投装置，在什么情况下动作？

答：不论何种原因，母线的工作电源断路器断开后，自投装置将立即启动，并使备用电源自动投入。工作电源断路器断开的原因，大致有以下几种情况：

（1）供电线路或变压器失去电压；

（2）供电设备故障，保护动作，跳闸；

（3）人为式设备缺陷（操作回路或保护回路出现故障以及误碰）引起断路器误跳闸；

（4）电压互感器的熔断器熔断而引起的误动。

15-70　什么情况下应停用备用电源自动投入装置？

答：（1）装置故障或自投回路故障及有工作时；

（2）厂用工作变压器停电前；

（3）厂用备用变压器停电前；

（4）备用电源无电压时。

15-71　发电厂在哪些地方安装了备用电源自投装置？

答：备用电源自投装置的设置，保证了用电设备供电的可靠性，提高了发电厂的安全运行水平。一般在发电厂以下地方安装备用电源自投装置：

（1）高低压厂用母线的工作电源与备用电源之间；

（2）给粉交流电源、直流电源与备用电源之间；

（3）厂用辅机甲、乙之间；

（4）交流事故照明电源与备用电源之间。

15-72　为什么自投装置的启动回路要串备用电源的电压触点？

答：在自投装置的启动回路串入备用电源电压继电器触点的目的，是用以检查备用电源是否正常。只有在备用电源正常的情况下，进行自投，对于恢复供电才有意义。

15-73　值班人员发现保护装置异常时，按规定应怎样处理？

答：（1）电流互感器二次开路或短路，汇报值长，迅速将相应保护退出工作，通知继电保护人员处理。

（2）电压回路断线应退出相应保护，并检查。若故障不能排除，应通知继电保护人员。

（3）当发现保护装置故障或异常，有误动可能或损坏设备的严重现象时，值班人员可先将保护装置退出运行（打开该保护的掉闸连接片），然后立即汇报值长，并通知继电保护人员，把异常情况记入值班记事本。

15-74　当系统发生异常情况时，如电流冲击，电压突然下降，断路器自动掉闸，出现动作警报信号，值班人员必须进行哪些工作？

答：（1）判明保护动作光字。

（2）在值班记录本上记录发生事故时的详细情况，以便事故分析。

（3）保护信号的恢复应得到单元长的许可，并由两人进行。

（4）只有将所有继电器光字信号恢复后才能进行试送电，特殊情况应取得值长同意方可进行。

（5）所有设备之同期回路工作后，应由继电保护班进行同期装置工作情况检查，试验其正确性，并检查其相序、相位、电压。

（6）所有差动保护、方向保护、距离保护等的电压、电流回路作业后，必须用工作电流、工作电压相量检查后，方可正式投入运行，未经相量检查上述保护，继电保护班未做肯定投入运行决定时，在发电机空载升压与系统并列时可投入，正式接带负荷时必须退出工作。

（7）凡发生规程内没有规定的问题时，值班人员应通知继电保护班，由继电保护班提出方案，经本车间领导审核，总工程师批准方可进行，若属于中调管辖范围设备，应请示调度员，由值长下令执行。

15-75　集成电路保护装置适用哪些工作条件?

答：(1) 周围环境温度在－10～50℃范围内。

(2) 空气相对湿度应不大于85%。

(3) 工作环境卫生清洁。

(4) 运行的保护柜 (盘) 周围严禁强磁场、电场干扰, 特殊情况取得继电保护负责人同意, 并做必要的抗干扰措施。在继电器室严禁使用步话机。

(5) 凡运行中与其相邻的保护盘有振动较大的工作时 (如打眼、挪盘时), 应将差动、速断等瞬时动作的保护退出。

15-76　为什么大型发电机要装设100%的接地保护?

答：因为大型发电机特别是水内冷发电机, 由于机械损伤或发生漏水等原因, 导致中性点附近的定子绕组发生接地故障是完全可能的。发电机单相接地后, 由于电容电流引起的间歇性电弧, 将有可能对发电机定子铁芯等部件严重灼伤。如果对这种故障不能及时发现并处理, 将造成匝间短路、相间短路或两点接地短路, 甚至造成发电机定子绕组等部件严重损坏。因此, 对这种大容量的发电机都必须装设100%的接地保护。

15-77　大型发电机为什么要装设定子绕组匝间短路保护?

答：大型发电机若发生定子绕组匝间短路故障, 会引起巨大的短路电流而烧毁发电机, 因此需要装设瞬时动作的定子绕组匝间短路保护。

15-78　大型发电机为什么要装设转子回路一点接地和两点接地保护?

答：发电机转子一点接地后可能诱发转子绕组两点接地, 而两点接地会因部分绕组被短接引起励磁绕组电流增加, 转子可能因过热而损伤, 同时, 磁场不平衡会引起机组剧烈振动, 造成灾难性后果。因此, 大型发电机要求同时装设转子回路一点接地和两点接地保护。

15-79　大型发电机为什么要装设负序电流保护?

答：负序电流保护又称为转子表层过热保护, 是针对发电机可能出现的负荷不对称的异常运行状态而装设的。发电机在不对称负荷状态下, 定子绕组将流过负序电流, 它所产生的旋转磁场的方向与转子运动方向相反, 以两倍同步转速切割转子, 一方面在转子本体、槽楔及励磁绕组中感生倍频电流, 倍频电流的主要部分在转子表层沿轴向流动, 这个电流可达到极大数值, 会在转子表面某些接触部位引起高温, 发生严重电灼伤, 同时, 局部高温还有使护环松脱的危险。另一方面, 由负序磁场产生的两倍频交变电磁转矩, 使机组产生100Hz振动, 引起金属疲劳和机械损伤。

15-80 大型发电机为什么要装设对称过负荷保护？

答：对称过负荷保护就是定子绕组对称过电流保护，是对于发电机可能出现的对称过负荷的异常运行状态而装设的。当系统中切除电源、出现短时冲击性负荷、大型电动机自启动、发电机强行励磁、失磁运行、同期操作及振荡等原因出现时，定子绕组中的电流会突增，而大型机组的定子绕组负荷大，材料利用率高，绕组热容量与铜损比值减小，因而发热常数较低，可能导致绕组温升过高。

15-81 发电机对称过负荷保护的作用及整定原则是什么？

答：发电机定子过负荷保护的设计取决于发电机在一定负荷倍数下的允许过负荷时间，而这与具体发电机的结构及冷却方式有关。由发电机允许时间随过电流呈反时限特性，当发生过负荷时，让发电机再运行一段时间，此间系统中进行按频率减负荷，投入备用容量，以及发电机减出力等操作。若仍不能消除发电机过负荷，并超过了允许时间，才将发电机切除。

大型发电机定子绕组对称过负荷保护通常由定时限和反时限两部分组成，具体的整定原则为：定时限部分通常按较小的过电流倍数整定，动作于减出力。如按长期允许的负荷电流下能可靠返回的条件整定。反时限部分在启动后即报警，然后按反时限特性动作于跳闸。

15-82 大型发电机为什么要装设定子绕组过电压保护？

答：定子绕组过电压保护是为了防止实际过电压数值和持续时间超过试验标准，对发电机主绝缘构成直接威胁而装设的。这是因为若发电机在满负荷下突然甩去全部负荷，由于调速系统和自动励磁调节装置有一定惯性，转速将上升；励磁电流不能突变，发电机在较短时间内升高，其值可能达到 $1.3 \sim 1.5$ 倍额定电压，持续时间可能达到几秒。若调速系统或自动励磁调节装置退出运行，过电压持续时间会更长。而按通常试验标准，发电机主绝缘耐压水平为 1.3 倍额定电压，持续时间为 60s。

15-83 大型汽轮发电机为什么要装设逆功率保护？

答：当主汽门误关闭或机炉保护动作关闭主汽门而出口断路器未跳闸时，发电机转为电动机运行，由输出有功功率变为从系统吸取有功功率，即称逆功率。逆功率运行，对发电机并无危害，但汽轮机尾部长叶片与残留蒸汽摩擦，会导致叶片过热，造成汽轮机事故。

因此，大型汽轮机组上应装设逆功率保护。

15-84 大型发电机为什么要装设低频保护？

答：低频保护是针对汽轮发电机组可能出现的低频共振而装设的，其必要性在于：汽轮机的叶片都有一个自然振荡频率，如果发电机的运行频率接近或等于其自振频率时，将导致发生共振，造成材料疲劳。由于材料的疲劳属于不可逆的积累过程，当积累的疲劳超过材料所允许的限度时，叶片就可能断裂，造成严重事故。

需要指出的是，发电机运行频率升高，同样可能导致共振现象的发生，只不过对频率升高已另有严格限制。

15-85 大型发电机为什么要装设失步保护？

答：这是因为发电机与系统发生失步时，将出现发电机的机械量和电气量与系统之间的振荡，这种持续的振荡将对发电机组和电力系统产生有破坏力的影响。

15-86 对发电机失步保护有哪些要求？

答：（1）能够尽快检测出失步故障。显然，当扰动一出现，如果保护装置能够立即判断出来将发生非稳定振荡，并及时采取措施，是最理想的。因为这样就可以避免振荡过程的发生，或者可以把非稳定振荡转化为稳定振荡，至少也可以最大限度地缩短振荡过程，减轻振荡过程对电力系统的不利影响。然而，要做到在扰动出现时立即检出失步故障，常常是困难的。因此，通常要求失步保护在振荡的第一个振荡周期内能够可靠动作。

（2）能检测加速失步或减速失步。失步保护动作后，应当根据被保护发电机的具体状况，采取不同措施，而不应当无条件地动作于跳闸。一般，对于处于加速状态的发电机，应当动作于快速降低原动机的输出功率。而处于减速状态的发电机，应当在发电机不过负荷的条件下，快速增加原动机输出功率。

（3）失步保护要有鉴别短路与振荡的能力，当发生短路故障时，失步保护不应误动作。失步保护有鉴别失步振荡与同步振荡的能力，在稳定振荡的情况下，失步保护不应误动作。失步保护应能区分振荡中心在发电机—变压器组内部还是外部，当振荡中心不在发电机—变压器组内部时，应当经过预定的滑极次数后跳闸，而不是立即跳闸。

（4）当动作于跳闸时，若在电势角 $\delta = 180°$ 时使断路器断开，则将在最大电压下切断最大电流，对断路器的工作条件最为不利，有可能超过断路器的遮断容量。因此，失步保护应避免在这一时机动作于跳闸。

15-87 发电机失步带来的危害是什么？

答：（1）对于大机组和超高压电力系统，发电机装有快速响应的自动调

整励磁装置，并与升压变压器组成单元接线。由于输电网的扩大，系统的等效阻抗值下降，发电机和变压器的阻抗值相对增加，因此振荡中心常落在发电机机端或升压变压器的范围内。由于振荡中心落在机端附近，使振荡过程对机组的危害加重，机炉的辅机都由机端的厂用变压器供电，机端电压周期性地严重下降，将使厂用机械工作的稳定性遭到破坏，甚至使一些重要电动机制动，导致停机、停炉。

（2）振荡过程中，当发电机电动势与系统等效电动势的夹角为 $180°$ 时，振荡电流的幅值将接近机端三相短路时流过的短路电流的幅值。如此大的电流反复出现有可能使定子绕组端部受到机械损伤。

（3）由于大机组热容量相对下降，对振荡电流引起的热效应的持续时间也有限制，因为时间过长有可能导致发电机定子绕组过热而损坏。

（4）振荡过程常伴随短路及网络操作过程，短路、切除及重合闸操作都可能引发汽轮发电机轴系扭转振荡，甚至造成严重事故。

（5）在短路伴随振荡的情况下，定子绕组端部先遭受短路电流产生的应力，相继又承受振荡电流产生的应力，使定子绕组端部出现机械损伤的可能性增加。

15-88 发电机的不对称过负荷保护的作用及应用范围是什么？

答：（1）发电机长期承受负序电流的能力。发电机正常运行时，由于输电线路及负荷不可能三相完全对称，因此，总存在一定的负序电流 I_2，但数值较小，如有些情况下，可达 $I_2 = 2\% \sim 3\% I_N$（I_N 为额定电流）。发电机带不对称负荷运行时，转子虽有发热，但如负序电流不大，由于转子散热效应，其温升可不超过允许值，即发电机可以承受一定数值的负序电流长期运行。但负序电流值超过一定数值，则转子将遭受损伤，甚至遭受破坏。因此，发电机都要依其转子的材料和结构特点，规定长期承受的负序电流的限额，这一限额即发电机稳态承受负序电流能力，用 $I_{2\infty}$ 表示。

大型汽轮发电机通过采取如装设阻尼条、槽楔镀银、采用铝青铜槽楔等专门的措施来提高发电机长期承受负序电流的能力。发电机长期承受负序电流的能力 $I_{2\infty}$ 是负序电流保护的整定依据之一。当出现超过 $I_{2\infty}$ 的负序电流时，保护装置要可靠动作，发出声光信号，以便及时处理，当其持续时间达到规定值，而负序电流尚未消除时，则应当动作于切除发电机，以防负序电流造成损害。

（2）发电机短时承受负序电流的能力。在异常运行或系统发生不对称故障时，I_2 将大大超过允许的持续负序电流值，这段时间通常不会太长，但因

I_2较大，更需考虑防止对发电机可能造成的损伤。发电机短时间内允许负序电流值 I_2 的大小与电流持续时间有关。转子中产生热量的大小通常与流经发电机的 I_2 的平方及所持续的时间 t 成正比。若假定发电机转子为绝热体，则发电机允许负序电流与允许持续时间的关系可表示为

$$I_{2*}^2 \cdot t = A$$

式中 I_{2*}^2——以发电机额定电流为基准的负序电流标幺值；

      t——允许时间；

      A——与发电机型式及冷却方式有关的常数（由制造厂提供）。

A 值实际上就反应了发电机承受负序电流的能力，A 越大，说明发电机承受负序电流的能力越强。

发生不对称短路时，可能伴随较大的非周期分量，衰减的非周期分量在转子中感应出衰减的基波电流，增加转子的损耗和温升。对于大型机组，短路电流中的非周期分量所产生的影响比较显著，$I_{2*}^2 \cdot t \geqslant A$ 为判据的负序电流保护，在电流大时间短（如小于 5s）的情况下并不能可靠地保障机组的安全，因此要求大型发电机及有关设备要有完善的相间短路保护。

（3）转子表层负序过负荷保护的构成。为了防止发电机转子遭受负序电流的损害，对于大型汽轮发电机，国内外都要求装设与发电机承受负序电流能力相匹配的反时限负序电流保护。

15-89 反时限负序过电流保护的原理是怎样的？

答：发电机负序过电流保护反映发电机定子绕组中负序电流的大小。防止发电机转子表面过热。保护由两部分组成，即负序定时限过负荷和负序反时限过电流保护。

反时限特性曲线一般由三部分组成，即上限定时限、反时限和下限定时限，如图 15-6 所示。

负序反时限特性能真实地模拟转子的热积累过程，并能模拟散热，即发电机发热后若负序电流消失，热积累并不立即消失，而是慢慢地散热消失，如此时负序电流再次增大，则上一次的热积累将成为该次的初值。

负序电流保护反时限动作

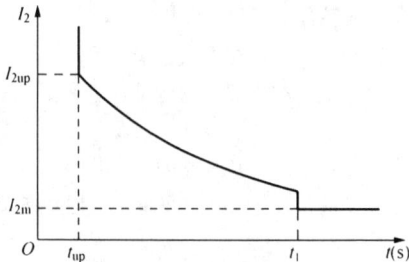

图 15-6 发电机反时限过负荷保护动作特性

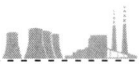

方程为

$$(I_{2*}^2 - K_{22})\ t \geqslant A$$

式中　K_{22}——发电机发热时的散热效应。

15-90　发电机定子绕组故障有何特点？保护如何考虑？

答：发电机定子绕组中性点一般不直接接地，而是通过高阻接地、消弧线圈接地或不接地，故发电机的定子绕组都设计为全绝缘。尽管如此，发电机定子绕组仍可能由于绝缘老化，或者过电压冲击，或者机械振动等原因发生单相接地和短路故障。由于发电机定子单相接地并不会引起大的短路电流，不属于严重的短路性故障。发电机内部短路故障主要是指定子的各种相间和匝间短路故障，短路故障时在发电机被短接的绕组中将会出现很大的短路电流，严重损伤发电机本体，甚至使发电机报废，危害十分严重，发电机修复的费用也非常高。因此发电机定子绕组的短路故障保护历来是发电机保护的研究重点之一。

发电机定子的短路故障形成比较复杂，大体归纳起来主要有 5 种情况：①发生单相接地，然后由于电弧引发故障点处相间短路；②直接发生线棒间绝缘击穿形成相间短路；③发生单相接地，然后由于电位的变化引发其他地点发生另一点的接地，从而构成两点接地短路；④发电机端部放电构成相间短路；⑤定子绕组同一相的匝间短路故障。

近年来短路故障的统计数据表明，发电机及其机端引出线的故障中相间短路是最多的，是发电机保护考虑的重点；虽然定子绕组匝间短路发生的概率相对较少，但也有发生的可能性，也需要配置保护。

15-91　发电机定子单相接地保护有何动作方式？

答：根据故障接地电流的大小，发生接地故障后保护可能有以下两种不同的处理方式：

（1）当接地电流小于安全电流时，保护可只发信号，经转移负荷后平稳停机，以避免突然停机对发电机组与系统的冲击。

（2）当接地电流较大时，为保障发电机的安全，应当立即跳闸停机。

大型发电机单相接地保护设计时规定接地保护应能动作于跳闸，并可根据运行要求打开跳闸连接片，使接地保护仅动作于信号。

采用基波零序电压保护和三次谐波定子接地保护，可构成 100％定子接地保护。

15-92 怎样利用三次谐波电压构成发电机定子接地保护？

答：三次谐波电压定子接地保护的主要任务是检测发电机中性点附近的单相接地故障。经理论分析，在不同地点发生单相接地时，可以得到机端三次谐波电压U_{T3}和中性点三次谐波电压U_{N3}与故障点 a 之间的变化曲线，如图 15-7 所示。

由发电机机端 TV 开口三角处引入机端三次谐波电压U_{T3}，从发电机中性点 TV 或消弧线圈引入发电机中性点侧三次谐波电压U_{N3}。

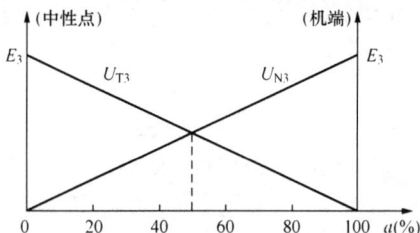

图 15-7　中性点电压U_{N3}和机端电压U_{T3}随故障点 a 的变化曲线

三次谐波式定子接地保护原理是反应机端和中性点三次谐波大小和相位变化而构成。动作判据为

$$|U_{T3}/U_{N3}|>K$$

式中　U_{T3}——发电机机端 TV 输出的三次谐波电压分量；

U_{N3}——发电机中性点三次谐波电压分量；

K——调整系数，可以根据保护的灵敏度要求，来调整其大小。

三次谐波保护出口可发信或跳闸。

15-93 大型发电机中性点接地方式和定子接地保护应该满足的三个基本要求是什么？

答：（1）故障点电流不应超过安全电流，否则保护应动作于跳闸。

（2）保护动作区覆盖整个定子绕组；有 100％保护区，保护区内任一点接地故障应有足够高的灵敏度。

（3）暂态过电压数值较小，不威胁发电机的安全运行。

15-94 大型机组发电机 100％定子接地保护一般如何实现？

答：目前发电机 100％定子接地保护一般由两部分构成：一部分是利用基波零序电压构成的定子接地保护，保护范围在定子绕组的 85％以上；另一部分需要由其他原理的保护共同构成 100％的定子接地保护，如利用基波零序电压接地保护与三次谐波电压原理和叠加电源方式共同构成。

15-95 什么是误上电保护?

答:误上电保护也可称为突加电压保护。发电机在盘车过程中,由于出口断路器误合闸,突然加上三相电压,而使发电机异步启动的情况,它能在几秒钟内给机组造成损伤。盘车中的发电机突然加电压后,电抗接近 x''_d,并在启动过程中基本上不变,以及升压变压器的电抗 x_t 和系统连接电抗 x_s,并且在 x_s 较小时,流过发电机定子绕组的电流可达 3~4 倍额定值,定子电流所建立的旋转磁场,将在转子中产生差频电流,如果不及时切除电源,流过电流的持续时间过长,则在转子上产生的热效应将超过允许值,引起转子过热而遭到损坏。此外,突然加速,还可能因润滑油压低而使轴瓦遭受损坏。

因此,对这种突然加电压的异常运行状况,应当有相应的保护装置,以迅速切除电源。对于这种工况,逆功率保护、失磁保护和机端全阻抗保护也能反应,但由于需要设置无延时元件;盘车状态,电压互感器和电流互感器都已解除,限制了其兼作突加电压保护的使用。一般来说,设置专用的误合闸保护比较好,不易出现差错,维护方便。

15-96 什么是非全相运行? 出现非全相后对保护有什么要求?

答:220kV 及以上断路器通常为分相操动机构断路器,常由于误操作或机械方面的原因,使三相不能同时合闸和跳闸,或在正常运行时突然一相跳闸,这时发电机—变压器组中将流过负序电流。如果靠反应负序电流的反时限保护,则可能因为动作时间较长,而导致相邻线路对侧保护先动作,使故障范围扩大,甚至造成系统瓦解事故,因此要求装设非全相运行保护。

在非全相运行时,由于不对称,要出现负序和零序分量,这种状态不允许长时间运行,一般综合重合闸中采用电流较小、时间较长的零序四段保护,经 4~5s 将非全相运行的线路跳闸。

15-97 发电机—变压器组有哪些非电气量保护?

答:(1) 压力释放保护;

(2) 气体保护;

(3) 远方切机保护;

(4) 断水保护;

(5) 主变压器和厂用变压器温度保护;

(6) 发电机温度保护;

(7) 水冷却机组的漏水监测器;

(8) 漏氢保护;

(9) 发电机绝缘过热保护；

(10) 无线电频率保护；

(11) 氢气湿度保护。

15-98 发电机—变压器组保护范围是什么？

答：保护区包括发电机、变压器、高压厂用变压器、励磁变压器和主变压器高压侧引线及 500kV 侧部分。

15-99 发电机—变压器组保护装置的主要功能包括哪些？对保护装置的具体要求有哪些？

答：发电机—变压器组保护装置的主要功能包括设备性能、保护功能、装置输入量的控制、保护信号传送、控制软件功能和设备安全等不同方面，有以下具体要求：

(1) 装置具有独立性、完整性、成套性。在成套装置内含有被保护设备所必需的保护功能。

(2) 装置的保护模块配置合理。当装置出现单一硬件故障退出运行时，被保护设备允许继续运行。

(3) 非电气量保护可经装置触点转换出口或经装置延时后出口，装置反映其信号。

(4) 装置中不同种类保护具有方便的投退功能，保护投退需经过硬连接片。

(5) 装置具有必要的参数监视功能。

(6) 装置具有必要的自动检测功能。当装置自检出元器件损坏时，能发出装置异常信号，而装置不误动。

(7) 装置具有自复位功能，当软件工作不正常时能通过自复位电路自动恢复正常工作。

(8) 装置各保护软件在任何情况下都不得相互影响。

(9) 装置每一个独立逆变稳压电源的输入具有独立的保险功能，并设有失电报警。

(10) 装置记录必要的信息（如故障波形数据），并通过接口送出；信息不丢失，并可重复输出。

(11) 保护屏、柜端子不允许与装置弱电系统（指 CPU 的电源系统）有直接电气上的联系。针对不同回路，分别采用光电耦合、继电器转接和带屏蔽层的变压器磁耦合等隔离措施。

(12) 装置有独立的内部时钟，其误差每 24h 不超过 ±1s，保护管理机

提供与 GPS 对时的接口，保护管理机对保护装置进行时间同步。

（13）双重化主保护及后备保护装置应分别由两个不同的直流母线的馈线或两个电源装置供电，并考虑可靠的抗干扰措施；每柜设两路工作电源进线，两路电源进线在保护屏内，开关采用具有切断直流负荷短路能力的、不带热保护的小空气断路器，并在电源输出端设远方"电源消失"的报警信号。

（14）非电气量保护应设置独立的电源回路（包括直流空气小断路器及其直流电源监视回路），出口跳闸回路应完全独立，非电量保护不允许启动失灵保护。

（15）发电机—变压器组、启动备用变压器两套主保护及不同的全停出口应分别置于不同的柜上，并且不要将同种类型的保护集中在同一个 CPU 系统或柜上。

（16）两套保护系统应相互独立。每套保护系统应有单独的输入 TA、TV 和跳闸继电器。

（17）保护出口回路，均经连接片投入、退出，不允许不经连接片而直接去驱动跳闸继电器。

（18）每套保护装置的出口触点都通过连接片，启动中间继电器。每面柜的出口中间继电器相互独立，每面柜可独立运行，每套保护都可单独投入和退出。

（19）系统接口。既可通过硬接线与 DCS 系统接口，又可通过 RS-485 或以太网口与其通信，提供多种通信规约，以便适应后定标的 DCS 系统。

（20）运行数据监视。管理系统可在线以菜单形式显示各保护的输入量及计算量。

（21）系统调试。可通过管理系统对各保护模块进行详细调试（操作时通过密码）。

（22）巡回检查功能。在保护系统处于运行状态时，保护模块不断地进行自检，管理系统及时查寻并显示保护模块的自检信息，如发现自检出错立即发出报警，以便及时处理。

（23）按保护配置要求，不同的出口分别设独立的出口继电器。接断路器跳闸的出口继电器须采用电压动作电流保持的出口继电器，以保证断路器可靠跳闸，以及防止继电器断开合闸电流。继电器的触点容量为 DC110V、8A/DC220V、5A，满足强电控制要求，触点数量除满足保护跳闸出口外，并留有 5 副备用触点。信号继电器的触点数量按至少 3 副设置，另外还需提供机组事故跳闸信号和机组异常信号，以及提供远动的单元机组跳闸总信号。重动信号继电器带灯光掉牌指示，手动复归。

15-100　可能造成变压器差动保护误动作的因素有哪些？

答：（1）变压器差动保护两侧电流互感器的电压等级、变比、容量以及铁芯和特性不一致，使差动回路的稳态和暂态不平衡电流都可能比较大。

（2）正常运行时的励磁电流将作为变压器差动保护不平衡电流的一种来源，特别是当变压器过励磁运行时，励磁电流可达变压器额定电流的水平。

（3）空载变压器突然合闸时，或者变压器外部短路切除而变压器端电压突然恢复时，暂态励磁电流的大小可达额定电流的 $6\sim8$ 倍，可与短路电流相比拟。

在中性点直接接地系统中，其中一台中性点接地变压器空载合闸时出现励磁涌流，与此同时，并联运行的其他中性点接地变压器中也将出现浪涌电流，这个电流被称为和应涌流，和应涌流通过变压器的接地中性点构成回路，这个电流只在变压器的一侧流通。大容量变压器空载合闸的暂态过程持续期长，和应涌流缓慢增长，其他运行变压器的差动保护有可能在其合闸较长时间之后，由于和应涌流造成误动作。

（4）正常运行中的变压器，根据运行要求，需要调节分接头，这又将增大变压器差动保护的不平衡电流。

15-101　可能造成变压器差动保护拒动作的因素有哪些？

答：（1）变压器差动保护应能反应高、低压绕组的匝间短路，而匝间短路时虽然短路环中电流很大，但流入差动保护的电流可能不大。

（2）变压器差动保护还应能反应高压侧（中性点直接接地系统）经高阻接地的单相短路，此时故障电流也较小。

15-102　大型发电机—变压器组继电保护配置原则是什么？

答：（1）考虑到大机组造价昂贵，发生故障将造成巨大损失，而且大机组单机容量大，故障跳闸会对系统产生严重的影响。所以，考虑大机组总体配置时，比较强调最大限度地保证机组安全、最大限度地缩小故障破坏范围，对某些异常工况采用自动处理装置。配置保护时着眼点不仅限于机组本身，而且要从保障整个系统安全运行综合来考虑，尽可能避免不必要的突然停机。要求选择可靠性、灵敏性、选择性和快速性好的保护继电器，还要求在继电保护的总体配置上尽量做到完善、合理，并力求避免烦琐、复杂。

（2）关于主保护，发电机组的配置原则应该以能可靠地检测出发电机可能发生的故障及不正常运行状态为前提，同时，在继电保护装置部分退出运行时，应不影响机组的安全运行。在对故障进行处理时，应保证满足机组和系统两方面的要求，因此，主保护应双重化。

（3）关于后备保护，发电机、变压器已有双重主保护甚至已超双重化配置，本身对后备保护已不做要求，高压主母线和超高压线路主保护也都实现了双重化，并设置了断路器失灵保护，因此，可只设简单的保护来作为相邻母线和线路的短路后备，对于大型机组继电保护的配置原则是：加强主保护（双重化配置），简化后备保护。

（4）继电保护双重化配置的原则是：两套独立的 TA、TV 检测元件，两套独立的保护装置，两套独立的断路器跳闸机构，两套独立的控制电缆，两套独立的蓄电池供电。

15-103　大型发电机组需配置哪些类型的继电保护？

答：大型发电机组的保护配置总的原则是最大限度地提高保护的可靠性，实现保护的双重化甚至多重化，加强主保护，适当简化后备保护。继电保护配置的类型包括主保护、后备保护、异常运行保护和非电量保护。

（1）发电机—变压器组保护。发电机—变压器组差动保护。

（2）发电机保护。

1）主保护。发电机差动保护、定子绕组匝间短路保护；定子绕组一点接地保护和转子绕组两点接地保护。

2）后备保护。定子绕组定、反时限过电流保护，转子绕组定、反时限过电流保护、负荷电压闭锁过电流保护、负序过电流保护、阻抗保护和纵差动保护（双重化保护）。

3）异常运行保护。转子一点接地保护、失磁保护、失步保护、过电压保护、频率保护、逆功率保护、误上电保护（突加电压保护）和电超速保护等。

4）非电量保护。断水保护和定子冷却水温度升高等。

（3）变压器保护。

1）主保护。重瓦斯保护和差动保护。

2）后备保护。复合电压过电流保护、零序保护和阻抗保护。

3）异常运行保护。轻瓦斯保护、过负荷启动风扇和冷却器全停。

4）非电量保护。

（4）有关断路器保护。断路器断口闪络保护、断路器非全相运行保护和断路器启动失灵保护。

15-104 发电机—变压器组保护装置主、后备保护均按双重化配置，每一套保护应符合哪些要求？

答：（1）每一套保护中应包含一套发电机差动，主变压器差动，厂用高压 A、B 工作变压器差动，励磁变压器差动等主保护。

（2）每一套保护中不同对象的保护采用不同 CPU。同一对象的保护，电量和非电量保护 CPU 分开。

15-105 发电机—变压器组保护装置保护分柜原则是什么？

答：（1）同一元件的两套保护应分别布置于不同柜内。

（2）非电量保护单独组屏。

15-106 发电机—变压器组保护装置 CPU 配置原则是什么？

答：（1）保护输入模拟量，输入开关量，保护输出回路，信号回路应满足保护配置图要求。

（2）保护处理 CPU 和通信管理 CPU 应各自独立。每套装置具有自己单独的电源和自动开关。

15-107 大型发电机组保护动作的对象是什么？

答：大型发电机组保护动作的对象是：

（1）主变压器高压侧断路器；

（2）母联或母线分段断路器；

（3）灭磁开关；

（4）高压厂用变压器低压侧断路器；

（5）主汽门；

（6）故障录波器。

15-108 大型发电机组保护动作出口的方式是怎样的？

答：大型发电机组保护动作出口的含义是：

（1）全停。断开发电机—变压器组高压侧断路器，断开发电机灭磁开关，断开高压厂用 A、B 工作变压器低压侧分支断路器，关闭汽轮机主汽门，启动失灵保护（非电量保护不启动失灵保护），启动 10kV 电源快速切换装置。

（2）减励磁。降低发电机励磁电流至给定值。

（3）切换厂用电。高压工作段母线正常工作电源进线跳闸，启动/备用

电源进线合闸。

（4）程序跳闸。首先关闭汽轮机主汽门，然后由程序跳闸逆功率动作，断开主断路器及灭磁。除关闭主汽门外其余出口与全停出口相同。

（5）信号。发出声光报警信号。

（6）减出力。将原动机出力减少到给定值。

（7）解列灭磁。主断路器跳闸、灭磁开关跳闸、汽轮机甩负荷。

（8）解列。高压侧断路器跳闸、汽轮机甩负荷，不灭磁。

（9）电量保护跳 500kV 断路器，其保护出口应有两副触点去启动断路器失灵保护。非电量保护不启动失灵保护。

15-109　发电机一变压器组保护装置接地的要求有哪些？

答：（1）保护柜必须有接地端子，并用截面不小于 $4mm^2$ 的多股铜线和接地网直接连通。保护柜之间的连接应采用专用接地铜排。应连接每一柜的接地铜排，以便形成一个大的接地回路，并且应通过回路中的一个点将回路连接到控制室接地网。接地铜排的截面不得小于 $100mm^2$。

（2）接地母线的螺栓连接、并接连接以及分接连接都应不少于 4 个螺栓。接地母线延伸至整个柜，并连接至屏架、前主钢板、侧主钢板以及后主钢板。接地母线每端有压接型端子，便于外部接地电缆的连接。

（3）电压互感器及差动用电流互感器的中性点应仅在其进入继电保护屏的端子排处接地，并采用跨接线或连接线进行接地，以便使接地可以分别拆除，不干扰接地。

（4）保护装置对电厂接地网无特殊要求。

15-110　什么是零序电流互感器？它有什么特点？

答：零序电流互感器是一种零序电流过滤器，它的二次侧反映一次系统的零序电流。这种电流互感器用一个铁芯包围住三相的导线，一次绕组就是被保护元件的三相导体，二次绕组就绕在铁芯上。

正常情况下，由于零序电流互感器一次侧三相电流对称，其相量和为零，铁芯中不会产生磁通，二次绕组中没有电流。当系统中发生单相接地故障时，三相电流之和不为零，一次绕组将流过电流，此电流等于每相零序电流的 3 倍，因此在铁芯中出现零序磁通，该磁通在二次绕组感应出电动势，二次电流流过继电器，使之动作。实际上，由于三相导线排列不对称，它们与二次绕组间的互感彼此不相等，零序电流互感器的二次绕组中有不平衡电流流过。

零序电流互感器一般有母线型和电缆型两种。

15-111　高压线路的主要保护是什么？各自反映什么样的故障？

答：（1）高频保护。可以反映线路内部的所有故障，是全线速动的主保护。

高频保护可以分为方向高频保护与相差高频保护。近来发展的光纤纵差保护实际上也是利用光纤传递电流的相位信号，实现全线速动，其原理与高频相差保护的原理大致相同。

（2）距离保护。可以分为相间距离与接地距离两种，分别反映相间故障与接地故障。两种保护均分为三段，其中一段保护线路全长的 80%～85%，无时限动作；二段保护线路的全长并延伸至相邻线路，比相邻线路的一段保护时限高一个时限级差；三段保护躲过线路正常运行时的最小负荷阻抗，并比相邻线路的三段保护时限高一个实现级差。

（3）零序保护。又称为接地保护，是保护线路的接地故障的。也分为三段式，其中一段保护线路全长的 80%～85%，无时限动作；二段保护线路的全长并延伸至相邻线路，比相邻线路的一段保护时限高一个时限级差；三段保护躲过线路正常运行时的最大不平衡电流，并比相邻线路的三段保护时限高一个实现级差。同时，为保证线路在配置单相重合闸时发生的非全相故障，还设置保护非全相运行的零序保护。

15-112　高频保护有几种类型？说明其主要的特点。

答：高频保护按原理可以分为高频方向保护与高频相差保护。

高频方向保护是基于比较线路两侧的功率方向原理而设计的。当线路内部故障时，线路两侧的功率是从母线流向故障点的，是正方向。而外部故障时，线路一端功率为正，一端为负。因此，当线路两侧功率均为正时，保护动作。

高频相差保护是根据电流的相位差来判断故障的。当线路内部故障时，两侧的电流相位应该是相同的。而当线路外部故障时，线路两侧的电流相位是相反的。

15-113　发电机为什么要装设励磁绕组过负荷保护？

答：励磁回路过负荷主要是指发电机励磁绕组过负荷。当励磁机或整流装置发生故障时，或励磁绕组内部发生部分绕组短路故障以及在强励过程中，都会发生励磁绕组过负荷，会引起励磁绕组过热，损伤励磁绕组，同时也可能使励磁主回路的其他部分发生异常或故障，因此，发电机规定装设过励磁保护。

15-114　什么是主变压器温度保护和冷却器故障保护？

答：主变压器温度保护，就是在冷却器系统发生故障或其他原因引起变

压器温度超过限值时，发出报警信号，或延时作用于跳闸。

冷却器故障保护，一般由反应变压器绕组电流的过流继电器与时间继电器构成，并与温度保护配合使用。当主变压器温度升高超过限值时，温度保护首先动作，发出报警的同时，开放冷却器故障保护出口。若这时主变压器电流超过Ⅰ段整定值，则按继电器固有延时动作于减出力，降低发电机—变压器组负荷，以使主变压器温度降低。温度保护若能返回，则发电机—变压器组维持在较低负荷下运行；温度保护若不能返回，则说明减出力无效，为保证主变压器的安全，冷却器故障保护将以Ⅱ段延时动作于解列或程序跳闸。

15-115 自并励发电机后备保护为什么要采用带记忆的复合电压闭锁过电流保护？

答： 对于采用自并励静止励磁系统的发电机，当发电机机端附近发生短路时，在短路的开始阶段，短路电流比他励式发电机衰减得慢，这期间不存在自并励式发电机短路电流小的问题，因此对瞬时动作的主保护没有影响。但是在稍长一段时间后（如后备保护的延时），自并励式发电机不仅没有强励作用，而且由于机端电压下降，可能使励磁电流逐渐减小，后者进一步使机端电压下降，因而出现发电机最终完全失磁的状态，此时短路电流将随时间不断衰减，最后接近零值，这就可能造成发电机后备保护的拒动。

根据《继电保护及安全自动装置技术规程》(GB/T 14285—2006) 有关规定：自并励发电机宜采用低电压保持的过电流保护，或采用带电流记忆的低电压过电流保护，也可采用精确工作电流足够小的低阻抗保护，即电流启动记忆，由复合电压闭锁的延时保护，发电机闭锁电压采用负序电压和低电压组合。三相过电流元件动作后在时间 t 内保持，在满足复合电压的条件下，经过延时 t_1 后作用于出口发信和跳闸，如果在整定延时 t_1 范围内电压恢复，则切断延时跳闸回路。

15-116 断路器失灵保护的作用是什么？

答： 断路器失灵保护的作用是：当发电机—变压器组范围内的任何一种保护出口跳闸时，失灵启动元件同时启动。若断路器跳闸成功，失灵启动元件自动返回；若断路器发生故障而无法正确跳闸，则由失灵启动元件启动母线失灵保护，按规定时间切除与本回路有关的母线段上的所有其他电源。

15-117 电动机装设低电压保护有何作用？

答： 当电动机的供电母线电压短时间降低或短时中断后又恢复，为了防止电动机自启动时使电源电压严重降低，通常在次要电动机上装设低电压保护。当供电母线电压降低到一定数值时，低电压保护动作将次要电动机切除，使供电母线电压迅速恢复到足够的电压，以保证重要电动机的自启动。

15-118　光电耦合器件的作用是什么？

答：光电耦合器件常用于开关量的隔离，使其输入与输出之间电气上完全隔离，以保证内部弱电电子电路的安全和减少外部干扰。光电耦合器件内部由发光二极管和光敏晶体管组成。目前常用的光电耦合器件为电流型，如图 15-8 所示为采用光电耦合器件的开关量输入接口电路，当外部继电器触点闭合时，电流经限流电阻 R 流过发光二极管使其发光，光敏晶体管受光照射而导通，其输出端呈现低电平"0"；反之，当外部继电器触点断开时，无电流流过发光二极管，光敏晶体管无光照射而截止，其输出端呈现高电平"1"。该"0"、"1"状态可作为数字量由 CPU 直接读入，也可控制中断控制器向 CPU 发出中断请求。

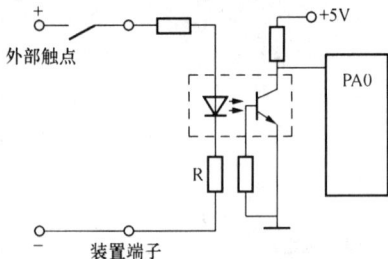

图 15-8　光电耦合器件的开关量输入回路原理图

15-119　如何区分电力系统短路和振荡？

答：短路和振荡的主要区别是：

（1）两者电气量的变化速率不同。短路时电流突升、电压突降，电流、电压值突然变化量很大；而振荡时系统各点电压和电流值均往复性摆动，电流、电压等电气量的变化是缓慢的。特别是刚开始振荡时，电流、电压随送电系统的运行角的摆动做周期性变化，变化速率比短路时慢得多。

（2）振荡时，系统任何一点电流与电压之间的相位角都随功角 δ 的变化而改变；而短路时，电流与电压之间的相位角是基本不变的。

（3）两者不对称分量不同。短路时一般会有负序或零序分量出现；而振荡时三相是完全对称的，不会出现负序和零序分量。

15-120　高频信号有几种？说明其意义。

答：（1）闭锁信号。是阻止保护作用于跳闸的信号，无闭锁信号是保护

动作的必要条件。只有满足以下两个条件时保护才能动作跳闸：

1）本端保护元件动作；

2）无闭锁信号。

（2）允许信号。允许信号是允许保护动作的信号，允许信号存在是保护动作的必要条件。只有满足以下两个条件时保护才能动作跳闸：

1）本端保护元件动作；

2）有允许信号。

（3）跳闸信号。是直接启动跳闸的信号，是保护动作的充分条件。

第四部分

故障分析与处理

第十六章 发电机系统故障分析与处理

16-1 发电机内部氢气湿度过大的危害有哪些?

答:发电机内部氢气湿度过大的危害有:

(1) 降低发电机的定子绝缘。

(2) 加剧对转子护环的腐蚀。

(3) 加大通风损耗。

16-2 影响发电机内部氢气湿度的主要因素有哪些?

答:影响发电机氢气湿度的主要因素有:

(1) 氢站来的氢气品质不合格。

(2) 水冷发电机冷却水泄漏。

(3) 汽轮机轴封压力过高,使密封油中的水分增大。

(4) 氢气干燥器的工作效率降低。

16-3 定子绕组进水量的变化对发电机有何影响?

答:当定子水量在额定值上下 10％范围内变化时,对定子绕组的温度实际上不产生多少影响。当大量增加冷却水时,则会导致入口压力过分增大,在由大截面向小截面的过渡部位可能发生汽蚀现象,使水管壁损坏,所以过分增加流量是不妥当的。当冷却水量减少时,将使绕组入口和出口水的温差增大,可能造成绕组温升的极不均匀,因而是不允许的。

16-4 定子绕组进水温度的变化对发电机有何影响?

答:定子绕组进水温度超过规定范围上限时,由于绕组出水温度可能超过允许值而导致汽化,此时应减小发电机出力。定子绕组进水温度过低时,可能造成定子绕组和铁芯的温差过大或引起汇水母管表面的结露现象,因此进水温度也不可能低于制造厂的规定值。

16-5 进风温度过低对发电机有哪些影响?

答:(1) 容易结露,使发电机绝缘电阻降低。

（2）导线温升增高，因热膨胀伸长过多而造成绝缘裂损。转子铜、铁温差过大，可能引起转子绕组永久变形。

（3）绝缘变脆，可能经受不了突然短路所产生的机械力的冲击。

16-6 发电机入口风温超过允许温度 42℃时，怎么办？

答： 首先应提高内冷水冷却器的效率。若仍不能达到要求，且发电机定子绕组出口水温及定子绕组温度未超过允许值时，可不降低发电机出力；否则应降低发电机定子电流，直到不超过规定允许温度为止。

16-7 运行中发电机冷却水压力、流量突然降至零应如何处理？

答： 发电机内冷水中断，应立即通知汽轮机处理，在30s内不能恢复正常时，发电机断水保护动作跳闸，如断水保护未动作，应手动将发电机解列，迅速查明原因，恢复供水后，尽快将发电机并网运行。

16-8 发电机冷却水中断有何危害？

答： 发电机冷却水中断后，线棒内的冷却水将变成死水，热量带不出来，温度升高，水电离出的离子增多，电导率增大，泄漏电流增加，绝缘引水管发热，引水管中水的导电离子进一步增多，电导率更大，终将导致绝缘引水管打穿或引水管中水闪络，以致造成重大事故。

16-9 如何防止发电机绝缘过冷却？

答： 发电机的冷却器只有在发电机准备带负荷时才通冷却水（循环水），当负荷增加时，逐渐增加冷却器的冷却水量，以便使氢（空）气温度保持在规定范围内，在发电机停机前减负荷时，应随负荷的减少逐渐减少冷却器的冷却水量，以保持氢（空）气温度不变。防止发电机绝缘过冷却。

16-10 发电机主油开关非全相运行时有何现象？

答： （1）发电机三相定子电流严重不平衡。可按下列标准来判断非全相的情况：若发电机三相定子电流中有两相相等或近似相等，且为另一相的1/2，则可判断为发电机—变压器组开关两相拒分，一相断开；若发电机三相定子电流中有两相相等或近似相等而另一相为零，则可判断为发电机—变压器组开关一相拒分，两相断开。

（2）负序电流表指示增大。

（3）"主油开关三相位置不一致"光字牌亮，发电机—变压器组开关红、绿指示灯均熄灭。

（4）发电机非全相保护、负序过负荷保护有可能发信、动作，有关光字

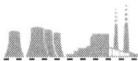

牌亮。

16-11　发电机非全相运行处理原则步骤是什么？

答：（1）发电机并列时，发生非全相，应立即调整发电机有功、无功负荷到零，将发电机与系统解列；如解列不掉，则应立即断开发电机所在母线上的所有断路器（包括分段断路器、母联断路器及旁路断路器）。

（2）发电机解列时，发生非全相分闸，应检查发电机有功、无功负荷到零，立即断开发电机所在母线上的所有断路器（包括分段断路器、母联断路器及旁路断路器）。当某线路断路器也断不开时，联系调度拉开对侧断路器。

（3）当发生非全相运行时，灭磁开关已跳闸，若汽轮机主汽门已关闭，应立即断开发电机所在 220kV 母线上的所有断路器（包括分段断路器、母联断路器及旁路断路器）；若汽轮机主汽门未关闭时，则应立即合上灭磁开关，维持转速，给上励磁，再进行处理；立即断开发电机所在 220kV 母线上的所有断路器（包括分段断路器、母联断路器及旁路断路器）。

（4）做好发电机定子电流和负序电流变化、非全相运行时间、保护动作情况、有关操作等项目的记录，以备事后对发电机的状况进行分析。

16-12　发电机功率因数变化时对发电机的运行有什么影响？怎样处理？

答：发电机功率因数降低，将影响发电机的出力。因为功率因数越低，定子电流中的无功分量越大，由于感性无功去磁作用，所以抵消磁通的作用越大，为了维持定子电压不变，必须增加转子电流，此时若保持发电机出力不变，则必然会使转子电流超过额定值，引起转子绕组的温度超过允许值而使转子绕组过热。

发电机运行规程规定：为了保证机组的稳定运行，发电机的功率因数一般不应超过迟相 0.95 运行，或无功负荷应不小于有功负荷的 1/3。在发电机自动调整励磁装置投入运行的情况下，必要时发电机可以在功率因数为 1.0 的情况下短时运行，长时间运行会引起发电机的振荡和失步。目前大机组基本上不允许进相运行，有的大机组正在进行进相试验，运行人员应根据本机组的情况及时调整。

发电机在降低功率因数的情况下运行时，转子电流不应大于额定功率时的数值。功率因数增大，视在功率不应大于与进口风温相应的额定值。

16-13　发电机并列后，增大有功、无功负荷时受什么因素的限制？

答：发电机并列后，有功负荷增长速度决定于原动机，汽轮发电机要根据机、炉的情况逐渐增加负荷。

突然增加负荷时，先是绕组发热，而导体或绝缘体的发热需要一个过程，并不是立即能达到允许的温度；发热就要膨胀，不同的材料膨胀能力不同，在设计发电机时是经过计算的，如果突然带负荷不超过额定电流的50%～70%，问题不是很大，否则会出现转子导体的残余变形。

16-14　发电机端电压升高对发电机有何影响？

答：（1）转子表面和转子绕组温度升高。当发电机运行电压达1.3～1.4倍额定电压时，转子表面会发热，进而影响转子绕组的温度，这是由于漏磁通和多次谐磁通的增加而引起的附加损耗的结果。这种损耗发热与电压的平方成正比，所以电压越高，这种损耗增加越快，使转子发热，转子绕组温度升高可能超出允许值。

（2）定子铁芯温度升高。铁芯发热由两个因素决定，一是铁芯本身的损耗引起，另一个是定子绕组温度传到铁芯。电压升高，铁芯内部磁通密度增加，损耗也就增加。因为损耗近似与磁通的平方成正比，所以磁通的增加引起损耗增加很快。另外，对于大容量机组，铁芯相对利用率比小型机组高，磁通更靠近饱和，这样，它对电压的升高引起损耗的变化更会明显增加，所以，电压高，铁芯损耗会上升，温度升高，而且大型机组要比小型机组更严重。

（3）定子的结构部件可能出现局部高温。电压高，磁通密度大，铁芯的饱和程度加剧，使较多的磁通逸出轭部并穿过其他结构部件。如支持筋、机座、齿板等，形成另外的环路，使在结构部件中产生涡流有可能造成局部高温。

（4）对定子绕组绝缘产生威胁。对于运行多年的绝缘老化或发电机本身有潜伏性绝缘缺陷的机组，电压过高时，易造成绝缘击穿事故。

16-15　发电机端电压降低对发电机有何影响？

答：（1）降低运行的稳定性。一是并列运行的稳定性，二是发电机电压调节的稳定性。并列运行稳定性的降低，可以从发电机的功角特性看出。当电压降低时，功率极限幅值降低，要保持输出功率不变，必将增大功角运行，而功角越接近90°时，稳定性越低。电压降低时，发电机的调节稳定性降低。

（2）定子绕组温度可能升高。电压降低的情况下，保持发电机的功率不变，则必须增加定子电流，而电流增大会使定子绕组温度升高。

16-16　发电机振荡的现象是什么？

答：发电机正常运行时发出的功率和用户的负荷功率是平衡的，发电机和系统都处在稳定状态下运行。当系统中发生某些重大干扰时，发电机与用户之间的功率平衡将遭到破坏，此时必须立即改变发电机的输出功率以求得重新达到平衡。但由于发电机的转子转动具有惯性，汽轮机调速器的动作需要一定的延时，故改变发电机的功率就要有一个过程。在这个过程当中，发电机的功率和用户的负荷功率不能平衡，就会破坏发电机的稳定运行，使发电机产生振荡或失步。

16-17　发电机振荡时各电气量反映在表计上的变化有哪些？

答：（1）有功、无功功率表全盘摆动，发电机发出鸣声，其节奏与表计的摆动合拍。

（2）定子电流表的指针剧烈摆动，电流有时超过正常值。

（3）发电机定子电压表和其他母线电压表剧烈摆动，且电压表指示值降低。

（4）系统电压、频率摆动且电压降低。

（5）转子电流、电压表的指针在正常值附近摆动。

16-18　引起发电机振荡的原因与防止振荡的措施有哪些？

答：根据运行经验，造成发电机失步的非同步振荡主要有以下几种原因：

（1）静态稳定的破坏。

（2）发电机与系统联系的阻抗突然增加。

（3）电力系统中的功率突然发生严重的不平衡。

（4）大型机组失磁。

（5）原动机调速系统失灵。

若振荡已造成失步时，则要尽快创造恢复同步运行的条件，通常采取下列措施：

（1）增加发电机的励磁。对于有自动励磁调节装置的发电机不要退出调节器和强励，可任其自由动作调整励磁。对于无自动电压调节装置的发电机则要手动增加励磁。增加励磁的作用，是为了增加定、转子磁场间的拉力，用以削弱转子的惯性作用，使发电机较易在达到功率平衡点附时被拉入同步。

（2）若是一台发电机失步，可适当减轻它的有功出力，即关小汽轮机的汽门，这样容易拉入同步，这样做好比是减小了转子的冲劲。

（3）按上述方法进行处理，经 1～2min 后仍未进入同步状态时，则可以考虑将失步发电机从系统中解列。

16-19 发电机振荡如何处理？

答：（1）首先判明是系统振荡还是本机振荡。系统振荡：控制室内两台机组有关表计摆动方向相同，幅值基本相等，也就是同步摆动。本机振荡：本机有关表计摆动幅度很大，另一台机组有关表计摆动幅度小，且两台机组有关表计摆动方向相反。

（2）无论是系统振荡还是本机振荡，都应尽可能地增加其励磁电流，为恢复再同步创造条件。

（3）如是本机振荡，应迅速降低发电机的有功功率。

（4）如是本机振荡，失步保护将动作于机组跳闸，如失步保护未动，在经过 3 个周期后仍不能恢复再同步时，立即紧急解列发电机。

（5）如是系统振荡，则按中调令执行，若系统已解列成小区域，则当频率升高时应降低发电机的有功功率，频率降低时应升高发电机的有功功率。维持小区域频率稳定，电压在额定值、频率在稳定，为系统再并列创造条件。

（6）本机振荡时，厂用电严禁采用并列倒换方式，必须采用瞬切联动法。

16-20 若发生系统振荡是否就构成了事故？

答：不一定，当系统发生振荡时要看具体情况，要看振荡是由何种原因引起，有的振荡力对系统的干扰小，经过一定的时间能恢复到稳定运行，有的振荡比较严重，可能破坏原来的稳定运行，则有可能造成事故。

16-21 中性点消弧线圈接地系统发生单相接地短路时，表计有何变化？

答：接地相电压为零，未接地两相电压升至线电压。

16-22 中性点消弧线圈接地系统发生单相接地短路时，能维持运行多长时间？

答：中性点消弧线圈接地系统属于小接地电流系统，因此在单相短路时，可以运行 1～2h，消弧线圈带负荷运行时间不得超过铭牌规定的允许时间，否则切除故障线路。

16-23 发电机的启停机保护有何作用？该保护如何使用？

答：发电机启停机保护是保护发电机在启停过程中发生定子接地的保护。其定值比正常时的定子接地保护定值低。该保护在解列或者并列时投入，发电机并网后应及时将连接片退出。

发电机的启停机保护是指发电机启动刚加励磁或者停机为灭磁时的零序电压保护。该保护的定值较低。通常利用发电机主断路器的辅助触点在机组并列后将保护退出。实际运行中，一般厂家都要求在机组并列以后，退出该保护连接片。

16-24　发电机的误上电保护有何作用？

答：发电机误上电保护在以下情况下保护发电机：

（1）发电机盘车时，未加励磁，断路器合闸造成发电机异步启动。

（2）发电机启动过程中，已经加励磁，但频率低时断路器误合闸。

（3）启停过程中，已经加励磁，但频率大于定值，断路器误合。

（4）该保护在机组并列后应及时退出运行。

16-25　发电机监视数据失常或者消失如何处理？

答：现代大型发电机的各种参数一般都是由变送器输出的弱电量，当变送器的电源失去或者变送器输出异常时，会导致发电机的参数失常或者消失。此时，应观察机组运行参数，如果仅是一个或者是几个参数异常，可根据其他的参数判断发电机的运行工况；如有功异常时，可根据汽轮机的蒸汽压力与流量判断负荷是否改变，同时尽快恢复变送器的运行。如果全部的参数都无法监视，且短时间内无法恢复，则应请示领导，停机处理。

16-26　发电机电压达不到额定值有什么原因？

答：（1）磁极绕组有短路或断路。

（2）磁极绕组接线错误，以致极性不符。

（3）磁极绕组的励磁电流过低。

（4）换向磁极的极性错误。

（5）励磁机整流子铜片与绕组的连接处焊锡熔化。

（6）电刷位置不正或压力不足。

（7）原动机转速不够或容量过小，外电路过载。

16-27　发电机失步运行是怎样产生的？

答：（1）原动机输入力矩突然变化，如汽轮机调速汽门犯卡；

（2）系统发生突然短路；

（3）大机组或大容量线路突然断开。

16-28　发电机在运行中主断路器自动跳闸的原因有哪些？

答：（1）发电机内部故障，如定子绕组相间短路、匝间短路、转子两点接地等。

（2）发电机外部故障，如发电机母线短路。

（3）值班人员误操作。

（4）继电保护、自动装置及主断路器的机构误动作。

（5）双水内冷发电机断水保护动作。

（6）大型发电机的失磁保护动作。

16-29　引起发电机着火的原因有哪些？如何处理？

答：运转中的发电机常常由于以下原因引起着火，使设备造成严重损坏，甚至酿成严重事故。

（1）定子绕组绝缘击穿。定子绕组的绝缘损坏以后，引起绕组单相接地，由于接地点拉起的电弧温度很高，可以引起绝缘物燃烧，使发电机着火。

（2）导线及接头过热。如果发电机冷却装置失效；水内冷发电机某一段水路发生堵塞；发电机长期超铭牌运行或是导线接头焊接质量不良或结构不合理等，都可能引起定子和转子绕组过热、绝缘老化和绕组间的垫块、绑线炭化以及接头熔化，并可能进一步发展成热击穿，引起电弧起火。

（3）轴承支座漏油、电刷维护不良。轴承支座漏油、电刷维护不良会造成在励磁机或滑环电刷处积碳粉、积油、摩擦容易着火。

（4）氢冷却系统漏氢。氢冷发电机密封瓦或氢气管路漏氢，遇到明火将会发生着火或氢气爆炸。在发电机的充排氢中，由于误操作或化验错误，也可能发生氢气与空气混合时的爆炸起火事故。

空冷发电机内部着火后，应迅速检查发电机是否已与电网解列。一般在与电网解列和拉掉灭磁开关后，火势就会减弱熄灭，此时就不要再投水灭火，但要保证发电机低速盘车，以防止大轴弯曲。如果与电网解列后火势不减，浓烟加剧，可当即投入喷水灭火。

氢冷发电机内部着火，只要故障电流切断得快，火势将不会蔓延和扩大，这是由于在发电机内部氢气纯度很高时，氢气不会助燃，也不会自燃爆炸。但是值得注意的是，在氢冷发电机外部漏出的氢气，与空气混合，当氢气浓度下降到 5%～75% 的范围时，星星之火就可以引起着火和爆炸，因此是十分危险的。一旦由此引起着火和爆炸，应迅速关闭来氢的管道和阀门，并用二氧化碳或"1211"灭火器灭火。如果起火的原因是由于发电机的密封瓦不严，漏氢所造成，则应迅速降低发电机内部氢压，保持 0.3N/cm^2 的低

氢压运行，并进行灭火；如果火势不减，可向发电机内迅速送入二氧化碳气体直至火势熄灭。

对发电机附属电气设备的着火，应首先切断电源，并用二氧化碳或"1211"灭火器灭火，对转动设备和电气元件不可使用泡沫灭火剂或沙土等。

若发电机油管路着火，应使用泡沫灭火器灭火，如火势猛，油管路大量喷油时，要迅速停机，并在机组降速后拉掉油泵电源，消除管路油压，打开油箱的事故排油阀门，将油箱的油放掉。地面上的油可用沙子和泡沫灭火剂灭火。

抓好发电机防火是搞好电气设备防火工作的重要环节，运行值班人员应掌握发电机灭火的基本知识和要领，一旦发生火灾时，能独立或配合专业消防人员迅速扑灭着火，保障设备和人身安全。

16-30 发电机失磁的原因有哪些？

答：发电机失去励磁的原因很多，一般在同轴励磁系统中，常由于励磁回路断线（转子回路断线、励磁机电枢回路断线、励磁机励磁绕组断线等）、自动灭磁开关误碰或误掉闸、磁场变阻器接头接触不良等而使励磁回路开路，以及转子回路短路和励磁机与原动机在连接对轮处的机械脱开等原因造成失磁。大容量发电机（125MW 及以上）半导体静止励磁系统中，常由于晶闸管整流元件损坏、晶体管励磁调节器故障等原因引起发电机失磁。

16-31 如何防止失磁保护在非失磁状态下的误动作？

答：下列情况下应保证失磁保护不动作：

(1) 发电机出口和变压器高压侧短路故障。

(2) 电力系统振荡。

(3) 水轮发电机自同期并列。

(4) 电压互感器二次回路断线。

(5) 发电机通过升压变压器对高压长线路充电。

为此，失磁保护采用的闭锁措施有：

(1) 用适当的延时躲过电力系统振荡的影响。

(2) 利用是否产生负序分量区别短路故障与失磁。

(3) 增设电压互感器断线闭锁功能。

(4) 用开关量识别特殊运行方式，如自同期并列或长线路充电。

16-32 论述发电机运行中失去励磁，对其本身有何影响？

答：对发电机有下列影响：

（1）发电机失去励磁后，由送出无功功率变为吸收无功功率，且滑差越大，发电机的等效电抗越小，吸收的无功功率越大，致使失磁发电机的定子绕组过电流。

（2）转子的转速和定子绕组合成的旋转磁场的转速出现转差后，转子表面（包括本体、槽楔、护环等）将感应出滑差频率电流，造成转子局部过热，这对发电机的危害最大。

（3）异步运行时，其转矩发生周期性变化，使定、转子及其基础不断受到异常的机械力矩的冲击，机组振动加剧，威胁发电机的安全运行。

（4）当失磁程度严重时，如果有关保护不及时动作，发电机及汽轮机转子将马上超速，后果不堪设想。

16-33 发电机功率因数的进相和迟相是怎么回事？

答：通常，同步发电机既发有功，也发无功，这种状态称为迟相运行，或称为滞后，此时发出一感性无功功率；但有时，发电机送出有功，吸收无功，这种状态，称为进相运行。

进相运行转为迟相运行，或相反方向变化，在发电机只需调节励磁电流就可以，在一般情况下，因负荷以感性负荷为多，发电机处于迟相运行状态。

16-34 为什么调节有功功率应调节进汽量，而调节无功功率应调节励磁？

答：这个问题主要是针对绕组流过无功电流或有功电流的影响而言。我们先讨论当绕组流过有功电流的情况。如图 16-1（a）所示，定子绕组内流过有功电流，它的方向与电动势的方向一致，这个电流在磁场中要受到力矩 F_1 的作用，而定子又是固定不动的，因而相当于转子受到 F_2 这个力矩的作用；对转子来讲，这是一个阻力矩，有功电流越大，阻力矩越大。因此，要求原动机输出力矩加大，这就需要调大进汽量。当流过无功电流时的情况，以感性电流为例，如图 16-1（b）所示，感性电流滞后电动势 90°，设电流在 B1-B2 内流过，此时，它所受力矩 F_1 在水平方向，相对于转子力矩 F_2 也只是起压紧绕组而已，因此对原动机的进汽量无关，然而此时电枢反应相当强烈，定子绕组产生一个反向于转子的磁场，对转子磁场起削弱作用，它的无功减少，端电压降低，此时需要加大励磁电流。容性电流的作用与感性相反。

16-35 为什么调节无功功率时有功功率不会变，而调节有功功率时无功功率会自动变化？

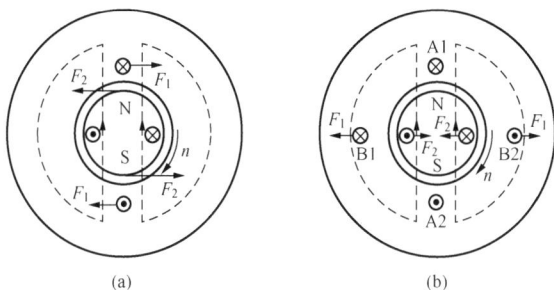

图 16-1 有功电流与无功电流的影响

（a）定子绕组内流过有功电流时；（b）定子绕组内流过无功电流时

答：调无功时，因为励磁电流的变化会引起功角 δ 的变化，从式 $P_{dc}=m\dfrac{E_0 U}{X_d}\sin\delta$ 看出，当 E_0 增加，$\sin\delta$ 值减小时，P_{dc} 基本不变。调有功功率时，对无功功率输出的影响就较大。发电机能不能送无功功率与电压差 $\Delta\dot{U}$ 有关，这个电压差指的是发电机电动势 $\dot{E}_0$ 和端电压 $\dot{U}_{xt}$ 的同相部分的电压差，只有这个电压差才产生无功电流。当发电机送出有功功率，电动势 $\dot{E}_0$ 就与 U_{xt} 错开 δ，这样 $ab<ac$，无功电压变小了。当有功变化越大，δ 角就越大，无功电压更小，因而无功自动减小，反之，当 δ 角减小，无功会自动增加。如图 16-2 所示。

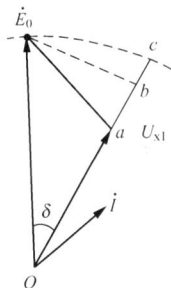

图 16-2 发电机的功角特性

16-36 为什么发电机在并网后，电压一般会有些降低？

答：对于发电机来说，一般都是迟相运行，它的负载也一般是阻性和感性负载。当发电机升压并网后，定子绕组流过电流，此电流是感性电流，感性电流在发电机内部的电枢反应作用比较大，它对转子磁场起削弱作用，从而引起端电压下降。当流过的只是有功电流时，也有相同的作用，只是影响比较小。这是因为定子绕组流过电流时产生磁场，这个磁场的一半对转子磁场起助磁作用，而另一半起去磁作用，由于转子磁场的饱和性，助磁一方总是弱于去磁一方。因此，磁场会有所减弱，导致端电压有所下降。

16-37 发电机运行时为什么会发热？

答：任何机器运转都会产生损耗，发电机也不例外，运行时它内部的损耗也很多。就大的方面来说可分为四类，即铜损、铁损、励磁损耗和机械损耗。铜损指的是定子绕组的导线流过电流后在电阻上产生的损耗，而且定子槽内导线产生的集肤效应额外引起损耗。铁损是铁芯齿部和轭部所产生的损耗，它有两种形式，一种是涡流损耗，另一种是磁滞损耗。涡流损耗是由于交变磁场产生感应电动势，在铁芯中引起涡流导致发热；磁滞损耗是由于交变磁场而使铁磁性材料克服交变阻力导致发热。励磁损耗是转子绕组的电阻损耗。另外，机械损耗就容易理解了。这四种损耗都将使绕组、铁芯或其他部件发热，因而发电机在运行中会发热，这种现象是不可避免的。

16-38 发电机允许变为电动机运行吗？

答：任何一种电动机都是可逆的，就是说可以当做发电机运行，也可以当做电动机运行，所以就发电机本身来讲，变为电动机运行是完全允许的。不过这时要考虑原动机的情况，因为发电机变电动机时，要关闭汽门。发电机变为电动机运行后，定转子极间的夹角 δ 变成负的，即定子磁极在前，转子磁极在后，由定子磁场拖着转子跑，它们仍不失同步，故称为同步电动机，此时电极从系统吸收有功，补偿机械损耗，而无功可以送出也可以吸收。

16-39 什么是进相运行？进相运行时要特别注意哪些情况？

答：进相运行是指发电机向系统输送有功功率，但吸收无功功率的运行方式。

进相运行时要考虑的问题有：系统稳定性降低问题；由发电机端部漏磁引起的定子发热问题；发电机端部电压下降问题。

16-40 为什么进相运行时，发电机定子端部易发热？

答：这是因为发电机运行中，其定子端部和转子端部各有一个旋转的漏磁场。端部漏磁场的分布情况比较复杂，它随发电机结构、材料、距离以及负载性质的不同而不同。一般而言，发电机在滞后功率因数下运行时，定子和转子的磁通相互削弱；而在超前功率因数即进相运行时，两者磁通相互加强，造成端部漏磁通增多。所以，发电机在进相运行时端部易于发热。

16-41 短路对发电机和系统有什么危害？

答：短路的主要特点是电流大，电压低。电流大的结果是产生强大的电动力和发热，它有以下几点危害：

（1）定子绕组的端部受到很大的电磁力的作用。

（2）转子轴受到很大的电磁力矩的作用。

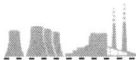

(3) 引起定子绕组和转子绕组发热。

16-42 为什么水冷发电机的端部构件发热特别厉害?

答:发电机端部构件发热与端部的漏磁有关。端部有分布复杂的漏磁场,它是由定子绕组的端部漏磁和转子绕组的端部漏磁合成的,而且是旋转的。端部漏磁场的大小和形状,与发电机的结构特点、某些参数及端部构件所采用的材料有关。在发电机运行的时候,这个漏磁场的磁通就切割端部的构件,在这些构件中感应起涡流,产生损耗,使这些部件发热,尤其是用整块磁性材料制成的部件,发热就更厉害。

这个问题,所有的发电机都存在,不过水冷发电机更加严重而已,原因是水冷发电机的电磁负荷大,即定子和转子的线负荷(沿电机圆周单位长度上的电流数)高,所以产生的漏磁也多,而这些部件的损耗又几乎都跟磁通密度的平方成正比,所以发热也特别厉害。

16-43 引起发电机定子绕组绝缘老化或损坏的主要原因是什么?

答:发电机定子绕组绝缘过快老化和损坏的主要原因有:

(1) 发电机冷却系统出现风道堵塞等故障,导致冷却效果下降,发电机温升过高过快,使绕组绝缘迅速恶化。

(2) 冷却器水侧发生堵塞,造成冷却水供应不足,出口风温升高,影响冷却效果。

(3) 发电机长期过负荷运行造成绕组绝缘加速老化。

(4) 运行电压长期超过额定值。

(5) 绝缘材料及工艺原因。

16-44 机组大小修,主变压器经过耐压试验后,第一次启动时,为什么发电机启动保护容易动作?如何防止?

答:主变压器进行耐压试验时,在主变压器的绕组中施加直流电压,从而在主变压器铁芯中建立直流磁场。试验结束后,不可避免在铁芯中存在剩磁。大小修后第一次启动时,由于发电机自动励磁装置升压速度较快,也就是说主变压器上电压的上升速度较快。这时交流电建立主变压器中的励磁磁通,必须克服主变压器铁芯中的剩磁,相应主变压器的励磁涌流也就比平时的大,有可能达到使发电的启动保护动作值而使保护动作。

有两种方法可以避免启动保护动作:

(1) 发电机加励磁前退出发电机启动保护(不提倡)。

(2) 将励磁调节器(不管是自动还是手动)调在最低限,手动合上励磁开关，缓慢零起升压。

16-45 发电机出口调压用电压互感器熔断器熔断后有哪些现象？如何处理？

答：熔断器熔断后有下列现象：

(1) 电压回路断线信号可能发生。

(2) 自动励磁调节器供励磁时，定子电压、电流、励磁电压、电流不正常地增大，无功表指示增大。

(3) 感应调节器供发电机励磁时，各表计指示正常。

(4) 备励供发电机励磁时，表计正常。

处理方法如下：

(1) 由自动励磁调节器供发电机励磁时，应切换到感应调压器断开调节器机端测量开关，断开副励输出至调节器隔离开关。

(2) 备用励磁供发电机励磁时，应停用强励装置。

(3) 更换互感器的熔断器。

(4) 若故障仍不消除，通知检修检查处理。

16-46 发电机电流互感器二次回路断线有何现象？如何处理？

答：现象：

(1) 测量用电流互感器二次回路断线时，发电机有关电流表指示（显示）到零，有功表、无功表指示（显示）下降，电能表转慢。

(2) 保护用电流互感器二次回路断线时，有关保护可能误动作。

(3) 励磁系统电流互感器二次回路断线时，自动励磁调节器输出可能不正常。

(4) 电流互感器二次开路，其本身会有较大的响声，开路点会产生高电压，会出现过热、冒烟等现象，开路点会有烧伤及放电现象，TA 断线信号发出。

处理：

(1) 根据表计指示（显示）判断是哪组电流互感器故障。视情况降低机组负荷运行。

(2) 测量用电流互感器二次回路断线，部分表计指示异常，此时应加强对其他表计的监视，不得盲目对发电机进行调节，并立即联系检修处理。

(3) 如保护用电流互感器二次回路断线，应将有关保护停用。

(4) 如励磁调节电流互感器二次回路断线，自动励磁调节器输出不正常，应切换手动方式运行。

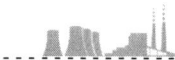

对故障电流互感器二次回路进行全面检查，如互感器本身故障，应申请停机处理；如是有关端子接触不良，应采用短接法，带好绝缘用具进行排除；故障无法消除时，申请停机处理。

16-47　发电机断路器自动跳闸时，运行人员应进行哪些工作？

答：（1）检查励磁开关是否跳开，只有当厂用变压器也跳闸时，方可断开励磁开关。

（2）检查厂用备用电源是否联动，电压是否平衡，应分情况正确处理。

（3）检查由于哪种保护动作使发电机跳闸。

（4）检查是否由于人为误动而引起，如果确认是由于人为误动而引起，应立即将发电机并入系统。

（5）检查保护装置的动作是否由于短路故障所引起，应分情况进行处理。

16-48　发电机常见故障有哪些？

答：发电机在运行过程中，由于外界、内部及误操作原因，可能引起发电机各种故障或不正常状态，常见的故障有以下几种：

（1）定子故障：绕组相间短路、匝间短路、单相接地等。

（2）转子绕组故障：转子两点接地、转子失去励磁功能等。

（3）其他方面的故障：发电机着火、发电机变成电动机运行、发电机漏水漏氢、发电机发生振荡或失去同期、发电机非同期并列等。

这些故障的发生，导致发电机退出系统，更甚者烧毁某些设备，所以在日常运行维护时要特别小心，以免事故发生。

16-49　发电机不正常运行状态有哪些？

答：发电机运行过程中正常工况遭到破坏，出现异常，但未发展成故障，这种情况称为不正常工作状态。不正常工作状态有以下几种：

（1）发电机运行中三相电流不平衡，三相电流之差不大于额定电流10%允许连续运行，但任一相电流不超过额定值。

（2）事故情况下，发电机允许短时间的过负荷运行，过负荷持续的时间要由每台机的特性而定。

（3）发电机各部温度或温升超过允许值，减出力运行。

（4）发电机送励磁运行，输送到转子中的电流磁场反向，励磁电流表反指，无功表指示正常，但不影响发电，待停机处理。

（5）发电机短时无励磁运行。

（6）发电机励磁回路绝缘能力降低或等于零，在测量励磁回路绝缘电阻低于 0.5MΩ 或等于零，这就有可能发转子一点接地信号。

（7）转子一点接地，通过测量已确认，就加装转子两点接地保护运行。

（8）发电机附属设备故障造成发电机不正常运行状态，例如电压互感器断相，电流互感器断线，整流柜故障，冷却系统故障等。

出现上述情况均属发电机处于不正常运行状态。

16-50 发电机非同期并列时，有何现象出现？

答：发电机并列时定子电流冲击很大，电流表剧烈摆动，发电机发出与指针摆动相吻合的鸣声。

16-51 发电机发生非同期并列有什么危害？

答：发电机的非同期并列，将会产生很大的冲击电流，它对发电机及与其三相串联的主变压器、断路器等电气设备破坏极大，严重时将烧毁发电机绕组，使端部变形。如果一台大型发电机发生此类事故，则该机与系统间将产生功率振荡，影响系统的稳定运行。

16-52 发电机非同期并列应怎样处理？

答：在不符合并列条件的情况下，合上发电机断路器，这种情况就是非同期并列。非同期并列对发电机、变压器产生巨大的冲击电流，机组将发生强烈的振动，定子电流表指示突增，系统电压降低，发电机本体由于冲击力矩的作用发出很大的响声，然后定子电流表剧烈摆动，母线电压表也来回摆动。遇到这种情况，应根据事故现象进行迅速而正确地处理。若发电机组无强烈音响及振动，可不必停机。若机组产生很大的冲击电流和强烈的振动，而且并不衰减时，应立即把发电机断路器、灭磁开关断开，解列并停止发电机，待转动停止后，测量定子绕组绝缘电阻，并打开发电机端盖，检查定子绕组端部有无变形情况，查明确无受损后方可再次启动。

16-53 防止非同期并列的措施是什么？

答：（1）采用较先进的同期闭锁装置，对同期装置的使用及并列方式要求编入操作票顺序内；

（2）采用同期插销、同期角度闭锁及同期闭锁回路等；

（3）事故情况下有同期点时，一定要注意和系统同期，防止非同期并列；

（4）新投入运行或大修后的发电机，应和系统的相序核查并进行假同期试验。

16-54　运行中，发电机定子铁芯各部分温度普遍升高应如何检查和处理？

答：运行中、定子铁芯各部分温度和温升均超过正常值时，应检查定子三相电流是否平衡，检查进风温度和进出风温差及空气冷却器的冷却水系统是否正常。若是冷却水中断或水量减少，应立即供水或增大水量；若是定子三相电流不平衡引起，应查明原因，并予消除。此外，联系热工对仪表进行检查。

在以上处理过程中，应控制定子铁芯温度不得超过允许值，否则应减负荷。

16-55　运行中，发电机定子铁芯个别点温度突然升高时应如何处理？

答：运行中，若定子铁芯个别点温度突然升高，应分析该点温度上升的趋势及与有功、无功负荷变化的关系，并检查该测点的正常与否。若随着铁芯温度、进出风温度和进出风温差显著上升，又出现"定子接地"信号时，应立即减负荷解列停机，以免铁芯烧坏。

16-56　运行中，发电机定子铁芯个别点温度异常下降时应如何处理？

答：运行中，若定子铁芯个别点温度异常下降时，应加强对发电机本体、空冷小室的检查和温度的监视，综合各种外部迹象和表计、信号进行分析，以判断是否是发电机转子或定子绕组漏水所致。

16-57　运行中，发电机个别定子绕组温度异常升高时应如何处理？

答：运行中，个别定子绕组温度异常升高时，应分析该点温度上升的趋势以及与有功、无功负荷变化的关系，同时，观察对应绕组的出水温度，如也升高，则可能是导水管阻塞，此时，适当增加定子绕组进水压力，进行冲洗以消除导水管中的积垢，必要时可反复冲洗直至温度降至正常值。经上述处理无效时，应控制温度不超过允许值，否则应降出力运行。

16-58　发电机出水温度异常应如何进行监视与调整？

答：（1）检查发电机的定子电流是否超过额定值。

（2）检查定子内冷水是否中断。

（3）检查内冷水系统是否正常，其冷却水是否中断。

（4）适当降低发电机定子电流。

（5）检查是否为某一绕组出水温度异常，如果只有一点异常，观察绕组温度与同一水路的其他绕组出水温度是否正常，由此可以判断是否是测点失灵。

（6）如果温度显示准确，按要求控制绕组及出水温度差值在规定范围内，否则立即停机处理。

16-59 发电机入口风温升高时，将对发电机产生什么影响？

答：发电机入口风温变化，将直接影响发电机出力。当入口风温高时，如超出额定值，要降低发电机的出力，因为发电机的铁芯和绕组的温度与入口风温及铜、铁中的损耗有关。铁芯和绕组的最高允许温度是一个既定值，因此入口风温和允许温升之和不能超过这个允许温度，故入口风温升高时，允许温升要小。而当电压保持不变时，温升和电流有关，温升要小，电流就得降低。反之，入口风温低，电流就可增大。如果入口风温过高，若不降低负荷，则铁芯温度会超过允许值。

16-60 三相电流不对称运行对发电机有什么影响？

答：发电机是根据三相电流对称的情况下长期运行设计的。当三相电流对称时，由它们合成产生的定子旋转磁场是和转子同方向、同转速旋转的，因此，定子旋转磁场和转子磁场相对静止，它的磁力线不会切割转子。当三相电流不对称时，将出现一个负序电流 I_2，而它将产生一个负序旋转磁场，它的旋转方向和转子的转向相反，这个负序磁场将以两倍的同步转速扫过转子表面，从而使转子表面发热和转子振动。但对于汽轮发电机，不对称负荷的限制是由发热的条件决定的。

需指出的是，产生三相电流不对称的原因：一种是系统的三相负载严重不平衡，如单相电炉等，这称为稳态情况；另一种是事故时，如系统两相突然短路、非全相运行、单相重合闸动作等引起的，这称为瞬态情况。这两种情况下发电机负序电流的允许值是不一样的。对于稳态情况，一般规定三相电流之差，不大于额定电流 I_N 的 10%，最大一相不得超过额定电流。而衡量汽轮发电机承受瞬态不对称故障的能力可查表 16-1。

表 16-1　　　　　　　　　　发电机不平衡电流

转子冷却方式	冷却介质或功率	连续运行的最大 I_2/I_N	故障运行的最大 $(I_2/I_N)^2 t$
间接冷却	空气	0.10	30
	氢气	0.10	15
直接冷却	353MVA 及以下 667MVA	0.08 0.07	8 7

16-61 发电机断水时应如何处理？

答：运行中，发电机断水信号发出时，运行人员应立刻看好时间，做好

断水保护拒动的事故处理准备，与此同时，查明原因，尽快恢复供水。若30s内冷却水恢复，则应对冷却系统及各参数进行全面检查，尤其是转子绕组的供水情况，如果发现水流不通，则应立即增加进水压力恢复供水或立即解列停机；若断水时间达到30s而断水保护拒动时，应立即手动拉开发电机断路器和灭磁开关。

16-62 发电机漏水时，应如何处理？

答：运行中，发电机漏水信号发出后，应根据检漏仪确定漏水发信部位，并进行就地检查，若确有渗漏水现象，可根据表16-2进行处理。

若未发现渗漏水的迹象，应请热工人员核实检漏板，检漏仪工作是否正常。

表16-2　　　　　　　　发电机漏水处理

故障性质		立即停机	10min 内停机	尽快安排停机（降低水压带故障运行）
定子绕组	汽机侧漏水		√	
	引出线侧漏水	√		
	轻微渗水			√
	大量漏水	√		
转子绕组	漏水	√		
其他	漏水并伴随定子绕组接地或转子一点接地	√		

16-63 发电机运行中，整流子或滑环上的电刷产生火花时，应如何处理？

答：运行中，整流子或滑环上的电刷产生火花时，应按表16-3处理。

表16-3　　　　　　　　电刷出现火花时的消除方法

可能的原因和性质		消 除 的 方 法
（一）在安装或修理后产生火花的原因	（1）电刷研磨不良，其表面未能全部工作	应重磨电刷或使发电机在轻负荷下作长时间运行，一直到磨好为止

续表

可能的原因和性质		消除的方法
（一）在安装或修理后产生火花的原因	（2）电刷装置的位置不对	重新配置刷框位置，并使其与整流子的中心线平行
	（3）电刷未放在中性点上（有换向极的励磁机）	找出励磁机的中性点，将电刷正确地放在中性点上
	（4）各整流区之间的距离不均匀	沿圆周检查各电刷间的距离，必须时应进行找正，使其误差在±0.5mm以内
	（5）电枢与磁极（主极与换向极）间的气隙不均匀	调整气隙，使各气隙与平均值之差不超过下述规定的数值 平均气隙（mm）／各气隙与平均气隙之差（mm） 1.5～3.0 ／ 0.3～0.4 3.5～5.0 ／ 0.4～0.5 5.5～8.0 ／ 0.55～0.65
	（6）电刷引线回路中的接触电阻大，造成负荷分配不均匀	检查电刷与铜辫的接触及引线回路中各螺钉是否上紧，接触是否良好
	（7）由于弹簧与电刷没有绝缘，电流流经弹簧使弹簧发热变软、失去弹性	将弹簧与电刷绝缘，如弹簧已失去弹性，则必须更换
	（8）在整流子上产生连续的火花而转变为弧形火花。整流子很清洁，根据上述原因检查未发现缺陷	电刷过软，换用较硬的电刷
	（9）换向极的补偿度不合适	进行无火花区试验，根据试验结果，调整换向极的气隙或换向极线圈的匝数
	（10）换向极连接不正确	检查磁极极性，换向极的极性应当是在电枢转动时，电枢线圈应先通过同极性的换向极，然后通过其主极
	（11）整流子表面氧化膜未很好建立	在轻负荷下持续运行，逐渐增加转子电流，使其建立氧化膜

下述规定的数值表：

平均气隙（mm）	各气隙与平均气隙之差（mm）
1.5～3.0	0.3～0.4
3.5～5.0	0.4～0.5
5.5～8.0	0.55～0.65

续表

可能的原因和性质		消除的方法
（二）运行中产生火花的原因	（1）电刷牌号不符合规定，或部分换用了不同牌号的电刷	检查电刷牌号，更换成制造厂指定的或经过试验适用的电刷
	（2）电刷压力不均匀，或不符合要求	进行调整，特别注意使各电刷的压力均匀
	（3）电刷磨短	电刷磨短至规定值时必须更换，一般由刷下边距铜瓣最少应有 5～6mm
	（4）整流子和电刷表面不洁，根据不洁程度，可能在个别电刷上，也可能在全部电刷上产生火花，电刷烧伤很严重	（1）用帆布浸少许酒精擦拭整流子； （2）用干净帆布擦电刷表面
	（5）电刷和引线、引线和接线端子间的连接松动，产生局部火花	检查电刷与铜瓣的接触及引线回路中各螺钉是否松动
	（6）电刷在刷框中摇摆或动作滞涩，火花随负荷而增加	检查电刷在刷框内的情况，能否上下自由活动，更换摇摆的和滞涩的电刷。电刷在刷框内应有 0.1～0.2mm 的间隙
	（7）电刷振动，火花因振动大小而不同，其原因可能如下：整流子的磨损不均匀、片间云母突出、电刷松弛、机组振动等	查明振动的原因并消除
	（8）整流子整片内侧过脏，造成整流子片间短路或整片开焊	停机进行清扫，将炭末等脏物用压缩空气吹净，开焊处则须重焊（最好采取银焊）
	（9）整流片间绝缘突出，整流子上有磨损或撞伤	修整整流子的片间绝缘，云母应凹下 1～1.5mm，整流子磨损或撞伤严重，必要时进行车磨
	（10）整流子不圆或表面不平	在停机时检查整流子的状态。用千分表测量整流子表面的摆度（最大值与最小值之差），不应超过 0.05mm（3000r/min）或 0.07mm（1500r/min）；整流子表面的凹凸不平，不应超过 0.5～1.0mm，否则，应进行车磨。为了使整流子的磨损均匀，在整流子上的电刷应错开排列

16-64 励磁系统的碳刷发热时怎样处理？

答：（1）检查发电机的磁场电流是否过大，可以适当降低磁场电流。

（2）检查碳刷弹簧压力是否合适。

（3）检查碳刷是否存在损坏现象。

（4）必要时降低有功，使磁场电流可以进一步降低。

（5）如果采取措施无效或者形成环火，应停机处理。

16-65 氢冷发电机漏氢有哪些原因？怎样查找？

答：氢冷发电机漏氢的原因主要有以下几点：

（1）氢管路系统的焊缝、阀门及法兰不严密引起漏氢。

（2）机座、端罩及出线罩的结合面，由于密封胶没注满密封槽或密封胶、密封橡胶条等老化引起漏氢。

（3）密封瓦有缺陷或密封油压过低，使油膜产生断续现象，造成大量漏氢。

（4）氢冷器不严密，使氢气漏入氢冷却水中。

（5）定子内冷水系统，尤其是绝缘引水管接头等部位不严密，使氢气漏入内冷水中。

查找：

（1）发电机漏氢量较大时，应对内冷水箱、氢冷器放气门、发电机两侧轴瓦、发电机各结合面处、密封油箱及氢系统的管路、阀门等处进行重点查找。

（2）通常采用专门检漏仪、涂刷洗净剂水、洗衣粉水或肥皂水等办法查找。

16-66 发电机大量漏氢如何处理？

答：（1）根据不同氢压下发电机接带负荷规定调整有功、无功负荷。

（2）监视发电机各部温度不超过规定值。

（3）调整发电机内冷水及氢冷器水压及密封油压。

（4）立即补氢同时找出原因并设法消除。

（5）大量漏氢、无法消除时，应停止补氢，申请列发电机。

（6）处理过程中严禁明火作业，严禁用铁钩开关阀门，以免产生火花引起爆炸。

16-67 氢系统着火如何处理？

答：（1）当发电机由于急剧漏氢，或在漏氢地点工作，因腐蚀摩擦而产

生火花，引起氢气着火，应迅速阻止漏氢处并用二氧化碳灭火；

（2）发电机内部发生氢气爆炸时，发电机内部有巨响和烟雾喷出，应紧急停机，必要时用二氧化碳灭火，并保持发电机在10％额定转速转动，防止大轴弯曲。

16-68　运行中氢压降低如何处理？

答：运行中若发现氢压指示下降或报警、补氢量增加或发电机风扇差压降低时，可判断为氢压不正常降低。氢压降低的处理方法为：

（1）如密封油中断，应紧急停机并排氢。

（2）发现氢压降低，应核对就地表计，确认氢压下降，必须立即查明原因予以处理，并增加补氢量以维持发电机内额定氢压，同时加强对氢气纯度及发电机铁芯、绕组温度的监视。

（3）检查氢温自动调节是否正常，如失灵应切至手动调节。

（4）若氢冷系统泄漏，应查出泄漏点，同时做好防火防爆的安全措施。查漏时，应用检漏计或肥皂水。

（5）管子破裂、阀门法兰、发电机各测量引线处泄漏等引起漏氢。在不影响机组正常运行的前提下设法处理，不能处理时停机处理。

（6）发电机密封瓦或出线套管损坏，应迅速汇报值长，停机处理。

（7）误操作或排氢阀未关严，立即纠正误操作，关严排氢阀，同时补氢至正常氢压。

（8）怀疑发电机定子绕组或氢冷器泄漏时，应立即报告值长，必要时停机处理。

（9）氢气泄漏到厂房内，应立即开启有关区域门窗，加强通风换气，禁止一切动火工作。

（10）若氢压下降无法维持额定值，应根据定子铁芯温度情况，联系值长相应降低机组负荷直至停机。

（11）密封油压低，无法维持正常油氢差压。设法将其调整至正常或增开备用泵，若密封油压无法提高，则降低氢压运行。氢压下降时按氢压与负荷对应曲线控制负荷。

16-69　发电机进油的原因有哪些？如何预防？

答：发电机进油的原因有：

（1）密封油压大大高于氢压；

（2）密封油箱满油；

（3）密封瓦损坏；

（4）密封油系统回油不畅。

防止发电机进油的措施有：

（1）调整油压大于氢气压力在设计范围以内；

（2）调整空侧压力与氢侧压力至正常；

（3）严密监视密封油箱油位，防止满油和无油位运行；

（4）检查防爆风机运行是否正常；

（5）检查回油管路是否畅通；

（6）检查氢侧压力下降情况，判断密封瓦运行状况。

16-70　发电机内大量进油有哪些危害？怎样处理？

答： 发电机内所进的油均来自密封瓦。20 号透平油含有油烟、水分和空气，大量进油后的危害是：

（1）侵蚀发电机的绝缘，加快绝缘老化。

（2）使发电机内氢气纯度降低，增大排污补氢量。

（3）如果油中含水量大，将使发电机内部氢气湿度增大，使绝缘受潮，降低气体电击穿强度，严重时可能造成发电机内部相间短路。

处理：

（1）控制发电机氢、油压差在规定范围，不要过大，以防止进油。

（2）运行人员应加强监视，发现有油及时排净，不使油大量积存。

（3）保持油质合格。

（4）经常投入氢气干燥器，使氢气湿度降低。

（5）如密封瓦有缺陷，应尽早安排停机处理。

16-71　系统频率低或高的处理步骤是什么？

答：（1）监视系统频率变化；按调度范围，调节发电机功率以适应频率的变化；

（2）正常运行频率变化范围为 50Hz±0.2Hz，最大范围为 50Hz±0.5Hz；

（3）频率过低时，将引起电机各部分温度升高及厂用电动机的功率不足；

（4）能够知道低频率运行的反时限特性；

（5）若频率过低发电机保护有可能动作，做好跳闸后的工作。

16-72　为什么说限制汽轮发电机组低频运行的决定性因素是汽轮机而不是发电机？

答： 频率异常保护主要用于保护汽轮机，防止汽轮机叶片及其拉金的断

裂事故。汽轮机的叶片，都有一自振频率 f_V，如果发电机运行频率升高或者降低，当 $|f_V - kn| \geqslant 7.5$ 时叶片将发生谐振（式中，k 为谐振倍率，$k=1，2，3，\cdots$；n 为转速，r/min），叶片承受很大的谐振应力，使材料疲劳，达到材料所不允许的限度时，叶片或拉金就要断裂，造成严重事故。材料的疲劳是一个不可逆的积累过程，所以汽轮机都给出在规定的频率下允许的累计运行时间。

16-73　甩负荷对发电机有何危害？

答：（1）引起端电压升高；

（2）调速器失灵或汽门犯卡，因转子转速升高而产生巨大的离心力，致使机件损坏（俗称"飞车"）。

16-74　事故情况下发电机为什么可以短时间过负荷？

答：发电机过负荷要引起定子、转子绕组和铁芯温度升高，严重时可能达到或超过允许温度，加速绝缘老化，所以在一般情况下，应避免出现过负荷。但是发电机绝缘材料老化需要一个过程，绝缘材料变脆、介质损耗增大、耐受击穿电压水平降低等都要有一个高温作用的时间，高温时间越短，绝缘材料的损害程度越轻。而且发电机满载运行温度距允许温度有一定的余量，即使过负荷，在短时间内也不至于超出允许温度过多。因此，事故情况下，发电机允许有短时间的过负荷。发电机过负荷的允许值与允许时间，在各发电机技术参数内。

16-75　发电机的过负荷运行应注意什么？

答：在事故情况下，发电机过负荷运行是允许的，但应注意：

（1）当定子电流超过允许值时，应注意过负荷的时间不得超过允许值。

（2）在过负荷运行时，应加强对发电机各部分温度的监视使其控制在规程规定的范围内。否则，应进行必要的调整或降出力运行。

（3）加强对发电机端部、滑环和整流子的检查。

（4）如有可能加强冷却：降低发电机入口风温；发电机变压器组增开冷却风扇。

16-76　传输线过负荷的处理步骤是什么？

答：（1）汇报中调，调整潮流分布；

（2）注意发电机过负荷时间，若无功裕量大，可先降无功，使定子电流达到最大允许值下；

（3）注意发电机功率和电压，不能使功率过高或电压过低。

16-77 发电机负序电流产生的原因是什么？

答：（1）电力系统结构及配接负荷不合理；

（2）电力系统中发生不对称短路故障；

（3）由于单相大的负荷（如电阻炉等），使电力系统中三相负荷形成长时间或短时的不平衡，进而出现了负序分量。

16-78 发电机负序电流过大对发电机设备有何损害？

答：运行中的发电机出现负序电流，也可说是不可避免的，但在允许值之内是可以长时期运行的。但当负序电流过大时，转子本体会发热，则直接影响转子绕组的温度，有可能使局部发生高温过热。如转子本体与槽楔的温度升高，将导致其机械强度下降；又如转子本体与套箍的接触表面接触不良时，可能使接触表面引起严重灼伤。此外，局部高温还有使套箍松脱的危险。

在事故情况下，如两相突然短路、单相重合闸动作等引起的负序电流会使转子严重发热。

16-79 发生发电机转子两点接地故障时，为什么要立即跳闸？

答：当转子发生两点接地时，部分绕组被短路，因电阻降低，所以转子电流会增大，其后果是转子绕组强烈发热，有可能被烧毁，而且发电机产生强烈振动。为保证发电机不损坏，一般转子两点接地保护均应动作跳闸，不允许再运行。

16-80 发电机转子一点接地后，可以继续运行吗？为什么？

答：当发电机转子一点接地时，按原理分析可以继续运行，但这不能认为就是一种正常现象，因为有可能引发两点接地。当发生两点接地时，对发电机是非常不利的，能使发电机产生强烈的振动。

16-81 转子发生一点接地后，对发电机有何影响？如何检查处理？

答：运行中，转子发生一点接地后，并不构成电流通路，励磁绕组两端的电压仍保持正常，因此发电机可继续运行。但这时加在励磁绕组对地绝缘上的电压有所增加，有可能发生转子回路的第二点接地，这是不允许的。因此，转子一点接地后，应迅速对励磁回路进行认真检查。同时考虑保护是否有误动的可能；根据某些保护构成原理，检查是不是因为接轴碳刷接触不良引起。此外，还可倒换备用励磁以找出接地范围。如果一旦确认转子一点接地，应投入转子两点接地保护，此时，严禁在励磁回路上工作，以防保护误动。

需指出的是，在转子一点接地的同时，若发电机出现振动，则应立即解列停机。

16-82　为什么发电机转子一点接地后容易发生第二点接地故障？

答：因为发电机转子发生一点接地后，励磁回路对地电压将有所升高。在正常情况下，励磁回路对地电压约为励磁电压的一半。当励磁回路的一端发生金属性接地故障时，另一端对地电压将升高为全部励磁电压值，即比正常值高出一倍。在这种情况下运行，当切断励磁回路中的开关或一次回路的主断路器时，将在励磁回路内产生暂态过电压，在此电压作用下，可能将励磁回路中其他绝缘薄弱的地方击穿，从而导致第二点接地，引发严重故障。

16-83　发电机失去同期的现象是什么？如何处理？

答：现象：

（1）定子电流表指针在全盘内摆动；

（2）定子电压表指针强烈摆动，并且指示降低；

（3）有功、无功电力表指针在全盘内摆动；

（4）转子电流表指针在正常值附近摆动；

（5）发电机发出鸣声，其节奏与表计摆动一致。

处理：

（1）当发电机表计发生强烈冲击，机组出现强烈振动时，应立即解列发电机；

（2）注意厂用电动作情况（厂用工作电源未掉闸，可先拉后合的方法倒厂用电）；

（3）如果发电机失去同期是因系统振荡所引起的，应及时与调度联系，根据调度要求调整机组功率。通常当频率升高时，应立即降低有功负荷。

16-84　什么是发电机的不对称运行？处理步骤是什么？

答：发电机运行时是与电网联在一起的，而且系统中各点电负荷又是不同的。

（1）由于三相输电线路结构或架设方面的原因，使三相负荷分配不完全对称；

（2）电炉等大的单相负荷分配不均，也会造成三相负荷分配不完全对称；

（3）电路断路器跳闸或切换，也会使三相负荷不完全对称。

以上三种因素的出现，带来了发电机不对称运行的问题。发电机不对称运行是指定子三相电流的偏差超过其允许值时的现象，其差值越大，则不对称程度越大。

处理：

（1）若仅有"负序过流"报警发出，完成迅速降负荷，使负序电流及不对称度达要求；

（2）降负荷时，遵循先降无功再降有功原则（无功裕量大的情况下）；

（3）汇报中调，迅速恢复运行；

（4）若负序保护动作，则做好保护动作后的处理。

16-85　发电机不对称运行对设备有何影响？

答：系统中绝大部分负荷是电动机，所以不对称运行主要是对电动机有影响，因为当发电机不对称运行时，除定子三相电流不平衡外，三相电压也出现了不平衡现象，温升增大和电磁减小。这种不良影响随不对称程度的增加而增加，因为当电压不对称时，则出现负序电压分量，加在电动机上会产生负序电流和负序磁场，负序磁场和转子电流作用又会产生负序电磁力矩。这个力矩是阻碍转子转动的，是制动力矩。为了克服这个力矩，电动机所吸收功率将全部变为损耗，这样就使电动机发热更严重。如果三相电压仅幅值不等而相位对称的损耗增加少些，力矩的降低也小些。总地来说，电压不对称可能对电动机有以下一些影响：电磁力矩降低，严重时可能停转，温度升高，功率因数和效率降低，产生振动和噪声。

16-86　发电机的不对称运行对系统有何影响？

答：发电机的不对称运行一般是由系统引起的，所以当其不对称运行时，除对本身不利外，对系统也是不利的：

（1）对附近通信线路有干扰；

（2）对电力系统的继电保护工作条件产生影响，如负序保护整定值须提高等。

16-87　发电机转子温度过高时对发电机有何危害？

答：发电机转子表面高温，在线条范围内颜色发暗或漆层表面碳化。局部发热的结果有可能使金属的机械温度降低而引起转子部件的损坏，还有可能因过热致使槽楔从槽中滑出，使动静部分发生碰撞。

16-88　发电机转子温度升高时，应采取哪些措施？

答：（1）负荷的分配应尽量使三相匹配，系统接线合理，减少负序分量；

（2）改善发电机的冷却条件，如提高风压、降低冷却水温度、改善转子本体结构；

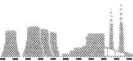

（3）在允许的条件下，尽量降低无功负荷运行；

（4）将故障设法消除；

（5）提高系统的可靠性，减少故障；

（6）检查内冷发电机转子冷却回路是否堵塞。

16-89　运行中引起发电机振动突然增大的原因有哪些？

答：总体可分为两类，即电磁原因和机械原因。

电磁原因：转子两点接地、匝间短路、负荷不对称、气隙不均匀等。

机械原因：找正找得不正确、联轴器连接不好、转子旋转不平衡。

其他原因：系统中突然发生严重的短路故障，如单相或两相短路等；运行中，轴承中的油温突然变化或断油。由于汽轮机方面的原因引起的汽轮机超速也会引起转子振动，有时会使其突然加大。

16-90　如何从表计变化来判断发电机定子单相接地故障？

答：当 A 相机端发生接地时 A 相机端变成地电位。中性点电位升高，因发电机均采用星形接线而且中性点采用不接地或经高电阻接地故障发生接地时只有电容电流流过故障点，若不考虑压降，则可认为中性点对地电压 $U_Z = -U_A$，此时 B 相和 C 相的对地电压 U_{BD}、U_{CD} 都会升高为原来相电压的 $\sqrt{3}$ 倍，所以当切换发电机表盘上的电压表来测量三相对地电压时，A 相电压为 0，B 相和 C 相电压为线电压数值。

16-91　引起发电机定子绕组单相接地故障的可能原因有哪些？

答：发电机单相接地是指定子线棒某处绝缘薄弱，铜导线和铁芯从电方面发生连通的现象。当发电机长时间过负荷，线棒发热绝缘老化龟裂或局部产生涡流，引起局部过热。松楔或绑线松动，在电动力作用下可能引起此故障。

16-92　发电机定子单相接地事故对发电机有何危害？

答：发电机单绕组接地主要危险是故障点电弧灼伤铁芯，使修复工作复杂化，而且电容电流越大，持续时间越长，对铁芯的损害越严重。另外，单相接地故障会进一步发展为匝间短路或相间短路，出现巨大的短路电流，造成发电机严重损坏。

16-93　发电机定子单相接地故障电流的大小和什么有关？

答：发电机一般采用星形接线并采用中性点不接地，或经高阻抗接地方式，当定子绕组单相接地时，流过故障点的发电机电压系统对地的电容电流所产生的电弧将灼伤铁芯，甚至进一步发展成为发电机定子绕组相间或匝间短路，对于中性点不接地的发电机，其接地故障电流的大小与其能连的设备形成的系统对地电容大小有关，一般电容为定值，其变化值与基波零序电压有关，定子绕组 A 相，在距发电机中性点 a 处发生单相接地故障时，中性点电位将发生偏移

$$U_{A-D} = (1 - a)U_A$$

$$U_{B-D} = U_B - aU_A$$

$$U_{C-D} = U_C - aU_A$$

16-94 当发生发电机转子两点接地故障表计会发生什么变化？

答：当发电机发生转子两点接地故障后，表计会发生以下变化：转子电流会增大、到底会增大多少要看短路程度，同时转子电压会降低，功率因数增高甚至进相定子电流增大、电压降低，转子产生强烈振动等现象。

16-95 当发生发电机转子两点接地时应如何处理？

答：当发生发电机转子绕组两点接地故障时，值班人员应立即切断发电机的主断路器，使发电机与系统解列并停机，同时切断灭磁开关，把磁场变阻器放在电阻最大位置。当机组设有转子两点接地保护时，保护应投入跳闸，机组跳闸后，应对故障进行消除。

16-96 为什么转子两点接地故障会引起发电机振动？

答：转子两点接地引起发电机振动，这是因为发电机的磁场对称被破坏了，一台四极机，假设磁极上有部分线匝发生短路，这个磁极的磁动势（安匝数）也减少，磁通也减少，而其他极磁通基本不变，由于磁拉力与气隙磁通密度的平方成正比，所以磁极与定子之间的拉力比磁板与定子之间的拉力小，使转子右边的拉力大，在转子转过 $180°$ 之后使左边的拉力大，这样转子在转动过程中沿着不同的方向，定子对它的拉力就产生了周期性的变化，因此发电机就产生振动，这种振动会使发电机的各固定部件松动，并影响厂房建筑物是非常有害的，凸极机的这种振动特别厉害，而且发展很快，可能带来极严重的后果。两极机（汽轮发电机）中因为两个磁极的磁通是共同的，一样多，可以初看起来好像不会振动，可是事实上当转子的某极部分线匝发生两点接地时，也会产生振动只是振动没有凸极机那么厉害。这里关键是两个磁极的磁通密度不一样。

16-97 发电机发生相间短路故障时表计将发生哪些变化？

答：当发生相间短路故障时表计可能发生以下变化：发电机对应发生短

路相的定子电流表指示增大，发电机电压及对应母线电压均有降低现象，励磁发生强励现象，励磁电流表指示上升，对应励磁电压表也上升，无功功率表有突增上升现象。有功功率表发生摆动。当发电机由短路故障引起振荡时，各表计均随发电机振荡现象有节奏的摆动。其时间长短及摆动的大小以短路持续的时间长短以及短路电流的大小而定。

16-98 如何防止发电机内部电晕的发生？

答：从发电机定子线棒产生电晕的原因来看，消除电晕须从两方面着手：①想法使线棒与铁芯间的电场强度变得均匀一些；②消除绝缘物内的空气隙。为消除绝缘物内的空气隙，过去的沥青云母带绝缘的定子线棒都进行了多次浸胶处理，现在的B级胶粉云母绝缘的定子线棒也都经多次烘、压，做得比较理想。为使电场均匀，采用了绝缘表面层涂半导体漆的办法。

16-99 防止发电机超压的措施是什么？

答：（1）防止误分、误合断路器；

（2）防止带负荷拉、合隔离开关；

（3）防止带地线合断路器或隔离开关；

（4）防止误入带电间隔。

16-100 发电机变为电动机有何现象？如何处理？

答：现象：

（1）有功表指示负值，电能表反转，有主蒸汽门关闭信号出现。

（2）无功表指示升高。

（3）定子电流降低。

（4）定子电压表和励磁表指示正常，发电机系统频率稍有降低。

处理：

（1）逆功率保护投入且信号未出时，应立即增加有功，使机组恢复正常。

（2）逆功率信号发出时，应汇报单元长。在逆功率保护时限内，尽快接带发电机有功负荷；在超出逆功率时限内，而逆功率保护未动时，应将发电机手动从系统中解列。

（3）如逆功率保护动作于跳闸时，则按发电机事故进行处理。

16-101 为什么不允许大型发电机长时间逆功率运行？

答：一般大型汽轮发电机都设有逆功率保护，允许逆功率运行时间也比较短，一般为1min至几分钟，其整定值在额定功率的1.5%左右。逆功率运行工况对发电机并无危险，但对于汽轮机，尾部残留的蒸汽与叶片的摩擦将产生鼓风损失，致使尾部叶片过热，所以一般不允许发生长时间逆功率运行。

16-102 发电机逆功率运行对发电机有何影响？

答：（1）一般发生在刚并网时，负荷较轻，造成发电机逆功率运行，这样的情况对发电机一般不会有什么影响；

（2）当发电机带着高负荷运行时，若引起发电机逆功率运行可能造成发电机瞬间过电压，因为带负荷时一般为感性（即迟相运行），即正常运行的电枢反应磁通的励磁电流在负荷瞬间消失后，会使全部励磁电流使发电机电压升高，升高多少与励磁系统特性有关，从可靠性来讲，发生过电压对发电机有不利的影响，可能由于某种保护动作引起机组跳闸。

16-103 在发电机运行过程中，氢气纯度下降或氢气泄漏增大的原因及处理措施分别是什么？

答：氢气纯度下降的原因：

（1）定子绕组漏水；

（2）发电机壳内进油。

氢气纯度下降的处理措施：

（1）排污补氢；

（2）调整氢油压差。

氢气泄漏量增大的原因：

（1）氢油压差低，造成跑氢；

（2）氢气道路截止阀不严；

（3）氢冷器漏气；

（4）定子绕组漏水。

氢气泄漏量增大的处理措施：

（1）迅速补氢；

（2）调整氢油压差；

（3）消除管道缺陷；

（4）必要时停机处理。

16-104 系统在高频率下运行时，对发电机有何危害？

答：正常运行时，频率变动范围是非常小的，一般在 $\pm 0.2\text{Hz}$ 或 $0.1 \sim 0.15\text{Hz}$ 之间。正常运行时的频率变化对发电机是没有什么影响的。

但当频率升高时，转速高，转子上的离心力就增大，这就易使转子上的构件损坏。汽轮机、发电机的频率最高不应超过 52.5Hz，即超出额定值的 5%。此外，频率的升高使发电机定子铁芯的磁滞涡流损耗增加，会引起铁芯的温度上升。

16-105　系统在低频率下运行时，对发电机有何危害？

答：(1) 使转子风扇出力降低，风量下降，发电机的冷却条件变坏，各部分的温度升高；

(2) 使发电机电动势下降；

(3) 如仍要保持出力不变，就可能引起发电机部件超温；

(4) 可能引起汽轮机叶片断裂。

16-106　为什么发电机频率异常保护也称为低频保护？

答：因为从对汽轮机叶片及其拉金影响的积累作用方面看，频率升高对汽轮机的安全也是有危险的，所以从这点出发，频率异常保护应当包括反映频率升高的部分。但是，一般汽轮机允许的超速范围比较小；在系统中有功功率过剩时，通过机组的调速系统作用、超速保护以及必要时切除部分机组等措施，可以迅速使频率恢复到额定值；而且频率升高大多数是在轻负荷或空载时发生，此时汽轮机叶片和拉金所承受的应力要比低频满载时小得多，所以一般频率异常保护中，不设置反应频率升高的部分，而只设置反应频率下降的部分，并称为低频保护。

16-107　发电机发生哪类短路故障时短路电流最大？

答：发电机的短路故障分相间短路和匝间短路，相间短路又分为三相短路和两相短路，如果发电机发生端部短路的话，在短路的初期，两相短路电流比三相短路电流小，而在短路稳定时两相短路电流比三相短路电流大，所以，对发电机来说，威胁最大的是三相短路初期的冲击电流。

16-108　发生相间短路故障有何现象？

答：短路故障对电力系统的正常运行和电气设备有很大的危害，在短路时，供电回路的阻抗减少至使短路回路中短路电流大大增加，结果导致发热，以致引起绝缘损坏，短路故障还会引起网络电压降低，结果可能使部分客户的供电受到破坏，例如由于电压降低使电动机转速低甚至最后完全停止下来。由于短路故障的发生，相当于改变了网络的结构，必然引起系统中功率分布的突然变化，如发电机输出功率要下降，但发电机输入功率不可能立即发生变化，因而发电机的输入功率和输出功率失去平衡，这样最后导致发电机间失去同步，破坏了系统运行的稳定性。

16-109 发生相间短路故障对电气设备有何危害？

答：短路对设备的危害，概括起来一是电流的热效应使设备烧坏，损坏绝缘；二是由于电流大产生的电动力使设备变形毁坏。

16-110 如何防止相间短路事故的发生？

答：造成短路事故的原因是多方面的，为了防止短路事故的发生，除了应坚持制造、检修、试验的质量标准外，运行中也要加强监视，及时发现和消除缺陷，消灭误操作等，这样，事故是可以减少的。

16-111 发电机—变压器组保护动作有哪些现象？如何处理？

答：发电机—变压器组保护动作跳闸后的现象：

（1）系统冲击，发电机主断路器、励磁开关、高压厂用工作电源开关跳闸，黄灯闪光，强励动作；

（2）高压厂用备用电源开关联动，红灯闪光，母线电流、电压正常；

（3）厂用部分电磁开关释放，事故照明、保安电源联动；

（4）发电机—变压器保护动作，光字信号发出，相对应掉牌落下，故障录波器动作；

（5）现场可能有异声、烟雾、焦味等现象；

（6）系统频率电压有下降。

处理：

（1）立即报告单元长及机炉值班人员；

（2）检查高压厂用工作电源联动是否正常，如备用电源未联动成功，此时未见有第二次冲击和备用分支过流动作信号，应立即手动强送备用电源一次；

（3）加强监视联动后厂用电母线的电压在允许范围内，并检查保安电源的情况；

（4）根据表计及检查保护动作及故障录波器判断，发电机—变压器组的保护动作情况，根据保护的范围判断故障类型范围；

（5）根据判断故障点范围，对发电机及变压器进行详细检查；

（6）属于发电机—变压器组内部故障保护跳闸，查明故障点后尽快通知检修处理，如属于外部故障，待故障切除后，重新将发电机从零升压并入系统；

（7）做好发电机—变压器组跳闸后的记录。

16-112 大型机组为什么装有失磁保护?

答：发电机组失磁后能否运行，运行时间多少，能带多少负荷等问题，一般通过试验来确定，一般失磁发电机容量在系统中所占的密度较大，失磁后使系统电压严重下降，甚至造成系统失步振荡，这时失磁发电机应立即与系统解列，并停机检查。综上所述为保证系统的稳定性和可靠性，大型机组一般都不允许无励磁运行，以免对系统有较大的波动。

16-113 发电机失磁有哪些现象? 如何处理?

答：现象：发电机转子电流表指示为零或接近于零，发电机定子电压降低，有功负荷表指示较正常值为低，定子电流指示升高，定子电流和转子电压有周期性摆动，无功负荷表指示负值（功率因数指示进相）。

处理：

（1）失磁保护投入时发电机应跳闸，未投入或失磁保护拒动时，按紧急停用规定解列。

（2）允许失磁的发电机，应迅速查明失磁原因，倒换备用励磁系统，恢复发电机正常运行。

（3）失磁保护动作后，应迅速检查，如属调节部分故障可改手动升压并列发电机，如属主、副励磁机或整流柜故障引起失磁时，可改手动感应调压器或备用励磁机升压并列。

16-114 发电机失磁保护的主要判据有哪些?

答：（1）当测量阻抗进入静稳边界圆，说明功角 δ 超过 $90°$，发电机已经失去稳定；

（2）当测量阻抗进入异步圆内，说明功角 δ 超过 $180°$，发电机已经进入异步运行；

（3）无功功率的方向由正（发出感性无功）变为负（吸收感性无功）；

（4）机端三相电压降低；

（5）励磁电压降低。

16-115 发电机低励产生的危害比完全失磁更严重吗?

答：发电机低励时尚有一部分励磁电压，将继续产生剩余同步功率和转矩，在功角 $0°\sim360°$ 的整个变化周期中，该剩余功率和转矩时正时负地作用在转轴上，使机组产生强烈地振动，功率振荡幅度加大，对机组和电力系统的影响更严重。此情况下一般失步保护会动作，如果失步保护未动作而低励失磁保护装置动作发信后尚未跳闸，应迅速拉开灭磁开关。

16-116 什么是过励磁？发电机运行中可能引起过励磁的原因有哪些？

答：由于发电机或变压器发生过励磁故障时并非每次都造成设备的明显破坏，往往容易被人忽视，但是多次反复过励磁，将因过热而使绝缘老化，降低设备的使用寿命。

发电机和变压器都由铁芯绕组组成，设绕组外加电压为 U，匝数为 W，铁芯截面为 S，磁感应强度为 B，则有 $U = 4.44fWBS$，因为 W、S 均为定数，故可写成

$$B = K\frac{U}{f}$$

式中，$K = 1/4.44WS$，对每一特定的发电机或变压器，K 为定数。

由上式可知：电压的升高和频率的降低均可导致磁密 B 的增大。

对于发电机，当过励倍数 $n = B/B_N = \dfrac{U}{U_N} \Big/ \dfrac{f}{f_N} = U_* / f_* > 1$ 时，要遭受过励磁的危害，主要表现在发电机定子铁芯背部漏磁场增强，在定子铁芯的定位筋中感应电动势，并通过定子铁芯构成闭路，流过电流，不仅造成严重过热，还可能在定位筋和定子铁芯接触面造成火花放电，这对氢冷发电机组十分不利。

发电机运行中，可能因以下原因造成过励磁：

（1）发电机与系统并列之前，由于操作错误，误加大励磁电流引起励磁，如由于发电机 TV 断线造成误判断。

（2）发电机启动过程中，发电机随同汽轮机转子低速暖机，若误将电压升至额定值，则因发电机低频运行而导致过励磁。

（3）在切除机组的过程中，主汽门关闭，出口断路器断开，而灭磁开关拒动。此时汽轮机惰走转速下降，自动励磁调节器力求保持机端电压等于额定值，使发电机遭受过励磁。

（4）发电机出口断路器跳闸后，若自动励磁调节装置手动运行或自动失灵，则电压与频率均会升高，但因频率升高较慢引起发电机过励磁。

16-117 在中性点直接接地系统中发生单相接地时表计指示如何变化？

答：发生单相接地时（如 A 相）U_{AB}、U_{AC} 指示偏低，U_{BC} 指示无变化，A 相电流增大。

16-118 三相系统中短路故障有哪些基本类型？

答：（1）三相短路；

（2）单相接地；

（3）两相短路；

（4）两相接地短路。

16-119 三相对称短路有何特点？

答：三相对称短路中没有负序、零序分量，只有正序分量短路电流大，最大瞬间值可达额定电流的 20 倍左右。

16-120 发生短路故障对系统有何危害？

答：发生短路故障会破坏系统动静稳定，严重时会造成系统瓦解。

16-121 造成短路故障的原因是什么？

答：（1）线路断线并接地；

（2）人为造成母线短路；

（3）线路上搭落东西；

（4）雷电造成避雷器动作。

16-122 灭弧有哪些方式？

答：（1）吹弧；

（2）采用多断口熄弧；

（3）利用短弧原理熄弧；

（4）利用固体介质的狭缝熄弧。

16-123 发电机电流互感器开路有何现象？如何处理？

答：现象：

（1）有关表计指示失常，若为发电机仪表用 LH，则有、无功指示降低。

（2）可能使所带的保护误动或拒动。

（3）开路 LH 有大的电磁振动声，开路处有火花和放电声响。

处理：

（1）汇报值长退出可能误动的保护。

（2）发电机仪表用 LH 断线时应根据流量、压力保持发电机负荷，严禁发电机过负荷，若为 LH 内部开路则应请示值长，停机处理。

（3）对故障 LH 及所带负荷回路进行检查，检查时应穿绝缘靴，戴绝缘手套，如为表计回路故障，通知仪表班处理；如为保护回路故障，应按继电保护规程有关规定进行处理。

（4）有条件时应尽可能停电处理。

（5）电流互感器内部故障时，应停电处理。

（6）LH开路期间应按高压设备带电测量规定进行，并遵守《电业安全工作规程（发电厂和变电所电气部分）》（DL 408—1991）有关规定，不准用低压电表或低压验电笔对该回路进行测量。

16-124 逆功率与程跳逆功率的区别是什么？

答：逆功率是发电机继电保护的一种，作为各种原因导致汽轮机原动力失去、发电机出现有功功率倒送、发电机变为电动机运行异常工况的保护（用于保护汽轮机）。逆功率保护可用于程序跳闸的启动元件。

程跳逆功率严格来说不是一种保护，而是为实现跳闸设置的动作过程。程跳逆功率主要是用于程序跳闸，算是一种停机方式。逆功率只要定值达到就动作，程跳逆功率除了要逆功率定值达到，还要汽轮机主汽门关闭这两个条件都满足才能出口。正常停机操作当负荷降为零时，先关主汽门，然后启动逆功率保护跳发电机。这样做的目的是防止主汽门关闭不严，当断路器跳开后，由于没有电磁功率这个电磁力矩，有可能造成汽轮机飞车。汽轮机的保护有很多种，对于超速、低真空、振动大等严重事故，立刻跳汽轮机，同时给电气发来热工跳闸信号，发电机解列灭磁切厂用电工作电源开关，对一些不是很严重的故障，例如汽温高等，保护不经 ETS 通道立刻跳汽轮机，而是自动减负荷，并经一定延时关闭主汽门，这种情况下发电机不会热工跳闸，而是执行程序跳闸即程跳逆功率。

16-125 为什么同步发电机励磁回路的灭磁开关不能改成动作迅速的断路器？

答：由于发电机励磁回路存在很大的电感，根据需要灭磁开关突然断开时，大的电感电路突然断路，而直流电流没有过零的时刻，电弧熄灭瞬间会产生过电压。电弧熄灭的越快，电流的变化率就越大，过电压值就越高。如果灭磁开关为动作迅速的断路器，这就有可能在转子上产生很高的电压而造成励磁回路的绝缘被击穿而损坏。因此，同步发电机励磁回路的灭磁开关不能改成动作迅速的断路器。

16-126 氢气纯度过高或过低对发电机运行有什么影响？

答：运行中氢气纯度过高，则氢气消耗量增多，对发电机运行来说是不经济的。若氢气纯度过低，则因为含氢量减少而使混合气体的安全系数降低。因此，氢气纯度按容积计需保持在 96% 以上，气体混合物中的含氧量不超过 2%。

16-127　发电机排污时应注意什么？

答：发电机排污时，应先通知汽机值班员要进行排污，注意调整密封油压，排污过程中，要保持发电机内部氢压在正常范围内，发电机氢压较高时，可先排污后补氢；氢压较低时，应先补氢后排污，排污完毕后应将排污门，补氢门都关好，通知机械值班员排污完毕。

16-128　为什么不能用二氧化碳气体作为发电机长期的冷却介质使用？

答：因为二氧化碳容易与机壳内可能含有的水分等物质化合，产生一种绿垢，附着在发电机绝缘和结构件上，使发电机的冷却效果剧烈恶化，并使机件脏污。

16-129　为什么发电机并列后长负荷的速度决定汽轮机和锅炉的运行情况？

答：发电机并列后，若有功负荷增加太快，会使汽轮机的蒸汽量突然增加很多，汽轮机内部受热不均，各部分膨胀不一致，易引起摩擦振动。同时，造成锅炉蒸汽供应不足而使汽温、汽压下降。汽温过低，易使蒸汽中带水，造成汽轮机水冲击事故，使叶片损坏。另外，蒸汽量突然增加，在凝结器内会使循环水来不及冷却汽轮机所排出的废气，使排汽温度升高，汽轮机真空下降。所以发电机并列后长有功负荷要与机、炉密切配合。

16-130　发电机解列前有功负荷到零后，为什么还要看有功电能铝盘不转才允许解列？

答：因为发电机降有功负荷，关闭调速器门，若调速汽门有卡涩现象关闭不严时，发电机仍带少量有功负荷，而有功功率表由于量程大看不出来，误认为有功负荷到零，此时解列（切开断路器），电磁制动力矩突然消失，在汽轮机过剩力矩的作用下引起机组超速，对发电机安全运行将造成威胁。所以发电机解列前，必须看有功电能表铝盘不转动，确认发电机有功负荷已到零，此时解列发电机，对机组安全没有影响。

16-131　转子接地故障的常见形式有哪些？引起故障的主要原因有哪些？

答：转子绕组绝缘破坏常见的故障形式有两种，即转子绕组匝间短路和励磁回路一点接地。发电机转子在运输或保存过程中，由于转子内部受潮、铁芯生锈，随后铁锈进入绕组，造成转子绕组主绝缘或匝间绝缘损坏；转子加工过程中的铁屑或其他金属物落入转子，也可能引起转子主绝缘或匝间绝缘的损坏；转子绕组下线时绝缘的损坏或槽内绕组发生位移，也将引发接地或匝间短路；氢内冷转子绕组的铜线匝上，带有开启式的进氢和出氢孔，在启动或停机时，由于转子绕组的活动，部分匝间绝缘垫片发生位移，引起氢气通风孔局部堵塞，使转子绕组局部过热和绝缘损坏；运行中转子集电环上的电流引线的导电螺钉未拧紧，造成螺钉绝缘损坏；电刷粉末沉积在集电环下面的绝缘突出部分，使励磁回路绝缘电阻严重下降。

16-132　发电机转子绕组发生两点接地故障有哪些危害？

答：（1）转子绕组发生两点接地后，使相当一部分绕组短路，由于电阻减小，所以另一部分绕组电流增加，破坏了发电机气隙磁场的对称性，引起发电机剧烈振动。同时无功出力降低。

（2）转子电流通过转子本体，如果电流较大（大于 1500A）可能烧坏转子，甚至造成转子和汽轮机叶片等部件被磁化。

（3）由于转子本体局部通过电流，引起局部发热，使转子缓慢变形而偏心，进一步加剧振动。

16-133　发电机振荡和失步的原因是什么？

答：发电机正常运行时发出的功率与用户的负荷功率是平衡的，发电机和系统都在稳定状态下运行。当系统中发生某些重大扰动时，发电机与用户的功率平衡将遭到破坏，此时必须立即改变发电机的输出功率。但是由于发电机转子的转动有惯性，汽轮机调速器的动作需要一定的延时，故改变发电机的功率就需要有一个过程。在这个过程中，发电机的功率与用户的功率不能平衡，就会破坏发电机的稳定运行，使发电机产生振荡。

如果事故不严重，则发电机的电流、电压和功率经短时间的波动之后，会恢复平衡状态，继续稳定运行。如果事故很严重，会使个别发电机与系统之间发生电流和功率的激烈振荡，发电机一瞬间向系统送出功率，另一瞬间又从系统吸收功率，这种功率来回传送，可能发展到使发电机与系统之间失去同步。

16-134　发电机失步运行是怎样产生的？

答：（1）原动机输入力矩突然变化，如汽轮机调速汽门卡卡；

（2）系统发生突然短路；

（3）大机组或大容量线路突然断开。

16-135　发电机失步运行时，如何进行处理？

答：增加发电机的励磁。对于有自动电压调整器的发电机，不要退出调整和强励，可任其自由动作；对于手动调整电压的发电机，则要手动增加励

磁电流。

16-136 发电机失步运行对发电机有何不良影响？

答：在非同期运行过程中，将出现与转差有关的异步力矩，从而引起振荡。振荡将引起相关振动与声音的异常及相关表计的摆动。当振荡值过大时，可能引起系统瓦解和断路器跳闸。

16-137 发电机失步运行对电力系统有何影响？

答：若发电机是因为失去励磁才造成失步运行的，此时对电力系统电压影响较大。发电机原来向系统送出无功，而失去励磁后则向系统吸收无功，这样就造成系统的无功负荷缺额。如机组容量大，则有可能因系统电压过低而造成事故。

若发电机失步是由于系统振荡而引起的，此时对电力系统的影响是形成功率振荡，使送端系统频率升高，受端系统频率降低。另外，因为振荡引起的发电机失步不是一种稳态，所以对电力系统中的保护也有影响，如低频减载可能动作、有些保护要振荡闭锁等。

16-138 发电机强励动作有哪些现象及如何处理？

答：（1）当系统有短路故障引起时，强励动作允许时间值班人员不得进行人为干预，应加强对发电机定子电流、电压、励磁电流、电压表计的监视；

（2）当强励动作超过规定值时，若发电机不自动跳闸，值班人员应按紧急停用规定执行；

（3）当备用励磁机运行，强励误动时，应断开。

16-139 运行中，当整流柜快速熔断器熔断时，整流柜交流开关是否会跳闸？

答：运行中，当整流柜快速熔断器熔断时，通过其指示器触动微动开关接通整流柜交流开关的跳闸回路，实现无时限跳开整流柜交流开关。

16-140 运行中，若整流柜故障时，对发电机有何影响？

答：正常运行中，三台整流柜并列运行，当一台整流柜因故退出时，对发电机的运行不受影响；当两台整流柜因故退出时，励磁调节器应由"自动"切至"手动"运行，若手动有强励应将强励退出。此外，发电机转子电流不允许超过 1400A。当三台整流柜均退出运行时，则发电机应停止运行或倒至备励运行。

16-141　发电机空载升不起电压有何现象？如何处理？

答：现象：

(1) 静子电压表无指示或指示很低。

(2) 转子电压表有指示而电流表无指示。

(3) 转子电压、电流表均无指示。

处理：

(1) 检查电压互感器熔断器是否良好，插头接触是否良好。

(2) 检查发电机、主励磁机转子回路有无开路或短路现象，电压、电流表计是否正常。

(3) 检查副励输出是否正常，励磁调节系统、整流系统是否正常。

(4) 检查碳刷接触是否良好。

16-142　励磁系统故障对发电机与电力系统的危害是什么？

答：运行中的大容量发电机组，如果发生低励、失磁故障，将对发电机和电力系统的稳定运行造成非常严重的影响。

1. 对电力系统的影响

(1) 低励或失磁时，发电机从电力系统吸收无功，引起系统电压下降。如果电力系统无功储备不足，将使临近故障发电机组的系统某点电压低于允许值，使电源与负荷间失去稳定，甚至造成电力系统因电压崩溃而瓦解。

(2) 一台发电机失磁电压下降，电力系统中的其他发电机组在自动调整励磁装置作用下将增大无功输出，从而可能使某些发电机组和线路过负荷，其后备保护可能发生误动作，使故障范围扩大。

(3) 一台发电机失磁后，由于有功功率的摆动，以及电力系统电压的下降，可能导致相邻正常发电机与电力系统之间或系统各回路之间发生振荡，造成严重后果。

(4) 发电机额定容量越大，低励、失磁引起的无功缺额也越大。如果电力系统相对容量较小，则补偿这一无功缺额的能力较差，由此而来的后果会更严重。

2. 对发电机本身的影响

(1) 失磁后，发电机定转子之间出现转差，在发电机转子回路中产生损耗超过一定值时，将使转子过热。特别是大型发电机组，其热容量裕度较低，转子易过热。而流过转子表面的差额电流，还将使转子本体与槽楔、护环的接触面上发生严重的局部过热。

(2) 低励或失磁发电机进入异步运行后，由机端观测到的发电机等效电

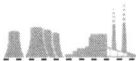

抗降低，从电力系统吸收无功功率增加。失磁前所带的有功越大，转差就越大，等效电抗就越小，从电力系统吸收无功越大。因此，在重负荷下失磁发电机进入异步运行后，如不立即采取措施，发电机将因过电流使定子绕组过热。

（3）在重负荷下失磁后，转差也可能发生周期性的变化，使发电机出现周期性的严重超速，直接威胁着发电机组的安全。

（4）低励、失磁时，发电机定子端部漏磁增加，将使发电机端部部件和铁芯过热，这一情况通常是限制发电机失磁异步运行能力的主要条件。

16-143　励磁系统故障处理的一般原则是什么？

答：（1）调节器故障报警发出后，应首先检查就地调节柜报警显示和通道报警显示，并根据报警显示查找故障原因。

（2）正常运行时，调节器应工作在任一通道"自动"模式，"手动"模式和备用通道应跟踪正常；若调节器单通道运行或运行在"手动"模式，必须有专人连续监视调整发电机励磁，并尽快消除故障，恢复正常运行。

（3）调节器工作通道"自动方式"出现故障时，若备用通道"自动方式"无故障，则自动切换至备用通道"自动方式"，否则切换至工作通道"手动方式"。发生 TV 回路断线、过电流一段报警、U/f 故障、励磁丢失等故障时，也将引起通道自动或手动方式切换。

（4）励磁系统自动切至另一通道运行后，运行人员应根据就地控制盘显示的故障信息，判断故障原因，进行相应处理，并及时联系检修人员。

（5）调节器强励动作时，运行人员在 20s 内不得进行手动调整。强励动作结束后，调节器由"自动"模式自动切为"手动"模式运行，此时应手动调整励磁电流不超过额定值。若强励 20s 后未自动切换至"手动"模式，应立即进行手动切换，并加强监视。

（6）励磁调节器投入时，在机端电压低于 90% 额定电压的情况下，严禁将调节器由手动方式向自动方式切换。以防调节器强励动作。

16-144　反措中关于水内冷发电机的绕组温度是如何规定的？

答：（1）出水温度是否正常。出水温度高，不是进水少或漏水，就是内部发热不正常，应加强监视。

（2）定子绕组冷却水不能中断，断水时，一般机组只允许运行 30s。

（3）监视发电机组的振动不超过允许值。

（4）监视发电机各部分温度不超过允许值，注意运行中高温点及各点温度的变化情况。

16-145 反措中关于防止励磁系统故障引起发电机损坏的要求是什么？

答：（1）对有进相运行或长期高功率因数运行要求的发电机应进行专门的进相运行试验，按电网稳定运行的要求、发电机定子边段铁芯和结构件发热情况及厂用电压的要求来确定进相运行深度。进相运行的发电机励磁调节器应放自动挡，低励限制器必须投入，并根据进相试验的结果进行整定，自动励磁调节器应定期校核。

（2）自动励磁调节器的过励限制和过励保护的定值应在制造厂给定的允许值内，并定期校验。

（3）励磁调节器的自动通道发生故障时应及时修复并投入运行。严禁发电机在手动励磁调节（含按发电机或交流励磁机的磁场电流的闭环调节）下长期运行。在手动励磁调节运行期间，在调节发电机的有功负荷时必须先适当调节发电机的无功负荷，以防止发电机失去静态稳定性。

（4）在电源电压偏差为 10%～－15%、频率偏差为 4%～－6%时，励磁控制系统及其继电器、开关等操作系统均能正常工作。

（5）在机组启动、停机和其他试验过程中，应有机组低转速时切断发电机励磁的措施。

16-146 论述频率、电压异常时对发电机、变压器的影响。

答：（1）频率不变，电压高于额定值时，容易使发电机、变压器产生过励磁，磁路饱和的直接后果是定子铁芯严重发热；电压降低时则电能质量不合格，发电机的稳定性降低。

（2）电压不变，频率降低，则发电机、变压器容易过励磁，汽轮机效率降低，且易发生低频疲劳；频率升高，则使发电机各部位的机械强度经受考验。

（3）最严重的情况是当发电机解列后其频率降低，当励磁系统故障使其电压不降低反而升高时发电机将迅速过励磁。所以发电机解列后，一定要立即检查发电机电压快速衰减至零。

16-147 发电机测量用的 TA 断线有何现象？如何处理？

答：现象：

（1）发电机的定子电流某相降低。

（2）发电机的有功、无功显示不正常。

（3）断线处产生高压，可能有火花出现，有冒烟现象。

处理：

（1）首先不要盲目调节负荷，可根据热机参数维持机组运行。

（2）尽量恢复 TA 正常运行。

（3）如果无法恢复，降低定子电流。

（4）以上措施无效，则停机处理。

16-148　发电机测量用的 TV 断线时有何现象？如何处理？

答：现象：

（1）发电机的定子电压、频率可能降低。

（2）发电机的有功、无功显示不正常。

处理：

（1）首先不要盲目调节负荷，可以根据热机参数维持机组运行。

（2）更换熔断器。

（3）如果更换熔断器后再熔断，应检查相关回路。

（4）如果是一次熔断器熔断，应将小车拉至检修位，待测量绝缘正常后再恢复。

16-149　发电机保护用的 TA 断线有何现象？应如何处理？

答：现象：

（1）保护屏发保护故障信号。

（2）断线的 TA 二次侧有高压，可能产生火花。

处理：

（1）退出断线的相关保护。

（2）降低定子电流，设法恢复 TA 运行。

（3）无法处理时停机。

16-150　发电机励磁用的 TV 断线有何现象？应如何处理？

答：现象：

（1）励磁调节器故障信号出现。

（2）调节器切换至"手动"状态，或者切换至"备用"调节单元运行。

处理：

（1）稳定机组的无功出力，尽量不改变机组的负荷出力。

（2）更换 TV 熔丝，如再次熔断，不得更换。

（3）TV 恢复正常后，将励磁调节器的运行方式恢复正常。

16-151　定子接地保护用的 TV 一次熔丝熔断有何现象？说明理由。

答：定子接地保护是反映发电机定子回路零序电压的保护。定子接地保护用的 TV 如果发生一次熔丝熔断，则该 TV 的一次绕组只测量到两相电压相量，反映到 TV 的二次侧，所有的二次绕组都不是对称的。那么，在开口三角形绕组必然会产生零序电压，当零序电压达到一定数值时，保护就会发出"定子接地"信号。同时由于 TV 发生断线，保护也会发出"TV 断线"信号。因此，判断一次熔丝是否熔断，关键看保护是否发出接地信号。

16-152　发电机保护动作后如何处理？

答：发电机的保护分为以下几种类型：主保护、后备保护以及反映异常运行的保护。

发电机的主保护一般是指反映发电机严重故障的保护，如速断保护、差动保护、定子接地保护以及匝间保护等。此种类型的保护动作以后，必须对发电机的本体系统进行仔细检查，同时必须查明原因后才能启动。

发电机的后备保护一般是作为主保护的后备保护，指当主保护失灵时动作的保护，如过流保护、阻抗保护等。此种类型的保护定值较低，可以反映发电机外部的故障。因此，此种类型的保护动作有可能是发电机外部故障引起的。当确定是外部故障引起保护动作时，该故障隔离后即可启动。

反映发电机异常运行的保护，如低频率、主变压器温度高等，一般只动作于信号，提醒运行人员注意。

16-153　发电机运行中两侧汇流管屏蔽线为什么要接地？不接地行吗？

答：定子绕组采用水内冷的发电机，两侧汇流管管壁上分别焊接一根导线，通常称为屏蔽线。并将其接至发电机接线盒内的专用端子，通常称为屏蔽端子。运行中，将两个屏蔽端子通过外部引线连在一起接在接地端子上，即运行中两侧汇流管屏蔽线接地，停机测发电机定子绕组绝缘时，将两个屏蔽端子通过外部引线连在一起接在绝缘电阻表屏蔽端，即停机测发电机定子绕组绝缘时将屏蔽线接绝缘电阻表屏蔽端。

发电机运行中，两侧汇流管屏蔽线接地，主要是为了人身和设备的安全，因为汇流管距发电机绕组端部近，且汇流管周围埋很多测温元件，如果不接地，一旦绕组端部绝缘损坏或绝缘引水管绝缘击穿，使汇流管带电，对在测温回路工作的人员和测温设备都是危险的。

16-154　测发电机绝缘时为什么屏蔽线要接绝缘电阻表屏蔽端？

答：用绝缘电阻表测发电机定子绕组对地绝缘电阻，实际上是在定子绕组和地端之间加一直流电压，测量流过的电流及其变化情况，来判断绝缘好坏。电流越大，绝缘电阻表指针偏转角度越小，指示的绝缘电阻值越小。定子绕组采用水内冷的发电机，由于外部水系统管道是接地的，且水中含有导

电离子，当绝缘电阻表的直流电压加在绕组和地端之间时，水中要产生泄漏电流，水中的泄漏电流流入绝缘电阻表的测量机构，将使绝缘电阻读数显著下降，引起错误判断。测发电机定子绕组绝缘时，若采用将两侧汇流管屏蔽线接到绝缘电阻表的屏蔽端的接线方式，可使水中的泄漏电流经绝缘电阻表的屏蔽端直接流回绝缘电阻表的电源负极，不流过测量机构，也就不会带来误差，即消除水中泄漏电流的影响。

16-155 简述机组跳闸后电气逆功率保护未动作的处理。并分析此时为什么不能直接拉 220kV 断路器进行处理？

答：（1）锅炉 MFT 动作后，首先应检查"汽机跳闸"光字牌亮，汽轮机高、中压主汽门及调速汽门均已关闭，发电机有功表指示为零或反向，此时逆功率保护应动作出口跳闸。若逆功率保护拒动，汽轮发电机组仍将维持3000r/min左右的同步转速。发电机进入调相运行状态，考虑到汽轮机叶片与空气摩擦造成过热，规程规定逆功率运行不得超过1min，此时应用 BTG 盘上的发电机紧急解列断路器（或手拉灭磁断路器启动保护出口）将发电机解列。发电机解列后要注意厂用电压自投成功，否则按有关厂用电事故原则处理。发电机解列后应联系检查查明保护拒动原因并消除故障后方可重新并网。

（2）逆功率保护未动不能直接拉主变压器 220kV 断路器的原因为：发电机由正常运行转为逆功率运行时，由于发电机有功功率由向系统输出转为输入，而励磁电流不变，故发电机电压将自动升高，即发电机无功负荷自动增加，增加后的无功电流在发电机和变压器电抗作用下仍保持发电机电压与系统电压的平衡。若此时拉开主变压器 220kV 断路器，会造成以下后果：由于 220kV 断路器拉开后并不启动发电机—变压器组保护出口，厂用电系统不能进行自动切换，这时发电机出口仍带厂用电。随着发电机转速下降，厂用电的频率及电压与启动备用变压器低压侧相差较大，造成同期条件不满足，给切换厂用带来困难，易失去厂用电而造成事故扩大。另外，拉开主变压器 220kV 断路器瞬间，由于原来无功负荷较高，将造成厂用电电压瞬间过高，对厂用设备产生的冲击可能使设备绝缘损坏。

16-156 氢气温度变化对发电机允许出力有何影响？

答：对水氢氢冷汽轮发电机而言，如果发电机负荷不变，当氢气入口风温升高时，绕组和铁芯的温度升高，会引起绝缘加速老化、寿命降低。必须指出的是，只要最热点的绕组绝缘因温度高而遭到破坏，就可能引发故障。此时，应减小发电机出力。减小的原则是，使绕组和铁芯的温度不超过在额定方式下运行的最高允许温度。

当氢气入口温度低于规定值时，也不允许提高发电机出力，这是因为定子各部分的冷却介质不同（定子绕组水内冷、铁芯氢冷），若要彼此配合来满足允许温度条件是很困难的。

16-157 氢气压力变化对发电机允许出力有何影响？

答：对于氢冷发电机，当氢气压力高于额定值时，意味着氢气的传热能力增强，发电机的最大允许负荷也可以增加，同样当氢气压力低于额定值时，由于氢气传热能力的减弱，发电机的允许负荷也应降低。氢压变化时，发电机的允许出力由绕组最热点的温度决定。

对于水氢氢冷发电机，当氢气压力高于额定值时，发电机的出力不允许提高，这是因为定子绕组的热量是被定子线棒内的冷却水带走的，所以提高氢压并不能增强定子线棒的散热能力；而当氢压低于额定值时，由于氢气的传热能力减弱，必须降低发电机的允许出力，以保证绕组温度不超过允许值。

16-158 氢气纯度变化对发电机允许出力有何影响？

答：氢气纯度变化时，对发电机的影响表现在安全和经济两个方面：

（1）从安全角度看，如氢气和空气混合，当其纯度下降到 5%～75% 时，就有爆炸的危险，因此必须保证氢气纯度在 96% 以上，否则应进行排污。

（2）从经济角度看，氢气的纯度越高，混合气体的密度就越小，通风摩擦损耗就越小。当氢气压力不变时，氢气纯度每降低 1%，通风摩擦损耗约增加 11%。因此，保持较高的氢气纯度也能提高运行经济性。

16-159 发电机—变压器组保护动作的出口处理方式有哪几种？

答：（1）全停。停锅炉、汽轮机及相应辅机，断开发电机—变压器组断路器、断开灭磁开关、断开高压工作厂用变压器分支断路器，同时启动断路器失灵保护。全停又分为全停Ⅰ、全停Ⅱ、全停Ⅲ三种方式，由不同的保护装置分组控制。

（2）解列灭磁。断开发电机—变压器组断路器、断开灭磁开关、锅炉汽轮机甩负荷，同时启动断路器失灵保护。

（3）解列。断开发电机变压器组断路器，锅炉汽轮机甩负荷，同时启动断路器失灵保护。

（4）程序跳闸。对于汽轮发电机，首先关闭主汽门，待逆功率继电器动作后，再断开发电机—变压器组断路器和灭磁开关。

（5）母线解列。断开双母线接线的母联断路器。

（6）减出力。减少原动机输出功率。

（7）厂用分支跳闸。跳开厂用分支断路器。

（8）发信号。所有保护装置动作的同时，均应按要求发声光信号。

（9）减励磁、切换励磁以及启动通风等。

16-160　当发电机定子三相电流不平衡时，如何进行处理？

答：正常运行时，定子三相电流应基本平衡。如果定子三相电流不平衡，其中任何一相不得超过额定电流。如果有持续的不平衡电流时，其负序分量不应超过额定值的 10%，可近似地按定子三相电流与平均值的最大差值的绝对值不得超过 10% 额定值来控制；否则应降低发电机的有功功率或无功功率，使定子电流降低。无功率时，应注意保持发电机迟相运行。如果降低定子电流仍不能满足制造厂的要求时，应报告单元长，并与调度联系，将机组与系统解列，维持厂用系统运行。

16-161　说明发生转子接地时的现象及处理步骤。

答：主控发电机报警盘发出"转子接地"报警，就地励磁盘"转子接地故障"报警。如果报警不能复位，应查明故障的地点与性质。如该发电机转子稳定性金属接地，应向调度申请，尽快安排停机处理。

如果发生转子两点接地，引起发电机振动或转子电流急剧增加时，必须立即按事故按钮，停止发电机运行。

16-162　当发电机温度或定子绕组出口冷却水温超过正常值时，如何进行处理？

答：立即检查定子绕组冷却水入口压力、流量、水温是否正常，定子冷却水入口水温调节器是否正常，定子冷却水温度调节阀是否正常，并检查冷却器阀门位置应正常。如果备用冷却器未投入，可投入备用冷却器运行。检查氢气冷却器、冷氢温度调节器是否在自动方式调节正常，如果正常，冷氢温度升高，应将氢气冷却器充分排气。如果冷氢温度继续上升，可检查冷却水温度是否过高或循环冷却器的投入情况。采取上述措施后，如氢气温度还不能降低，可将冷氢温度手动调节阀适当开启，以控制冷氢温度正常。如果经上述调节方法仍无效时，应降低发电机的负荷，直至发电机各部温度正常，并注意氢温正常后应将手动调节阀关闭。

16-163　电网故障引起甩负荷时机组有何现象？

答：发电机有功功率突然下降较多，发电机频率明显上升，转子电流明显下降，其他表计亦有相应变化。锅炉汽压上升，水位扰动很大，汽轮机转速上升。

16-164 当发生电网故障引起机组甩负荷时，应如何处理？

答：(1) 遇此现象，应及时报告单元长，并与调度联系。如确认是线路（对应侧）变电站侧断路器跳闸，且本机组厂用电调整有困难时，应将厂用电切换至启动变供电。值长应与调度联系将机组解列，待系统故障处理完毕，重新并网。

(2) 如不是由于变电站侧断路器跳闸，本厂仍供地区负荷时，应设法维持地区频率及电压。

16-165 当发电机内着火或发生爆炸时，有什么现象发生？

答：机壳内发出巨大爆炸声，可能喷出油、烟、火，并有烟焦味，发电机各表计可能无变化。

16-166 运行人员在哪些情况下可用事故按钮停止发电机运行？

答：(1) 运行人员如发现电气设备异常运行时，有关参数和时限均已达保护定值，且保护拒绝动作时，确认无误，有权根据事故现象将机组与系统解列或紧急停机，上述处理必须根据表计及各参数变化关系为依据，不能仅以光字牌或单一表计为依据。

(2) 危及人身生命安全时。

16-167 当静态励磁风机故障时如何进行处理？

答：备用风机自投后，应到就地检查风机运行情况，将风机选择开关切至对应位置，复归报警，并通知检修人员查原因，设法处理好投入备用。

如果两台风机故障使机组跳闸，应注意厂用电自投情况，并检查厂用电各母线供电应正常。待两台风机故障处理好，并做好自投试验良好后，方可重新启动发电机。

16-168 大容量发电机发生低励或失磁后所产生的危险主要表现在哪几个方面？

答：(1) 低励或失磁的发电机，由发出无功功率转为从电力系统中吸收无功功率，从而使系统出现巨大的无功差额，发电机的容量越大，在低励和失磁时产生的无功缺额越大，如果系统中无功功率储备不足，将使电力系统中邻近的某些点的电压低于允许值，甚至使电力系统因电压崩溃而瓦解。

(2) 当一台发电机发生低励或失磁后，由于电压下降，电力系统的其他

发电机在自动励磁调节器的作用下自动增大无功输出，从而使某些发电机、变压器或线路过电流，其后备保护可能因过电流而跳闸，使故障范围扩大。

（3）一台发电机低励或失磁后，由于该发电机有功功率的摆动，以及系统电压的下降，可能导致相邻的正常运行发电机与系统之间，或电力系统的各部分之间失步，使系统产生振荡，甩掉大量负荷。

第十七章　变压器故障分析与处理

17-1　变压器二次侧突然短路时有什么危害？

答： 变压器二次侧突然短路时，在绕组中将产生巨大的短路电流，其值可达额定电流的 20～30 倍，这样大的电流，对变压器的危害主要有：

（1）在巨大的短路电流作用下，绕组中将产生很大的电磁力，其值可达额定电磁力的 1000 倍，使绕组的机械强度受到破坏。

（2）巨大的短路电流会在绕组中产生高温，可能使绕组烧毁。

17-2　变压器套管表面脏污和出现裂纹有什么危害？

答： 套管表面脏污将使闪络电压（即发生闪络的最低电压）降低，如果脏污的表面潮湿，则闪络电压降得更低，此时线路中若有一定数值的过电压侵入，即引起闪络。闪络有以下危害：

（1）造成电网接地故障，引起保护动作，断路器跳闸；

（2）对套管表面有损伤，成为未来可能产生绝缘击穿的一个因素。

套管表面的脏污吸收水分后，导电性提高，泄漏电流增加，使绝缘套管发热，有可能使套管里面产生裂缝而最后导致击穿。

套管出现裂纹会使抗电强度降低。因为裂纹中充满了空气，空气的介电系数很小，瓷套管的瓷质部分介电系数很大，而电场强度的分布规律是，介电系数小的电场强度大，介电系数大的电场强度小，裂纹中的电场强度大到一定数值时，空气就被游离，引起局部放电，造成绝缘的进一步损坏，直至全部击穿。

裂纹中进入水分结冰时，也可能将套管胀裂。

17-3　运行中的变压器为什么会有"嗡嗡"声？怎样判断异声？

答： 由于变压器铁芯是由一片片硅钢片叠成，片与片间存在间隙，当变压器通电后，有了励磁电流，铁芯中产生交变磁通，在侧推力和纵牵力作用下硅钢片产生倍频振动，这种振动使周围的空气或油发生振动，发出"嗡嗡"的响声。另外，靠近铁芯的里层绕组所产生的漏磁通对铁芯产生交变的吸力，芯柱两侧最外两极的铁芯硅钢片，若紧固得不牢，很容易受这个吸力

的作用而产生倍频振动。这个吸力与电流的平方成正比，因此这种振动的大小与电流有关。

正常运行时，变压器铁芯的声音应是均匀的，当有其他杂音时，就应认真查找原因。

（1）过电压或过电流。变压器的响声增大，但仍是"嗡嗡"声，无杂音。随负荷的急剧变化，也可能呈现"咯咯"突击的间歇响声，此声音的发生和变压器的指示仪表（电流表、电压表）的指针同时动作，易辨别。

（2）夹紧铁芯的螺钉松动。呈现非常惊人的"锤击"和"刮大风"之声，如"叮叮当当"和"呼……呼……"之音。但指示仪表均正常，油色、油位、油温也正常。

（3）变压器外壳与其他物体撞击。这是因为变压器内部铁芯振动引起其他部件的振动，使接触处相互撞击。如变压器上装控制线的软管与外壳或散热器撞击，呈现"沙沙沙"的声音，有连续较长、间歇的特点，变压器各部不会呈异常现象。这时可寻找声源，在最响的一侧用手或木棒按住，再听声音有何变化，以进一步判别。

（4）外界气候影响造成的放电。如大雾天、雪天造成套管处电晕放电或辉光放电，呈现"嘶嘶"、"嗞嗞"之声，夜间可见蓝色小火花。

（5）铁芯故障。如铁芯接地线断开，会产生如放电的劈裂声；铁芯着火将造成不正常鸣音。

（6）匝间短路。因短路处严重局部发热，使油局部沸腾，会发出"咕噜咕噜"像水开了似的声音，这种声音特别要注意。

（7）分接开关故障。因分接开关接触不良，造成局部发热，也会引起像绕组匝间短路所引起的那种声音。

17-4　怎样根据变压器的温度判断变压器是否正常？为何要规定温升？数值如何？

答：变压器在运行中铁芯和绕组的损耗转化为热量，引起各部位发热，使温度升高。热量向周围以辐射、传导等方式扩散，当发热与散热达到平衡时，各部位温度趋于稳定。巡视检查变压器时，应记录环境温度、上层油温、负荷及油面高度，并与以前的记录相比较、分析，如果发现在同样条件下温度比平时高出 10℃ 以上，或负荷不变但温度不断上升，而冷却装置又运行正常，温度表无误差及失灵时，则可以认为变压器内部出现了异常现象。由于温升使铁芯和绕组发热，绝缘老化，影响变压器使用寿命和系统运行安全，因此对温升有所规定，国际上规定了变压器绕组的温升为 65℃。

17-5　当变压器温升不正常升高时应采取哪些措施?

答：变压器温升超过允许值时，运行人员应查明原因，并采取相应的措施：

(1) 检查变压器的负荷和相同冷却温度下的油温，进行核对；

(2) 检查核对温度表；

(3) 检查冷却装置；

(4) 若不能判断温度指示错误时，应适当降低负荷，使温度达允许范围。

17-6　影响变压器油位及油温的因素有哪些?

答：变压器的油位在正常情况下随着油温的变化而变化，因为油温的变化直接影响变压器油的体积，使油位上升或下降。影响油温变化的因素有负荷的变化、环境温度的变化、内部故障及冷却装置的运行状况等。

17-7　哪些原因使变压器缺油? 缺油对运行有什么危害?

答：变压器长期渗油或大量漏油，在修试变压器时，放油后没有及时补油、储油柜的容量小、不能满足运行要求、气温过低、储油柜的储油量不足等都会使变压器缺油。变压器油位过低会使轻瓦斯动作，而严重缺油时，铁芯暴露在空气中容易受潮，并可能造成导线过热，绝缘击穿，发生事故。

17-8　变压器油面是否正常，怎样判断? 出现假油面是什么原因引起?

答：变压器的油面正常变化（排除渗漏油）决定于变压器的油温变化，因为油温的变化直接影响变压器的体积，使油面上升或下降。影响变压器油温的因素有负荷的变化、环境温度和冷却装置的运行状况等。如果油温的变化是正常的，而油标管内油位不变化或变化异常，则说明油面是假的。运行中出现假油面的原因可能有：油标管堵塞、呼吸器堵塞、防爆管通气孔堵塞等。处理时，应先将重瓦斯解除。

17-9　怎样从变压器油所含的气体成分判断变压器内部故障的性质?

答：变压器油在正常情况下也是含有气体的。未经运行的新油，含氧30%左右，氮70%左右，二氧化碳0.3%左右。已运行的变压器油，因油和绝缘材料的分解和氧化，会生成少量的二氧化碳和一氧化碳，以及微量的烃类气体。一般来说，烃类气体是变压器内部裸金属过热引起油分解的特征气体，正常的变压器油中其含量很少。一氧化碳和二氧化碳则是变压器内绝缘材料在高温时产生的主要气体成分，当然，在绝缘老化的情况下也会使一氧化碳和二氧化碳含量增高。至于氢气，则是变压器内部发生各种不同性质故障时都可能产生的。运行中，氢气和烃类气体的总含量在0.1%以下，一氧

化碳和二氧化碳含量正常，则可认为变压器是正常的。氢气和烃类气体的总含量在 0.1%～0.5%之间，变压器内部可能有放电现象，或有轻度过热和局部过热，或是绝缘老化。要进行综合分析，若氢气和烃类气体的总含量大于 0.5%，大多数情况下则表明变压器内部存在缺陷。如二氧化碳和一氧化碳含量较大，则表明变压器内部还有固体绝缘过热，对这类变压器，应全面分析，采取措施进行处理。

17-10　变压器不正常运行状态有哪些？

答：变压器的不正常运行状态有：过负荷、过电流、零序过流、通风设备故障、冷却器故障等。

17-11　变压器的故障类型有哪些？

答：变压器的故障类型主要有：相间短路、接地（或对铁芯）短路、匝间或层间短路、铁芯局部发热和烧损、油面下降等。

17-12　变压器故障一般容易在何处发生？

答：变压器与其他电气设备相比，它的故障是很少的，因为它没有像电机那样的转动部分，而且元件都浸在油中。但由于操作或维护不当也容易发生事故。一般变压器的故障都发生在绕组、铁芯、套管、分接开关和油箱等部件上。而漏油、导线接头发热，带有普遍性。

17-13　引起变压器轻瓦斯保护动作的原因有哪些？

答：下列原因可能引起轻瓦斯保护动作。

（1）变压器内有轻微程度的故障，产生微弱的气体。

（2）空气侵入变压器。

（3）油位降低。

（4）二次回路故障（如发生直流系统两点接地）等。

17-14　变压器轻瓦斯保护动作时如何处理？

答：瓦斯保护信号动作时，值班人员应密切监视变压器的电流、电压和温度的变化，并对变压器作外部检查，倾听音响有无变化、油位有无降低，以及直流系统绝缘有无接地，二次回路有无故障等。如气体继电器内存在气体，则应鉴定其颜色，判断是否可燃，并取气样和油样作色谱分析，以判断变压器的故障性质。

（1）如气体是无色无臭而不可燃的，则变压器仍可继续运行，此时，值班人员应放出气体继电器内积聚的空气，并记录其时间和数量，并查明漏入空气的原因。如气体是可燃的，必须停电处理。

（2）若瓦斯动作不是由于空气侵入变器所致，则应检查油的闪点，若闪点比过去记录降低5℃以上，则说明变压器内部已有故障，必须停电作内部检查。

（3）若瓦斯动作是因变压器油位低或漏油造成，则必须加油，并立即采取阻止漏油的措施（如停用水冷变压器漏油的冷却器），一时难以处理，则应停电处理。

17-15　变压器发"轻瓦斯保护动作"信号，变压器气体继电器内有气体，你怎样根据颜色和可燃性判断有无故障和故障的性质？

答：（1）无色不可燃气体为空气，无故障。

（2）淡黄色可燃气体为绝缘纸板故障。

（3）黄色可燃气体为木质故障。

（4）黑色可燃气体为铁芯故障。

17-16　变压器瓦斯保护动作跳闸的原因有哪些？

答：主要原因有：

（1）变压器内部发生严重故障；

（2）保护装置二次回路有故障（如直流接地等）；

（3）在某种情况下，如变压器检修后油中气体分离出来得太快，亦可能使气体继电器动作跳闸等。

17-17　变压器重瓦斯保护动作后如何处理？

答：变压器重瓦斯保护动作后，值班人员应进行下列检查：

（1）变压器差动保护是否掉牌。

（2）重瓦斯保护动作前，电压、电流有无波动。

（3）防爆管和吸湿器是否破裂，压力释放阀是否动作。

（4）气体继电器内有无气体，或收集的气体是否可燃。

（5）重瓦斯保护掉牌能否复归，直流系统是否接地。

通过上述检查，未发现任何故障象征，可判定重瓦斯保护误动。应慎重对待，应测量变压器绕组的直流电阻及绝缘电阻，并对变压器油作色谱分析，以确认是否为变压器内部故障。在未查明原因，未进行处理前变压器不允许再投入运行。

17-18　气体继电器动作后应该怎样处理？

答：（1）轻瓦斯动作。值班员应对变压器及气体继电器进行检查，严密

注视变压器运行情况，如电流、电压、温度及音响变化，并立即收集气体，对收集的气体作点燃试验。气体可燃说明变压器内部故障，应对变压器作试验，分析故障原因。如不可燃，可能是空气，可根据条件对气体及油作化学分析，作出正确判断。

（2）重瓦斯动作。瓦斯动作掉闸后，值班员在未判明故障性质以前不得试送，应尽快收集气体做点燃试验，如可燃，说明变压器内部故障，如不易燃，在未查明原因前不准试送。

（3）重瓦斯动作如接于信号时，根据当时主变压器音响、气味、喷油、冒烟、油温急剧上升等异常情况，证明变压器内部确有故障时，应立即设法将变压器停止运行。

（4）有条件时可对油进行色谱分析，从氢、烃类、CO、CO_2 含量变化（间隔作几次），判断变压器故障性质。

一般氢、烃类急骤增加，而 CO、CO_2 变化不大时，为裸金属（如分接开关）发热，如 CO、CO_2 急骤增加时，为有机绝缘过热。

17-19　变压器出现强烈而不均匀的噪声且振动很大，该怎样处理？

答： 变压器出现强烈而不均匀的噪声且振动加大，是由于铁芯的穿心螺钉夹得不紧，使铁芯松动，造成硅钢片间产生振动。振动能破坏硅钢片间的绝缘层，并引起铁芯局部过热。如果有"吱吱"声，则是由于绕组或引出线对外壳闪络放电，或铁芯接地线断线造成铁芯对外壳感应而产生高电压，发生放电引起。放电的电弧可能会损坏变压器的绝缘，在这种情况下，运行或监护人员应立即汇报，并待采取措施。如保护不动作则应立即手动停用变压器，如有备用先投入备用变压器，再停用此台变压器。

17-20　变压器油质劣化、色泽变化过大，该如何处理？

答： 油质劣化，含有杂质或颗粒，会导致油的绝缘性能降低，部分颗粒由于电压作用会在绕组之间搭成"小桥"，可能造成变压器相间短路或绕组与外壳发生击穿现象。在这种情况下，应立即停用该台变压器，以免事故发生，烧毁变压器。

17-21　运行中的变压器瓦斯保护，当现场进行什么工作时，重瓦斯保护应由"跳闸"位置改为"信号"位置运行？

答： 当现场进行下列工作时，重瓦斯保护应由"跳闸"位置改为"信号"位置运行。

（1）进行注油和滤油时。

（2）进行呼吸器畅通工作或更换硅胶时。

（3）除采油样和气体继电器上部放气阀放气外，在其他任何地方打开放气、放油或进油阀门时。

（4）开、闭气体继电器连接管上的阀门时。

（5）在瓦斯保护及其二次回路上进行工作时。

在上述工作完毕后，经 1h 试运行后，方可将重瓦斯保护投入跳闸。

17-22　在什么情况下需将运行中的变压器差动保护停用？

答： 变压器在运行中有以下情况之一时应将差动保护停用：

（1）差动保护二次回路及电流互感器回路有变动或进行校验时。

（2）继电保护人员测定差动回路电流相量及差压。

（3）差动保护互感器一相断线或回路开路。

（4）差动回路出现明显的异常现象。

（5）误动跳闸。

17-23　运行中的主变压器差动保护动作如何处理？

答： 主变压器差动保护动作后检查和处理的要点如下：

（1）检查变压器本体有无异常，检查差动保护范围内的绝缘子是否有闪络、损坏，引线是否有短路。

（2）如果差动保护范围内的设备无明显故障，应检查继电保护及二次回路是否有故障，直流回路是否有两点接地。

（3）经上述检查无异常时，应在切除负荷后立即试送一次。

（4）如果是继电器、二次回路或两点接地造成误动，则应将差动保护退出运行，将变压器送电后再处理。处理好后投到"信号"位置。

（5）如果差动保护和重瓦斯保护同时动作使变压器跳闸时，不经内部检查和试验，不得将变压器投入运行。

17-24　为什么变压器差动保护不能代替瓦斯保护？

答： 变压器瓦斯保护能反应变压器油箱内的任何故障，如铁芯过热烧伤、油面降低等，但差动保护对此无反应。又如变压器绕组发生少数线匝的匝间短路，虽然短路匝内短路电流会很大并会造成局部绕组严重过热，还会产生强烈的油流向储油柜方向冲击，但表现在相电流上其量值并不大，因此差动保护没有反应，但瓦斯保护对此却能灵敏地加以反应。

17-25　当运行中发现变压器有哪些异常时应及时联系处理？

答： （1）安全门破裂。

（2）油面低至允许值以下。

（3）油色突然发生变化，并且气体继电器内有瓦斯气体。

（4）套管有裂纹，并有放电现象。

（5）接头发热。

（6）盖上落有杂物。

（7）套管油位突然下降看不见。

（8）有载调压装置调整失灵或不动。

17-26　变压器绕组匝间短路是怎么回事？

答：所谓匝间短路，就是相邻几个线匝之间的绝缘损坏。这将造成一个闭合的短路环路，同时使该相的绕组减少了匝数。短路环路内流着交变磁通感应出来的短路电流，将产生高热，并可能导致变压器的烧毁。据统计，因匝间短路引起变压器损坏约占总损坏数的 80% 左右。

匝间短路发高热时有一个特征，就是发高热处的油似沸腾，在变压器旁能听到"咕噜咕噜"的异常声音，运行中应加以注意。

17-27　变压器自动跳闸后的一般处理步骤是怎样的？

答：（1）进行系统性处理，即投入备用变压器，调整运行方式和负荷分配，维持运行系统及其设备处于正常状况。

（2）检查保护动作情况并判断其动作是否正确。

（3）了解系统有无故障及故障性质。

（4）属下列情况可不经外部检查试送电一次：人员误碰、误操作及保护误动作；仅低压过流或限时过流保护动作，同时跳闸变压器的下一级设备故障而其保护未动作，且故障点已隔离。

（5）如是差动、重瓦斯或速断过流等保护动作，故障时有冲击，则应详细检查，在未查清原因前禁止重新投运。

17-28　什么原因会引起主变压器差动保护动作？

答：（1）变压器内部及其套管引出线故障。

（2）保护二次线故障。

（3）电流互感器开路或短路。

17-29　厂用变压器有哪些异常运行状态？

答：（1）变压器油标指示油位发生剧烈的变化。

（2）变压器温度、温升明显升高。

（3）过负荷运行。

17-30 变压器呼吸器内硅胶的颜色与湿度有何关系？

答：蓝色：硅胶填充剂是干燥的；

紫色：硅胶填充剂吸湿度达 20%～30%；

粉色：硅胶填充剂吸湿达到饱和。

17-31 当变压器的油位不正常降低（升高）时采取什么措施？

答：(1) 如变压器长期漏油引起的油位低，应及时补油并监视泄漏情况安排检修；

(2) 如变压器大量漏油时，引起油位迅速下降，必须迅速采取措施，设法停止漏油，并立即加油，必要时，将变压器停用进行消除缺陷；

(3) 变压器油位过高时，应通知检修人员放油。

17-32 当变压器因保护动作跳闸时应如何进行处理？

答：(1) 当变压器因重瓦斯保护、差动保护、接地保护动作跳闸，运行人员应复归信号，并做有关信号及事故情况记录，在未查明原因，消除故障之前，变压器不可重新合闸送电；

(2) 变压器如因过电流保护动作跳闸，则对变压器进行外部检查，如无异常现象，外部电路的故障已消除，可将变压器重新送电投入运行。

17-33 变压器油温过高对设备有哪些危害？

答：油温过高，绝缘老化严重，绝缘油劣化快，影响变压器寿命。

17-34 变压器油温异常升高如何处理？

答：(1) 应立即降低变压器负荷，限制变压器温度继续上升。

(2) 检查变压器外壳温度是否很高，油位有无异常升高，核对温度表是否准确。

(3) 检查变压器冷却装置工作是否正常，工作泵、备用泵、风扇是否运行正常，若有异常尽快处理。

(4) 检查各散热器温度是否一致，判明散热器是否有堵塞现象；运行中无法处理时，应联系停电处理。

(5) 经上述检查未发现问题，且油温较平时同一负荷和冷却环境下高出 10℃以上，或变压器负荷不变，温度不断上升，则为变压器内部故障，立即报告单元长、值长，停电处理。

17-35 主变压器冷却器全部停止运行有何现象？如何处理？

答：现象：

（1）全部风扇，潜油泵已停运。

（2）"Ⅰ工作电源故障"、"Ⅱ工作电源故障"、"冷却器全停"光字亮。

（3）"主变温度高"光字可能出现，主变压器温度指示可能超过允许值。

处理：

（1）当出现"主变温度高"时，应汇报值长，降低主变压器负荷，控制变压器油温不超过 75℃。

（2）尽快查明原因，恢复冷却器运行。

（3）冷却装置全停 10min 后，主变压器温度达 75℃时，自动将主变压器解列，如主变压器温度未达 75℃时，冷却装置全停 60min 后，自动将主变压器解列，否则应手动解列。

17-36　运行电压超过或低于额定电压值时，对变压器有什么影响？

答：当运行电压超过额定电压值时，变压器铁芯饱和程度增加，励磁电流增大，电压波形中高次谐波成分增大，超过额定电压过多会引起电压和磁通的波形发生严重畸变，可能直接破坏匝间绝缘或主绝缘，造成变压器绝缘损坏。当运行电压低于额定电压值时，对变压器本身没有影响，但低于额定电压值过多时，将影响供电质量。

17-37　变压器过流保护动作掉闸如何处理？

答：（1）并未发现电压下降或冲击等短路现象，应对继电器及回路检查，若为误动作，变压器可不检查再投入运行。

（2）判明为短路故障越级跳闸，变压器可不经检查再行投入。

（3）如发现明显故障，而非前两种情况，应对变压器及母线详细检查，消除故障后，方可投入。

17-38　变压器油色不正常时如何处理？

答：在运行中，如果发现变压器油位计内油的颜色发生变化，应取油样进行分析化验。若油位骤然变化，油中出现炭质，并有其他不正常现象时，则应立即将变压器停止运行。

17-39　变压器在运行中铁芯局部发热有什么现象？

答：轻微的局部发热，对变压器的油温影响较小，保护也不会动作。因为油分解而生成的少量气体溶解于未分解的油中。较严重的局部过热，会使油温上升，轻瓦斯频繁动作，析出可燃性气体，油的闪光点下降，油色变深，还可能闻到烧焦的气味。严重时重瓦斯可能动作跳闸。

17-40 为什么要规定变压器的允许温度和允许温升？

答：因为变压器运行温度越高，绝缘老化越快，这不仅影响使用寿命，而且还因绝缘变脆而碎裂，使绕组失去绝缘层的保护，另外温度越高，绝缘材料的绝缘强度就越低，很容易被高电压击穿造成故障，因此，变压器运行时，不能超过允许温度。当周围空气温度下降很多时，变压器的外壳散热能力将大大增加，而变压器内部的散热能力却提高很少。当变压器带大负荷或超负荷运行时，尽管有时变压器上层油温尚未超过规定值，但温升却超过规定值很多，绕组有过热现象，因此，变压器运行中，对油温和温升应同时监视，既要规定允许温度，也要规定允许温升。

17-41 简述变压器的故障和不正常运行情况。

答：变压器的故障可分为内部故障和外部故障。内部故障主要有绕组的匝间短路、相间短路或单相接地以及铁芯烧损等。普遍采用的三相式变压器，由于结构工艺改进和绝缘性能加强，发生内部相间短路的可能性很小。变压器最常见的内部故障是绕组的匝间短路。变压器的外部故障主要是套管和引线上发生短路，这种故障可能导致变压器引出线相间短路或单相引线碰接变压器外壳造成接地短路。变压器的不正常运行情况包括由于外部短路引起的过电流、油箱内油面严重降低以及变压器中性点电压升高等。

17-42 变压器自动跳闸后，运行人员应如何处理？

答：变压器在运行中，当断路器自动跳闸时，值班人员应按以下步骤迅速处理：

（1）当变压器的断路器自动掉闸后，应恢复断路器的操作把手至断开位置，检查备用变压器是否联动投入。如无备用变压器时，应倒换运行方式和负荷分配，维持运行系统及设备的正常供电。

（2）检查保护掉牌，何种保护动作，判明保护范围和故障性质。

（3）了解系统有无故障及故障性质。

（4）若属于人员误碰、保护有明显误动象征、变压器后备保护动作（过流及限时过流），同时，故障点切除。经请示值长同意，可不经外部检查对变压器试送电一次。

（5）如属于差动、重瓦斯或电流速断等主保护动作，故障时又有明显冲击现象，则应对变压器进行详细的检查，并停电后进行测定绝缘试验等。在未查清原因以前禁止将变压器投入运行，以减少变压器的损坏程度或扩大故障范围。

（6）详细记录故障现象、时间及处理过程。

17-43 变压器过负荷时如何处理?

答：变压器过负荷的信号发出后，应进行以下处理：

（1）复归报警信号，报告运行负责人，做好记录。

（2）倒换运行方式，调整转移负荷。

（3）若属正常过负荷，可根据正常过负荷倍数确定允许时间，并加强对变压器温度监视。

（4）若属于事故过负荷，则过负荷的倍数和时间依照制造厂的规定或运行规程的规定执行。

（5）对变压器及有关的设备系统进行全面检查，发现异常及时采取措施，果断处理。

17-44 变压器着火时，应如何处理?

答：（1）立即到现场检查，确定变压器着火部位，若为变压器上部或内部着火时，汇报班长，通知网控（或单元值班室）立即将故障着火变压器停电。

（2）拉开着火变压器两侧隔离开关，并断开变压器冷却装置电源，联系消防队进行报警，并组织人员救火。

（3）若变压器的油溢在变压器顶盖上着火，应打开变压器下部放油门放油，使油面低于着火处。

（4）若变压器因内部故障引起着火时，禁止放油，以防变压器突然爆炸。

（5）若检查为变压器外壳下部着火，在火势不大，且有足够安全距离时，可不停电迅速灭火，将通风装置停运，并做好停运准备。

（6）变压器灭火，应使用二氧化碳、四氯化碳及"1211"喷雾水枪进行。

（7）使用灭火器灭火时，应穿绝缘靴、戴绝缘手套，注意液体不得喷至带电设备上。

17-45 变压器声音不正常如何处理?

答：首先要正确判断，然后根据不同情况进行处理。

（1）变压器内部突然发出不正常声音，但很快消失。这是由于大容量动力设备在启动或外部发生短路事故造成的。此时，只需对变压器及外部系统详细检查即可。

（2）变压器内连续不断地发出不正常声音时，应报告有关领导并增加巡视检查次数或专人监视。如杂音增加，经批准停用变压器，进行内部检查。

（3）变压器内部有强烈的杂音或内部有放电声和爆裂声时，应立即报告有关领导，迅速投入备用变压器或倒换运行方式，停用故障变压器。

17-46 变压器释压阀动作后如何处理？

答：现象：

"变压器压力释放"光字亮。

处理：

（1）立即对变压器本体进行检查，若无喷油或烟雾时，可按轻瓦斯动作检查。

（2）联系检修将释压阀恢复正常并检查动作原因。

（3）将释压阀动作时间和恢复时间详细记录，并汇报车间、值长。

17-47 变压器油位不正常时如何处理？

答：变压器油温在 20℃时，油面高于＋20℃的油位线，此时应通知检修人员放油。若在同一油温下油面低于＋20℃的油位线时，应通知检修人员加油。若因大量漏油，油位迅速下降低至气体继电器以下时，应立即停用变压器。

变压器油位因温度上升而逐渐升高时，若最高油温时的油位可能高出油位指示计，则应放油，使油位降至适当的高度，以免溢油。同时应检查油温升高的原因，并做相应的处理。

检查油位计、储油柜及防爆筒顶部的大气连通管是否堵塞，对采用隔膜式储油柜的变压器，应检查胶囊的呼吸是否畅通，以及储油柜的气体是否排尽等，以避免产生假油位。

在检查过程中，需打开各放气或放油塞子、阀门时必须先将重瓦斯保护由跳闸改接信号，以防油位发生突然变化，产生油流，使重瓦斯保护动作。

17-48 怎样进行变压器充电操作？为什么这样操作？

答：（1）唱票复诵，确认无误后，首先右手放在所充电的变压器操作开关上。

（2）眼睛观看其电流表。

（3）合上变压器高压开关。

（4）查看电流表指示从 0 摆动到某一值，然后又返回到 0。

原因：

（1）唱票复诵，确认该变压器控制开关后，手放在其上面，确保不会再发生误操作。

（2）眼睛必须观看电流表，因为充电时电流表的摆动是一瞬间的过程，

否则，可能看不到变压器是否充电。

17-49 变压器空载合闸时差动保护是否动作？采取何种解决措施？

答：变压器空载合闸时，由于变压器铁芯的磁导不是无限大，而且铁芯内存在剩磁，故在变压器充电的过程中，会在充电的电源侧产生电流，这就是励磁涌流。在某些时候，励磁涌流的数值会达到差动保护的定值，引起差动保护动作。

励磁涌流虽然数值较大，但持续时间很短，同时励磁涌流内部的二次谐波分量较大。从励磁涌流的波形上分析，励磁涌流不是连续的，而是间断的。根据以上特征，可以在差动保护中使用具有二次谐波制动或者判别是否具有间断角来闭锁差动保护，防止在变压器充电过程中差动保护动作。一旦差动保护动作，在确定是由于励磁涌流引起的情况下，可以间隔一段时间合闸，一般可以躲过涌流的影响。

17-50 如何判断变压器内部是否存在过热现象？

答：变压器在目前主要采用色谱分析来判断内部是否过热。其原理是基于任何一种特定的烃类气体的产生速率随温度而变化，在特定的温度下，往往某一种气体的产生率会出现最大值，即温度与溶解在变压器油中的气体之间的含量存在对应关系。

第十八章　电动机故障分析与处理

18-1　直流电动机不能正常启动的原因有哪些?

答: 不能正常启动的主要原因有:

(1) 电刷不在中性线上;

(2) 电源电压过低;

(3) 励磁回路断线;

(4) 换向极线圈接反;

(5) 电刷接触不良;

(6) 电动机严重过载等。

18-2　直流电动机不能启动时如何处理?

答: 根据检查结果进行处理:

(1) 用感应法调整电刷位置;

(2) 检查励磁绕组和变阻器是否断线;

(3) 检查绕组是否完好,熔断器是否接通;

(4) 调换换向极线圈端子的位置;

(5) 检查电刷与换向器接触面,刷握弹簧是否松动;

(6) 减轻负载或更换较大容量的电动机。

18-3　什么原因会造成异步电动机空载电流过大?

答: 造成异步电动机空载电流过大的原因主要有以下几种:

(1) 电源电压太高,这时电动机铁芯饱和使空载电流过大;

(2) 装配不当,或空气隙过大;

(3) 定子绕组匝数不够或星形接线的误接成三角形接线;

(4) 旧电动机硅钢片腐蚀或老化,使磁场强度减弱或片间绝缘损坏等。

18-4　为什么感应电动机启动时电流大?

答: 当感应电动机处于停用状态时,接通电源,旋转磁场以最大的切割速度切割转子绕组使转子绕组感应最高的电动势,因而在导体中感应很大的电流，这个电流产生磁通而抵消定子磁场的磁通。定子磁场为了维持与此时相适应的原有磁通，而加大电流，因此转子电流很大，而定子电流也很大，当启动以后电流会逐渐下降，因为此时感应电动势减小，电流也随之减小，定子电流也减小，直至正常。

18-5　感应电动机启动电流大，而启动力矩并不大的原因是什么？

答：感应电动机启动电流大而启动力矩并不大是因为：启动力矩与转子电流、定子磁通和功率因数有关。在启动时，无功分量比例大。功率因数跟电抗 X 和电阻 r 的比例 $\dfrac{X}{r}$ 有关，比值 $\dfrac{X}{r}$ 大，则功率因数小；$\dfrac{X}{r}$ 小，则功率因数大。而电抗又与频率有关。启动时，旋转磁场切割转子绕组速度最大，故转子电流的频率最大，此时转子绕组电抗也最大，因此功率因数低，故而它的启动转矩很小。

18-6　电动机启动电流大有无危险？为什么有的感应电动机需用启动设备？

答：一般来说，由于启动时间不长，短时间流过大电流，发热不太厉害，电动机是能承受的，但如果正常启动条件被破坏，则有可能使电动机绕组过热而烧毁。

是否需要启动设备，关键在于电源容量和电动机容量大小的比较。发电厂或电网容量越大，允许直接启动的单台电动机容量就越大。当电源容量比较小，直接启动母线电压降低超过允许值，不能降低启动功率时，采用降压启动，降低启动电流。一般有以下几种方式：

（1）星形—三角形转换启动法。适合于正常运行时是三角形的低压电动机。在启动时采用星形接法，待启动后再改接成三角形接法。

（2）用自耦变压器启动法。适合于低压电动机。手柄在启动位置时，电动机接到低压分头上，降压启动，启动后手柄推至全压，电动机即是全电压。

（3）用电抗器启动法。适合于高、低压电动机。启动时定子回路串联电抗器，启动后短路掉电抗器加全电压。

（4）延边三角启动法。适合于有 9 个接线头的低压电动机。

绕线式电动机，总是带有启动设备，启动时转子回路加电阻，可以减小启动电流，将电阻逐渐退出，转速逐渐升高，最后短接电阻，转速即为正常。

18-7　电动机三相绕组一相首、尾反接，启动时有何现象？

答：（1）启动困难。三相绕组其中一相反接时，电动机内部各相绕组所产生的磁场的相互关系起了变化。即互感起了变化，破坏了磁的对称性，使各绕组感抗变得不一样，这样按对称分量法，可以把电流、电压分解成正序、负序、零序分量。正序电流产生正序旋转磁场；负序产生负序旋转磁场。两者方向相反，因而在转子上的力矩也相反，启动困难。

（2）一相电流很大。由于一相反接，各相绕组三相间的互感起了变化。对绕组首尾颠倒的那一相，当三相通电时，正常下其他两相的磁通通过该相，与该相本身电流产生的磁通方向相同的比较多。现在却是方向相反的比较多，总地来说相当于该绕组流过单位电流产生的磁通少了。为了维持原有磁通量，因此该相电流就较大。

另外一相反接时，电动机机身振动很厉害，因此噪声也很大。

18-8 感应电动机定子绕组一相断开为什么启动不起来？原来转着的又为什么转速变慢？

答：三相星形接线的定子绕组一相断线，电动机只有两相的绕组接在电源上。这两相组成了简单的串联回路，流过同一电流，实际上成了单相运行。而单相运行，所产生的磁场，不是旋转磁场，而是脉动磁场。一个脉动磁场可以看成是两个相反方向旋转的磁场的合成，这两个磁场的幅值为脉动磁场一半。其磁力线都要切割转子，在转子导体中感应电动势电流，并分别产生力矩，如图18-1所示。因此当转差等于1时，即$S=1$时，电动机处于停止状态，只是定子铁芯在磁场作用下发出"嗡嗡"声。

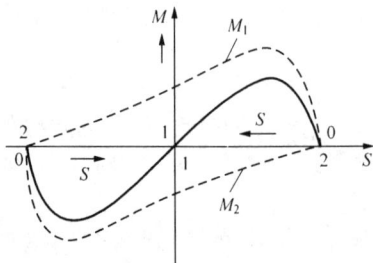

图 18-1 转差与转矩之间的关系

原来正常运转的电动机，由于突然一相断线，两个旋转磁场相互作用，而且力矩方向相反，因而转速就会下降，会稳定在另一个转差状态下运行。

18-9 若异步电动机的容量与变压器的容量相近，为什么异步电动机的空载电流较大？

答：异步电动机的磁路除了大部分是由定子铁芯和转子铁芯组成外，在定子、转子之间还存在空气隙，气隙的磁阻较大。而变压器的铁芯是一个封闭的磁路，磁阻较小。因此，异步电动机与变压器相比，有较大的空载电流。变压器的空载电流为额定电流的1%～8%；异步电动机的空载电流一般是额定电流的20%～50%。

18-10　笼型感应电动机运行时转子断条对其有什么影响？

答：笼型电动机常因铸铝质量较差或铜笼焊接质量不佳发生转子断条故障。断条后，电动机的电磁力矩降低而造成转速下降，定子电流时大时小，因为断条破坏了结构的对称性，同时破坏了电磁的对称性，使与转子有相对运动的定子磁场，从转子的表面不同部位穿入磁通时，转子的反应不一样，因而造成定子电流时大时小。同时断条也会使机身发生振动，这是因为沿整个定子内膛周围的磁拉力不均匀引起的，周期性的"嗡嗡"声，也因此产生。

18-11　电动机定子绕组短路有什么现象和后果？

答：电动机绕组短路包括相间短路和匝间短路，它们是由绝缘损坏引起的。

发生相间短路时，由于接在电流电压下的匝数减少，加上转差的变化，使电动机的阻抗减小，从电源来的定子电流会急剧增大，一般保护动作使断路器掉闸或熔断器熔断，迅速断开电源。如果不及时断电，就会烧毁绕组。

18-12　感应电动机在什么情况下会出现过电压？

答：感应电动机出现过电压一般有以下两种情况：

第一种是电感性负载的拉闸过电压。它发生在电动机断路器拉闸的瞬间。产生这种过电压的原因是电感线圈中的电流在自然通过零点之前被强迫截断，使其产生的磁通突变，因而产生过电压。如在电动机启动过程还没结束的情况下拉闸，产生的过电压幅值更大。

第二种过电压是电动机启动时产生的过电压。对于高压电动机，如果其转子开路，则在启动合闸瞬间，由于磁通突变，也可能产生过电压。为了避免这种过电压绕线式电动机，必须注意在合闸时转子应处于闭路状态。

18-13　电压变动对感应电动机的运行有什么影响？

答：电压发生变化在忽略漏阻抗情况下，相当于磁通成正比地变化。磁通的变化导致运行中的电动机力矩发生变化，因而转速就会发生变化。输出功率与电压的关系和转速对电压的关系相似。当电压变化较小时，影响不很大，但变化大时，影响就很大。

定子电流为空载电流与负载电流的相量和，其中负载电流实际上是与转子电流相对应的，负载电流的变化趋势与电压变比相反，即电压升高，电流减小。而空载电流的变化趋势与电压变化相同。当电压降低时，电磁力矩降低，转差变大，转子电流和定子负载电流都增大，而空载电流减小，通常前者占优势，因而定子电流增大。当电压升高时，电磁力矩增大，转差减小，负载电流减小，而空载电流增大，此时要分两种情况，一种情况是电压偏离比较大，另一种情况是偏离值不大。在偏离值不大的情况下，铁芯未饱和，此时负载电流减小占优势，定子电流是减小的；在偏离值很大的情况下，由于铁芯饱和，空载电流上升得很快，以致定子电流增加，而此时功率因数也遭到破坏。

另外，电压的变化对吸取无功功率、效率和温升都有影响，因此在运行中应当特别注意。

18-14 电源频率降低对异步电动机的运行有什么影响？

答：电源频率降低会引起电动机每极磁通 Φ 的相应增加，磁通 Φ 的增加又会使产生磁通的激励电流随着增加，由于激励电流是无功电流，它的增加会使发电机的功率因数下降。另一方面，旋转磁场的转速将与频率成正比的降低，因为电动机的转速降低，会使风量减小，散热困难，导致温升增加，理论和实践证明，频率过低，将使电动机的定子总电流增加，功率因数下降，效率降低。因此频率过低是不允许的。一般不允许越过国家规定的 $\pm 1\%$。

18-15 电源电压过低对异步电动机启动有什么影响？

答：异步电动机电源电压过低时，定子绕组所产生的旋转磁场减弱，启动转矩小，因此，电动机启动困难。

18-16 有人说："三相异步电动机空载时启动电流小，满载时启动电流大"，对吗？

答：不对。一般异步电动机直接启动时的启动电流是额定电流的 $4\sim7$ 倍。空载启动和满载启动时，在刚接通电源的瞬间，转速都是从零开始增加的，随着转速的不断升高，启动电流也从同一值开始不断减小，空载时电流下降到空载电流，满载时电流下降到额定值。所以其启动电流和启动转矩都是相同的。只是空载时启动电流下降得快，启动过程短；满载时启动电流下降得慢，启动时间长。

18-17 电动机温升过高或冒烟可能是哪些原因引起？

答：（1）负载过重。

（2）单相运行。

（3）电源电压过低或电动机接线有错误。

（4）定子绕组接地或匝间、相间短路。

（5）绕线式电动机转子绕组接头松脱。

（6）笼型电动机转子断条。

（7）定子、转子相互摩擦。

（8）通风不良。

18-18　电动机外壳带电，可能是何原因引起的？

答：（1）接地不良。

（2）绕组绝缘损坏。

（3）绕组受潮。

（4）接线板损坏或表面油污太多。

18-19　电动机负载太重或太轻对运行有何坏处？

答：电动机过负载，会使电动机启动困难，达不到额定转速。过负荷运行使电动机电流增大，当超过电动机允许温升，损坏电动机绝缘，严重时还会烧坏电动机。因此，电动机长时间过负荷是不允许的。

当电动机处于低负荷时，效率低，运行不经济，造成"大马拉小车"现象。同时低负荷运行时，功率因数降低，对电网运行不利。因此，长期轻载运行的电动机应更换容量较小的电动机。

18-20　当感应电动机的供电系统中发生短路时，电动机为什么还能向短路点送电流？

答：电动机运转时有磁场，当切断电源或母线发生短路时，该磁场靠转子电路在定子侧失去电源电压的瞬间感应出的电流尚能维持一段时间。同时，又因为电动机依靠惯性而继续旋转，所以在电动机的定子绕组中能感应出电动势来。若定子绕组仍成回路，就有电流流过。这就是当感应电动机的供电系统中发生短路时，电动机还能向短路点送电流的原因。

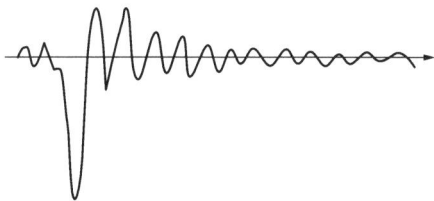

图 18-2　母线上三相短路时电动机向短路点送的电流

定子绕组里的电流随感应电动势的变化而变化。电动机向短路点送的这个电流，是一个快速衰减的涌流，波形如图 18-2 所示。一般这个电流的最大值可达电动机额定电流的 7 倍。

18-21　论述电动机缺相运行的原因。

答：电动机的缺相运行就是三相电动机因某种原因造成回路一相断开时

的运行。造成缺相运行的原因很多，例如：一相熔断器的熔丝熔断或接触不良，断路器、隔离开关、电缆头、接触器及导线中的一相断线等。属于电动机一次回路电气元件故障引起，作为电动机本身的原因是定子绕组一相断线和电动机引线接头开焊或断线等，均可造成电动机缺相运行。三相电动机变成缺相运行时，假若电动机负荷未变化，两相绕组要负担原来三相绕组所承担的负荷，则这两相绕组的电流必然增大。原因是，当一相断线时，加在其他两相绕组的电压为正常情况下的1.732/2倍，运行的两相绕组中的电流约增加1.73倍，这个电流比一般过负荷大得多，但又比绕组短路时的电流小，所以熔断器的熔丝不会因缺相而熔断。若电动机回路中装有断路器时，继电保护一般不会动作跳闸。所以，防止电动机的缺相运行的方法有：①靠值班人员判断，发现后及时停用；②在电动机回路中装设缺相保护，如电动机缺相保护器在发生缺相运行时，保护动作于电动机跳闸，避免电动机由于缺相运行过热而烧坏。

18-22　启动电动机时，开关合闸后，电动机不转动而发出响声，或达不到正常转速，可能是什么原因？

答：（1）定子回路一相断线，具体原因可能是：熔断器一相熔断；电缆头、隔离开关或断路器等的一相接触不良；定子绕组一相断开。

（2）转子回路中断线或接触不良，具体原因可能是：笼型转子铜条或铝条和端环间的连接破坏；绕线式转子绕组焊头熔断；引线与滑环的连接破坏；电刷有毛病；启动装置回路断开等。

（3）电动机或所拖动的机械被卡住。

（4）定子绕组接线错误，比如三角形接线误接为星形或者星形接线的一相接反等。

18-23　在启动或运行时电动机内出现火花或冒烟，可能是什么原因引起？

答：（1）中心不正或轴瓦磨损，使转子和定子相碰。

（2）笼型转子的铜（铝）条断裂或接触不良。

18-24　新安装或检修后的电动机启动时，速断或过流保护动作，可能是什么原因？

答：（1）被带动的机械有故障。

（2）电动机或电缆短路。

（3）绕线式转子电动机启动时滑环短路或变阻器不在启动位置。

（4）保护装置整定的动作电流太小，过流保护的动作时限不够。

18-25 运行中的电动机声音突然发生变化，电流表指示值上升或降低到零，可能是什么原因？

答：（1）定子回路的一相断线。

（2）系统电压下降。

（3）绕组匝间短路。

（4）被带动的机械故障。

18-26 电动机发生剧烈振动，可能是什么原因？

答：（1）电动机和所带动的机械之间的中心不正。

（2）机组失去平衡（包括所带动机械的转动部分和电动机转子）。

（3）转动部分和静止部分摩擦。

（4）轴承损坏或轴颈磨损。

（5）联轴器及其连接装置损坏。

（6）所带动的机械损坏。

（7）笼型转子端环有裂缝或与铜（铝）条接触不良。

（8）电动机转子铁芯损坏或松动，转轴弯曲或开裂。

（9）电动机的某些零件（如轴承、端盖等）松动，或电动机底座和基础的连接不紧固。

（10）电动机定、转子空气间隙不均匀，超过规定值。

18-27 电动机绕组温度升高有哪些原因？

答：主要原因有：

（1）转子和定子发生摩擦，如轴承缺油，轴承被磨损后使转子下沉与定子摩擦。

（2）冷却风道堵塞或进风温度太高，或电动机空气冷却器冷却水管路堵塞，使电动机冷却不良。

（3）冷却风道进入汽或水，使电动机受潮，绝缘能力降低。

（4）所带的机械过负荷。

（5）电动机两相运行。

（6）电压过低。

18-28 电动机发生着火时应如何处理？

答：发现电动机着火时，必须先切断电源，然后用二氧化碳或干式灭火器灭火或用消防水喷成雾状灭火，严禁将大股水注入电动机内。

18-29　合上开关后，电动机不转且发出鸣声，电流表指示为零，或达到表的满刻度而不返回时，有哪些原因？

答：(1) 两相运行；

(2) 转子回路开路；

(3) 机械负荷太重或卡住。

18-30　笼型电动机定子电流表发生周期性摆动的可能原因有哪些？

答：(1) 机械部分故障；

(2) 轴承部分的故障；

(3) 笼型电动机转子短路环焊接断裂；

(4) 端部短路或断路。

18-31　为什么异步电动机在拉闸瞬间会产生过电压？

答：因为在拉闸瞬间电感绕组中的电流被截断，该电流产生的磁通发生急剧变化，因此产生过电压。这种过电压在绕线式电动机的定、转子绕组的端头都有可能发生。

18-32　异步电动机发生振动和噪声是由什么原因引起的？

答：(1) 电磁方面的原因有：

1) 接线错误，如一相接反或各并联电路的绕组有匝数不等的情况等；

2) 绕组短路；

3) 多路绕组中，个别支路断路；

4) 转子断条，铁芯硅钢片松动；

5) 三相电压不对称，磁路不对称等。

(2) 机械方面的原因有：

1) 电动机与带动机械的轴心不在一条直线上（中心找的不正或靠背轮垫圈松动等）；

2) 转子偏心或定子槽楔凸出，使之扫膛；

3) 轴承缺油、滚珠损坏、轴承和轴承套摩擦、轴瓦位移；

4) 基础固定不牢；

5) 转子风扇叶损坏或平衡破坏；

6) 所带的机械振动引起等。

18-33　造成电动机单相接地的原因是什么？

答：主要原因有：

(1) 绕组受潮；

（2）绕组长期过载或局部高温，使绝缘焦脆、脱落；

（3）铁芯硅钢片松动或有尖刺、割伤绝缘；

（4）绕组引线绝缘损坏或与机壳相碰；

（5）制造时留下隐患，如下线擦伤，槽绝缘位移，掉进金属物等。

18-34　异步电动机启动电流过大，对厂用系统运行中有何影响？

答：可能造成厂用系统电压严重下降，不但使该电动机启动困难，而且厂用母线上所带的其他电动机，因电压过低而转矩过小，影响电动机的效率，甚至可能使电动机自动停止运转。同时也使电动机及供电回路能量损耗增大。

18-35　三相电源缺相时对异步电动机启动和运行有何危害？

答：三相异步电动机缺一相电源时，电动机将无法启动，且有强烈的"嗡嗡"声，长时间易烧毁电动机。若在运行中的电动机缺一相电源，虽然电动机能继续转动，但转速下降，如果负载不降低，电动机定子电流将增大，引起过热。此时必须立即停止运行，否则将烧毁电动机。

18-36　异步电动机在运行中轴承温度过高是什么原因造成的？

答：（1）轴承长期缺油运行，摩擦损耗加剧，使轴承过热。另外，电动机正常运行时，加油过多或过稠，也会引起轴承过热。

（2）在更换润滑油时，油的种类不对或油中混入了杂质，使润滑效果下降，摩擦加剧而过热，甚至损坏轴承。

（3）固定端盖装配不当、螺钉松紧程度不一，造成两轴承孔中心不在一条直线上，轴承转动不灵活，带负荷后摩擦加剧而过热。

（4）电动机与被带动机械轴中心不在一条直线上，使轴承负载加大而过热。

（5）轴承选用不当或质量低劣（如内外套锈蚀、钢珠不圆等），运行中轴承损坏，引起轴承过热等。

18-37　异步电动机最大的转矩与什么因素有关？

答：异步电动机最大的转矩与下列因素有关：

（1）最大转矩与电压的平方成正比；

（2）最大转矩与漏抗成正比。

18-38　异步电动机空载电流的大小与什么因素有关？

答：空载电流的大小主要与电源电压的高低有关。因为电源电压高，铁芯中的磁通增多，磁阻将增大。当电源电压高到一定值时，铁芯中的磁阻急剧增加，绕组感抗急剧下降，这时电源电压稍有增加，将导致空载电流增加很多。

18-39　异步电动机空载电流占额定电流多大为适宜？

答：电动机空载电流不大，一般大、中型电机空载电流占额定电流的20％～35％，小型电机的空载电流占额定电流的35％～50％。

18-40　异步电动机在什么情况下运行是经济、安全和可靠的？

答：一般情况下，异步电动机按其铭牌数据运行，并注意电动机周围无杂物和有害气体，还要注意电动机与所带负荷要匹配。

18-41　异步电动机超载运行会发生什么后果？

答：电动机超载运行会破坏电磁平衡关系，使电动机转速下降，温度增高。如短时过载还能维持运行，若长时间过载，超过电动机允许的额定电流，会使绝缘过热加速老化，甚至于烧毁电动机。

18-42　异步电动机空载电流出现较大的不平衡，是由哪些原因造成的？

答：异步电动机空载电流出现较大的不平衡是由下列原因造成的：

(1) 电源电压三相不平衡；

(2) 定子绕组支路断路，使三相阻抗不平衡；

(3) 定子绕组匝间短路或一相断线；

(4) 定子绕组一相接反。

18-43　电动机运行时电流表指针来回摆动，同时转速低于额定值可能是哪些原因引起？

答：(1) 绕线式电动机一相电刷接触不良。

(2) 绕线式电动机集电环的短路装置接触不良。

(3) 笼型转子断条或绕线式转子一相断路。

18-44　运行中的电动机定子电流发生周期性的摆动，可能是什么原因？

答：(1) 笼型转子铜（铝）条损坏。

(2) 绕线式转子绕组焊头损坏。

(3) 绕线式电动机的滑环短路装置或变阻器有接触不良等故障。

(4) 机械负荷发生不均匀变化。

18-45　异步电动机在运行中，电流不稳，电流表指针摆动如何处理？

答：如果发现异步电动机电流不稳，电流表指针摆动时，应对电动机进行检查，有无鸣音和其他不正常现象，并启动备用设备，通知检修人员到场，共同分析原因进行处理。

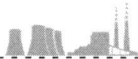

18-46　绕线式电动机电刷冒火花怎么办?

答:绕线式电动机的电刷,在长期运行中由于磨损使接触面不平、电刷压力不够、滑环不圆,或因轴承上的油滴或其他杂物落到滑环与碳刷之间等原因,均会造成电刷冒火花。消除电刷冒火花的方法:可用细砂布将接触面磨光,适当调整电刷的压力,并检查滑环是否圆,还应用干净的棉纱稍蘸汽油擦净滑环与碳刷的防护措施。

18-47　绕线式电动机运转时,为什么转子绕组不能开路?

答:绕线式电动机的定子三相绕组通入三相交流电时,定子与转子气隙产生旋转磁场。磁场切割转子导体产生感应电动势。如果转子绕组开路,在转子回路中就不能产生感应电流,也就不会产生电磁力矩,使得转子不可能转动,所以绕线式电动机运转时转子绕组不能开路。

18-48　电动机定子绕组短路对电动机启动有什么影响?

答:定子绕组的短路故障,有相间短路、匝间短路和接地短路。如果是局部短路,将会使启动困难,绕组发热等;如果是严重的匝间短路,短路匝内产生很大的环流,使绕组很快发热、冒烟,并发出焦臭味。短路匝数多时,甚至使熔丝熔断,这时,由于电动机转子承受的电磁转矩不平衡而发生振动,发出不正常的响声;若发生相间短路,会烧毁电动机。

18-49　电动机不正常地发热,但根据电动表的指示,定子电流未超出正常范围,可能是什么原因?

答:(1)进风门关闭,风道堵塞。

(2)周围的空气流动不畅,进风温度过高。

(3)大型电动机空气冷却器水系统故障。

18-50　电动机绝缘低的原因及处理方法是什么?

答:电动机绝缘能力降低的原因和处理的方法:

(1)电动机绕组受潮,应进行烘干处理;

(2)绕组上灰尘及碳化物物质太多,需消除灰尘;

(3)引出线和接线盒内绝缘不良,应重新包扎;

(4)电动机绕组过热老化,应重新浸漆或重新绕制。

18-51　机械部分故障对电动机启动有何影响?

答:电动机机械部分故障,对电动机启动会造成严重影响,如电动机启动困难,启动转速下降,有"嗡嗡"声等。对于小容量电动机,由于机械部分不灵活或卡住，也同样会使电动机启动困难。此外，还可能因机械部分被其他杂物卡住，轴承损坏或定子、转子相碰，固定螺钉松动等原因，使电动机无法启动。因此，必须根据情况重新更换轴承，排除杂物，校正定子、转子气隙，以排除机械故障，使电动机恢复正常运行。

18-52　电动机内部电晕现象是什么原因造成的？

答：在带电导体的尖角处由于电线密集电场不均匀局部过强使附近的空气发生游离在围绕尖角处放电形成蓝色光圈称为电晕发电机。电晕产生大多由于：

（1）线棒的出槽口处，该处线棒与边端铁芯间有电力线集中，它们好像一个电容器，线棒导体和边端铁芯相当于电容器的两个极板，线棒绝缘和空气相当于电容器极板的介质，两极间有很强的电场；

（2）线棒绝缘表面与定子在强电场的作用下空气易游离而产生电晕；

（3）定子铁芯通风沟处因电力线密集于硅钢片边缘上，将产生放电尖角。

18-53　电动机内部电晕现象有什么危害？

答：（1）电晕使空气游离产生臭氧，而臭氧和空气中的氮化合会生成一氧化二氮，这一氧化二氮又和空气中的水分化合生成硝酸或亚硝酸，酸性物便会腐蚀金属和绝缘，使铜的表面产生绿色化合物，影响散热，还会使绝缘变成白色粉末附着于线棒表面，酸性物长期作用还会使云母变脆；

（2）电晕消耗电能；

（3）电晕同时产生带电离子，当电动机过电压时易造成绝缘击穿。

18-54　定子绕组为星形接线的异步电动机，若误接成三角形接线，会产生什么后果？

答：当电动机由星形接线误接成三角形接线后，定子相电压将增加。因此电动机铁芯将高度"饱和"，励磁电流分量也将急剧增加，铁芯损耗也将大大增加，引起铁芯过热。而且负载电流分量与励磁电流之和要比额定电流大好几倍。这样大的定子电流将使绕组铜损耗急剧增大，导致严重发热。由于铁芯和绕组均严重过热将使电动机被烧毁。

18-55　三相电压不平衡，对异步电动机有何影响？

答：假如电源的三相电压不平衡，会使电动机电磁转矩减小，出力不够，同时会使电动机定、转子绕组电流增加，因而引起额外发热。另一方面，电动机的电磁噪声也会增加。因此，在三相电源电压严重不平衡的情况下，是不允许电动机投入运行的。

第十九章　配电装置的
故障分析与处理

19-1　对发电厂全厂停电事故的处理原则是什么?

答: 处理原则如下:

(1) 从速限制发电厂内部的事故发展, 解除对人身和设备的威胁;

(2) 优先恢复厂用系统的供电;

(3) 尽快恢复厂用重要电动机的供电;

(4) 积极与调度员联系, 尽快恢复厂外电源(利用与系统联络线路等)电源一旦恢复后, 机炉即可重新启动, 具备并列条件时, 将发电机重新并入系统。

19-2　处理生产事故的一般原则是什么?

答: 发生事故, 运行人员处理的原则是尽早做出准确判断, 如故障设备、故障范围、故障原因、操作步骤等, 尽快进行处理, 尽量缩小事故范围。

19-3　6kV 厂用母线 TV 一次熔断器熔断与二次熔断器熔断有何区别? 如何处理?

答: 6kV 厂用母线 TV 一般有一个一次绕组, 两个二次绕组。两个二次绕组一个接成星形, 另一个接成开口三角形。当二次熔断器熔断时, 由于 TV 一次侧是对称的, 所以开口三角形的三个绕组的电压也是对称的, 开口三角形的输出是零。当 TV 一次熔断器熔断时, 两个二次侧绕组处于不对称状态, 开口三角形的输出电压不为零, 所以有接地信号发出。

处理过程中, 首先要将 TV 所带的保护(包括低电压保护与低压闭锁过流保护)退出, 将 TV 二次所带的自动装置(如厂用电自投装置与快切装置)退出, 利用仪表显示确定故障相。如果是二次熔断器熔断, 可更换一次, 再次熔断后不得更换, 通知检修处理。如果是一次熔断器熔断, 则还需要测量 TV 一次绕组绝缘正常后方可恢复。TV 正常后, 恢复退出的保护与自动装置的运行方式。

19-4　6kV母线接地与380V母线接地有何不同？

答： 6kV母线是小电流接地系统，中性点经过高阻抗接地或者不接地。当发生单相接地时，中性点电压是相电压，线电压是对称的，故障电流是容性电流，数值很小；而380V系统的中性点是直接接地的，当发生单相接地时，故障相与中性点之间形成回路，形成很大的故障电流。因此，6kV系统接地允许运行一段时间，而380V系统接地时应立即停止运行。

19-5　正常运行中，厂用电电压低如何处理？

答： 发电厂正常运行时，母线电压应按规程规定进行控制。当电压控制范围超出时，发生电压降低，运行人员可进行适当的调整，一般是调节发电机的励磁电流。电压降低时，可按以下步骤处理：

（1）发电机组的运行电压降低时，运行人员应按规程自行使用发电机的过负荷能力，制止电压继续降低到额定电压的90%以下，以保证厂用电的质量。

（2）当厂用电电压降低是因发电机过负荷时，应报告调度员，采取相应的措施。如果系统频率允许时，可适当降低发电机有功并增加无功出力，以抬高厂用电电压。

（3）当发电厂母线电压降至最低运行电压时，为防止电压崩溃，应立即采取紧急拉路措施，使母线电压恢复至最低运行电压以上。如厂用母线备用电源电压正常，可暂时倒由备用电源供电，正常后再倒回。

（4）当系统电压降低导致发电厂厂用母线电压降低时，应降低发电机的有功，同时增加无功出力，以弥补电压下降。

19-6　引起电压互感器的高压熔断器的熔丝熔断的原因是什么？

答： 可能有以下四方面的原因：

（1）系统发生单相间歇电弧接地；

（2）系统发生铁磁谐振；

（3）电压互感器内部发生单相接地或层间、相间短路故障；

（4）电压互感器二次回路发生短路而二次侧熔丝选择太粗而未熔断时，可能造成高压侧熔丝熔断。

19-7　隔离开关在运行中可能出现哪些异常？

答：（1）接触部分过热。

（2）绝缘子破损、断裂、导线线夹裂纹。

（3）支柱式绝缘子胶合部因质量不良和自然老化造成绝缘子掉盖。

（4）因严重污秽或过电压，产生闪络、放电、击穿接地。

19-8　少油断路器漏油严重时怎么处理？

答：对于漏油严重的油断路器，不允许切断负荷，而应将负荷经备用断路器或旁路断路器移出或瞬断上一级断路器，并采取措施使断路器不跳闸，如取下操作熔断器或切断跳闸回路等。

19-9　需立即切断油开关的事故有哪些？

答：现象：

（1）套管炸裂；

（2）油开关着火；

（3）发生需要立即切断油开关的人身事故。

处理：

（1）立即用机械跳闸装置切断油开关，并报告单元长、值长；

（2）停电后检查故障情况，通知检修处理。

19-10　错拉、合隔离开关时应如何处理？

答：（1）错拉隔离开关时，隔离开关动触头刚离开静触头时若发生电弧，应立即合上，便可熄灭电弧，避免事故。若隔离开关已全部拉开，则不许将误拉的隔离开关再合上，如果是单极隔离开关，操作一相后发现错拉，对其他两相不应继续操作，应立即采取措施，操作断路器切断负荷。

（2）错合隔离开关时即使合错，甚至在合闸时产生电弧，也不准再拉开隔离开关，因为带负荷拉隔离开关会造成三相弧光短路。错合隔离开关后应立即采取措施，操作断路器切断负荷。

19-11　高压厂用系统发生单相接地时有没有危害？

答：高压厂用系统一般属于中性点不接地系统，当发生单相接地时，通过接地点的接地电流是系统正常时相对地电容电流的3倍，而且在设计时这个电流是不准超过规定的。因此，发生单相接地时的接地电流对系统的正常运行基本上不受影响。

当发生单相接地时，系统线电压的大小和相位差不变，从而对运行的电气设备的工作无任何影响。另外系统中设备的绝缘水平是根据线电压设计的，配电装置往往提高一个电压等级（3、6kV厂用电设备，一般都是10kV设备）选用，虽然非故障相对地电压升高$\sqrt{3}$倍达到线电压，对设备的绝缘并不构成直接危险。

鉴于上述原因，中性点不接地系统发生单相接地时对系统的正常运行和设备的安全危害不是很大，但也必须迅速查出故障点，以免绝缘薄弱处第二相接地，引起短路，扩大事故。

19-12 高压厂用母线为何装电压保护？保护分几段？其动作结果怎样？

答：一般高压厂用母线都装设了低压保护，实际上这是高压电动机的低电压保护。

在电源电压短时降低或中断后的恢复过程中，为了保证重要电动机的自启动，通常应将一部分不重要的电动机利用低电压保护装置将其切除；另外，对于某些负荷根据生产过程和技术安全等要求而不允许自启动的电动机，也应利用低电压保护将其切除。

低电压保护一般装设两段。第 I 段的动作时限为 0.5s，动作电压一般为 $0.7\sim0.75U_N$。第 II 段的动作时限为 9s，动作电压一般整定为 $0.45U_N$。

低电压保护第 I 段动作后一般应跳开不重要的电动机，如磨煤机等；低电压保护第 II 段动作后一般跳开送风机、给水泵等。

为了保证锅炉本体的安全和汽轮机系统的继续冷却，一般不应跳开吸风机和循环水泵电动机，以保证在电压恢复时的自启动。但电压中断的时间超过规定时，则应由值班人员手动拉开。

19-13 6kV 厂用电源开关在倒换过程中，开关断不开如何处理？

答：现象：手动断闸断不开，经处理无效。

处理：

（1）如是 6kV 备用电源倒为工作电源时，可机械打跳备用电源开关，并将备用电源开关停电，通知检修处理。

（2）如是 6kV 工作电源倒为备用电源时，正常情况下可机械打跳工作电源开关。如此时发电机组运行不稳定则应先断开备用电源开关，再采用动态联动方式倒换厂用电。

（3）6kV 电源在倒换过程中，如发电机跳闸，可立即断开备用侧电源开关，严防向发电机反充电。

19-14 380V 系统故障有何现象？如何处理？

答：现象：

（1）某段故障，工作电源掉闸，该段母线电压消失。

（2）接于该段的负荷全部停电。

处理：

（1）维持机组及无故障设备的正常运行。

（2）检查保安段母线供电正常。

（3）保证给粉系统和发电机定子冷却水系统的正常运行。

（4）检查何种保护动作，何种掉牌落下。

（5）如硅整流装置失电，应检查其备用电源是否投入或开启备用硅整流装置，维持母线电压不低于正常值。

（6）检查故障母线有无明显短路现象（如烟、火、焦臭味等），并立即将该段所有负荷停电，并对母线进行试送电（前提为该厂用变压器速断、瓦斯保护未动作），如试送成功，则应对该段所带负荷逐一进行绝缘测定，当查知故障点在某一线路时则可切断该线路，恢复其他负荷送电。

（7）如故障点在变压器低压侧，则应立即合上联络开关或备用变压器断路器（此时变压器低压侧断路器应在断开位置）向母线充电。

（8）如故障点在母线上，则应将该段所有负荷及母线停电并通知检修处理。

19-15 厂用 380V 专用盘故障处理原则是什么？

答：（1）检查专用盘有无明显故障，若有故障应及时消除或隔离，并利用备用电源尽快恢复送电。

（2）若是负荷故障引起则应立即将故障负荷停电，并恢复专用盘供电。

（3）若发现专用盘无电则应先用备用电源恢复供电，检查电源熔断器是否熔断，并按定值将熔断了的熔断器进行更换，恢复正常运行方式。

19-16 6kV 负荷开关拒动引起的越级跳闸如何处理？

答：（1）确认是 6kV 某负荷开关拒动引起的越级跳闸，在拒动开关所在的母线确无电压时，手动拉出拒动跳闸开关，立即恢复母线送电。

（2）对故障而拒绝跳闸的开关查明原因，故障消除后方可送电。

（3）恢复低压厂用电系统运行方式，恢复对已停电的设备供电。

（4）将以上情况进行记录于运行异常记录本上。

19-17 厂用 6kV A 段或 6kV B 段失电有何现象？如何处理？

答： 现象：

（1）事故喇叭响。

（2）失电段母线电压表指示为零，工作电源开关绿灯闪光。

（3）"6kV 分支过流"、"6kV 备用分支过流"光字可能出现。

（4）失电段电动机低电压保护动作，跳闸辅机电流表指示到零，并发出相应的声光报警。

（5）失电段所带的 380V 工作段、公用段母线低电压保护动作掉闸。

（6）机组出力下降。

处理：

（1）在没有"6kV备用分支过流"光字情况下，应就地检查该段工作电源开关确断，并拉至"试验"位置，允许强送备用电源开关一次。

（2）机侧迅速断开所有跳闸泵操作开关及联动开关，合上联动泵开关并根据情况降低负荷。

（3）炉侧将跳闸或失电辅机开关复位于停止位置，并关闭相应的风门挡板。

（4）增大运行侧辅机的出力，调整风量，稳定燃烧。燃烧不稳定时投油助燃。

（5）发电机未与系统解列时，当备用电源强送不成功或无备用电源时，只有在高压厂用变压器保护未动作情况下，允许强送工作电源一次。

（6）6kV厂用系统电源按以上处理无效时，或因母线故障不能强送时，按以下原则处理。

1）维持机组保安系统，380V系统、直流系统、给粉系统正常运行。

2）若发电机解列，应及时切换闸门盘电源，恢复供电。

3）对厂用380V工作段、公用段应尽快合上分段开关，恢复供电。

4）对该段配电室进行详细检查，检查该段所有小车开关，除引风机、排粉机和低压变压器外均应在断开位置，并将该段所有负荷开关断开，当确知某设备保护动作，断路器拒绝掉闸时，则应将此断路器拉出间隔检查母线正常后，立即向该母线充电。

5）如该段母线有明显短路现象和故障痕迹（如烟火、焦臭味）应将该段母线所有小车开关拉出间隔，汇报部、值长，并将停电母线做好安全措施。

6）向故障母线充电，须测母线绝缘良好，在备用段未接带其他段时，应用备用电源进行充电；备用段接带其他段，当发电机未停机时，应用工作电源充电，如发电机已经与系统解列，可用备用电源进行充电。

7）故障消除后，恢复失电段设备运行。

8）恢复机组正常出力。

9）恢复厂用电正常运行方式。

19-18　厂用6kV A段和6kV B段同时失电有何现象？如何处理？

答：现象：

（1）事故喇叭响。

（2）控制室照明变暗，投入事故照明。

（3）各段母线电压指示为零（保安段除外）。

（4）有关保护动作光字牌亮。

（5）厂用工作电源开关绿灯闪。

（6）运行泵与风机掉闸，电流到零，绿灯闪光（引风机除外）。

（7）锅炉 MFT 动作，炉灭火。

处理：

（1）检查保安电源是否联动正常，如保安段失电，立即断开 380V 工作段，启动柴油发电机，恢复保安段电源供电。

（2）检查直流系统运行正常。

（3）启动交流润滑油泵，若不成功，启动直流润滑油泵、直流密封油泵后紧急故障停机。

（4）炉侧执行紧急停炉操作。

（5）根据保护动作情况，尽快恢复厂用电源后，汇报值长，尽快点火开机。

19-19　全厂厂用电中断时如何处理？

答：（1）迅速启动柴油发电机组，向保安动力供电；

（2）查清故障原因，设法隔离故障点；

（3）及时通过线路向厂内反送电，恢复厂用电源；

（4）重新启动机组并网。

19-20　在什么情况下容易产生操作过电压？

答：（1）切合电容器或空载长线路。

（2）断开空载变压器、电抗器、消弧线圈及同步发电机。

（3）在中性点不接地系统中，一相接地后产生歇性电弧引起过电压。

19-21　远方操作不能跳闸的断路器有何现象？如何处理？

答：现象：

（1）断闸时绿灯不亮，有关表计无变化。

（2）松手时红灯闪光。

处理：

（1）检查操作电源是否正常完好，操作回路是否正常完好。

（2）检查油压是否正常。

（3）在正常操作时，可根据跳闸铁芯的动作与否判明是回路故障还是机构有问题，然后用机械跳闸使开关遮断。

(4) 将拒绝跳闸原因及结果汇报车间，在未查明原因或未试验良好时，不得将断路器重新投入运行或列入备用。

19-22　6kV 母线接地有何现象？如何正确处理？

答：现象：

(1) "6kV 母线接地"信号出现。

(2) 母线电压中，其中一相降低，另外两相升高，但是升高的线电压绝不会超过额定的电压数值，这是与谐振的本质区别。

处理：

(1) 汇报领导。

(2) 应先检查绝缘监察表，以确定接地的母线段及接地相。

(3) 检查接地检测装置，确定哪一路负荷接地。

(4) 就地检查各开关的零序保护动作情况，如某负荷开关的零序保护已发出信号，则检查此负荷开关是否已跳闸。若未跳闸，通知有关单位倒换运行方式，将此负荷停运。

(5) 如此负荷停运后，接地现象消失，则为此负荷发生单相接地，将其开关拉至"检修"位置后，测量此负荷的绝缘情况，确定后通知有关单位。

(6) 若此负荷停运后，原接地现象消失，又发生其他相接地，则此负荷开关机构有问题，开关发生缺相故障，造成接地相转移。这种情况下，必须先通知有关单位将此母线上的所有负荷的运行方式倒换后，母线停电，然后将此负荷开关拉至"检修"位置，测量负荷绝缘，并通知有关单位。

(7) 若此负荷停运后，接地现象未变，则通知有关单位，将各负荷倒换运行方式后依次停运。若某一负荷停运后，接地现象消失，则为此负荷发生单相接地，将其开关拉至"检修"位置后，测量其负荷绝缘，并通知有关单位。

(8) 如所有的负荷停运后，接地现象仍未消失，则将母线停电。若此时"分支接地"光字牌仍亮，则为高压厂用变压器 6kV 侧分支接地，上报领导，须停机处理。

(9) 若母线停电后，接地现象消失，则遥测母线及 TV 绝缘，并检查 TV 高压熔断器是否完好，同时检查零序保护发信号的负荷开关的机构是否完好，确定后通知有关单位。

(10) 接地故障消除后，将母线送电，恢复正常运行方式。

(11) 检查与处理期间，必须严格遵守《电业安全工作规程》的有关规定。

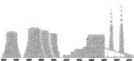

19-23 简述 6kV TV 二次熔断器熔断的现象及处理。

答：现象：

（1）警铃响，"电压断线"光字牌亮。

（2）绝缘监察表指示一相可能降低或为零，其他相不变。

处理：

（1）断开备用电源联锁开关。

（2）停用低电压保护。

（3）判断熔断相。

（4）取下 TV 保护熔断器。

（5）检查、更换 TV 二次熔断器。

（6）更换后若再次熔断，通知检修处理。

（7）故障消除后，恢复 TV 运行。

（8）正常后投入低电压保护。

（9）投入备用电源联锁开关。

19-24 简述 6kV TV 一次熔断器熔断的现象及处理。

答：现象：

（1）警铃响，"母线接地"、"电压断线"光字牌亮。

（2）绝缘监察表指示一相降低或为零，其他相不变。

处理：

（1）断开备用电源联锁开关。

（2）停用低电压保护。

（3）判断熔断相。

（4）取下 TV 所有的二次熔断器。

（5）将 TV 小车拉至"检修"位置后，测量 TV 绝缘，如绝缘有问题，立即通知有关单位。

（6）绝缘良好后，对已熔断的一次熔断器进行更换。

（7）将 TV 小车推至"工作"位置，恢复运行。

（8）上好 TV 所有的二次熔断器。

（9）正常后投入低电压保护。

（10）投入备用电源联锁开关。

19-25 380V 系统电压互感器熔断器熔断有何现象？如何处理？

答：现象：

（1）"380V 某段电压互感器回路断线"光字出现。

（2）若是二次熔断器熔断，或是一次熔断器 A 相或 C 相熔断，其母线电压表指示失常。

处理：

（1）退出该段联动开关。

（2）断开该段电动机低电压保护熔断器。

（3）查明哪相熔断器熔断及原因。

（4）更换熔断器恢复正常运行，若为一次熔断器熔断原因不明，则应联系检修对 YH 本体进行细致检查，拆开 YH 中性点接地端进行绝缘测定。

（5）表用变压器及其二次回路故障，引起电源开关掉闸，应立即退出该段联动开关及电动机低电压熔断器，通知机炉启动掉闸设备，消除故障恢复正常运行。

19-26　电压互感器发生铁磁谐振有何现象？有何危害？

答：现象：电压互感器发生铁磁谐振时的现象：

（1）两相对地电压升高，一相降低，或是两相对地电压降低，一相升高。

（2）电压互感器发生分频谐振的现象：三相电压同时或依次轮流升高，电压表指针在同范围内低频（每秒一次左右）摆动。

（3）电压互感器发生谐振时其线电压指示不变。

危害：发生铁磁谐振时，电压互感器中都会出现很大的励磁涌流，使电压互感器一次电流增大十几倍。这将引起电压互感器铁芯饱和，产生电压互感器饱和过电压。所以电压互感器发生铁磁谐振的危害如下：

（1）可能引起其高压侧熔断器熔断，造成继电保护和自动装置的误动作，从而扩大了事故，有时可能会造成被迫停机、停炉事故。

（2）由于谐振时电压互感器一次绕组通过相当大的电流，在一次侧熔断器尚未熔断时可能使电压互感器烧坏。

19-27　发生电压互感器铁磁谐振时应如何处理？

答：当发现发生电压互感器铁磁谐振时，一般应分情况进行处理。

（1）当只带电压互感器空载母线产生电压互感器基波谐振时，应立即投入一个备用设备，改变电网参数，消除谐振。

（2）当发生单相接地产生电压互感器分频谐振时，由于分频具有零序性质，投三相对称负荷不起作用，故此时应立即投入一个单相负荷。

（3）谐振造成电压互感器一次熔断器熔断，谐振可自行消除。但可能带来继电保护和自动装置的误动作。此时，应迅速处理误动作的后果，如检查备用电源开关的自投情况，如无自投应立即手动投入，然后迅速更换一次熔

断器，恢复电压互感器的正常运行。

（4）发生谐振尚未造成一次熔断器熔断时，应立即停用那些失压后容易误动的继电保护和自动装置。母线有备用电源时，应切换到备用电源，以改变系统参数消除谐振；如果切换到备用电源后谐振仍不消除，应拉开备用电源开关，将母线停电或等电压互感器一次熔断器熔断后谐振便会消除。

（5）由于谐振时电压互感器一次侧绕组电流很大，应禁止用拉开电压互感器或直接取下一次侧熔断器的方法来消除谐振。

19-28　如何区分电压互感器的断线故障和短路故障？

答：电压互感器一、二次侧熔断器熔断或回路断线的现象是：发出"TV 回路断线"信号及铃声；有关的电压表指示到零或降低；电能表转速减慢；功率因数表指示下降或指示进相；有关的低电压继电器动作等。如果是一次侧熔断器熔断，还将发出"接地"信号；绝缘检查电压表也有反应（正常相指示正常、故障相指示偏低）。

电压互感器二次侧发生短路时，短路电流将烧毁互感器，而且可能将高压导入二次侧引起危险。如果电压互感器二次侧短路后，一次侧熔断器没有熔断，则会造成与断线情况有些相同的外观现象，但此时电压互感器内部有异音，而且将二次侧熔断器取下后也不停止。

19-29　造成电流互感器测量误差的原因是什么？

答：测量误差就是电流互感器的二次输出量与其归算到二次侧的一次输入量的大小不相等、幅角不相同所造成的差值。因此测量误差分为数值误差（变比）和相位（角度）误差两种。

产生测量误差的原因包括电流互感器本身和运行使用条件两个方面：

（1）电流互感器本身造成的测量误差是由于电流互感器有励磁电流存在。励磁电流是输入电流的一部分，它不传到二次侧，故形成了变比误差。励磁电流除在铁芯中产生磁通外，还产生铁芯损耗，包括涡流损失和磁滞损失。励磁电流所流经的励磁支路是一电感性的支路，励磁电流与二次输出量不同相位，这是造成角度误差的主要原因。

（2）运行和使用中造成的测量误差是电流互感器铁芯饱和及二次负载过大所致。

19-30　断路器合闸不动的主要原因是什么？

答：目前，断路器的操作主要通过 DCS 系统实现。如果发生断路器远方合闸失效，应按下列顺序检查处理：

（1）检查断路器的操作直流电源是否正常。

（2）有关的保护是否动作。

（3）检查断路器触点，限位触点是否接触良好。

（4）检查断路器是否储能。

（5）检查断路器二次触头接触是否良好。

（6）检查熔断器是否熔断。

（7）二次端子线头是否有松动，联锁回路是否有问题。

（8）若上述检查无问题应将断路器拉至"试验"位置检查原因。

1）将断路器的远方/就地方式切至就地位置。

2）就地用合闸按钮对断路器进行操作，如果仍然操作失效，则是断路器的控制回路存在故障，否则应检查 DCS 至断路器的合闸脉冲是否送出，检查切换开关的触点是否接触不良。

3）如果断路器合闸脉冲发出，那么断路器合闸的瞬间有接触器的吸合现象，则可以判断为断路器的机构存在问题。

4）还要检查 DCS 是否存在逻辑闭锁，导致断路器的合闸脉冲无法发出。

19-31　当 220kV 断路器跳闸回路出现故障时有哪些现象出现？

答：主控报警盘"220kV 开关跳闸回路故障"报警，检查跳闸线圈监视灯（故障相）熄灭，遇此情况应汇报有关领导，联系检修人员处理。如运行人员不能处理，应联系调度降负荷解列处理。在解列前应采取可靠措施，确保断路器能同时拉开。

19-32　当发生发电机出口断路器保护动作后如何进行处理？

答：开关失灵动作，机组跳闸后应注意厂用电自投应良好，如有异常及时处理，恢复厂用电系统的正常运行。检修人员应对继电保护回路及断路器合跳闸回路及开关机构进行全面检查，发现故障处理后应对继电保护回路、开关合跳闸回路进行试验良好后，方可重新启动并网。并网前值长应及时与中调联系，说明故障情况，让对侧尽快给线路充电。待线路电压正常后并网。

19-33　引起发电机出口断路器自动跳闸的原因有哪些？

答：（1）发电机失磁保护动作；

（2）发电机逆功率保护动作；

（3）负序保护第二段动作；

（4）主变压器过励保护动作；

（5）主油开关三相不一致；

（6）断路器 SF_6 气体及压缩空气压力低；

（7）主变压器油温二段动作；

（8）主变压器绕组温度二段动作；

（9）线路距离保护动作；

（10）线路导线差动保护动作；

（11）线路光纤差动保护动作；

（12）断路器失灵保护动作。

19-34　对单断路器的双母线接线方式的缺点采取哪些措施？

答：（1）为防止误操作，在断路器和隔离开关间加装闭锁装置，保证正确操作；

（2）双母线同时工作方式克服工作母线故障造成停电，增加保护。

19-35　电流互感器二次开路有何现象？如何处理？

答：电流互感器二次开路的现象是：

（1）电流表指示为零，功率表指示下降；

（2）开路电流互感器发出"嗡嗡"的过励磁声。

处理的方法是：

（1）设法降低一次侧电流值，必要时断开一次回路；

（2）根据间接表计监视设备；

（3）做好安全措施与监护工作，以免损坏设备和处理时危及人身安全；

（4）若发现电流互感器冒烟和着火时，必须紧停，严禁靠近电流互感器。

19-36　柴油发电机组常见的故障现象、原因和处理方法是什么？

答：（1）达到自启动条件（保安母线失压）而机组启动不成功。可能是由于自启动系统出现问题，如选择开关位置不对、控制回路熔断器熔断以及润滑油泵未能启动等。此时应立即就地启动一次，如果仍然不成功，应迅速检查，排除故障。

（2）误启动。可能的原因有选择开关位置不对、远方启动开关误合和控制回路故障等。此时应将选择开关切至"自动"位置，断开误合的远方启动开关，如没问题则立即通知检修人员检查处理。

（3）机组在20s内启动数次，但不升速。柴油机可能发生故障，应将选择开关切至零位，检查柴油机。

（4）机组启动后升不起电压。可能的原因有：

1）转速太低；

2）剩磁电压太低；

3）整流元件故障；

4）励磁绕组断线；

5）接线松动或开关接触不良；

6）电刷和集电环接触不良，电刷压力不够；

7）刷握卡涩，电刷不能滑动等。

此时，应根据具体原因采取以下相应措施：

1）提高转速至额定值；

2）用蓄电池进行充电；

3）更换整流元件；

4）检修断线的励磁绕组；

5）检查接线接头和开关接触部分；

6）清洁集电环表面，调节电刷弹簧压力至正常；

7）打磨或更换刷握。

（5）发生紧急停机的故障。当发生以下紧急情况时，应立即手动停机：①机组超速且已达到超速保护动作值；②机组内部有异常摩擦或金属撞击声；③机组着火；④发电机内部故障但保护或断路器拒动；⑤发生直接威胁人身安全的危急情况等。

19-37　当柴油发电机因保护动作而停止时应采取什么措施使之恢复备用？

答：柴油发电机如果是由于保护动作使之停止运行，在查明原因，恢复备用之前，要按下就地盘保护复归按钮，如果是事故按钮停机则应检查柴油发电机停止后，将事故按钮弹出。

19-38　电气防跳回路是怎样起到防跳作用的？

答：图 19-1 中的 KCF 继电器就是用来防止断路器发生跳跃的，它是一只电流启动、电压保持的中间继电器，有两个线圈。其中的电流线圈 KCFI 串入跳闸回路，一个动断触点 KCF2 串入合闸回路中，一个动合触点 KCF1 与它的电压线圈 KCFV 串联后与 KM 回路并联。

断路器合闸到故障上时，在继电保护跳开断路器的同时，防跳继电器的电流线圈 KCFI 启动，KCF2 断开闭锁了合闸回路，KCFI 接通了电压线圈 KCFV。这时，只要合闸命令存在，即 SA（5-8）触点或 KC 触点未断开，

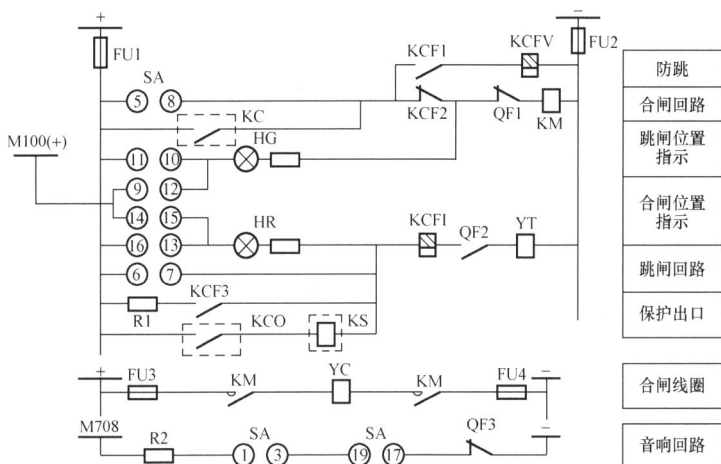

注：虚线框表示该设备不在该回路内。

19-1 具有电磁操动机构的断路器控制回路

FU1、FU2、FU3、FU4—熔断器；KCFV—防跳继电器电压线圈；KCFI—防跳继电器电流线圈；QF1、QF2、QF3—断路器辅助触点；SA—控制开关；HG—带电阻的绿色信号灯；HR—带电阻的红色信号灯；YC—合闸线圈；YT—跳闸线圈；KM—合闸接触器线圈；R1、R2—电阻；KC—自动装置回路中的中间继电器触点；KCO、KS—保护出口继电器触点及信号继电器

KCFV 就始终带电，合闸回路也始终被 KCF2 所断开。当合闸命令消失后，电压线圈 KCFV 失磁，防跳继电器各触点返回，整个控制回路恢复正常状态。

19-39 母线及隔离开关过热有何现象？如何处理？

答：现象：

(1) 隔离开关过热变色漆变色；

(2) 室外设备如遇下雪天，积雪立即融化，雨天冒气很大，严重时有火花放电声。

处理：

(1) 设法用温度计或试温蜡等测试温度。

(2) 如隔离开关接触不紧发热时，可用绝缘杆向投入方向轻轻敲打。

(3) 如温度超过规定值，汇报值长切换备用或停电处理。

(4) 若温度升高很快，来不及倒换备用，应报告值长限制母线隔离开关负荷而后进行妥善处理。

19-40 隔离开关合不上或拉不开的处理办法有哪些？

答：（1）有闭锁装置的隔离开关，应检查闭锁是否开启，在未查明原因前，禁止继续操作。

（2）户外隔离开关因结冰不能操作时，应设法消除冰冻。

（3）隔离开关非因气候关系而不能操作时，不可强行操作，应轻轻摇动设法找出隔离开关拒动原因，并注意勿使支持绝缘子折断。

（4）如果操动机构发生障碍，影响设备或人身安全时，应停止操作。

（5）如隔离开关合不严，可用绝缘杆轻轻推入，待检修时处理。

（6）220kV 线路隔离开关为电动操动机构，不能实现电动操作时，首先判断操作的正确性，控制回路是否被闭锁，若操作正确，应分清是电气故障还是机构故障，针对不同的故障，进行相应处理，必要时报告单元长，经批准后，改用手动操作。

19-41 电缆着火或爆炸应怎样处理？

答：（1）立即切断故障电缆的开关，遮断故障电流。

（2）立即启动事故通风装置，用干式灭火器进行灭火。

（3）停电后进行处理。

（4）电缆头漏油应填写设备缺陷，并联系检修进行处理。

19-42 发电机解列后，6kV 厂用电已倒为备用电源带，为什么必须将 6kV 工作电源开关拉出工作位置？

答：（1）防止万一有人误合该开关后，则 6kV 厂用电经高压厂用变压器升压到发电机的额定电压，发电机将变成异步电动机全电压启动，巨大的启动电流（5～7 倍额定电流）无异于短路，高压厂用变压器、启动变压器将承受短路电流的冲击，甚至造成其损坏。

（2）防止万一有人误合该开关后，将造成主变压器低压侧反送电，全电压的冲击对主变压器来说也是极为不利的。

（3）防止万一有人误合该开关后，巨大的电流将有可能使 6kV 开关断不了而发生爆炸，损坏设备的同时将危及人身安全。

19-43 断路器油面过高或过低有何影响？

答：（1）油面过高：箱内缓冲空间减少。当开断切断短路故障时，电流使周围的油气化将产生强大的压力可能发生喷油，油箱变形甚至爆炸。

（2）油面过低，当切断短路电流时，电弧可能冲击油面，游离气体混入

空气中,引起燃烧爆炸。同时绝缘外露在空气中容易受潮,造成内部闪络。

19-44 简述线路开关故障时将线路倒换为旁路开关的主要操作步骤。

答:(1)检查旁路开关备用良好。

(2)合旁路开关母线侧与出线侧隔离开关,检查合好。

(3)投入旁路开关动力系统电源。

(4)投入旁路开关操作电源,检查旁路开关保护投入正确,连接片投入正确。

(5)检查旁路开关的保护定值与被带线路的保护定值整定相同。

(6)投入旁路开关的同期,系统合旁路开关,检查旁路母线充电正常。

(7)拉开旁路开关。

(8)检查所有线路的旁路隔离开关在断位,根据线路实际的控制回路,合入被带线路的旁路隔离开关,并检查合好。

(9)合入旁路开关,检查旁路开关已带负荷。

(10)将线路的"本线—旁路"开关切换至"旁路"位置。

(11)拉开线路开关。

(12)停开关的操作电源。

(13)拉开线路开关母线侧与出线侧的隔离开关,检查拉开。

(14)闭锁式高频保护需要对试高频信号正常后投入高频保护。

(15)投入线路重合闸。

(16)合入开关两侧的接地开关。

(17)根据开关的检修要求,布置安全措施。

19-45 简述线路跳闸的现象与处理过程。

答:现象:

(1)线路负荷电流为零。

(2)线路保护动作信号出现。

(3)开关的状态报警。

处理:

(1)检查重合闸是否动作,如果重合正常,对断路器、隔离开关等相关的设备进行详细检查。

(2)如果重合闸动作,重合以后断路器又跳闸,则检查断路器及其相关设备,同时联系调度,询问系统是否存在故障,按调度令操作;如果系统存在永久性故障,则线路需要停电处理。

(3)如果是断路器本身的故障,可以将断路器停运,拉开母线侧与出线侧隔离开关，将线路用旁路开关投入运行，待断路器故障消除后恢复正常运行方式。

19-46　双母线并列时，母差保护是如何运行的？

答：双母线并列过程中，由于母线上某一元件至两条母线上的两个隔离开关均处于合入状态，所以当一条母线故障时，相当于另一条母线也存在故障。为此，当同一元件的两个隔离开关均处于合入状态时，母线保护动作以后，同时启动两条母线的跳闸出口，使两条母线上的所有元件均跳闸，切除故障。通常，此回路是靠母线保护检查同一元件的两个隔离开关同时合入来实现的。但为保障此回路的可靠动作，母线保护也设置连接片来人为实现此回路。

19-47　简述母线故障的现象及其处理步骤。

答：现象：

（1）母线保护动作信号出现。

（2）故障母线上的元件跳闸，母联断路器跳闸。

处理：

（1）检查故障母线上的各元件断路器是否跳闸，如未跳闸，手动拉开。

（2）就地检查故障的位置与性质。

（3）尽可能恢复高压备用变压器的运行。

（4）如果故障可以隔离，则将故障隔离后用母联断路器试充一次。

（5）如故障无法隔离，则将母线停电，将元件倒换至正常的母线上运行。

第二十章 直流系统的 故障分析与处理

20-1 直流系统运行中的异常处理及注意事项有哪些?

答:(1)工作充电柜各充电模块设有输入缺相、输入欠压、输入过压、IGBT(功率管)过流、模块过热、输出欠压、输出过压等保护,运行中出现异常信号时应及时检查属于何种故障,并检查造成故障的原因,及时联系检修人员处理。

(2)若是由于电源的问题,应及时进行检查电源并恢复正常。

(3)上述故障现象中除输出过压时模块自动关机闭锁外,其他故障在引起故障的原因消失后可自动恢复正常工作。

(4)充电模块的输出电压一旦超过模块内部设置的过压保护点,充电模块便自动关机,锁死输出,只有重新开机才能启动输出。因为过电压可能会损坏用电设备,所以一旦发生过电压应检查过电压的原因并排除故障后,才能重新开机。

(5)若由于充电模块故障需要拔出时应注意先关掉其交流电源开关,然后依次将其后面的交流电源插头、直流输出插头拔出;充电模块恢复插入投入运行时应先将其交流电源插头插入,再合上其交流电源开关,投入运行正常后再插入其直流输出插头。

20-2 直流系统快速熔断器熔断后怎样处理?

答:(1)快速熔断器熔断后,首先检查有关的直流回路有无短路现象。无故障或排除故障后,更换熔断器。

(2)若熔断器熔断同时硅元件亦有击穿,应检查熔丝的电流规格是否符合规定,装配合适的熔断器。

(3)设备与回路均正常时,熔断器的熔断一般是因为多次的合闸电流冲击而造成的,此时,只要更换同容量的熔断器即可。

20-3 查找直流系统接地的原则是什么?

答:根据运行方式、操作情况、气候影响判断可能接地的地方,采取拉路寻找、分段处理的办法，总的原则是以先信号和照明部分而后操作部分、先室外部分而后室内部分为原则，在切断各专用直流回路时，切断时间不超过 3s，不论回路接地与否均应合上。当发现某一专用直流回路接地时，应及时找出接地点，尽快消除。

20-4　查找直流系统接地的注意事项有哪些？

答：（1）寻找接地点禁止停用绝缘监视装置，禁止使用灯泡寻找的办法。

（2）用仪表检查时，所用仪表内阻不应低于 $2000\Omega/\text{V}$。

（3）当直流发生接地时禁止在二次回路上工作。

（4）处理时不得造成直流短路和另一点接地。

（5）查找和处理必须由两人以上进行。

（6）拉路前应采取必要措施防止直流失电可能引起保护、自动装置误动。

20-5　直流系统接地有何现象？如何处理？

答：现象：

警铃响，发出直流母线接地光字信号，绝缘监视表有异常指示，接地一极用验电笔测量时不显光。

处理：

（1）测量对地绝缘，判明接地位置及接地程度；

（2）了解有无新启动的直流设备，联系后对该设备试拉判断；

（3）对双路合环负荷可采用转移负荷的方法进行选择；

（4）根据负荷性质，联系值长及有关人员后在不影响机组安全运行的情况下采用瞬间停用方法试拉判断，试拉负荷无论有无接地，应在判断后立即送电；

（5）当负荷试拉仍未检出接地时，应拉合绝缘监视回路，闪光回路，信号回路，端电池控制熔断器进行选择；

（6）当上述选择无效时，说明母线及蓄电池回路有接地，应对蓄电池及母线进行详细检查，发现问题后通知检修处理。

20-6　直流系统发生正极、负极接地对运行有哪些危害？

答：直流正极接地有造成保护误动的可能，因为一般跳闸线圈均接负极电源，若这些回路再发生接地或绝缘不良就会引起保护误动作。直流负极接地与正极接地是同一道理，如回路中再有一点接地就可能造成保护拒绝动作。因为两点接地将使跳闸或合闸回路短接，这时还可能烧坏继电器触点。

20-7　直流母线电压为什么不许过高或过低？否则有什么危害？允许范围是多少？

答：电压过高时，对长期带电的继电器、指示灯等容易造成过热或损坏；电压过低时，可能造成断路器、保护的动作不可靠。

母线电压过高或过低的范围一般是±10％。

20-8　为什么采用拉路方法查找直流接地有时找不到接地点？

答：采用拉路方法找不到接地点可能的原因如下：

（1）直流接地发生在充电设备、蓄电池本身和直流母线，这时用拉路方法是找不到接地点的。

（2）直流采用环路供电方式，这时如不先断开环路也是找不到接地点的。

（3）出现直流串电、同极两点接地、直流系统绝缘不良等情况时，拉路查找也往往不能奏效。

20-9　为什么直流系统一般不许控制回路与信号回路系统混用？否则对运行有什么影响？

答：直流控制回路是供给断路器合、跳闸二次操作电源和保护回路动作电源，而信号回路是供给全部声、光信号直流电源。如果两个回路混用，在直流回路发生故障时，不便于查找接地故障，工作时不便于断开电源。

20-10　为什么保护传动试验时，有时出现烧毁出口继电器触点的现象？

答：在设有跳跃闭锁继电器回路中：

（1）若跳闸辅助触点在跳闸后打不开，出口继电器触点将由于断弧而被烧毁。

（2）若传动试验时，短时按下或拿开继电器短触点的时间不恰当，恰好在断路器动作时拿开继电器短触点，出口继电器将由于断弧而被烧毁。

20-11　当运行中整流器发生故障时有何现象？

答：主控室内"整流器故障"光字报警，直流室内有相应的故障光字报警，可能出现的报警光字如下：

"整流器故障"；

"交流电源故障"；

"整流器保险熔断"；

"蓄电池保险熔断"；

"整流器输出电压最高"。

20-12 直流系统一点接地的危害有哪些?

答:在目前我国使用的控制、保护、自动装置等直流二次回路接线中,都是只控制正电源,而将继电器线圈、控制电器及开关跳合闸线圈等均接在直流系统负极上。线圈一端来了正电将造成动作,若直流系统正极接地后,由于某种原因开关跳闸线圈、保护出口跳闸继电器及其他控制继电器线圈偶然再有一端接地,将导致开关误跳而造成严重事故。所以直流系统发生一点接地后是很危险的,应立即设法排除。

20-13 直流系统故障有什么危害?

答:直流系统发生多点接地时,可能会引起直流系统短路熔断器熔断,造成继电保护和断路器误动或拒动,对安全运行有极大的危害性。具体分析如下:

如图 20-1 所示是常用的控制保护回路展开图的一部分,A、B、C、D、E、F 表示可能出现的接地点。以两点接地为例来进行分析。

从图 20-1 可见,当直流系统接地发生在 A、B 两点时,电流继电器 KA1、KA2 触点被短接,KM 将启动,KM 触点闭合,断路器误跳闸。当直流系统接地发生在 A、C 两点时,KM 触点被直接短接,断路器误跳闸。当直流系统接地发生在 A、D 两点或 D、F 两点时,同样都能造成断路器误跳闸。

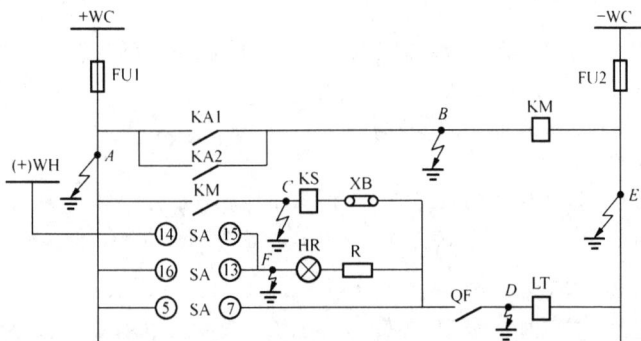

图 20-1 直流系统接地情况图

SA—控制开关;KS—信号继电器;KA1、KA2—电流继电器触点;KM—中间继电器;LT—跳闸线圈;QF—断路器触点;XB—连接片;HR—红灯;R—电阻;FU1、FU2—熔断器

当直流系统接地发生在 B、E 两点,D、E 两点或 C、E 两点时,断路

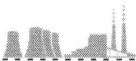

器都可能拒动。

当 A、E 两点发生接地时，将造成熔断器熔断；而当 B、E 或 C、E 两点发生接地时，不但断路器拒动，而且会造成熔断器熔断，同时有烧坏继电器触点的可能。

20-14　直流母线短路如何处理？

答：(1) 立即将所有负荷断开，对母线进行绝缘测定，如无问题应立即将充电柜投入运行，并更换蓄电池熔断器，对线路逐路进行绝缘测定，查出故障点，恢复无故障线路运行。

(2) 如故障点在母线上，不能自行消除，则应将接于该母线的所有电源及负荷全部停电做好安措，通知检修处理。

20-15　直流负荷干线熔断器熔断时如何处理？

答：(1) 因接触不良或过负荷时更换熔断器送电。

(2) 因短路熔断者，测绝缘寻找故障消除后送电，故障点不明用小定值熔断器试送，消除故障后恢复原熔断器定值。

20-16　在何种情况下，蓄电池室内易引起爆炸？如何防止？

答：蓄电池在充电过程中，水被分解产生大量的氢气和氧气，如果这些混合的气体，不能及时排出室外，一遇火花，就会引起爆炸。

预防的方法是：

(1) 密封式蓄电池的加液孔上盖的通气孔，经常保持畅通，便于气体逸出。

(2) 蓄电池内部连接和电极连接要牢固，防止松动打火。

(3) 室内保持良好的通风。

(4) 蓄电池室内严禁烟火。

(5) 室内应装设防爆照明灯具，且控制开关应装在室外。

20-17　论述直流母线电压消失的处理原则。

答：(1) 直流母线电压消失，则蓄电池组出口熔断器肯定熔断，很可能为母线短路引起。

(2) 若故障点明显，应立即将其隔离，恢复母线送电。

(3) 如故障点不明显，应断开失电母线上全部负荷开关，测量母线绝缘电阻合格后，用充电装置对母线送电。送电正常后再装上蓄电池组出口熔断器。然后依次对各负荷测其绝缘合格后送电。

(4) 如同时发现某个负荷熔断器熔断或严重发热，则应查明该回路确无短路后，方可对其送电。

（5）直流母线发生短路后，应对蓄电池组进行一次全面检查。

20-18　造成铅酸蓄电池极板短路或弯曲的原因是什么？

答： 极板短路原因有：

（1）有效物严重脱落引起，应清除脱落物。

（2）隔板损坏引起，应更换隔板。

（3）极板弯曲造成短路，用绝缘物隔开。

（4）金属物掉入其内而致使短路。

极板弯曲原因有：

（1）充电和放电电流过大，应严格按规定进行充放电。

（2）安装不当。

（3）电解液混入有害物质，应化验电解液有无硝酸盐、醋酸盐、氧化物等存在，如有应用蒸馏水清洗极板，并更换电解液。